普通高等教育土木工程专业新形态教材

工程力学

（第2版）

陆晓敏　赵引　编著

清华大学出版社
北京

内 容 简 介

本书内容属传统工程力学,分为**刚体静力学**和**材料力学**两大篇。第 1 篇刚体静力学,其主要内容有静力学的基本概念和原理,汇交力系、力偶系、任意力系的简化和平衡,以及桁架内力分析与有摩擦的平衡分析。第 2 篇材料力学,其主要内容有材料力学的基本概念,杆件轴向拉压、扭转、弯曲三种基本变形的应力、变形、强度、刚度计算等基本内容,以及应力状态分析、强度理论、组合变形、压杆稳定、动荷载、交变应力等相对深入的内容。附录中内容包括截面几何性质、型钢表。本书最后给出了部分习题参考答案。通过书中所附的二维码,还可以扫码下载习题参考解答文本、典型例题和习题讲解视频、用于教学的 PPT 课件、工程力学试卷样卷。

本书可作为普通高等学校水利、土木、智能建造、交通、港航、环工、给排水、地质、水文、工程管理等专业的工程力学课程教材,也可以作为同类专业的教材和自学考试人员的参考书。

图书在版编目(CIP)数据

工程力学/陆晓敏,赵引编著. —2 版. —北京: 清华大学出版社,2023.10
普通高等教育土木工程专业新形态教材
ISBN 978-7-302-64677-8

Ⅰ. ①工…　Ⅱ. ①陆… ②赵…　Ⅲ. ①工程力学－高等学校－教材　Ⅳ. ①TB12

中国国家版本馆 CIP 数据核字(2023)第 185476 号

责任编辑: 秦　娜　赵从棉
封面设计: 陈国熙
责任校对: 欧　洋
责任印制: 刘海龙

出版发行: 清华大学出版社
　　　　　网　　址: https://www.tup.com.cn,https://www.wqxuetang.com
　　　　　地　　址: 北京清华大学学研大厦 A 座　　邮　　编: 100084
　　　　　社 总 机: 010-83470000　　　　　　　　邮　　购: 010-62786544
　　　　　投稿与读者服务: 010-62776969,c-service@tup.tsinghua.edu.cn
　　　　　质量反馈: 010-62772015,zhiliang@tup.tsinghua.edu.cn
印 装 者: 涿州汇美亿浓印刷有限公司
经　　销: 全国新华书店
开　　本: 185mm×260mm　　印　张: 23.25　　　　字　　数: 564 千字
版　　次: 2020 年 9 月第 1 版　2023 年 12 月第 2 版　　印　次: 2023 年 12 月第 1 次印刷
定　　价: 69.80 元

产品编号: 100805-01

经过几年的教学实践,教师和读者对第1版教材提出了不少建议,为使本书更好地适应教学要求,反映现代科技发展水平,编者对其进行了修订。在保留第1版的特色前提下,本版作了以下修订:

刚体静力学的体系略作调整。有关力矩和力偶的概念不在第1章中介绍,而是移至第4章,这样不会使读者一开始就学习过多的概念,导致不易理解和掌握,从而适应由简单到复杂的认识过程。约束与约束力、受力分析和画示力图的知识点仍然作为独立的一章内容,以强调受力分析在工程力学中的重要性,并增加了现代土木工程中常见约束的简介。为加强对力系的平衡分析能力的培养,在汇交力系、力偶系和任意力系的平衡分析内容中增加或替换了部分例题。例题更具典型性和应用性,有利于读者对力系的平衡分析能力的提高。

材料力学的体系保持不变,但在基本变形、压杆稳定、动荷载等内容中增加了工程实例图片,使读者更容易联系实际,拓展所学工程力学知识的应用范围。在拉压、弯曲变形中增加了计算机对基本变形模拟的成果,使读者很容易理解平面假设的适用性、圣维南原理等知识点,促使其在实际工程中正确使用材料力学中的公式。

对全书的部分文字内容重新编写,以增加易读性;对部分图进行了重画,使其更规范;本版基本保留第1版的习题,只略作修订,习题参考解答的二维码改为附在每章习题后,便于读者使用。此外,书中还附有典型例题、习题讲解视频链接的二维码。为便于教学,教师可以扫码下载与本书配套的PPT课件以及若干考试试卷(样卷)。

本版修订时仍以土木、水利应用为工程背景,兼顾机械及其他学科。全书由陆晓敏、赵引修订,在此对提出有益建议的老师和读者表示衷心感谢!限于编者水平,书中难免存在不妥甚至错误之处,敬请广大师生和读者提出宝贵的意见和建议。

编 者

2023年5月于南京

前　言

    本书按照普通高等学校工科专业工程力学课程的基本要求编写,可作为水利、土木、交通、港航、环工、给排水、地质、水文、工程管理等专业的教材。通过选择相应的内容可以适用于 48～80 学时的教学要求。本书也可以作为同类专业和自学考试人员的教材或参考书。

    本书所选内容为工程力学的基本内容,难易程度适中,紧密结合实际工程。在内容编排上力求由易到难、由浅入深、循序渐进,在内容叙述上力求概念清晰、原理方法透彻、应用步骤规范,旨在培养学生工程力学基本素质,应用基本理论解决工程实际问题的能力。本书解决了两大篇内容在叙述上符号不一致、分析方法上不协调等传统工程力学教材存在的问题,并以有效解决工程力学问题为主线贯穿全书。

    本书内容分为刚体静力学和材料力学两大篇。其中第 1 篇的内容主要有静力学的基本概念和原理,汇交力系、力偶系、任意力系的简化和平衡,以及静力学专题的桁架内力分析与有摩擦的平衡分析。第 2 篇主要介绍杆件基本变形(拉压、扭转、弯曲)的应力、强度、刚度计算等基本内容,以及应力状态分析、强度理论、组合变形、压杆稳定、动荷载等相对深入的内容。全书分为 19 章,其中,第 1～7 章为刚体静力学的内容,第 8～19 章为材料力学的内容。附录中内容包括截面几何性质、型钢表。书后给出了部分习题参考答案。部分习题可以通过扫描二维码获取求解过程,便于学生学习和复习。

    本书第 1、2、8 章及第 12～19 章由陆晓敏编写,第 3～7 章、第 9～11 章由赵引编写,全书由陆晓敏统稿。

    本书内容经过教研室老师多年的教学实践,在本书的编写过程中他们提出了很多有益的建议,在此向他们表示由衷感谢!限于编者水平,书中难免存在不妥甚至错误之处,敬请广大师生和读者提出宝贵的意见和建议。

编　者

2020 年 5 月于南京

第2篇 材料力学

绪　　论

1. 工程力学的任务

工程力学是研究有关物质宏观运动规律及其应用的科学,是应用于工程实际的各门力学学科基础知识的总称。它涉及众多的力学学科分支与众多的工程技术领域,是一门理论性较强、与工程技术联系极为密切的技术基础学科。工程力学的理论和方法广泛应用于各行各业的工程技术中,是解决工程实际问题的重要基础。

工程力学的主要任务是将力学中的基本概念和基本原理应用于各种实际工程,为工程的设计、施工、运行、管理等提供科学和技术支持,达到使实际工程既安全又经济的目的。"刚体静力学"和"材料力学"是工程力学中最基础的内容。本书也只介绍这两部分的主要内容。

刚体静力学主要研究物体在力作用下的平衡规律及其应用。它是理论力学的组成部分。平衡是机械运动的一种特殊情形,即物体相对于惯性坐标系(所谓惯性坐标系,是指适用牛顿运动定律的坐标系,在动力学里有详细说明)处于静止状态或作匀速直线运动的情形。在一般工程问题中,所谓平衡则是指相对于地球的平衡,特别是指相对于地球的静止。地球并非惯性坐标系,但实践证明,对于很多工程问题,用牛顿力学的理论来分析所得到的结果是足够精确的。刚体静力学通常简称静力学。

在各种工程中都有大量的静力学问题。例如,在土建和水利工程中,用移动式吊车起吊重物时,必须根据平衡条件确定最大起吊重量(质量或重力),才能确保吊车不致翻倒;设计屋架时,必须将所受的重力、风雪压力等加以简化,再根据平衡条件求出各杆所受的力,据此确定各杆截面的尺寸;其他如闸、坝、桥梁等建筑,设计时都须进行受力平衡分析,以便得到既安全又经济的设计方案,而静力学理论则是进行受力分析的基础;在机械工程中进行机械设计时,也往往要应用静力学理论分析机械零部件的受力情况,作为强度计算的依据。对于运转速度缓慢或速度变化不大的零部件的受力分析,通常都可简化为平衡问题来处理。除此以外,静力学中关于力系简化的理论将直接应用于动力学中,而且动力学问题也可在形式上变换成平衡问题,可用静力学理论来求解。可见,静力学理论在生产实践中应用很广,在力学理论上也是很重要的。

静力学可以确定工程结构中每个构件的受力,但并未涉及此构件是否能承受这样的力。要确保工程结构的安全,必须使组成结构的每一构件满足安全的要求。为了使构件能正常安全地工作,一般需满足强度、刚度和稳定性三个条件。

材料力学的任务主要是研究工程结构中某个构件的内力、应力和变形,在此基础上进行强度、刚度和稳定性条件的建立和计算，为合理选择材料和设计构件尺寸提供科学依据，以确保构件经济而又安全地工作。

不同的材料具有不同的力学性质，并在强度、刚度、稳定性等方面表现出不同的特性。另外，材料的组成成分更具复杂性，所以，材料力学将首先通过实验的方法研究各种材料在力作用下，在变形、强度等方面表现出来的特性，总结出它们的共性，然后对固体材料作若干假设，再利用数学及静力学的理论建立起计算强度、刚度、稳定性等问题的计算公式。

材料力学是固体力学中最基础的内容，长期以来在生产实践中得到了充分的发展和完善。材料力学的概念、理论和方法已广泛应用于土木、水利、船舶与海洋、机械、化工、冶金、航空与航天等工程领域，如桁架结构中杆件的设计，机械结构中传动轴的设计，房屋、桥梁结构中的梁、柱设计，都会用到材料力学中的基本知识。

2．工程力学的研究对象

在工程实际问题中，我们所考察的物体有时很复杂，且各自具有某些特性。但是，对于不同的问题，物体的某些特性只是次要因素，可以撇弃，而只考虑它们的某些共性，将工程实际问题简化为合理的力学模型。将一个实际问题抽象成力学模型是一个较为复杂的问题，涉及多方面的知识，读者需要在实践中锻炼才能提高这方面的能力。物体的简化一般来说需从三方面加以考虑：物体的几何尺寸、受到的约束和承受的荷载（力）。如在静力学中，由于我们主要研究的问题是物体平衡的条件，而物体的变形并不影响力系平衡的必要性，所以常将实际物体抽象为质点、刚体或质点系的理想模型。

这三种理想的力学模型都是客观存在的实际物体的科学抽象，它们并不特指某些具体物体，而是概括了各种物体。不论物体是金属的、木质的、混凝土的或其他材料的，也不论是土建、水利工程中的建筑物构件或机械的零部件，在研究它们的平衡或运动时，都可使用上述几种模型之一来加以考察，原则上没有什么差别（需要考虑变形者除外）。这是人们认识深化的结果，也表明了理论的普遍意义。

材料力学的研究对象是工程结构中的杆件（构件的一种，其一个方向的尺寸远大于另外两个方向的尺寸）。由于材料力学旨在解决杆件的强度、刚度及稳定性问题，此时杆件的变形必须考虑，而材料的内部结构又作了简化，如均匀、连续、各向同性等，这就是材料力学中研究对象的模型。对于工程结构中的大多数杆件，如钢、混凝土、木材等制成的杆件，利用上述模型基本能解决其主要的力学问题。

3．工程力学的研究方法

工程力学的研究方法可以分为三大类：理论分析、实验研究与数值计算。三者往往是综合运用，互相促进。

理论分析是工程力学学科研究中最基本的方法。理论分析的步骤是首先确定计算模型，然后选择计算方法，依据已有的前提条件利用数学计算推演新的内容和结论，为解决工程力学问题提供新的方法。

实验研究是验证和发展理论分析、计算方法的主要手段，包括实验力学、结构检验和结构试验分析等。实验研究有两个基本的目的（功能）：一是验证理论和方法的正确性和可靠性；二是探索新的原理，发现各种材料的力学特性、变形规律、破坏规律等，为相应理论和方法提供依据。

数值计算在工程力学中为解决工程问题提供了强有力的工具，大大拓展了力学在工程中的应用，尤其是随着计算机技术的发展，计算力学已成为工程力学中最具有生命力的一个分支。

本书在静力学中主要利用理论分析的方法，通过采用公理化的体系，推导出各种力系的平衡条件，然后应用于实际工程，解决工程物体的平衡问题。在材料力学中主要利用实验研究和理论分析的方法，如材料的力学特性、破坏规律、变形规律等都需通过实验手段才能解决；然后在实验现象的基础上，作假设建立模型，再通过理论分析推演出各种量的计算公式和计算过程。如杆件横截面上应力的计算、强度理论的计算、压杆临界压力的计算等，都是通过上述方法推导出的。希望读者在学习过程中务必细心体察和总结，努力提高用工程力学进行理论分析和解决实际问题的能力。

第 1 篇　刚体静力学

物体受到力的作用时，其机械运动状态将发生变化，同时它的形状也会发生改变。平衡是物体运动状态的一种特殊情况，在一般工程问题中，**平衡**是指物体相对于地球静止（平衡严格的力学定义是：当物体相对于某惯性坐标系处于静止或匀速平移状态时，则称此物体处于平衡状态）。研究平衡问题时，如果同时考虑物体变形引起的形状改变和力的作用位置的改变对平衡的影响，则会使问题复杂化。事实上，大多数结构物在正常工作状态下变形很小，如果忽略其变形，将物体看作是不变形的"刚体"考虑其平衡，得到的结果完全能够满足工程精度要求。因此，在研究这类物体的平衡时，可采用刚体的假设来建立力学模型。本篇主要研究刚体在力的作用下的平衡规律，故称**刚体静力学**，也简称静力学。

在刚体静力学中，我们将研究对象（物体）简化为三种模型之一，即质点、刚体或质点系。

质点　如果一个物体的大小和形状对所讨论的问题影响不大，可以忽略不计，而只需计其质量，就可将该物体视为只有质量没有大小的点，称为质点。

刚体　如果物体的大小和形状对所讨论的问题来说不能忽略，但它在任何力的作用下大小和形状都保持不变，即不发生变形，此时物体的模型称为刚体。事实上，刚体是不存在的，因为任何物体受力后都将或多或少地发生变形。但在许多情况下，在研究物体的平衡或运动时，变形只是次要因素，可以忽略不计，因而可将物体看作刚体。

质点系　质点系是相互间有一定联系的一些质点的总称。可以认为刚体是不变形的质点系。由若干个刚体组成的系统称为**刚体系统**，有时也称为**物体系统**。在其他工程力学分支或有关工程专业课程中，物体系统的名称还将具体化。如在机械工程中常称为**机械系统**（机械结构），在土木水利工程中常称为**工程结构**，等等。

通常，作用于物体的力不止一个而是若干个，这若干个力总称为**力系**。如果一个力系作用于某一物体而使它保持平衡，则该力系称为**平衡力系**，所以也可以说静力学研究的是平衡力系的问题。如作用于物体上的一个力系可以用另一个力系来代替，而不改变原力系对物体作用的效应，则这两个力系称为**等效力系**。如果一个力与一个力系等效，则该力称为此力系的**合力**，而组成此力系的各力称为该合力的**分力**。作用于物体的力系往往较为复杂，在研究物体的平衡问题时，首先将复杂的力系加以简化，然后讨论物体的平衡条件。因此，可以将静力学的主要内容分为力系的等效简化和力系的平衡条件两部分，本书将它们融入各类力系中来叙述，这样便于读者理解和掌握。

第1章

基本概念及基本原理

1.1 力的概念

力是物体间的相互机械作用,这种作用使物体的运动状态发生改变,或使物体产生变形。力使物体改变运动状态的效应称为力的**运动效应**,使物体产生变形的效应称为力的**变形效应**。由于在静力学中所研究的物体是刚体,故本篇只考虑力的运动效应,变形效应将在第2篇中研究。

一般来说,两个物体相互作用具有一定的接触面积,当作用面积很小时常将其简化为一个点,这个点就是力的作用点,而作用于一点的力则称为**集中力**。如放在水平支撑面上的球体,当忽略球体和支撑面的变形时,它们之间的相互作用力可以简化为作用在接触点的集中力。在几何上,一个集中力常用一带箭头的线段来表示,并将线段的起点或终点画在作用点上。如在图 1-1 中的箭头表示了支撑面对球体的作用力,图中点 A 为作用点,过力的作用点作一直线 AB,使直线的方位代表力的方位,则该直线称为力的**作用线**。可见力的作用线是过力的作用点的。

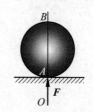

图 1-1 力的几何表示

力对物体作用的运动效应取决于力的三要素,即力的大小、方向和作用点。量度力的大小通常采用国际单位制(SI),力的单位用牛顿(N)表示。力的方向包含方位和指向,如铅直向下、水平向右等。作用点是力在物体上的作用位置。

力既具有大小和方向,又服从矢量的平行四边形法则,所以力是矢量(也称向量)。图 1-1 中,力矢量 $\overrightarrow{OA}$ 表示力 F,F 代表 F 的大小。(**本书统一规定粗斜体字母表示矢量,对应的细斜体字母表示该矢量的模,即大小。**)

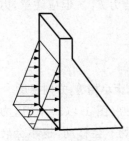

图 1-2 坝面水压力

实际工程中,很多物体之间的相互作用都具有一定的面积或体积,如重力作用于物体整个体积内,水压力作用于物体表面上,前者称为**体力**,后者称为**面力**。体力和面力都称为**分布力**。分布力对物体的作用效应取决于力的分布区域,以及在作用区域内每个位置的大小和方向,在几何上常在作用区域内用多个带箭头的线段来表示,如图 1-2 所示为作用在重力坝段上游面的水压力。各类分布力的描述、等效简化等具体内容将在后继章节中讨论。

1.2 静力学基本原理

静力学理论的基础是下述若干公理。它们是人们在生产实践中总结出来并经实践验证是正确的结论,构成了理论的基础。

1. 惯性定律——牛顿第一定律

任何质点如不受外力作用或所受合力为零,将保持静止状态或匀速直线运动状态。如原处于平衡状态则仍保持平衡。

对于刚体,如不受外力作用或所受力系等效后的结果为零,将保持原有的运动状态。如原处于平衡状态则仍保持平衡。

2. 平行四边形法则

两个共点力可以合成一个合力,合力等于以此两力为邻边所作平行四边形的对角线矢量,即遵循平行四边形法则。如图 1-3(a)作矢量 $\overrightarrow{AB}$ 及 $\overrightarrow{AD}$ 分别代表力 F_1 及 F_2,以 $\overrightarrow{AB}$ 和 $\overrightarrow{AD}$ 为邻边作平行四边形 $ABCD$,则对角线矢量 $\overrightarrow{AC}$ 即代表 F_1 与 F_2 的合力 F_R;力 F_1 及 F_2 均为 F_R 的分力。

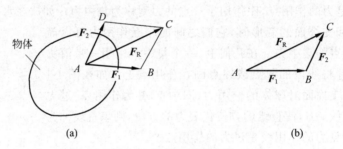

图 1-3 平行四边形法则

平行四边形法则表明,共点的两个力的合力等于这两个力的矢量和,用矢量方程表示为

$$F_R = F_1 + F_2 \tag{1-1}$$

自然地,合力也作用于两分力的公共作用点 A。具体计算时可不用平行四边形法则而用三角形法则求合力:在图 1-3(b)中,作矢量 $\overrightarrow{AB}$ 代表力 F_1,再从 F_1 的终点 B 作矢量 $\overrightarrow{BC}$ 代表力 F_2,最后从 F_1 的起点 A 向 F_2 的终点 C 作矢量 $\overrightarrow{AC}$,则 $\overrightarrow{AC}$ 即为合力 F_R。但应注意,力三角形只表明力的大小和方向,而不表示力的作用点和作用线。

3. 二力平衡原理

作用于同一刚体的两个力平衡的充要条件是:**两个力的作用线相同,大小相等,方向相反。**

例如,在一根静止的刚杆的两端沿同一直线 AB 分别施加拉力(图 1-4(a))或压力(图 1-4(b))F_1 及 F_2,使 $F_1 = -F_2$,由经验可知,刚杆将保持静止,既不会移动,也不会转动,所以 F_1 与 F_2 两个力平衡。反之,如果 F_1 与 F_2 不满足上述条件,可以是它们的作用线不同,或者 $F_1 \neq -F_2$,则刚体将从静止开始运动,即两个力不能平衡。两个力作用下平衡的物体,在工程力学中常称为**二力体**,或**二力构件**,如是杆件则称为**二力杆**。

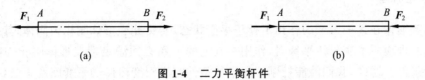

图 1-4　二力平衡杆件

4．加减平衡力系原理

在任一力系中加上一个平衡力系,或从其中减去一个平衡力系,所得新力系与原力系对于刚体的运动效应相同。

因为一个平衡力系不会改变刚体的运动状态,所以,在原来作用于刚体的力系中加上一个平衡力系,或从其中减去一个平衡力系,不致使刚体运动状态发生附加的改变,即新力系与原力系等效。应用上面两个原理,可从理论上证明力的可传性(读者不妨证明之):**作用于刚体的力可沿其作用线移动而不致改变其对刚体的运动效应(既不改变移动效应,也不改变转动效应)**。例如,用小车运送物品时,如图 1-5 所示,不论在车后 A 点用力 **F** 推车,抑或在车前同一直线上的 B 点用力 **F** 拉车,效果是一样的。力的这种性质称为**力的可传性**。由此可见,力对于刚体的运动效应取决于力的大小、作用线位置及力沿作用线的指向。

图 1-5　力的可传性

由于力具有可传性,所以力是**滑动矢量**;用几何方法表示时,可将力矢画在作用线上的任一点。

需要强调的是,平衡的概念是定义在物体上的,即研究对象上,是物体的一种运动状态。因此,依据物体平衡导出的对应力系所满足的条件仅是必要条件,不能随意对任何系统作为充分条件来使用。如在图 1-4(b)中将刚杆替换为一绳子,此时即使满足 $F_1 = -F_2$,绳子也不能保持平衡。实践表明,对于单个刚体,这些条件既是必要也是充分的。

5．作用与反作用定律

两个物体间相互作用的力(作用与反作用力)同时存在,大小相等,作用线相同而指向相反。这一定律就是牛顿第三定律,无论物体是静止的还是运动的,此定律都成立。图 1-6 中 A、B 两物体之间的作用力和反作用力分别用 **F** 和 **F′** 来表示,则两力满足 $F = -F'$,且作用线相同。

图 1-6　作用与反作用力

6. 刚化原理

如果变形体在某一力系的作用下处于平衡状态,若将此变形体刚化为刚体,其平衡状态不变。此原理说明了变形体平衡时,作用在其上的力系必须满足把变形体刚化为刚体后刚体的平衡条件。这样,我们就能把刚体的平衡条件应用到变形体的平衡问题中去,从而扩大了刚体静力学的应用范围,这在弹性体静力学和流体静力学中有重要的意义。

1.3 力的分解与力的投影

按照矢量的运算规则,可将一个力分解成两个或两个以上的分力。最常用的是将一个力 $\boldsymbol{F}$ 分解为沿直角坐标轴 x、y、z 的三个分力,即

$$\boldsymbol{F} = F_x\boldsymbol{i} + F_y\boldsymbol{j} + F_z\boldsymbol{k} \tag{1-2}$$

其中 $\boldsymbol{i}$、$\boldsymbol{j}$、$\boldsymbol{k}$ 为沿坐标轴正向的单位矢量,如图 1-7 所示;F_x、F_y、F_z 分别为力 $\boldsymbol{F}$ 在 x、y、z 轴上的投影。如果已知 $\boldsymbol{F}$ 与 x、y、z 轴正向的夹角分别为 α、β、γ,则有

$$F_x = F\cos\alpha, \quad F_y = F\cos\beta, \quad F_z = F\cos\gamma \tag{1-3}$$

由夹角余弦的正负即可知力投影的正负。有时,若力与坐标轴正向的夹角为钝角,也可改用其补角(锐角)计算力的投影的大小,而需根据观察判断投影的正负号。式(1-3)也可写成

$$F_x = \boldsymbol{F} \cdot \boldsymbol{i}, \quad F_y = \boldsymbol{F} \cdot \boldsymbol{j}, \quad F_z = \boldsymbol{F} \cdot \boldsymbol{k} \tag{1-4}$$

图 1-7 力沿坐标轴分解

即一个力在某一轴上的投影等于该力与沿该轴正方向的单位矢量之标积。这个结论不仅适用于力在直角坐标轴上的投影,也适用于力在任一轴上的投影。例如,设有一轴 ξ,沿该轴正向的单位矢量为 $\boldsymbol{n}$,则力 $\boldsymbol{F}$ 在 ξ 轴上的投影为 $F_\xi = \boldsymbol{F} \cdot \boldsymbol{n}$。设 $\boldsymbol{n}$ 在坐标系 Oxy 中的方向余弦为 l_1、l_2、l_3,则

$$F_\xi = F_x l_1 + F_y l_2 + F_z l_3 \tag{1-5}$$

如果已知力 $\boldsymbol{F}$ 与 z 坐标轴的夹角 γ,以及 $\boldsymbol{F}$ 在平行于 xy 平面上的投影 $\boldsymbol{F}'$(矢量在平面上的投影仍是矢量,其起点和终点分别是原矢量的起点和终点的垂足)与另一轴(如 x 轴)的夹角(即平面 $AA'BB'$ 与坐标面 xz 的夹角)θ,如图 1-8 所示,则 $\boldsymbol{F}$ 在三坐标轴上的投影可以按如下计算:

$$\begin{cases} F_x = F'\cos\theta = F\sin\gamma\cos\theta \\ F_y = F'\sin\theta = F\sin\gamma\sin\theta \\ F_z = F\cos\gamma \end{cases} \tag{1-6}$$

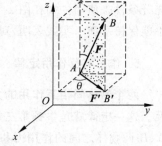

图 1-8 力在坐标轴上的投影

需要注意上式是一个解析表达式,θ、γ 是力与坐标轴正向所夹的角度,其值决定着力投影的正负。在一些实际问题中,人们习惯于先计算投影的大小,然后再判别正负号。

如果已知 $\boldsymbol{F}$ 在 x、y、z 轴上的投影 F_x、F_y、F_z,则可分别反求 $\boldsymbol{F}$ 的大小及方向余弦,其计算公式为

$$\begin{cases} F = \sqrt{F_x^2 + F_y^2 + F_z^2} \\ \cos\alpha = \dfrac{F_x}{F}, \quad \cos\beta = \dfrac{F_y}{F}, \quad \cos\gamma = \dfrac{F_z}{F} \end{cases} \tag{1-7}$$

如果 $\boldsymbol{F}$ 位于某一坐标平面内,设为 xy 面,则 $F_z = 0$,而 F_x 和 F_y 可用式(1-3)或式(1-4)中的前两式求得。

例 1-1　如图 1-9 所示,力 $\boldsymbol{F}$ 作用在立方体对角面 $ACGD$ 内,作用线与顶面间的夹角为 $60°$。若 $F = 80\text{N}$,试求力 $\boldsymbol{F}$ 在 x、y、z 轴上的投影,以及在对角线轴 ξ 上的投影。

解　由于 $ABCODEGH$ 是立方体,所以有 $\angle EGD = \angle ABD = 45°$。力 $\boldsymbol{F}$ 在三坐标轴上的投影分别为

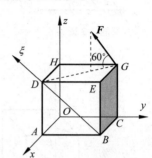

$$F_x = F\cos60°\cos45° = 80 \times 0.5 \times \sqrt{2}/2\text{N} = 20\sqrt{2}\,\text{N}$$

$$F_y = -F\cos60°\sin45° = -80 \times 0.5 \times \sqrt{2}/2\text{N} = -20\sqrt{2}\,\text{N}$$

$$F_z = F\sin60° = 80 \times \sqrt{3}/2\text{N} = 40\sqrt{3}\,\text{N}$$

$\boldsymbol{F}$ 的解析表达式为

$$\boldsymbol{F} = (20\sqrt{2}\,\boldsymbol{i} - 20\sqrt{2}\,\boldsymbol{j} + 40\sqrt{3}\,\boldsymbol{k})\text{N}$$

假设沿 ξ 轴的单位矢量为 $\boldsymbol{n}$,则可由几何关系计算其在坐标轴上的投影,从而得到解析表达式为

图 1-9　例 1-1 附图

$$\boldsymbol{n} = 0\boldsymbol{i} - \sqrt{2}/2\,\boldsymbol{j} + \sqrt{2}/2\,\boldsymbol{k}$$

则 $\boldsymbol{F}$ 在 ξ 轴上的投影为

$$F_n = \boldsymbol{F} \cdot \boldsymbol{n} = (20\sqrt{2} \times 0 + 20\sqrt{2} \times \sqrt{2}/2 + 40\sqrt{3} \times \sqrt{2}/2)\text{N} = 68.990\text{N}^*$$

习题

1-1　请用二力平衡原理和加减平衡力系原理证明力的可传性。

1-2　请以二力平衡条件为例讨论它对刚体和变形体平衡的必要性和充分性。

1-3　支座受力 $\boldsymbol{F}$,已知 $F = 10\text{kN}$,方向如图所示。求力 $\boldsymbol{F}$ 沿 x、y 轴及沿 x'、y' 轴分解的结果,并求力 $\boldsymbol{F}$ 在各轴上的投影。

1-4　已知 $F_1 = 100\text{N}$,$F_2 = 50\text{N}$,$F_3 = 60\text{N}$,$F_4 = 80\text{N}$,各力方向如图所示。试分别求各个力在 x 轴和 y 轴上的投影。

1-5　附图中已知力 $F = 20\text{N}$,请计算 $\boldsymbol{F}$ 在各直角坐标轴上的投影。

1-6　计算图中 $\boldsymbol{F}_1$、$\boldsymbol{F}_2$、$\boldsymbol{F}_3$ 三个力分别在 x、y、z 轴上的投影。已知 $F_1 = 2\text{kN}$,$F_2 = 1\text{kN}$,$F_3 = 3\text{kN}$。

1-7　已知 $F_T = 10\text{N}$,求 $\boldsymbol{F}_T$ 在三个直角坐标轴上的投影。

1-8　力 $\boldsymbol{F}$ 沿长方体的对顶线 AB 作用,$F = 100\text{N}$。求 $\boldsymbol{F}$ 在 ON 轴上的投影。附图中尺寸单位为 mm。

注:* 本书中有很多计算表达式,计算结果大都带有小数。小数的位数不作统一规定,这涉及工程的具体要求及量测手段的精度,这些内容将会在后续专业课中介绍。为方便起见,截断小数后的结果前仍用等号"=",表示取值之意。

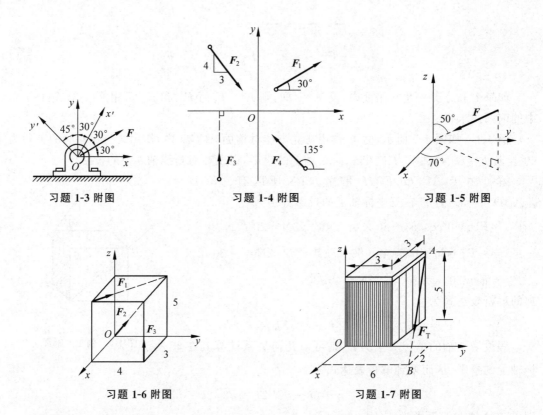

习题 1-3 附图　　　　习题 1-4 附图　　　　习题 1-5 附图

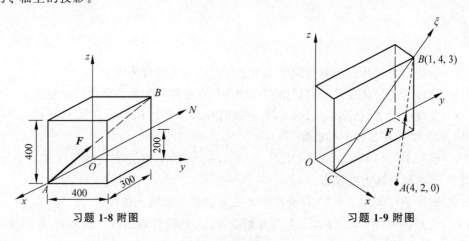

习题 1-6 附图　　　　　　　　习题 1-7 附图

1-9　附图中已知 $F=10\text{N}$,其作用线通过 $A(4,2,0)$、$B(1,4,3)$两点。试求力 F 在沿 CB 的 ξ 轴上的投影。

习题 1-8 附图　　　　　　　　习题 1-9 附图

本章习题参考解答

第2章
约束 约束力 受力分析

2.1 约束与约束力

不受限制而可以自由运动的物体称为**自由体**,如在空中飞行的飞机;某些运动受到限制的物体称为**非自由体**或**受约束体**,如用绳子悬挂而不能下落的重物,一端埋在地下而不会倒下的灯柱等。我们研究某物体的运动时,常将阻碍其运动的周围物体称为**约束**。工程中约束大多是以物体相互接触的方式构成的,上述绳索对于所悬挂的重物和地基对于灯柱都构成了约束。

约束对于物体的作用力称为**约束力**或**约束反力**,也常简称为**反力**。与约束力相对应,某些作用力主动地使物体运动或使物体有运动趋势,这种力称为**主动力**,工程中也常称作**荷载**,一般指作用在物体上的外加力,如重力、水压力、风压力等都是主动力。

主动力一般是已知的,而约束力则是未知的。但是,某些约束力的作用位置、方位或方向却可根据约束本身的性质加以确定。确定的原则是:**约束力的方向总是与约束所能阻止的运动方向相反,作用在物体与约束接触的部位**。下面给出工程中常见的几种约束的实例、简化图及对应的约束力的表示法。对于指向不定的约束力,图中力的指向是假设的。

2.1.1 柔索

图 2-1(a)、(b)、(c)中的绳索、链条、皮带都可以简化为柔索类约束。由于柔索只能承受**拉力**,所以柔索给予所系物体的约束力作用于接触点,方向沿柔索中心线而背离物体。图 2-1(d)表示了绳索对起吊重物的约束力 F_T。

2.1.2 光滑接触

当两物体接触面上的摩擦力可以忽略时,即可将其看作光滑接触面。这时,不论接触面形状如何,只能阻止接触点沿着通过该点的公法线趋向接触面的运动。所以,光滑接触面的约束力通过接触点,沿接触面在该点的公法线,且为压力(指向物体内部),常称为**法向约束力**,如图 2-2(a)、(b)所示。图 2-2(a)中轮与光滑桌面接触处公法线的方位既可由桌面确定,也可由轮子的周线来确定;图 2-2(b)中 AB 杆在 A、D 接触处的公法线的方位可分别由圆弧面和杆的轴线来确定。如果光滑接触面具有一定的面积,则将产生法向的分布约束力,即在接触区域内各点的作用力沿此点的公法线。关于分布力的简化将在后继章节中讨论。

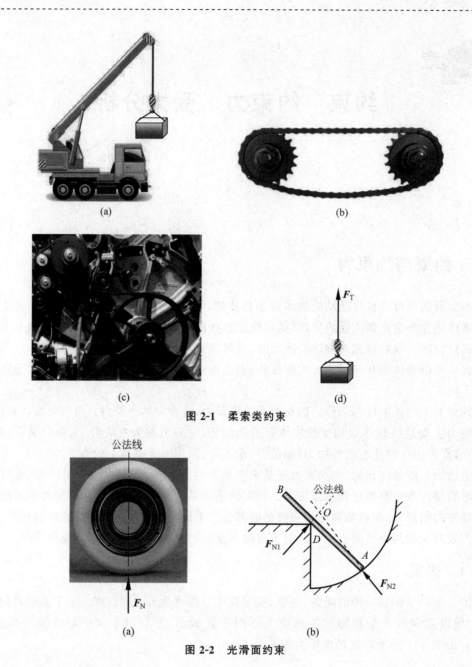

图 2-1 柔索类约束

图 2-2 光滑面约束

2.1.3 铰连接与铰支座

1. 铰连接

在两个构件上各钻一个圆柱形孔,并套在同一圆柱形光滑销钉上,使两构件连接起来,这种约束称为**铰链连接**,简称**铰连接**。图 2-3(a)所示为一个用铰链连接组成的机构,以图中铰 A 为例进行作用力分析。图 2-3(b)、(c)、(d)所示为组成铰的三部分,可见销钉连接的两构件不直接发生相互作用,它们通过销钉传递力。销钉与构件上的圆柱形孔壁之间为光滑接触,由于接触点未知(与构件受力有关),但接触点的公法线必经过销钉的中心(或孔的中心,常称为铰的中心),所以其相互作用力的作用线过铰的中心,方向未定。图中 F_1 和 F_1' 为销钉与图 2-3(b)所示构件之间的作用力与反作用力;F_2 和 F_2' 为销钉与图 2-3(d)所示构件之间的作用力与反作用力。根据二力平衡原理可知 F_1' 和 F_2' 的大小是相等的,也即 F_1、F_1'、F_2'、F_2 四个力的大小是相等的,作用方向都与销钉轴线垂直,且位于同一平面内。所以,在进行作用力分析时,对销钉一般没必要单独按脱离体分析,大多情况也无须说明销钉放在哪个构件的孔内。另外,由于作用力的方位未定,故人们常用其两个分力来表示,如图 2-3(e)所示。铰链连接常用简图 2-3(f)来表示。

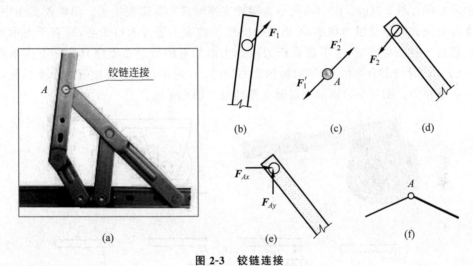

图 2-3 铰链连接

2. 固定铰支座

如果铰链连接中某个构件固定不动,则这种铰常称为**固定铰支座**,简称**铰支座**。图 2-4(a)所示为固定铰支座的示意图。铰支座的约束力在垂直于销钉轴线的平面内,通过销钉中心,

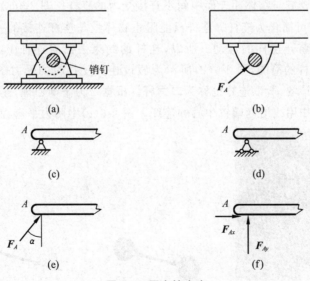

图 2-4 固定铰支座

方向不定,如图 2-4(b)所示。图 2-4(c)、(d)所示为铰支座的常用简化表示法。铰支座的约束力可表示为一个未知的角度和一个未知大小的力,如图 2-4(e)所示,但这种表示法在解析计算中不方便。常用的方法是将约束力表示为两个互相垂直的力,如图 2-4(f)所示。

3.活动铰支座或辊轴支座

如果铰链连接中某个构件可以在一个支撑面上自由地运动,则此铰常称为**活动铰支座**,或称**辊轴支座**。图 2-5(a)所示为实际工程中使用的一种活动铰支座;图 2-5(b)所示为辊轴支座的示意图;图 2-5(c)、(d)、(e)所示为辊轴支座的常用简化表示法。活动铰支座中的滚轮在支撑上滚动时所受阻力很小,所以辊轴支座的约束力通过销钉中心,垂直于支承面,指向需根据具体铰结构确定,它可能是压力或拉力。如有的活动铰支座只有一个支承面(见图 2-5(b)),此时约束力为压力,指向被约束的构件;而有的活动铰支座有两个支承面,可以对构件产生拉力。图 2-5(f)所示为辊轴支座约束力的表示法。

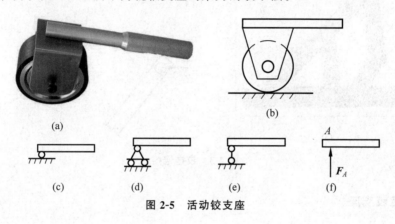

图 2-5　活动铰支座

2.1.4　连杆

连杆是两端用铰链与物体相连而中间不直接受力的直杆。图 2-6(a)所示为机械中常见的连杆机构,AB 杆可简化为连杆。连杆只能阻止物体上与连杆连接的一点(如 A 点)沿着连杆中心线趋向或离开连杆的运动。所以,连杆的约束力沿着连杆中心线,但指向不定。图 2-6(b)所示为连杆的简图,图 2-6(c)所示为假设连杆受拉时的受力图。需强调的是,连杆的自重是忽略不计的,所以连杆也称为**二力杆**。根据二力平衡原理,连杆两端的约束力大小相等,方向相反,作用线沿两端铰中心的连线。图 2-6(c)中两力平衡,满足 $\boldsymbol{F}_A = -\boldsymbol{F}_B$。

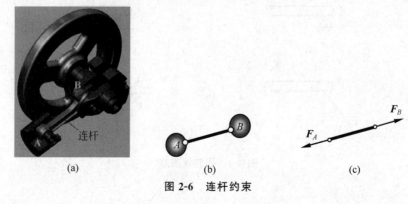

图 2-6　连杆约束

2.1.5 径向轴承

图 2-7(a)所示为机器中常用的**径向轴承**,也称**向心轴承**。径向轴承承受径向力,是转轴的约束,它允许转轴转动,但限制转轴在垂直于轴线平面内任何方向的移动,即轴承所在平面内任意方向的运动。径向轴承的简化表示如图 2-7(b)所示,其约束力可用垂直于轴线的两个相互垂直的分力 F_x 和 F_y 来表示,如图 2-7(c)所示。

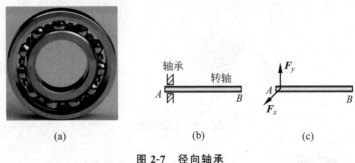

图 2-7 径向轴承

2.1.6 球铰支座及止推轴承

构件的一端做成球形,固定的支座做成一球窝,将构件的球形端置入支座的球窝内,则构成**球铰支座**,简称**球铰**,如图 2-8(a)所示。球铰支座的示意简图如图 2-8(b)所示。在径向轴承约束的前提下再限制转轴沿轴向的移动就构成了**止推轴承**,如图 2-8(c)所示。止推轴承的简化表示如图 2-8(d)所示。球铰支座和止推轴承一般都用于空间问题中的约束。由于球窝内假设为光滑接触,故给予球的约束力必通过球心,但可取空间任何方向。止推轴承约束杆端在空间任意方向的移动,但允许少许转动,所以其约束力可以是空间任意方向的一个力(实际约束力在杆轴线方向的分力一般指向杆件)。所以这两种约束的约束力可用三个相互垂直的分力 F_x、F_y、F_z 来表示,见图 2-8(e)。

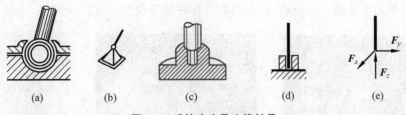

图 2-8 球铰支座及止推轴承

工程中还有很多其他形式的约束,如**固定端**、**滑移支座**、**刚性连接**等,其中有些约束在后续内容中再作介绍。

事实上,工程中有些约束并不一定与上述理想的形式完全一样,但是,根据问题的性质以及约束在讨论的问题中所起的作用,抓住主要矛盾,略去次要因素,常可将实际约束近似地简化为上述几种类型之一。如图 2-9(a)所示厂房建筑中的钢筋混凝土构架,其 A、B 两柱脚与基础(工程中称为"杯口")之间填以沥青麻丝,杯口可以阻止柱脚向下的和水平的移动,但沥青麻丝填料不能阻止柱身作微小的转动,因此 A、B 两处都可简化为铰支座。C 点的连接也可简化为铰接(C 点处抗弯曲刚度较小)。整个结构可简化为如图 2-9(b)所示的简图,这种结构称为**三铰刚架**。又如,小型桥梁的桥身直接搁置在桥台上,如图 2-10(a)所示,桥台可以阻止桥身两端向下运动,但不能阻止微小转动。此外,当桥身受到向右的冲击时,B 端与桥台突高部分接触,从而阻止桥身水平运动,而 A 端却不能阻止桥身的水平运动(略去摩擦)。因此,B 端约束可简化为铰支座,而 A 端约束则简化为辊轴支座,如图 2-10(b)所示;在冲击方向相反的情况下,自然应将 A 端简化为铰支座,而 B 端为辊轴支座。

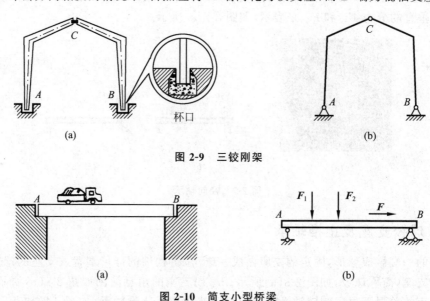

图 2-9　三铰刚架

图 2-10　简支小型桥梁

以上介绍的几种约束都可以简化为刚性约束,产生的约束力也可以直接用集中力来等效。在某些工程中,为了适应结构的变形或者减小结构的动力作用,常采用弹性约束。图 2-11 所示为高架桥中为了适应桥梁轴向变形而设计的盆式橡胶支座;图 2-12 所示为钢结构中为了减小结构动力响应而设计的减震球型钢支座;图 2-13 所示为在轿车、摩托车中,为了减小路面冲击而设计的螺旋弹簧支座。这些约束产生的约束力较为复杂,需要使用较复杂的力学知识才能进行分析,这些内容将在后继课程中介绍。

图 2-11　盆式橡胶支座　　图 2-12　减震球型钢支座　　图 2-13　弹簧支座

2.2　计算简图和示力图

2.2.1　计算简图

工程中的结构物或机械一般都较为复杂,在进行力学分析时,需要根据问题的要求,适当加以简化,再抽象成为合理的力学模型,以便于计算。将这个力学模型用几何关系表示出来,所得图形称为**计算简图**。

将一个实际问题抽象成合理的力学模型并非易事,需要在实践中锻炼才能不断提高这方面的能力。这里只作简单介绍,更为详细的内容将在后继课程中介绍。抽象化的原则是:**力求符合客观存在的条件,反映结构物或机械的力学特点,并在满足工程要求的前提下使计算分析工作得以简化。**

在抽象化过程中,因为要略去一些次要因素,必然包含着某种近似性。例如,某些尺寸远比其他有关尺寸小则可忽略不计,因而在微小面积上的力可看作集中力,接触面很光滑或经过充分润滑时可不计摩擦,等等。所以,对一个具体问题,在抽象成为力学模型时,可作哪些近似的假设,可忽略哪些因素,必须十分小心,力求合理,既要满足实际要求,又必须在数学分析上方便且可行。

对于一个实际问题,在将其抽象成为力学模型,用计算简图表示时,一般需从三方面加以简化:**尺寸、荷载(力)和约束。**

2.2.2 结构计算简图举例

通常房屋建筑的屋顶杆件结构的草图中(图 2-14(a)),在对桁架(俗称屋架,在第 7 章中将进一步讨论)进行力学分析时,考虑到屋架各杆件断面的尺寸远比其长度小,因而可用杆件轴线代表杆件;各相交杆件之间可能用榫接、铆接或其他形式连接,但在分析时,可近似地将杆件之间的连接看作铰接;屋顶的荷载由桁条传至檩子,再由檩子传至屋架,接近于集中力,其大小等于两桁架之间和两檩子之间屋顶的荷载;屋架一般用螺栓固定(或直接搁置)于支承墙上,但在计算时,与上一节中关于桥梁支承的简化相似,一端可简化为铰支座,另一端可简化为辊轴支座。最后就得到如图 2-14(b)所示的屋架的计算简图。

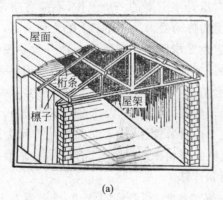

(a)

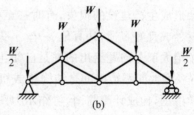

(b)

图 2-14 屋架

又如图 2-15(a)所示的重力坝,设计中进行坝体的稳定性分析时常沿坝轴线方向截取单位长度的一段,将其简化为平面结构来计算,其计算简图如图 2-15(b)所示。

这样简化后求得的结果对小型结构来说可以满足工程要求,对大型结构则可作为初步设计的依据。

以上主要从结构构造几个方面来讨论如何进行简化,如何选取结构的计算简图,这对于初学者很有必要。但是,需要指出的是,确定结构的计算简图,特别是比较复杂结构的计算

(a)

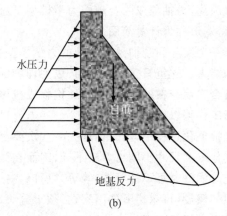

水压力

自重

地基反力

(b)

图 2-15 重力坝计算简图

(a) 某重力坝；(b) 计算简图

简图,需要具有丰富的工程知识,对结构的整体和各部分的构造有清晰的了解;对结构所承受的荷载的影响要有正确的判断,而且还与试验手段和计算工具有关。随着计算机技术的发展与应用,结构计算简图的选取会越来越接近真实结构,计算结果也会越来越精确。

2.2.3 示力图

有了计算简图之后,无论是求解静力学问题还是材料力学问题,还需进一步分析物体的受力情况,据以求得所需的数据。为便于分析和计算,我们首先要确定考察的对象,并画上别的物体作用于它的力(包括主动力和约束力)。这样构成的图形称为**示力图**或**受力图**,有时也叫**脱离体图**(隔离体图)。

作示力图是解答力学问题的第一步工作,也是很重要的一步工作,不能省略,更不容许有任何错误。正确作出示力图,可以清楚表明物体的受力情况和必需的几何关系,有助于对问题进行分析和建立所需的数学方程,因而它也是求解力学问题的一种有效手段。如果不画示力图,求解将会发生困难,乃至无从着手。如果示力图错误,必将导致错误结果,在实际工作中就会造成生产建设的损失,有时甚至会造成极严重的危害。因此,在学习力学时,必须一开始就养成良好习惯,认真地、一丝不苟地作示力图,再据以作进一步的分析计算。

本书中绝大部分问题给出的都是已简化了的计算简图,读者只需据此作示力图和进行计算;只有极少数问题给出的是结构物或机械的原始图形,要求读者首先将原结(机)构抽象成为力学模型,构成计算简图,再作示力图和计算。

例 2-1
讲解

例 2-1 一管子一侧靠在墙上,下部搁在板 AB 上,板受固定铰 A 及绳索 BD 约束,如图 2-16(a)所示。假设所有接触处为光滑接触,管子自重为 W,板的自重不计。试进行受力分析,并作板 AB、管子及整体的示力图。

解 板 AB 受的力有:固定铰 A 的两个约束分力 F_{Ax}、F_{Ay};管子与板的法向约束力 F_{NC};绳索的拉力 F_T。示力图如图 2-16(b)所示。

管子受的力有:管子自身的重力 W;管子与板的法向约束力 F'_{NC},其与 F_{NC} 构成作用力与反作用力;墙对管子的法向约束力 F_{NE}。示力图如图 2-16(c)所示。

整体的示力图如图 2-16(d)所示,此时 C 处的约束为内约束,相互作用力不必画出。

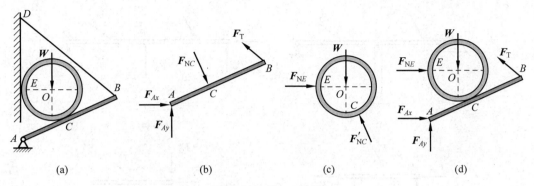

图 2-16 例 2-1 附图

例 2-2 参考图 2-17,请分析自卸载重汽车翻斗的受力并作示力图。

解 首先,由于翻斗对称,故可简化为平面计算简图;其次,翻斗可绕与底盘连接处转动,故该处可简化为铰,油压举升缸筒则可简化为连杆。于是得翻斗的计算简图如图 2-17(a) 所示。假设翻斗重 W。现在作翻斗的示力图。翻斗除受重力外,在 A、B 两点还受铰及连杆的约束力,图 2-17(b)所示为翻斗的示力图,图中铰 A 处的约束力用 F_{Ax}、F_{Ay} 表示,连杆的约束力用 F_{NB} 表示,各约束力的指向都是假设的。

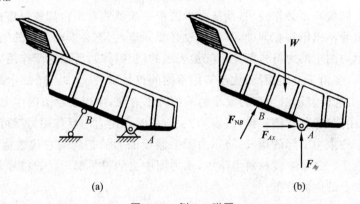

图 2-17 例 2-2 附图

例 2-3 图 2-18(a)所示为一简化后的桥梁计算简图,AB、BC 段梁上荷载 F_1、F_2 分别是两辆汽车的重力与刹车力的合力。BD 为桥柱,简化为连杆。试进行受力分析,分别作出桥梁整体结构及 AB、BC 段梁的示力图(梁自重不计)。

解 首先作桥梁整体的示力图,如图 2-18(b)所示,图中 F_{Ax}、F_{Ay} 分别为固定铰支座 A 处的水平和竖向约束力;F_{BD} 为桥柱 BD(可简化为连杆约束)的约束力;F_C 为活动铰支座 C 处的约束力。注意,B 铰此时为内约束,作用力(称为内约束力)成对出现,故内约束力不必画出。

分析 AB 段梁的受力,并作示力图如图 2-18(c)所示,图中 F_{Ax}、F_{Ay} 分别为固定铰支座 A 处的水平和竖向约束力;F_{Bx}、F_{By} 分别为铰 B 中销钉与 AB 段梁的作用力的水平和竖向分力。

分析 BC 段梁的受力,并作示力图如图 2-18(d)所示,图中 F'_{Bx}、F'_{By} 分别为铰 B 中销钉与 AB 段梁的作用力的水平分力和竖向分力,分别与 F_{Bx}、F_{By} 构成作用力与反作用力;F_{BD} 为桥柱 BD 的约束力;F_C 为活动铰支座 C 处的约束力。

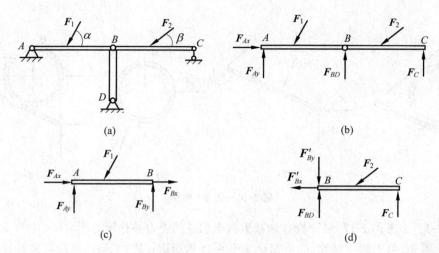

图 2-18　例 2-3 附图

　　要注意的是,B 铰中的销钉与 AB、BC、BD 三个物体发生了互相作用,为方便起见,进行受力分析时人们习惯将销钉与某个物体一起作为脱离体(如本例题是销钉与 BC 物体一起作为脱离体),一般情况下不会将销钉单独脱离来分析,从而可以简化计算分析。至于销钉与哪个物体共同脱离不必作说明,而从示力图中一般就能看出。如铰仅连接两个物体,则从示力图上一般看不出销钉在何处,其实也没必要知道,它不会影响计算的结果。

　　以上例题示力图中的力符号都是用矢量表示的(粗斜体),所以对于作用力与反作用力,尽管其大小相等,但由于方向相反,故还需用不同的符号来表示(如例 2-3 中的 F_{Bx}、F_{By} 与 F'_{Bx}、F'_{By})。其实这样表示对约束力大小的求解并不方便,所以在示力图中力的符号有时不用矢量表示,而用代数符号(细斜体)仅表示大小,此时作用力与反作用力就可以用相同的符号表示了。至于约束力实际的指向,将示力图中假设的力的指向与它代数值的正负号结合起来就可以判断了。在第 2 篇材料力学中,示力图中力的符号都用代数符号表示,极大地方便了杆件横截面上的内力分析。

习题

　　2-1　作图示指定物体的示力图。物体重量 W 除图上已注明者外,均略去不计。假设接触处都是光滑的。

习题 2-1(i)
讲解

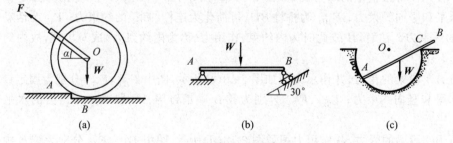

习题 2-1 附图

　　(a) 轮;(b) 梁 AB;(c) 杆 AB;(d) 曲杆 AO;(e) 吊桥 AB;(f) 梁 AB;

　　(g) 梁 AC、CD 及联合梁整体;(h) 杆 AC、BC 及人字梯整体;(i) 杆 BC、轮 C 及整体

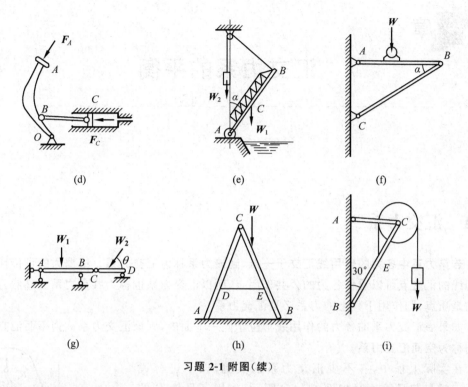

(d)　　　　　　　(e)　　　　　　　(f)

(g)　　　　　　　(h)　　　　　　　(i)

习题 2-1 附图（续）

2-2　分析图示结构的受力，并作整体结构、*AC* 杆及铰 *E* 的示力图。

2-3　附图所示为三铰拱桥的简图，*C* 处连接可简化为铰，半拱所受重力为 *P*，桥面荷载为 *W*。试进行受力分析并作 *BC*、*AC* 部分及桥整体的示力图。

习题 2-3
讲解

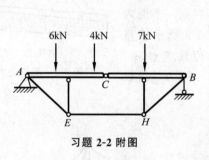

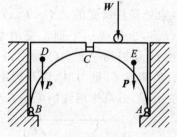

习题 2-2 附图　　　　　　　　　习题 2-3 附图

本章习题参考解答

第**3**章

汇交力系的平衡

3.1 汇交力系

若某力系中各力的作用线汇交于一点,则该力系称为汇交力系。根据力的可传性,各力作用线的汇交点可以看作各力的公共作用点,所以汇交力系也称为**共点力系**。显然,如果考察的是质点,则作用于其上的力系必是汇交力系。

如果一汇交力系的各力的作用线都位于同一平面内,则该汇交力系称为**平面汇交力系**,否则称为**空间汇交力系**。

在实际工程中,有不少汇交力系的实例,以下进行说明。起重机起吊重物时如图 3-1(a)所示,作用于吊钩 C 的力有:钢绳拉力 F_3 及绳 AC 和 BC 的拉力 F_1 与 F_2,如图 3-1(b)所示,它们都在同一铅直平面内并汇交于 C 点,组成一平面汇交力系。图 3-2(b)为图 3-2(a)所示屋架的一部分,其中 O 点处各杆所受的力 F_1、F_2、F_3、F_4 在同一平面内并汇交于 O 点,也组成一平面汇交力系。图 3-3 所示铅直立柱受球铰 O 及钢绳 AB、AC 约束,柱顶受荷载 F 作用。作用于立柱的荷载 F,重力 W,以及约束力 F_O、F_1、F_2 组成一空间汇交力系,力系作用线的汇交点为 A。

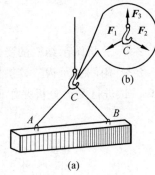

图 3-1 吊钩受力图

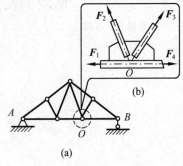

（a）

图 3-2 节点 O 受力图

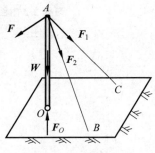

图 3-3 立柱受力图

3.2 汇交力系的简化

1. 汇交力系合成的几何法

设有汇交力系 F_1、F_2、F_3、F_4 作用于刚体上的 A 点,如图 3-4(a)所示,下面说明其合成过程。前面介绍过,共点的两个力可以利用平行四边形法则或三角形法则合成为一个合力,合力等于两个分力的矢量和,并作用于两分力的公共作用点。所以,对此汇交力系只需连续应用三角形法则将各力依次合成。图 3-4(a)中的虚线箭头为合成的结果:先将力 F_1、F_2 合成为力 F_{R1},然后将力 F_{R1} 与 F_3 合成为力 F_{R2},最后将力 F_{R2} 与 F_4 合成为力 F_R。力 F_R 就是 F_1、F_2、F_3、F_4 四个力的合力,合力 F_R 的作用线通过 A 点。实际上,作图时力 F_{R1} 和 F_{R2} 可不必画出,同样能够得到合力 F_R,所得多边形 $Aabcd$ 称为力多边形,如图 3-4(b)所示。用力多边形求合力的方法称为**力多边形法则**。

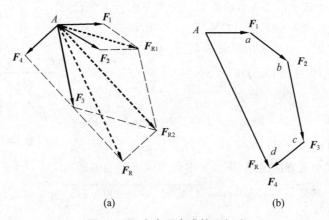

(a)　　　　　　　　(b)

图 3-4　汇交力系合成的几何法

上述方法可以推广到汇交力系有 n 个力的情况,则可得结论:**汇交力系合成的结果是一个合力**,它等于原力系各力的矢量和,合力的作用线通过力系汇交点。以 F_R 表示汇交力系的合力,则

$$F_R = F_1 + F_2 + \cdots + F_n = \sum F_i \tag{3-1}$$

对平面汇交力系,有时用几何法求合力较为方便;而对空间汇交力系则不然,常用解析法求其合力。

2. 汇交力系合成的解析法计算

任取一直角坐标系 $Oxyz$(常把坐标原点 O 放在汇交点),将各力用解析式表示:

$$F_i = F_{ix}i + F_{iy}j + F_{iz}k, \quad i = 1, 2, \cdots, n$$

代入式(3-1)可得

$$F_R = \left(\sum F_{ix}\right)i + \left(\sum F_{iy}\right)j + \left(\sum F_{iz}\right)k \tag{3-2}$$

单位矢量 i、j、k 前面的系数是合力 F_R 在三个坐标轴上的投影,即

$$\begin{cases} F_{Rx} = \sum F_{ix} \\ F_{Ry} = \sum F_{iy} \\ F_{Rz} = \sum F_{iz} \end{cases} \tag{3-3}$$

这表明,合力 $\boldsymbol{F}_R$ 在任一轴上的投影等于各分力在同一轴上投影的代数和。这一关系对任何矢量都成立,称为**矢量投影定理**。即合矢量在任一轴上的投影,等于各分矢量在同一轴上投影的代数和。由合力的投影可求其大小和方向余弦:

$$\begin{cases} F_R = \sqrt{F_{Rx}^2 + F_{Ry}^2 + F_{Rz}^2} \\ \cos(\boldsymbol{F}_R, x) = \dfrac{F_{Rx}}{F_R}, \quad \cos(\boldsymbol{F}_R, y) = \dfrac{F_{Ry}}{F_R}, \quad \cos(\boldsymbol{F}_R, z) = \dfrac{F_{Rz}}{F_R} \end{cases} \tag{3-4}$$

如果所研究的力系是平面汇交力系,设力系所在平面为 xy 平面,则该力系的合力的大小和方向只需将 $F_{Rz} = \sum F_{iz} \equiv 0$ 代入式(3-3)和式(3-4)中便可求得。

例 3-1　用解析法求图 3-5 所示平面汇交力系的合力。已知 $F_1 = 500\mathrm{N}, F_2 = 1000\mathrm{N}, F_3 = 600\mathrm{N}, F_4 = 2000\mathrm{N}$。

解　合力 $\boldsymbol{F}_R$ 在 x、y 轴上的投影分别为

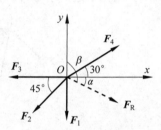

图 3-5　例 3-1 附图

$$F_{Rx} = \sum F_{ix} = (0 - 1000\cos45° - 600 + 2000\cos30°)\mathrm{N}$$
$$= 424.94\mathrm{N}$$

$$F_{Ry} = \sum F_{iy} = (-500 - 1000\sin45° + 0 + 2000\sin30°)\mathrm{N}$$
$$= -207.11\mathrm{N}$$

再求合力 $\boldsymbol{F}_R$ 的大小及方向余弦(图 3-5 中合力用虚箭头表示):

$$F_R = \sqrt{F_{Rx}^2 + F_{Ry}^2} = \sqrt{424.94^2 + (-207.11)^2}\,\mathrm{N} = 472.72\mathrm{N}$$

$$\cos(\boldsymbol{F}_R, x) = \cos\alpha = \frac{424.94}{472.72} = 0.9$$

$$\cos(\boldsymbol{F}_R, y) = \cos\beta = \frac{-207.11}{472.72} = -0.438$$

可得 $\alpha = 26°, \beta = 116°$。

3.3　汇交力系的平衡条件

由于汇交力系可以简化为一合力,所以当一汇交力系(平面汇交力系或空间汇交力系)的合力等于零时,则该力系为平衡力系。反之,如果一个汇交力系平衡,其合力必为零。所以,汇交力系平衡的充要条件是:**力系的合力等于零**,即 $\boldsymbol{F}_R = \boldsymbol{0}$。亦即

$$\boldsymbol{F}_R = \boldsymbol{F}_1 + \boldsymbol{F}_2 + \cdots + \boldsymbol{F}_n = \sum \boldsymbol{F}_i = \boldsymbol{0} \tag{3-5}$$

合力 $\boldsymbol{F}_R$ 等于零,必须且只需 $F_{Rx} = 0, F_{Ry} = 0, F_{Rz} = 0$,所以根据式(3-2)可知,$\boldsymbol{F}_R = \boldsymbol{0}$ 等价于三个代数方程:

$$\sum F_{ix} = 0, \quad \sum F_{iy} = 0, \quad \sum F_{iz} = 0 \tag{3-6}$$

即力系中各力在 x、y、z 三轴中的每一轴上的投影代数和均等于零。式(3-6)称为汇交力系

的**平衡方程**。如果所研究的力系是平面汇交力系,设力系所在的平面为 xy 面,则各力在 z 轴上的投影 F_{iz} 均等于零,于是平衡方程退化为

$$\sum F_{ix} = 0, \qquad \sum F_{iy} = 0 \tag{3-7}$$

可见,对于空间汇交力系,有三个独立平衡方程,对某给定的力系可求解三个未知数;而平面汇交力系只有两个独立平衡方程,可以求解两个未知数。

需说明的是,方程式(3-6)虽然是由直角坐标系导出的,但在实际应用中并不一定取直角坐标,只需取互不平行且不都在同一平面内的三轴为投影轴即可。根据具体情况,适当选取投影轴,往往可以简化计算。(为什么可以按上述规定任取投影轴?请读者思考,并证明:无论怎样选取投影轴,独立平衡方程的数目不会超过三个。对于平面汇交力系,利用方程式(3-7)时,投影轴有何限制?请读者思考。)

解答平衡问题时,未知力的指向可以任意假设,如求解结果为正值,表示假设的指向就是实际的指向;如结果为负值,表示实际的指向与假设的指向相反。

方程(3-1)表明,对于平衡的汇交力系,如用作图法将 $\boldsymbol{F}_1, \boldsymbol{F}_2, \cdots, \boldsymbol{F}_n$ 相加,得到的将是闭合的力多边形(各力矢首尾相接),即汇交力系平衡的几何条件是**力多边形闭合**。对于有些简单的平面汇交力系平衡问题,利用此条件很容易得到所需的结果,而无须建立平衡方程。

对于共面不平行的三个力成平衡的情况,有如下结论:若共面不平行的三个力成平衡,则三力作用线必汇交于一点,且三力矢量组成闭合的三角形。这就是所谓的**三力平衡定理**,利用平行四边形法则及二力平衡原理很容易证明,请读者试证明。其实三力共面的条件并非必需的,只需不平行就可以得到上述结论了,但须利用任意力系的平衡条件才能得以证明。

例 3-2 梁 AB 支承和受力情况如图 3-6(a)所示,求支座 A、B 的反力。

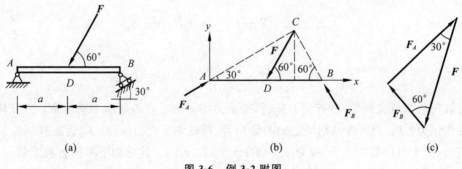

图 3-6 例 3-2 附图

解 考虑梁的平衡,作示力图如图 3-6(b)所示。根据铰支座的性质,$\boldsymbol{F}_A$ 的方向本属未定,但因梁只受三个力,而 $\boldsymbol{F}$ 与 $\boldsymbol{F}_B$ 交于 C,故 $\boldsymbol{F}_A$ 必沿 AC 作用,并由几何关系知 $\boldsymbol{F}_A$ 与水平线成 $30°$。假设 $\boldsymbol{F}_A$ 与 $\boldsymbol{F}_B$ 的指向如图所示。取 x、y 轴如图 3-6(b)所示,建立平衡方程:

$$\sum F_{ix} = 0: \quad F_A \cos 30° - F_B \cos 60° - F \cos 60° = 0$$

$$\sum F_{iy} = 0: \quad F_A \sin 30° + F_B \sin 60° - F \sin 60° = 0$$

联立解得 $F_A = \sqrt{3}F/2$,$F_B = F/2$。结果为正值,表明假设的 $\boldsymbol{F}_A$ 与 $\boldsymbol{F}_B$ 的指向与实际情况

一致。前面讲过建立平衡方程时可以任意选取投影轴,在本题中,若取 AC 方向为投影轴,则在平衡方程中未知力 $\boldsymbol{F}_B$ 不再出现,从而可以直接求出 $\boldsymbol{F}_A$;同样若取 BC 方向为投影轴可以直接求出 $\boldsymbol{F}_B$。可见,适当选取投影轴可以避免解联立方程,从而可以简化计算过程。

如用平衡的几何条件来分析,以 $\boldsymbol{F}$、$\boldsymbol{F}_A$、$\boldsymbol{F}_B$ 为边作闭合多边形,如图 3-6(c)所示,即可确定 $\boldsymbol{F}_A$、$\boldsymbol{F}_B$ 的指向如图中所示,而它们的大小可由三角形之边的几何关系来确定,即 $F:F_A:F_B=2:\sqrt{3}:1$,同样可以得到上述结果。

例 3-3 图 3-7(a)表示一简单的压榨设备,当在 A 点加力 $\boldsymbol{F}$ 时,物体 M 将受到比 F 大若干倍的力挤压。假设 $F=200\text{N}$,求当 $\alpha=10°$ 时物体 M 所受的压力。

例 3-3
讲解

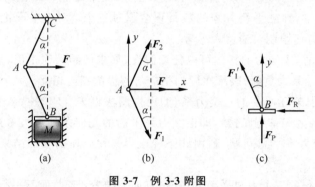

图 3-7 例 3-3 附图

解 物体 M 所受的压力是由连杆 AB 传来的。因此,首先需要根据 A 点(销钉)的平衡求出连杆 AB 所受的力。对铰 A 进行受力分析,作示力图如图 3-7(b)所示,建立平衡方程求解。

$$\sum F_{iy}=0: -F_1\cos\alpha+F_2\cos\alpha=0$$

解得 $F_1=F_2$。再由

$$\sum F_{ix}=0: F+F_1\sin\alpha+F_2\sin\alpha=0$$

解得

$$F_1=F_2=\frac{-F}{2\sin\alpha}=\frac{-200}{2\sin10°}\text{N}=-575.88\text{N}$$

再取压板为研究对象,进行受力分析,作示力图如图 3-7(c)所示。图中 $\boldsymbol{F}_R$ 为导槽壁对压板的作用力;$\boldsymbol{F}_P$ 为压板与物块之间的作用力,即物块所受的压力;$\boldsymbol{F}'_1$ 为连杆 AB 对压板的作用力,由于 AB 是二力杆,故有 $F'_1=F_1=-575.88\text{N}$。建立如下平衡方程求解:

$$\sum F_{iy}=0: F'_1\cos\alpha+F_P=0$$

解得

$$F_P=-F'_1\cos\alpha=575.88\text{N}\cos10°=567.13\text{N}$$

由上面的计算可见,将 M 逐渐压缩而 α 越来越小时,压力将越来越大。

例 3-4 用三根不计重量的连杆 AB、AC 和 AD 支承一重量为 W 的物体,几何关系及尺寸如图 3-8(a)所示,A、B、C、D 处都为球铰链接。试求各连杆所受的力。

解 由于三杆自重不计,两端都为铰约束,故都是二力杆。设三连杆作用于节点 A(铰 A)的力分别为 $\boldsymbol{F}_1$、$\boldsymbol{F}_2$ 及 $\boldsymbol{F}_3$(假设杆均受拉,它们的反作用力即是连杆所受的力);作用于

节点 A 的力还有绳索的拉力,其大小就是悬挂物体的重量 W。如取节点 A、绳索和悬挂物体组成的系统为研究对象,则此时系统所受的力 F_1、F_2、F_3 和 W 组成一空间平衡汇交力系,示力图如图 3-8(b)所示。

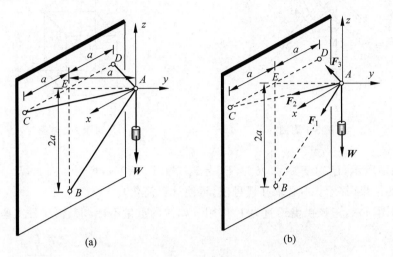

(a)　　　　　　　　　　(b)

图 3-8　例 3-4 附图

建立坐标系如图所示,除 W 外,其余各力与坐标轴之间的夹角都未给定,可以直接根据有关的长度来计算力的投影,而无须计算角度。为此,先根据几何关系计算出几个必需的长度：$AD = AC = \sqrt{2}\,a$,$AB = \sqrt{5}\,a$。建立平衡方程并求解

$$\sum F_{iz} = 0: \ -F_1 \times \frac{2}{\sqrt{5}} - W = 0,\text{得 } F_1 = -\frac{\sqrt{5}}{2}W。$$

$$\sum F_{ix} = 0: \ F_2 \times \frac{1}{\sqrt{2}} - F_3 \times \frac{1}{\sqrt{2}} = 0,\text{得 } F_2 = F_3。$$

$$\sum F_{iy} = 0: \ -F_1 \times \frac{1}{\sqrt{5}} - F_2 \times \frac{1}{\sqrt{2}} - F_3 \times \frac{1}{\sqrt{2}} = 0,\text{求得 } F_2 = F_3 = \frac{W}{2\sqrt{2}}。$$

F_1 为负值,即 AB 杆受压;F_2 和 F_3 为正值,即 AC 和 AD 杆受拉。

从本章中几个平衡问题的求解过程中可以看出：求解平衡问题时,总是首先确定考察对象,把它同其他物体或所受约束脱离开来,然后分析其受力情况,正确地画出示力图。示力图上的力应包括所有作用于该考察对象的主动力和约束力。为了正确表示出约束力,必须熟悉各种约束的约束力特征,不可主观臆断来决定约束力。画好示力图后,再建立平衡方程或用几何法进行求解。建立平衡方程时,要选取适当的投影轴,以简化计算。上述这些解题步骤和原则实际上是求解静力学问题的一般规则,望初学者细心体察。

习题

3-1　如图所示,一钢结构节点在沿 OC、OB、OA 方向受到三个力的作用,已知 $F_1 = 1\text{kN}$,$F_2 = 1.414\text{kN}$,$F_3 = 2\text{kN}$。试求此力系的合力。

3-2　计算图中 F_1、F_2、F_3 三个力的合力。已知 $F_1 = 2\text{kN}$,$F_2 = 1\text{kN}$,$F_3 = 3\text{kN}$。

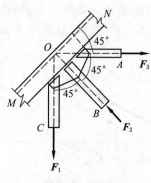

习题 3-1 附图

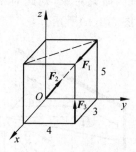

习题 3-2 附图

3-3 如图所示,已知 $F_1=2\sqrt{6}\,\mathrm{N}$，$F_2=2\sqrt{3}\,\mathrm{N}$，$F_3=1\mathrm{N}$，$F_4=4\sqrt{2}\,\mathrm{N}$，$F_5=7\mathrm{N}$。求这 5 个力合成的结果(提示:不必求开根号值,可使计算简化)。

3-4 如图所示,三铰拱受铅直力 F 作用。如拱的重量不计,求 A、B 处支座反力。

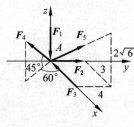

习题 3-3 附图

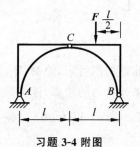

习题 3-4 附图

3-5 弧形闸门自重 $W=150\mathrm{kN}$。试求提起闸门所需的拉力 F 和铰支座 A 处的反力。

3-6 已知 $F=10\mathrm{kN}$,杆 AC、BC 及滑轮重均不计。试用几何法求杆 AC、BC 对轮的约束力。

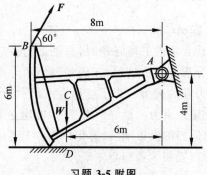

习题 3-5 附图

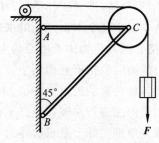

习题 3-6 附图

3-7 直径相等的两均质混凝土圆柱放在斜面 AB 与 BC 之间,柱重 $W_1=W_2=40\mathrm{kN}$。设圆柱与斜面接触处光滑,试求圆柱对斜面 D、E、G 处的压力。

3-8 图示一履带式起重机,起吊重量 $W=100\mathrm{kN}$,在图示位置平衡。如不计吊臂 AB 自重及滑轮半径和摩擦,求吊臂 AB 及缆绳 AC 所受的力。

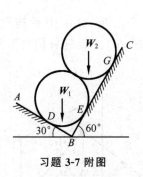

习题 **3-7** 附图

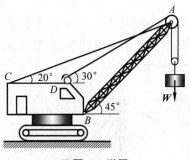

习题 **3-8** 附图

3-9 压路机碾子自重 $W=20\text{kN}$，半径 $R=0.4\text{m}$，若用水平力 F 拉碾子越过高 $h=80\text{mm}$ 的石坎，问 F 应多大？若要使 F 为最小，力 F 与水平线的夹角 α 应为多大？此时 F 为多少？

3-10 长 $2l$ 的杆 AB 自重为 W，搁置在宽为 a 的槽内，A、D 接触处都是光滑的。试求平衡时杆 AB 与水平线所夹的角 α（设 $l > a$）。

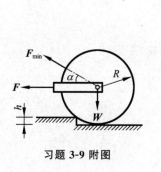

习题 **3-9** 附图

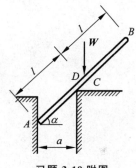

习题 **3-10** 附图

3-11 图示结构上作用一水平力 F，结构自重不计。试求 A、C、E 三处的支座反力。

3-12 AB、AC、AD 三连杆支承一重物，如图所示。已知 $W=10\text{kN}$，$AB=4\text{m}$，$AC=3\text{m}$，且 $ABEC$ 在同一水平面内。试求三连杆所受的力。

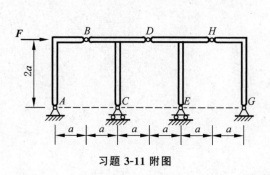

习题 **3-11** 附图

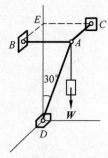

习题 **3-12** 附图

习题 3-11
讲解

3-13 铅直立柱 AB 用三根绳索固定，已知一根绳索在铅直平面 ABE 内，其张力 $F=100\text{kN}$，立柱自重 $W=20\text{kN}$。求另外两根绳索 AC、AD 的张力及立柱在 B 处受到的约束力。

3-14　连杆 AB、AC、AD 铰连如图所示。杆 AB 水平。绳 AEG 上悬挂重物 $W=$ 10kN。在图示位置系统保持平衡,求 G 处绳的张力 F 及 AB、AC、AD 三杆的约束力。已知 xy 平面为水平面。

习题 3-14
讲解

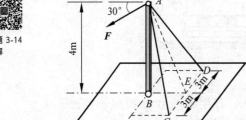

习题 3-13 附图

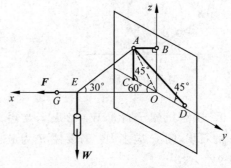

习题 3-14 附图

本章习题参考解答

第4章

力矩　力偶理论　力偶系的平衡

4.1　力矩

4.1.1　平面内力对一点的矩

力对物体不仅有移动效应,而且有转动效应。图 4-1(a)中,作用于扳手上的力 F 可以使螺栓转动。力的转动效应是用**力矩**来量度的。

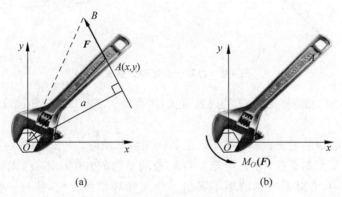

图 4-1　平面内力对一点的矩

在图示平面内,假设螺栓中心 O 到 F 作用线的垂直距离为 a,实践表明,力 F 使螺栓转动的效应与 F 和 a 的乘积有关。如用 $M_O(F)$ 代表力 F 对 O 点的矩,则其大小为

$$|M_O(F)| = Fa \tag{4-1}$$

其中,O 点称为**力矩中心**,简称**矩心**;a 称为力 F 对 O 点求矩时的**力臂**。力矩的单位是牛米($\text{N} \cdot \text{m}$)。力矩的大小在几何上还等于图中 $\triangle OAB$ 面积的 2 倍。显然力矩具有方向,即转向(力使螺栓转动的方向),在图示平面内可能有两种转向:逆时针转和顺时针转。此两种转向可以用正负加以区别,我们规定力矩为逆时针转向时取正值;反之,取负值。如力 F 作用点 A 的坐标为 (x,y),在 x、y 轴上的投影分别为 F_x 和 F_y,则力矩 $M_O(F)$ 的代数表达式为

$$M_O(F) = xF_y - yF_x \tag{4-2}$$

矩心 O 与力 F 作用线所确定的平面称为**力矩作用面**,在几何上,力矩 $M_O(F)$ 常在力矩作用面内用一带箭头的弧线来表示,箭头所指方向就是力矩转动的方向,如图 4-1(b)所示。由于力矩大小与矩心位置有关,所以弧线箭头须绕矩心画。

4.1.2 力对一点的矩的矢量表示及解析表示

如图4-2(a)所示,在空间任意方向作用的力 F 对点 O 的矩的大小仍是力臂与 F 大小的乘积。但随着力 F 作用方向的变化,力矩作用面(平面 OAB)的方位也随之改变。此时,为给出力矩的三个要素(力矩的大小,力和矩心所构成的平面,在该平面内力矩的转向),可用一矢量表示。在图4-2(a)中,自矩心 O 作矢量 $M_O(F)$ 表示力 F 对于 O 点的矩。矩矢 $M_O(F)$ 的模(即力矩的大小)为 $|M_O(F)| = Fa$; $M_O(F)$ 垂直于 O 点与力 F 所决定的平面。$M_O(F)$ 的指向按右手螺旋法则确定:如以力矩的转向为右手螺旋的转向(右手四个手指所指方向),则螺旋前进的方向(即大拇指的指向)就代表矩矢 $M_O(F)$ 的指向,或者说,从矩矢 $M_O(F)$ 的末端向其始端看去,力矩的转向是逆时针转向,如图4-2(b)所示。

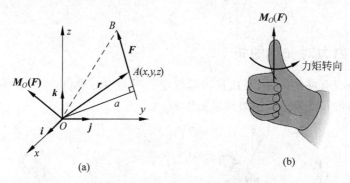

图4-2 力对一点矩的矢量表示

须注意力矩 $M_O(F)$ 与矩心 O 的位置有关,因而矩矢 $M_O(F)$ 只能画在矩心 O 处,所以矩矢是**定位矢**。

由力对一点的矩的定义可知,将力 F 沿其作用线移动时,由于 F 的大小、方向以及由 O 点到力作用线的距离都不变,力 F 与矩心 O 构成的平面的方位也不变,因而力对 O 点的矩也不变。也就是说,力对于一点的矩不因沿其作用线移动而改变,这再一次说明了力的可传性。

由矩矢 $M_O(F)$ 的方向和大小规定不难看出,如果作用点 A 对于 O 点的矢径或位置矢用 r 表示,见图4-2(a),则力 F 对于 O 点的矩矢 $M_O(F)$ 可用矢积 $r \times F$ 来表示。因为根据矢积的定义可知 $r \times F$ 是一个矢量,它的模恰好等于 Fa,它的方向也与 $M_O(F)$ 相同,因而有

$$M_O(F) = r \times F \tag{4-3}$$

即一个力对于空间中任一点的矩等于该力作用点对于矩心的矢径与该力的矢积。如过矩心 O 取直角坐标系 $Oxyz$,并设力 F 的作用点 A 的坐标为 (x, y, z),则式(4-3)可表示为

$$M_O(F) = r \times F = (xi + yj + zk) \times (F_x i + F_y j + F_z k)$$
$$= (yF_z - zF_y)i + (zF_x - xF_z)j + (xF_y - yF_x)k \tag{4-4}$$

或者用行列式表示为

$$M_O(F) = \begin{vmatrix} i & j & k \\ x & y & z \\ F_x & F_y & F_z \end{vmatrix} \tag{4-5}$$

式中,i、j、k 分别为沿三个坐标轴的单位矢量;F_x、F_y、F_z 分别为 F 在三个坐标轴上的投影。

如果力 F 在 xy 平面内,则力的作用点坐标 $z=0$,力在 z 轴上的投影 $F_z=0$,于是式(4-4)及式(4-5)退化为只与 k 相关的一项。这时,将 F 对 O 点的矩作为代数量,就得到

$$M_O(F)=xF_y-yF_x,\quad 或\quad M_O(F)=\begin{vmatrix} x & y \\ F_x & F_y \end{vmatrix} \tag{4-6}$$

显然结果与式(4-2)相同。利用式(4-5)或式(4-6),可由一个力的作用点的坐标及该力的投影计算其对 O 点的矩,而无须量取 O 点到力作用线的距离。

由于坐标的选取是任意的,式(4-6)、式(4-5)表明计算一个力对一点的矩时,可将该力分解为两个或三个相互垂直的分力,分别计算其对该点的矩,再求代数和或矢量和即可。故可以得出结论:**合力对于一点的矩等于其分力对同一点的矩的和**,此为合力矩定理。

4.1.3 力对一轴的矩

除力对一点的矩外,力学中还常用到力对一轴的矩,它是力使物体绕轴转动效应的量度。如图 4-3(a)所示,作用在板 N 上的力 F 能使板绕 z 轴转动,现将力 F 垂直分解为两个力:垂直于 z 轴的 F_1 和平行于 z 轴的 F_2。实践表明,F_2 无法使板 N 绕 z 轴转动,而 F_1 能使板转动,转动的效应取决于 F_1 对 O 点的矩。图中 z 轴与 Oxy 平面垂直,O 点是 z 轴与 Oxy 平面的交点;F_1 位于 Oxy 平面内,又与 z 轴垂直,F_1 还是 F 在 Oxy 平面内的投影。据此我们可以得到力对一轴的矩的定义:**一个力对于某一轴的矩等于这个力在垂直于该轴的平面上的投影对于该轴与该平面的交点的矩**。如令 M_z(有时也写作 $M_z(F)$)代表 F 对于 z 轴的矩,在图 4-3(a)中,则有

$$M_z=M_O(F_1) \tag{4-7}$$

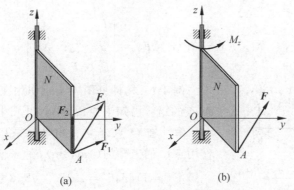

(a)   (b)

图 4-3 力对某一轴的矩

z 轴常称为矩轴。M_z 使板 N 绕 z 轴转动的方向有两种可能,只需用正负就可以区分,规定仍是依照右手螺旋法则:令力矩的转向为右手螺旋转动的方向,若螺旋前进方向与 z 轴正方向一致,则取正值;反之,取负值。这与在平面 Oxy 内 F_1 对 O 点的矩的正负值规定是一致的。在几何上,M_z 也常用一带有箭头的弧线表示,并绕 z 轴绘制,箭头指向表示力矩转动方向,如图 4-3(b)所示。力对于一轴的矩的单位也是牛米($N \cdot m$)。

由定义可知,在下面两种情况下,力对于一轴的矩等于零:①力 F 与矩轴平行(这时

$F_1=0$);②力 F 与矩轴相交(此时 F_1 对 O 点求矩时的力臂为零)。这两种情况也可以用一个条件来表示:**力与矩轴在同一平面内**。

在许多问题中,直接根据定义,由力在垂直于一轴的平面上的投影计算力对轴的矩往往很不方便。因此,常利用力在直角坐标轴上的投影及其作用点的坐标来计算力对于一轴的矩。

如图 4-3(a)所示,设力 F 的作用点 A 的坐标为 $A(x,y,z)$,在坐标轴上的投影分别为 F_x、F_y、F_z,则有 $F=F_1+F_2=F_x\boldsymbol{i}+F_y\boldsymbol{j}+F_z\boldsymbol{k}$,其中 $F_1=F_x\boldsymbol{i}+F_y\boldsymbol{j}$。依据式(4-7)和式(4-6)可得 $M_z=M_O(F_1)=xF_y-yF_x$。根据定义,用同样的方法可求得力 F 对 x 轴及对 y 轴的矩,可以得到

$$M_x=yF_z-zF_y,\quad M_y=zF_x-xF_z,\quad M_z=xF_y-yF_x \qquad (4\text{-}8)$$

用这一组公式计算力对轴的矩,往往比直接根据定义计算更为方便。

4.1.4 力对点的矩与力对轴的矩的关系

将式(4-4)与式(4-8)对比,可见式(4-4)中各单位矢量前面的系数分别等于 F 对于 x、y、z 轴的矩。但根据矢量分解的公式,各单位矢量前面的系数也就是力矩矢 $\boldsymbol{M}_O(F)$ 在各轴上的投影。这表明 $\boldsymbol{M}_O(F)$ 在各轴上的投影分别等于 F 对于各轴的矩。因为坐标轴 x、y、z 是任取的,因此可得定理如下:**一个力对于一点的矩在经过该点的任一轴上的投影等于该力对于该轴的矩**。

根据这一定理,不难求出一个力 F 对于除坐标轴以外的任一轴的矩。例如,设有通过坐标原点 O 的任一轴 ξ,沿该轴的单位矢量 $\boldsymbol{n}$ 在坐标系 $Oxyz$ 中的方向余弦为 l_1、l_2、l_3,则有

$$M_\xi(F)=\boldsymbol{n}\cdot\boldsymbol{M}_O(F)=M_xl_1+M_yl_2+M_zl_3 \qquad (4\text{-}9)$$

或者写成

$$M_\xi(F)=\boldsymbol{n}\cdot(\boldsymbol{r}\times F)=\begin{vmatrix} l_1 & l_2 & l_3 \\ x & y & z \\ F_x & F_y & F_z \end{vmatrix} \qquad (4\text{-}10)$$

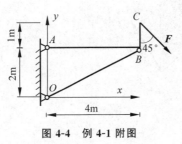

图 4-4 例 4-1 附图

例 4-1 构件见图 4-4,求作用在支架上的力 F 对 O、A 点的矩。已知 $F=12\text{kN}$,尺寸图中已注明。

解 在 O 点建立直角坐标系 Oxy 如图所示。力 F 作用点 C 的坐标为 $(4\text{m},3\text{m})$,在 x、y 轴上的投影分别为

$$F_x=F\sin45°=12\text{kN}\times\sqrt{2}/2=6\sqrt{2}\,\text{kN}$$

$$F_y=-F\cos45°=-12\text{kN}\times\sqrt{2}/2=-6\sqrt{2}\,\text{kN}$$

由式(4-6)计算力 F 对 O 点的矩,得

$$M_O(F)=xF_y-yF_x=(-4\times6\sqrt{2}-3\times6\sqrt{2})\text{kN}\cdot\text{m}=-59.397\text{kN}\cdot\text{m}$$

结果是负值,说明 $M_O(F)$ 的转向是顺时针。用同样的方法可以计算力 F 对 A 点的矩。

在很多具体问题中,我们一般不直接通过力的大小乘力臂来计算力矩,因为力臂的计算有时并不一定很方便。但是,当我们把力沿直角坐标分解后,分力的力臂一般直接从几何图上就可以看出,且分力的大小就是对应方向力的投影大小的绝对值,分力的矩的转向也很容

易直观判断,所以,人们常习惯通过力的分解来计算力矩。如本例中,力 F 的水平分力和竖向分力对 A 点求矩时的力臂分别为 1m 和 4m,利用已求出的投影可知,两分力的大小均为 $6\sqrt{2}$ kN,矩的转向都是顺时针。故有

$$M_A(\boldsymbol{F}) = (-1 \times 6\sqrt{2} - 4 \times 6\sqrt{2}) \text{kN} \cdot \text{m} = -42.426 \text{kN} \cdot \text{m}$$

例 4-2　构件见图 4-5,在 L 型立柱的 B 端作用一力 F。已知 $F = 50 \text{N}$,$OA = 0.2 \text{m}$,$AB = 0.18 \text{m}$,$\alpha = 45°$,$\beta = 60°$,求力 F 对 O 点的矩及对 z 轴的矩。

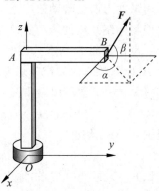

图 4-5　例 4-2 附图

解　建立如图所示直角坐标系 $Oxyz$,力 F 作用点 B 的坐标为 $(0\text{m}, 0.18\text{m}, 0.2\text{m})$,在三个坐标轴上的投影分别为

$$F_x = F\cos60°\cos45° = 50\text{N} \times \cos60° \times \cos45° = 17.678\text{N}$$

$$F_y = F\cos60°\sin45° = 50\text{N} \times \cos60° \times \sin45° = 17.678\text{N}$$

$$F_z = F\sin60° = 50\text{N} \times \sin60° = 43.301\text{N}$$

由式(4-4)得

$$\begin{aligned}
\boldsymbol{M}_O(\boldsymbol{F}) &= (yF_z - zF_y)\boldsymbol{i} + (zF_x - xF_z)\boldsymbol{j} + (xF_y - yF_x)\boldsymbol{k} \\
&= [(0.18 \times 43.301 - 0.2 \times 17.678)\boldsymbol{i} + (0.2 \times 17.678 - 0)\boldsymbol{j} + \\
&\quad (0 - 0.18 \times 17.678)\boldsymbol{k}]\text{N} \cdot \text{m} \\
&= (4.259\boldsymbol{i} + 3.536\boldsymbol{j} - 3.182\boldsymbol{k})\text{N} \cdot \text{m}
\end{aligned}$$

根据力对一点的矩与对一轴的矩的关系,可知单位矢量 $\boldsymbol{k}$ 前面的系数值即是力 F 对 z 轴的矩,故有

$$M_z(\boldsymbol{F}) = -3.182\text{N} \cdot \text{m}$$

在一些简单的问题中,当需直接求力对某坐标轴的矩时,可先将力沿坐标轴分解,通过计算分力对轴的矩,然后相加即可得结果。这样计算往往较方便,因为力分解后,其投影以及求矩时的力臂很容易求得,或在几何图中就可以直接读出。如在本题中,力 F 分解后,只有沿 x 方向的分力对 z 轴才有矩,从图中就可知力臂是 0.18m,矩的转向绕 z 轴的负向,所以是负值,故很容易地得到

$$M_z(\boldsymbol{F}) = -50\cos60°\cos45° \times 0.18\text{N} \cdot \text{m} = -3.182\text{N} \cdot \text{m}$$

希望读者细心体察,在求解习题过程中多练习。

4.2　力偶

设有大小相等、方向相反、作用线不在同一直线上的两个力 F 及 F',见图 4-6,它们的矢量和等于零,表明不可能将它们合成为一个合力。另外,它们又不满足二力平衡条件(因作用线不同),所以不能成平衡力系。力学上把大小相等、方向相反、作用线不同的两个力作为一个整体来考虑,称为**力偶**。两力作用线之间的距离 a 则称为**力偶臂**。通常用记号 $(\boldsymbol{F}, \boldsymbol{F}')$ 表示力偶。两力所确定的平面常称为力偶作用面,也是力偶所在的平面。

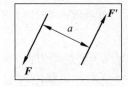

图 4-6　力偶

力偶具有一些独特的性质,这些性质在力学理论上和实践上常

加以利用。下面就对力偶的性质分别加以说明。

首先,如上所述,**力偶没有合力,即不能用一个力代替,因而也不能和一个力平衡。**力偶不能用一个力代替,可见它对于物体的运动效应与一个力对于物体的运动效应不同。一个力对于物体有移动和转动两种效应;而一个力偶对于物体却只有转动效应,没有移动效应。如何量度力偶的转动效应呢? 前面讲过,力对物体绕一点转动的效应是用力矩来表示的,力偶使物体绕某点的转动的效应则用力偶的两个力对该点的矩之和来量度。

设在平面 P 内有一力偶 (F,F'),如图 4-7(a)所示。任取一点 O,设 F 及 F' 的作用点 A 及 B 对于点 O 的矢径分别为 r_A 及 r_B,而 B 点相对于 A 点的矢径为 r_{BA}。由图可见,$r_B = r_A + r_{BA}$。于是,力偶的两个力对于 O 点的矩之和为

$$M_O(F,F') = r_A \times F + r_B \times F' = r_A \times F + (r_A + r_{BA}) \times F'$$

但 $F = -F'$,因此

$$M_O(F,F') = r_{BA} \times F' \tag{4-11}$$

矢积 $r_{BA} \times F'$ 为一矢量,称为**力偶矩矢**(也简称为**力偶矩**),常用矢量 M 表示,则

$$M = r_{BA} \times F' \tag{4-12}$$

由图 4-7(a)可见,力偶矩 M 的模等于 Fa,即力偶矩的大小等于力偶的力与力偶臂的乘积;M 垂直于 B 点与 F 所构成的平面,即垂直于力偶所在的平面;M 的指向与力偶在其所在平面内的转向符合右手螺旋法则,可用图 4-7(b)表示力偶矩 M。力偶矩的单位与力矩的单位相同,即牛米(N·m)。利用式(4-11)和式(4-12)就可写成 $M_O(F,F') = M$。

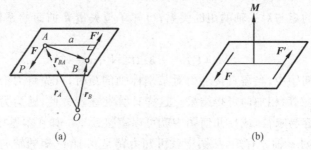

(a)　　　　　　　　　　　　(b)

图 4-7　力偶矩矢量

O 点是任取的,于是可得力偶的第二个性质:**力偶对于任一点的矩等于力偶矩,而与矩心的位置无关。**由此可知,力偶对物体的转动效应完全取决于力偶矩。既然力偶无合力,没有移动效应,其转动效应又完全决定于力偶矩,那么可知:**力偶矩相等的两力偶等效。**据此,又可推论出力偶的如下两个性质:

(1) 只要力偶矩保持不变,力偶就可在其作用面内及彼此平行的平面内任意移动而不改变其对物体的运动效应。由此可见,只要不改变力偶矩 M 的模和方向,不论将 M 画在物体上的什么地方都一样,即力偶矩是自由矢量。

(2) 只要力偶矩保持不变,就可将力偶的力和力偶臂作相应的改变而不致改变其对物体的运动效应。

正因如此,在力学中和工程中常常在力偶所在的平面内以 M 或 $M \frown$ 来表示力偶,其中箭头表示力偶在平面内的转向,M 则表示力偶矩的大小,如图 4-8(a)所示。力偶有时也直接用两个大小相等、方向相反的力表示,如图 4-8(b)所示。应当注意,上面两个性质只

适于研究力偶的运动效应,不适于变形效应的研究。例如,在图 4-8(a)中,梁 AB 的一端 B 作用一力偶,使梁弯曲;如将力偶移到 A 点,对梁的平衡没有影响,但却不能使梁弯曲。在图 4-8(b)中,如将力偶(F_1,F_1')变换成为力偶矩相等的力偶(F_2,F_2'),尽管运动效应相同,但对梁的变形效应却不一样。

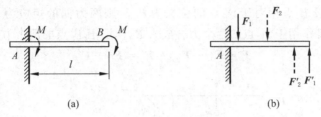

图 4-8　力偶的作用效应

4.3　力偶系

作用在物体上的一群力偶称为**力偶系**。若力偶系中的各力偶都位于同一平面内,则为**平面力偶系**,否则为**空间力偶系**。图 4-9 和图 4-10 分别给出了一平面力偶系和一空间力偶系的示例。见图 4-9,悬臂梁 AC 在图示平面内受力偶荷载 M_1、M_2 作用,在固定端产生了约束力偶 M_A,此三力偶组成一平面力偶系,图示平面为力偶系的作用面;图 4-10 所示为一三棱柱,如在两侧面和顶面分别受力偶 M_1、M_2、M_3 作用(图中虚箭头为矢量表示),则在柱底部将产生约束力偶,用其分量 M_x、M_y、M_z 表示,此时柱所受的六个力偶组成一空间力偶系。

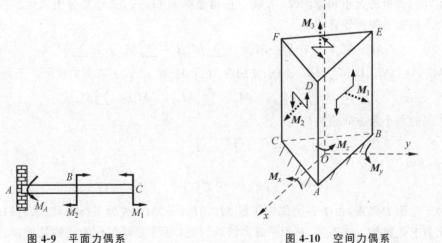

图 4-9　平面力偶系　　　　　　　　图 4-10　空间力偶系

4.4　力偶系的简化

下面先讨论空间两个力偶 M_1 和 M_2 的合成。

设在平面 Ⅰ 内有一力偶 $\boldsymbol{M}_1$，其矩的大小为 M_1；在平面 Ⅱ 内有一力偶 $\boldsymbol{M}_2$，其矩的大小为 M_2（如图 4-11(a) 所示）。两个力偶在各自平面内的转向如图中带箭头的虚线段所示。在两平面的交线上取一线段 AB，以 AB 作为两力偶的力偶臂，假设组成两力偶的力分别为 $\boldsymbol{F}_1$、$\boldsymbol{F}_1'$ 及 $\boldsymbol{F}_2$、$\boldsymbol{F}_2'$，并使其中两个力 $\boldsymbol{F}_1$、$\boldsymbol{F}_2$ 作用于 A 点，另两个力 $\boldsymbol{F}_1'$、$\boldsymbol{F}_2'$ 作用于 B 点（图中虚线箭头表示）。设 B 点相对于 A 点的位矢为 $\boldsymbol{r}_{BA}$，则两力偶的矩应为 $\boldsymbol{M}_1 = \boldsymbol{r}_{BA} \times \boldsymbol{F}_1'$ 及 $\boldsymbol{M}_2 = \boldsymbol{r}_{BA} \times \boldsymbol{F}_2'$。将作用于 A 点的两个力合成为 $\boldsymbol{F}$，作用于 B 点的两个力合成为 $\boldsymbol{F}'$，则

$$\boldsymbol{F} = \boldsymbol{F}_1 + \boldsymbol{F}_2, \quad \boldsymbol{F}' = \boldsymbol{F}_1' + \boldsymbol{F}_2'$$

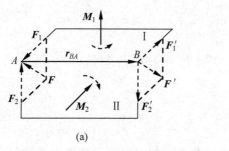

图 4-11   两力偶的合成

因 $\boldsymbol{F}_1' = -\boldsymbol{F}_1$，$\boldsymbol{F}_2' = -\boldsymbol{F}_2$，故 $\boldsymbol{F}' = -\boldsymbol{F}$。这表明 $\boldsymbol{F}$ 和 $\boldsymbol{F}'$ 组成一新力偶 $(\boldsymbol{F}, \boldsymbol{F}')$，该力偶的矩为

$$\boldsymbol{M} = \boldsymbol{r}_{BA} \times \boldsymbol{F}' = \boldsymbol{r}_{BA} \times (\boldsymbol{F}_1' + \boldsymbol{F}_2') = \boldsymbol{M}_1 + \boldsymbol{M}_2$$

可见，原来的两个力偶可合成为一合力偶，其矩等于原来两个力偶矩的矢量和，如图 4-11(b) 所示。若有更多的力偶，显然可以进行同样处理，最后得

$$\boldsymbol{M} = \boldsymbol{M}_1 + \boldsymbol{M}_2 + \cdots + \boldsymbol{M}_n = \sum \boldsymbol{M}_i \tag{4-13}$$

即空间力偶系合成的结果是一个合力偶，合力偶矩等于所有分力偶矩的矢量和。计算空间力偶系合力偶矩的大小和方向时，可取一直角坐标系 $Oxyz$，先计算分力偶矩的投影，然后可得合力偶矩的解析计算式：

$$\boldsymbol{M} = M_x \boldsymbol{i} + M_y \boldsymbol{j} + M_z \boldsymbol{k} = \sum M_{ix} \boldsymbol{i} + \sum M_{iy} \boldsymbol{j} + \sum M_{iz} \boldsymbol{k} \tag{4-14}$$

其中 M_x、M_y、M_z 及 M_{ix}、M_{iy}、M_{iz} 分别为 $\boldsymbol{M}$ 及 $\boldsymbol{M}_i$ 在 x、y、z 轴上的投影。于是

$$M_x = \sum M_{ix}, \quad M_y = \sum M_{iy}, \quad M_z = \sum M_{iz} \tag{4-15}$$

而合力偶的大小及方向余弦为

$$\begin{cases} M = \sqrt{M_x^2 + M_y^2 + M_z^2} \\ \cos\alpha = \dfrac{M_x}{M}, \quad \cos\beta = \dfrac{M_y}{M}, \quad \cos\gamma = \dfrac{M_z}{M} \end{cases} \tag{4-16}$$

对于平面力偶系，由于各力偶矩矢量 $\boldsymbol{M}_1, \boldsymbol{M}_2, \cdots, \boldsymbol{M}_n$ 成为平行矢量，求它们的矢量和就简化为求代数和。这表明，对于平面力偶系问题，可将力偶矩作为代数量处理。这时，矢量方程 (4-13) 成为代数方程

$$M = M_1 + M_2 + \cdots + M_n = \sum M_i \tag{4-17}$$

方程 (4-17) 表明：**平面力偶系合成的结果是在同平面内的一个合力偶，合力偶矩等于原来各力偶矩的代数和。力偶的转向常用正负来表示，一般规定：若力偶在平面内的转向是逆时针，取正值；反之则取负值。**

例 4-3 有三个力偶,其作用面及转向如图 4-12(a)所示,设 $M_1 = 100\text{kN} \cdot \text{m}$, $M_2 = 300\text{kN} \cdot \text{m}$, $M_3 = 200\text{kN} \cdot \text{m}$。试求其合力偶矩。

解 将各力偶矩在 O 点用矩矢表示,如图 4-12(b)所示。合力偶矩的投影分别为

$$M_x = M_3 \cos 30° = 100\sqrt{3}\,\text{kN} \cdot \text{m} = 173.2\text{kN} \cdot \text{m}$$

$$M_y = M_2 - M_3 \sin 30° = (300 - 100)\text{kN} \cdot \text{m} = 200\text{kN} \cdot \text{m}$$

$$M_z = M_1 = 100\text{kN} \cdot \text{m}$$

则合力偶矩的大小为

$$M = \sqrt{M_x^2 + M_y^2 + M_z^2} = 282.8\text{kN} \cdot \text{m}$$

合力偶矩的方向余弦分别为

$$\cos\alpha = \frac{M_x}{M} = \frac{173.2}{282.8} = 0.612$$

$$\cos\beta = \frac{M_y}{M} = \frac{200}{282.8} = 0.707$$

$$\cos\gamma = \frac{M_z}{M} = \frac{100}{282.8} = 0.354$$

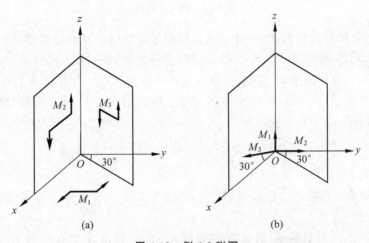

图 4-12 例 4-3 附图

4.5 力偶系的平衡条件

因为力偶系可以简化为一合力偶,所以当力偶系的合力偶矩等于零时,则该力偶系必成平衡;反之,如一力偶系成平衡,则该力偶系的合力偶矩必等于零。于是可知,力偶系平衡的充要条件是:**合力偶矩等于零**,即力偶系中所有力偶矩的矢量和(或代数和)等于零。对空间力偶系亦即合力偶矩矢,有

$$M = M_1 + M_2 + \cdots + M_n = \sum M_i = 0 \tag{4-18}$$

将这个条件表示为代数方程,得

$$\sum M_{ix} = 0, \quad \sum M_{iy} = 0, \quad \sum M_{iz} = 0 \tag{4-19}$$

即力偶系中各力偶矩在 x、y、z 三轴中的每一轴上投影的代数和均等于零。此三方程称为空间力偶系的平衡方程。

对于平面力偶系,如果力偶所在平面为 xy 平面,则 $M_{xi}\equiv 0$,$M_{yi}\equiv 0$,$M_{zi}\equiv M_i$,而方程(4-19)退化为

$$\sum M_i = 0 \tag{4-20}$$

即平面力偶系的平衡方程为力偶系中各力偶矩的代数和等于零。

例 4-4　三铰拱的左半部 AC 上作用一力偶,如图 4-13(a)所示,其矩为 M,转向如图所示。试求铰 A 和 B 处的反力。

例 4-4
讲解

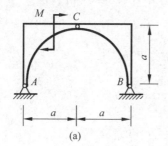
(a)

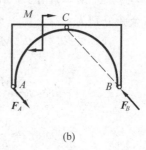
(b)

图 4-13　例 4-4 附图

解　铰 A 和 B 处的反力 F_A 和 F_B 的方向都是未知的。但右边部分只在 B、C 两处受力,属二力平衡构件,故可知 F_B 必沿 BC 作用,指向假设如图 4-13(b)所示。

现分析三铰拱整体的平衡。因整个拱所受的主动力只有一个力偶,F_A 与 F_B 应组成一力偶才能与之平衡,从而可知 $F_A = -F_B$,即 F_A 的作用线与 F_B 平行,指向相反。此力偶的力偶臂为 $2a\cos45°$,于是平衡方程为

$$\sum M_i = 0: \quad F_A \times 2a\cos45° - M = 0$$

解得 $F_A = F_B = M/(\sqrt{2}a)$。

请思考:如将力偶移到右边部分 BC 上,结果将如何?这是否与力偶可在其所在平面内任意移动的性质矛盾?

例 4-5　图 4.14 所示器械,圆盘 A 的直径为 50cm,圆盘 B 的直径为 40cm,在圆盘 A、B 周线的切向分别作用着两个力,n 轴为圆盘 B 中心的法线,且位于 yz 平面内。试求立柱固定端 C 处的反力,不计器械自重荷载。

解　作用在圆盘 A 的两个力组成力偶,在图中用矢量 M_1 表示,力偶矩的大小为

$$M_1 = 50 \times 0.5\text{N} \cdot \text{m} = 25\text{N} \cdot \text{m}$$

作用在圆盘 B 的两个力也组成力偶,在图中用矢量 M_2 表示,力偶矩的大小为

$$M_2 = 60 \times 0.4\text{N} \cdot \text{m} = 24\text{N} \cdot \text{m}$$

立柱 AC 在 C 处受到约束,使立柱在空间既不能移动又不能转动,称为**固定端约束**。由于器械所受的荷载只有力偶 M_1 和 M_2,故 C 处的约束力只可能是一力偶,其方向不确定,故用三个分量 M_x、M_y、M_z

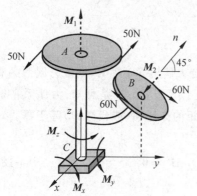

图 4-14　例 4-5 附图

来表示(固定端约束力的分析在后继内容中还将详细介绍)。

器械整体的平衡为空间力偶系的平衡。示力图见图 4-14,建立平衡方程求解:

$$\sum M_{ix} = 0 : M_x = 0$$

$$\sum M_{iy} = 0 : M_y - M_2\cos45° = 0$$

$$M_y = 24\text{N} \cdot \text{m}\cos45° = 16.97\text{N} \cdot \text{m}$$

$$\sum M_{iz} = 0 : M_z + M_1 - M_2\sin45° = 0$$

$$M_z = -M_1 + M_2\sin45° = (-25 + 24\sin45°)\text{N} \cdot \text{m} = -8.03\text{N} \cdot \text{m}$$

在平衡分析过程中,进行受力分析作示力图时要正确判断脱离体受何种力系作用,然后选择相应的平衡方程来求解。受力分析和力系的判别务必正确,只有这样才能得到可靠的结果。

习题

4-1　试求附图所示的力 F 对 A 点的矩,已知 $r_1 = 0.2\text{m}, r_2 = 0.5\text{m}, F = 300\text{N}$。

4-2　试求附图所示绳子张力 F_T 对 A 点及对 B 点的矩。已知 $F_T = 10\text{kN}, l = 2\text{m}, R = 0.5\text{m}, \alpha = 30°$。

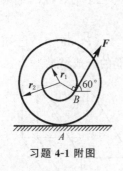

习题 4-1 附图

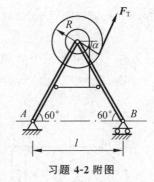

习题 4-2 附图

4-3　已知长方体的边长为 l_1、l_2、l_3,沿 AC 作用一力 F。试求力 F 对 O 点的矩的矢量表达式。

4-4　钢缆 AB 中的张力 $F_T = 10\text{kN}$,写出该张力对 O 点的矩的矢量表达式,并求对 z 轴的矩。图中长度单位为 m。

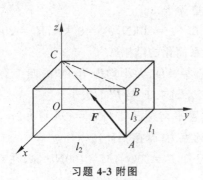

习题 4-3 附图

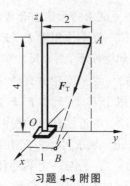

习题 4-4 附图

4-5 已知力 $F=2i-3j+k$，其作用点 A 的位矢 $r_A=3i+2j+4k$。求力 F 对位矢为 $r_B=i+j+k$ 的一点 B 的矩（力以 N 计，长度以 m 计）。

4-6 工人启闭闸门时，为了省力，常用一根杆子插入手轮中，并在杆的一端 C 施力，以转动手轮。设手轮直径 $D=0.6m$，杆长 $l=1.2m$，在 C 端用 $F_C=100N$ 的力能将闸门开启，若不借用杆而直接在手轮 A、B 处施加力偶 (F, F')，问 F 至少应为多大才能开启闸门？试用力矩与力偶矩等效来分析。

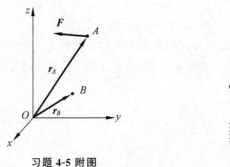

习题 4-5 附图   习题 4-6 附图

4-7 沿长方体的三棱边作用着三个力 F_1，F_2，F_3，在平面 $OABC$ 内作用一个力偶 M。已知 $F_1=20N$，$F_2=30N$，$F_3=50N$，$M=1N\cdot m$。求力偶与三个力合成的结果。图中尺寸单位为 mm。

4-8 一长方体上作用着三个力偶 (F_1, F_1')，(F_2, F_2')，(F_3, F_3')。已知 $F_1=F_1'=10N$，$F_2=F_2'=16N$，$F_3=F_3'=20N$，$a=0.1m$。求三个力偶的合成结果。

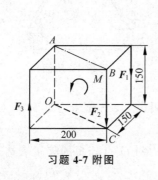

习题 4-7 附图

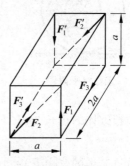

习题 4-8 附图

4-9 试求图示诸力合成的结果。图中尺寸单位为 mm。

4-10 柱上作用着 F_1、F_2、F_3 三个铅直力，已知 $F_1=80kN$，$F_2=60kN$，$F_3=20kN$，三力位置如图所示，图中尺寸单位为 mm。试求该力系简化的结果。

4-11 水平圆轮的直径 AD 上作用着垂直于直径 AD、大小均为 100N 的四个力，该四力与作用于 E、H 的力 F、F' 成平衡，已知 $F=-F'$。试求 F 与 F' 的大小。

4-12 滑道摇杆机构受两力偶作用，在图示位置平衡。已知 $OO_1=OA=0.2m$，$M_1=200N\cdot m$。试求另一力偶矩 M_2 及 O、O_1 两处的约束力（摩擦不计）。

4-13 一力与一力偶的作用位置如图所示。已知 $F=200N$，$M=100N\cdot m$，在 C 点加一个力使与 F 和 M 成平衡。试求该力及 x 的值。

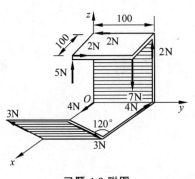

习题 4-9 附图

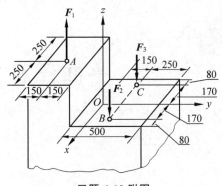

习题 4-10 附图

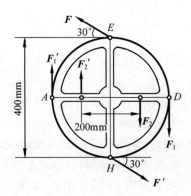

习题 4-11 附图

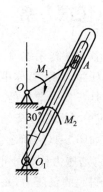

习题 4-12 附图

习题 4-12
讲解

4-14　杆件 AB 固定在物体 D 上，两扳钳水平地夹住 AB，并受铅直力 F、F' 作用。设 $F=F'=200\mathrm{N}$。试求 D 对杆 AB 的约束力。杆和扳钳的重量不计。

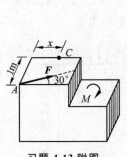

习题 4-13 附图

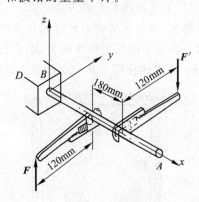

习题 4-14 附图

本章习题参考解答

第5章

平面任意力系的平衡

5.1 平面任意力系

若力系中各力的作用线既不汇交于一点，又不全部相互平行，但位于同一平面内，则称该力系为**平面任意力系**，简称**平面力系**。

平面力系是工程中常见的一种力系，很多实际问题都可简化成平面力系问题来分析。例如，厂房建筑中常采用刚架结构，取其中一个刚架来考察，如图 5-1(a)所示，作用于其上的力可以简化为如图 5-1(b)所示。其中：作用于顶上的是屋面荷载及横梁自重，每单位长度上的大小为 q_1（这些力称为分布荷载，其简化将在 5.3 节中介绍）；作用在左右两侧的是风压力和由风所引起的负压力，每单位长度上的大小分别为 q_2 及 q_3；$\boldsymbol{F}_1$ 及 $\boldsymbol{F}_2$ 为吊车梁作用于牛腿 A_1 及 B_1 的力；$\boldsymbol{F}_{Ax}$、$\boldsymbol{F}_{Ay}$、$\boldsymbol{F}_{Bx}$、$\boldsymbol{F}_{By}$ 及力偶矩 M_A、M_B 为 A、B 两处基础对立柱的约束力。所有这些力和力偶组成一平面力系。水利工程中常见的重力坝如图 5-2(a)所示，在对其进行力学分析时，往往取单位长度（如 1m）的坝段来考察，而将坝段所受的力简化成作用于坝段中央平面内的平面力系，如图 5-2(b)所示。带拖车的汽车沿水平直线道路行驶时，由于对称性，汽车所受的力也可简化为作用于其中央平面内的力，如图 5-3(b)所示，其中 $\boldsymbol{F}_x$ 及 $\boldsymbol{F}_y$ 为拖车作用于汽车的力，$\boldsymbol{W}$ 为汽车所受重力，$\boldsymbol{F}_{N1}$、$\boldsymbol{F}_{N2}$ 为地面对车轮作用的正压力，$\boldsymbol{F}_1$、$\boldsymbol{F}_2$ 为地面作用于车轮的摩擦力，这些力也组成一平面力系。

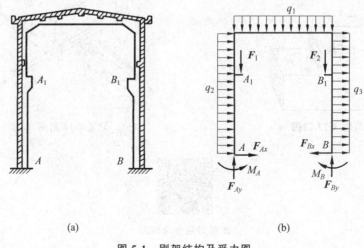

(a)　　　　　　　　　　　　　(b)

图 5-1　刚架结构及受力图

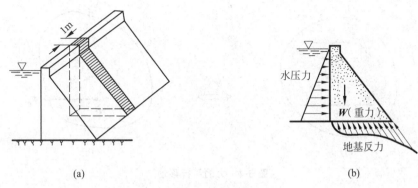

(a)　　　　　　　　　　　　　　　　　(b)

图 5-2　重力坝及断面受力图

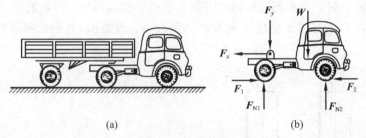

(a)　　　　　　　　　　　　　　　　　(b)

图 5-3　汽车受力图

5.2　力的平移定理

在讨论任意力系的简化前,先介绍力的**平移定理**。设一力 F_A 作用在刚体上的 A 点,如图 5-4(a)所示,现将其等效地平移到刚体上的任一点 B。为此,可以在 B 点加上大小相等、方向相反且与 F_A 平行的一对平衡力 F_B 和 F'_B,并使 $F_A=F_B=-F'_B$。根据加减平衡力系原理,力 F_A 与三个力 F_A、F_B 和 F'_B 组成的力系等效。显然,F'_B 和 F_A 组成一个力偶,称为**附加力偶**,设其力偶臂为 d。由此可见,作用于 A 点的力 F_A 可由作用在 B 点的力 F_B 和一个附加力偶(F_A,F'_B)来代替。附加力偶的力偶矩大小为(见图 5-4(b))

$$M=F_A d=M_B(F_A) \tag{5-1}$$

由于 $F_A=F_B$,所以可以认为 F_B 是由 F_A 平移而来的。

由此可得力的平移定理:**作用在刚体上的力,可以等效地平移到刚体上任一指定点,但必须在该力与指定点所确定的平面内附加一个力偶,附加力偶的力偶矩等于原力对指定点的力矩。**

图 5-4(b)所示的一个力 F_B 和一个力偶 M 常被称为共面的一个力和一个力偶。根据上述力的平移定理的逆过程,可以得知共面的一个力和一个力偶总可以合成为一个合力,此合力的大小和方向与原力相同,作用线的位置满足式(5-1)的关系。

在进行力学分析时有时也将力平行移动,以便了解其作用效应。例如,作用于立柱上 A 点的偏心力 F 如图 5-5(a)所示,将其平移至立柱轴线上成为力 F',并附加一力偶矩为 $M=M_O(F)$ 的力偶,如图 5-5(b)所示,如此等效对立柱的变形影响不大(在材料力学中将会

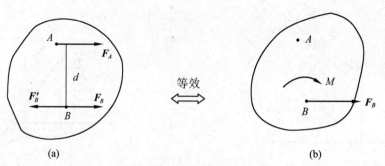

图 5-4　力的平行移动

详细说明),但却容易看出,轴向力 F' 将使立柱压缩,而力偶矩 M 将使短柱弯曲。不过应当注意,一般来说,在研究变形问题时力是不能移动的。例如图 5-6 所示的梁 A 端受一力 F,读者试想:如将 F 平行移动至 O 点成为 F' 并附加一力偶矩 M,其变形效果将如何?

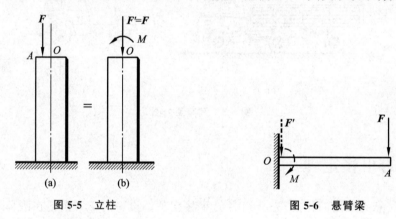

图 5-5　立柱　　　　　　图 5-6　悬臂梁

5.3　平面任意力系的简化

1. 主矢量和主矩

设一由 n 个力 $F_1,F_2,F_3,\cdots,F_n$ 组成的平面任意力系如图 5-7(a)所示,$A_1,A_2,A_3,\cdots,A_n$ 分别为对应各力的作用点。由于各力作用线不全汇交于一点,无法直接用平行四边法则进行合成,故在力系所在平面任取一点 O,称为**简化中心**,借助力的平移定理,将各力平移至 O 点,并附加一力偶,以确保简化过程力系的运动效应等效。设 F'_i 是由 F_i 平移所得,如图 5-7(b)所示,对应附加力偶的力偶矩为 M_i,则有

$$F'_i = F_i, \quad M_i = M_O(F_i), \quad i = 1,2,\cdots,n \tag{5-2}$$

$F'_1,F'_2,\cdots,F'_n$ 为汇交于 O 点的平面汇交力系,由第 3 章中内容可知此力系可以合成为一个力,用 F_R 表示,它也等于原力系各力的矢量和,即

$$F_R = \sum F'_i = \sum F_i \tag{5-3}$$

F_R 称为原力系的**主矢量**。

$M_1, M_2, M_3, \cdots, M_n$ 为一平面力偶系,由第 4 章的知识可知可将其合成为一力偶,用 M_O 表示,称为原力系的**主矩**,其力偶矩等于力偶系中各力偶矩(附件力偶矩)的代数和,即

$$M_O = \sum M_i = \sum M_O(\boldsymbol{F}_i) \tag{5-4}$$

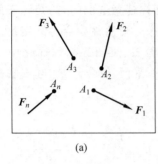 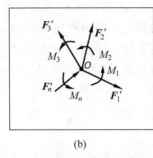 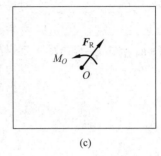

图 5-7　平面任意力系的简化过程

可见,平面力系向力系所在平面内一点(简化中心)简化的结果一般是一个力和一个力偶(见图 5-7(c)),这个力作用于简化中心,等于原力系中所有力的矢量和,亦即等于原力系的主矢量;这个力偶的矩等于原力系中所有力对于简化中心的矩的代数和,亦即等于原力系对于简化中心的主矩。

如果选取不同的简化中心,则主矢量并不改变,因为原力系中各力的大小及方向一定,它们的矢量和不变。所以,一个力系的主矢量是一常量,与简化中心位置无关。但是,力系中各力对于不同的简化中心的矩是不同的,因而它们的和一般说来也不相等。因此,主矩一般将随简化中心位置不同而改变。对于两个不同的简化中心 O_1 及 O_2 来说,力系对于它们的主矩之间存在如下关系:

$$M_{O_2} = M_{O_1} + M_{O_2}(\boldsymbol{F}_R) \tag{5-5}$$

其中 M_{O_1} 及 M_{O_2} 分别是力系对于 O_1 及 O_2 的主矩,而 $M_{O_2}(\boldsymbol{F}_R)$ 是作用于 O_1 的主矢量 $\boldsymbol{F}_R$ 对于 O_2 的矩。可见,力系对于第二简化中心的主矩,等于力系对于第一简化中心的主矩与作用于第一简化中心的力 $\boldsymbol{F}_R$(等于力系的主矢量)对于第二简化中心的矩之和。并由此可知,当简化中心沿 $\boldsymbol{F}_R$ 的作用线移动时,主矩将保持不变。(这一结论请读者自己论证。)

2. 平面任意力系简化结果讨论

平面任意力系向任一点简化,一般得到的是一个力和一个力偶,但这并不是最后的或最简单的结果,还须区别几种可能的情形,下面作进一步的探讨。

(1) 若 $\boldsymbol{F}_R = \boldsymbol{0}, M_O \neq 0$,则原力系简化为一个力偶,力偶矩等于原力系对于简化中心的主矩。在此情况下,主矩(即力偶矩)将不因简化中心位置的不同而改变,原力系与一力偶等效。此时的主矩也就是原力系的合力偶。

(2) 若 $\boldsymbol{F}_R \neq \boldsymbol{0}, M_O = 0$,则原力系简化为一个力 $\boldsymbol{F}_R$,即为原力系的合力。

(3) 若 $\boldsymbol{F}_R \neq \boldsymbol{0}, M_O \neq 0$,表明原力系简化为共面的一个力和一个力偶,如图 5-8 所示,由力的平移定理的逆过程可知,$\boldsymbol{F}_R$ 和 M_O 可以合成为一个力,设为 $\boldsymbol{F}_R'(\boldsymbol{F}_R' = \boldsymbol{F}_R)$,即为原力系的合力。合力 $\boldsymbol{F}_R'$ 作用线的位置必须满足当其平移至 O 点时,附加的力偶矩与主矩相

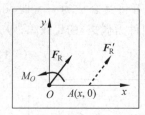

图 5-8 共面的一个力和
一个力偶

等,即

$$M_O(\boldsymbol{F}'_R) = M_O = \sum M_O(\boldsymbol{F}_i) \tag{5-6}$$

式(5-6)表明:若平面任意力系可简化为一个合力,则合力对任一点(简化中心 O 是在该平面内任意选取的)的矩等于原力系各力对同一点的矩的代数和。这一结论称为合力矩定理。由合力矩定理可以确定合力作用线位置,见图 5-8,以简化中心 O 点为坐标原点,力系所在平面为 xy 平面,设合力 $\boldsymbol{F}'_R$ 与 x 轴交点的坐标为 $(x,0)$,则由合力矩定理

$$M_O(\boldsymbol{F}'_R) = xF_{Ry} - 0 \times F_{Rx} = xF_{Ry}$$

可得

$$x = \frac{M_O(\boldsymbol{F}'_R)}{F_{Ry}} = \frac{\sum M_O(\boldsymbol{F}_i)}{F_{Ry}} \tag{5-7}$$

(请读者思考当 $F_{Ry} = 0$ 时,合力作用线位置如何计算。)

以上讨论对于平面任意力系的特殊情况——平面平行力系(即作用线在同一平面内且相互平行的力系)也完全适用,即平面平行力系向一点简化,一般得到的也是一个力和一个力偶,而进一步简化的结果仍是一个力偶或一个合力,如简化为合力则合力矩定理仍成立。对于平面同向(各力指向相同)的平行力系,由于主矢量不等于零,因而必可简化为一合力。读者对此可仔细分析。

3. 主矢量和主矩的解析计算

以 O 点为坐标原点,在力系所在平面建立坐标系 Oxy,将各力用解析式表示,即

$$\boldsymbol{F}_i = F_{ix}\boldsymbol{i} + F_{iy}\boldsymbol{j}, \quad i = 1, 2, \cdots, n \tag{5-8}$$

则主矢量的解析式为

$$\boldsymbol{F}_R = \sum \boldsymbol{F}_i = \left(\sum F_{ix}\right)\boldsymbol{i} + \left(\sum F_{iy}\right)\boldsymbol{j} \tag{5-9}$$

可见主矢量在 x、y 轴上的投影为

$$\begin{cases} F_{Rx} = \sum F_{ix} \\ F_{Ry} = \sum F_{iy} \end{cases} \tag{5-10}$$

求得主矢量的投影后,可以确定其大小和方向:

$$\begin{cases} F_R = \sqrt{F_{Rx}^2 + F_{Ry}^2} = \sqrt{\left(\sum F_{ix}\right)^2 + \left(\sum F_{iy}\right)^2} \\ \cos\alpha = \dfrac{F_{Rx}}{F_R}, \quad \cos\beta = \dfrac{F_{Ry}}{F_R} \end{cases} \tag{5-11}$$

式中,α 和 β 分别为主矢量与 x 轴和 y 轴的夹角。

设力 $\boldsymbol{F}_i$ 作用点的坐标为 (x_i, y_i),则主矩 M_O 的解析计算式为

$$M_O = \sum M_O(\boldsymbol{F}_i) = \sum (x_i F_{iy} - y_i F_{ix}) \tag{5-12}$$

对于平面平行力系,取 y 轴平行于各力作用线,则 $F_{Rx} \equiv 0$,于是有

$$\begin{cases} F_{Ry} = \sum F_{iy}, \quad F_R = \mid F_{Ry} \mid \\ \cos\alpha = 0, \quad \cos\beta = \pm 1 \\ M_O = \sum x_i F_{iy} \end{cases} \tag{5-13}$$

5.4 平行线分布力的简化

在许多工程问题中,物体所受的力往往是分布作用于物体体积内(如重力)或物体表面上(如水压力),前者称为**体力**,后者称为**面力**。体力和面力都是**分布力**。如果分布力作用区域内每点所受力的作用线彼此平行,则称为平行分布力。

体力和面力有时可先简化为沿线作用的分布力,简称**线分布力**或**线分布荷载**。如细长杆件或导线的自重(体力)常简化为沿轴线的分布力;又如作用在梁顶狭长面积上的分布力(如图 5-9(a)所示)常简化到顶面中心线上,如图 5-9(b)所示。

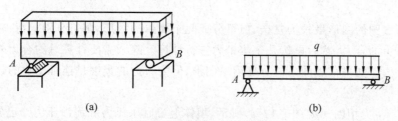

(a)   (b)

图 5-9 梁顶面荷载图

分布力作用区域内某点单位长度、单位面积或单位体积上所受的力称为分布力在该处的**集度**。表示分布力的集度大小及作用方向的图形称为**荷载图**,如图 5-10 所示为重力坝断面上游面水压力的荷载图。如果分布力的集度处处相同,则称为**均布力**或**均布荷载**;否则称为**非均布力**或非均布荷载。线分布力集度的单位是 N/m;面力集度的单位是 N/m^2;体力集度的单位是 N/m^3。

沿直线的同向分布力可以看成作用于无数微小长度上的力组成的平行力系,由于其主矢量不为零,故必可简化为一合力。

设一平行分布力沿线段 AB 作用,如图 5-11 所示,荷载图为一平面几何图形。取直角坐标系的 y 轴平行于分布力,令坐标为 x 处的荷载集度为 q,则在该处微小长度 Δx 上的力的大小为 $\Delta F = q\Delta x$,亦即等于 Δx 上荷载图的面积 ΔA。于是可得线段 AB 上所受的力的合力 F_R 大小为

$$F_R = \sum \Delta F = \sum q\Delta x = \sum \Delta A = A(\text{线段 } AB \text{ 上荷载图的面积})$$

合力 F_R 的作用线位置(其作用线的 x 坐标用 x_C 表示)可用合力矩定理求得。建立对 O 点的合力矩定理方程

$$x_C F_R = \sum xq\Delta x = \sum x\Delta A$$

由此得

$$x_C = \frac{\sum x\Delta A}{F_R} = \frac{\sum x\Delta A}{\sum \Delta A} = \frac{\sum x\Delta A}{A} \tag{5-14}$$

由式(5-14)确定的坐标 x_C 在几何学上称为几何体 $AabB$(荷载图)的几何形状中心的坐标。几何形状中心简称**形心**,可见,**沿直线分布的平行分布力合力的大小等于荷载图的面积,合力通过荷载图的形心。**常见简单几何体形心坐标计算公式参见 6.3 节表 6-1。

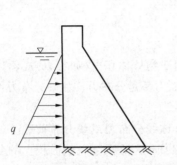

图 5-10 重力坝断面上游面水压力的荷载图

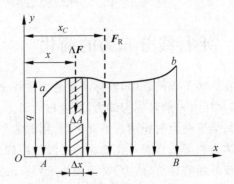

图 5-11 线段 AB 上的平行分布力

如果荷载图的图形虽较为复杂,但可分成几个简单的图形,则可分别求每一简单图形所代表的分布力的合力,然后再按几个集中力进行计算。除了需要计算总的合力外,一般不需合成为一个力。如果荷载图不能分作简单图形,但分布力的集度是连续变化的,则可用积分法求合力。

例 5-1 重力坝断面如图 5-12(a)所示,坝体上游有水压力和泥沙压力。已知水深 $H=46\text{m}$,泥沙厚度 $h=6\text{m}$,水体重力密度 $\gamma=9.8\text{kN/m}^3$,泥沙在水中的重力密度(浮容重)$\gamma'=8.0\text{kN/m}^3$。1m 长坝段所受重力为 $W_1=4500\text{kN}$,$W_2=14\,000\text{kN}$。图 5-12(b)所示为 1m 长坝段中央平面的受力情况。试将该坝段所受荷载向坝底 O 点简化,并求出简化的最终结果。

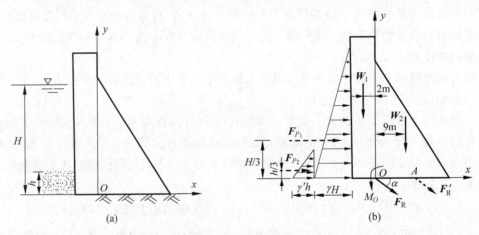

(a)   (b)

图 5-12 例 5-1 附图

解 上游坝面所受的水压力和泥沙压力为分布荷载,在本题中可简化为线分布荷载,荷载图见图 5-12(b),集度呈线性变化。在力系简化前,先将分布力简化为合力。水压力的合力 F_{P1} 的大小为

$$F_{P1} = \frac{1}{2}\gamma H \times H = \frac{1}{2} \times 9.8 \times 46^2 \text{kN} = 10\,368.4\text{kN}$$

F_{P1} 的作用线通过荷载图三角形的形心,即与坝底相距 $H/3=46/3\text{m}=15.33\text{m}$。泥沙压力的合力 F_{P2} 的大小为

$$F_{P2}=\frac{1}{2}\gamma'h\times h=\frac{1}{2}\times 8.0\times 6^2\text{kN}=144\text{kN}$$

F_{P2} 的作用线距坝底 $h/3=2\text{m}$。

现将 F_{P1}、F_{P2}、W_1、W_2 四个力向 O 点简化。先求主矢量:

$$F_{Rx}=\sum F_{ix}=F_{P1}+F_{P2}=10\,512.4\text{kN}$$

$$F_{Ry}=\sum F_{iy}=-W_1-W_2=-18\,500\text{kN}$$

$$F_R=\sqrt{F_{Rx}^2+F_{Ry}^2}=21\,278.2\text{kN}$$

$$\cos\alpha=\frac{F_{Rx}}{F_R}=\frac{10\,512.4}{21\,278.2}=0.4940$$

$$\cos\beta=\frac{F_{Ry}}{F_R}=\frac{-18\,500}{21\,278.2}=-0.8694$$

$$\alpha=60.39°$$

再求对 O 点的矩:

$$M_O=\sum M_O(F_i)=-F_{P1}\times H/3-F_{P2}\times h/3+W_1\times 2-W_2\times 9$$
$$=(-10\,368.4\times 46\div 3-144\times 2+4500\times 2-14\,000\times 9)\text{kN}\cdot\text{m}$$
$$=-276\,270.1\text{kN}\cdot\text{m}$$

负号表示主矩 M_O 的转向为顺时针,与图示相反。

由于主矢量不等于零,故原力系可进一步简化为一合力,合力大小即为主矢量的大小,其作用线与 x 轴交点的坐标可由式(5-7)确定:

$$x=\frac{M_O}{F_{Ry}}=\frac{-276\,270.1}{-18\,500}\text{m}=14.93\text{m}$$

图 5-12(b)中 F_R' 为合力。

5.5 平面任意力系的平衡条件

如一平面任意力系的主矢量和主矩均等于零,则该力系为平衡力系。因为主矢量等于零,表明作用于简化中心的汇交力系成平衡;主矩等于零,表明附加力偶系成平衡;两者都等于零,则原力系成平衡。反之,如一平面任意力系平衡,与其等效的主矢量和主矩必等于零,否则该力系最后将简化为一个力或一个力偶。因此,**平面任意力系平衡的充要条件是力系的主矢量和力系对任一点的主矩都等于零**,即

$$F_R=\mathbf{0},\quad M_O=0 \tag{5-15}$$

如果力系所在平面为 xy 平面,坐标原点 O 为矩心,则平衡条件可表示为

$$\begin{cases}\sum F_{ix}=0\\[4pt]\sum F_{iy}=0\\[4pt]\sum M_O(F_i)=0\end{cases} \tag{5-16}$$

即力系中各力在两个直角坐标轴中的每一轴上投影的代数和都等于零,所有各力对于任一点的矩的代数和等于零。方程式(5-16)称为平面任意力系的平衡方程,其中前两式称为平衡的投影方程,第三式称为平衡的力矩方程(有时直接用 $\sum M_{Oi}=0$ 来简化表示)。 这一组方程虽然是根据直角坐标系推导出来的,但在写投影方程时,可以任取两个不平行的轴作为投影轴,而不一定要使两轴互相垂直;写力矩方程时,矩心也可以任意选取,而不一定取在两投影轴的交点(为什么? 请读者思考)。

方程式(5-16)是平面任意力系平衡方程的基本形式,除了这种形式外,还可将其表示为二力矩形式或三力矩形式。

二力矩形式的平衡方程包括一个投影方程和两个力矩方程,即任取两点 A、B 为矩心,另取一轴 x 为投影轴,建立平衡方程:

$$\sum F_{ix}=0, \qquad \sum M_{Ai}=0, \qquad \sum M_{Bi}=0 \qquad (5\text{-}17)$$

但 A、B 的连线应不垂直于 x 轴。

三力矩形式的平衡方程是任取不在一条直线上的三点 A、B、C 为矩心而得到的力矩平衡方程,即

$$\sum M_{Ai}=0, \qquad \sum M_{Bi}=0, \qquad \sum M_{Ci}=0 \qquad (5\text{-}18)$$

现说明二力矩形式的方程式(5-17)是平面任意力系平衡方程的另一种形式。设一平面任意力系满足方程 $\sum M_{Ai}=0$,如果此力系不平衡,则力系可以简化为一合力 $\boldsymbol{F}_{R}$,合力作用线过 A 点;如果又满足 $\sum M_{Bi}=0$,但还不平衡,则力系简化后的合力作用线通过 A、B 两点;最后,如令 $\sum F_{ix}=0$,且投影轴 x 与 AB 连线不垂直,则由矢量投影定理 $\boldsymbol{F}_{R} \cdot \boldsymbol{i} = \sum F_{ix}=0$ 可得合力 $\boldsymbol{F}_{R}=\boldsymbol{0}$,此时力系必平衡。如果最后令 $\sum M_{Ci}=0$,且 A、B、C 三点不共线,如果力系不平衡,则合力作用线须通过 A、B、C 三点,这是不可能的,因此只能合力等于零。这说明式(5-18)也是平衡方程的一种形式。对于平面任意力系为什么不可能写出三个投影形式的平衡方程,请读者思考。

尽管平衡方程可以写成不同的形式,对投影轴和矩心的选择,除了上面提出的条件外,也别无限制,但是,平面任意力系的独立平衡方程只有三个。因为一个平面任意力系只要满足三个独立平衡方程,就必处于平衡状态,其他方程都是力系平衡的必然结果,不再是独立的。于是可知,对于一个平面任意力系,利用平衡方程只能求解三个未知数。

至于平面平行力系,如取 y 轴平行于各力,则在方程式(5-16)中 $F_{ix}\equiv0$,因而平面平行力系的平衡条件为

$$\sum F_{iy}=0, \qquad \sum M_{Oi}=0 \qquad (5\text{-}19)$$

也可表示为二力矩形式,写成

$$\sum M_{Ai}=0, \qquad \sum M_{Bi}=0 \qquad (5\text{-}20)$$

可见,对于平面平行力系,利用平衡方程可求解两个未知数(请思考用二力矩形式时对矩心 A、B 的选取有何限制)。在解答实际问题时,可以根据具体情况,采用不同形式的平衡方程,并适当选取投影轴和矩心,这样常可避免求解联立的平衡方程,从而大大简化计算。

例 5-2 梁的一端受固定端约束,另一端悬空,如图 5-13(a)所示,受如此约束的梁称为

悬臂梁。设梁上受最大集度为 q 的线分布荷载,并在 B 端受一集中力 $\boldsymbol{F}$。试求 A 端的约束力。

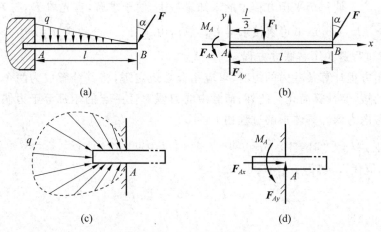

图 5-13　例 5-2 附图

解　AB 梁的 A 端全部插入墙体,既不能移动又不能转动,这种约束常称为**固定端约束**。插入墙体的梁段将受到墙体的约束力,如图 5-13(c)所示。约束力作用在梁体表面,为分布力。可以将此分布力向一点简化,得到一个主矢量和一个主矩,如图 5-13(d)所示(图中主矢量用两个分量表示,当梁上荷载为平面力系时,简化后的主矢量和主矩仍在荷载力系所在的平面内),所以作梁的示力图时,固定端的约束力可直接表示成如图 5-13(b)所示。为了下面计算方便,首先将梁上分布荷载合成为一个合力 $\boldsymbol{F}_1$,其大小为 $F_1 = ql/2$,方向与分布荷载方向相同,作用点在距 A 点 $l/3$ 处。建立梁的平衡方程:

$$\sum F_{ix} = 0: \quad F_{Ax} - F\sin\alpha = 0$$

$$\sum F_{iy} = 0: \quad F_{Ay} - F\cos\alpha - F_1 = 0$$

$$\sum M_A(\boldsymbol{F}_i) = 0: \quad M_A - F_1 l/3 - Fl\cos\alpha = 0$$

将 $F_1 = ql/2$ 代入,依次解得

$$F_{Ax} = F\sin\alpha, \quad F_{Ay} = ql/2 + F\cos\alpha, \quad M_A = ql^2/6 + Fl\cos\alpha$$

例 5-3　梁 AB 的支承及所受荷载如图 5-14 所示。已知 $F = 15\text{kN}, M = 20\text{kN} \cdot \text{m}$,求各约束力。图中长度单位为 m。

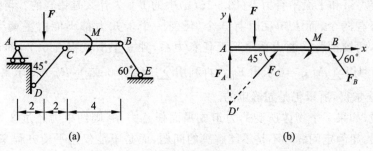

图 5-14　例 5-3 附图

解 考虑梁的平衡,作示力图如图 5-14(b)所示,图中约束力的指向都是假设的。从示力图可以看出,如果首先用投影方程,则不论怎样选取投影轴,每个平衡方程中将至少包含两个未知量。为了使每个平衡方程中的未知量最少,便于求解,首先取 F_C 与 F_A 的交点 D' 为矩心,由 $\sum M_{D'}(F_i) = 0$ 可直接求得 F_B,然后由 $\sum F_{ix} = 0$ 和 $\sum F_{iy} = 0$ 分别求出 F_C 与 F_A。此求解过程避免了解联立方程。

建立力矩方程计算某些力的矩时,可应用合力矩定理,将其分解成为两个力,分别求其对所选矩心的矩,使计算简化。此外,荷载中的力偶对任一点的矩都等于力偶矩,而写投影方程时可不考虑力偶。具体求解过程如下:

$$\sum M_{D'}(F_i) = 0: F_B \sin 60° \times 8 + F_B \cos 60° \times 4 - F \times 2 - M = 0$$

将 F 与 M 的值代入,解得 $F_B = 5.6 \text{kN}$。

$$\sum F_{ix} = 0: F_C \cos 45° - F_B \cos 60° = 0$$

解得 $F_C = 3.96 \text{kN}$。

$$\sum F_{iy} = 0: F_A + F_C \sin 45° + F_B \sin 60° - F = 0$$

将 F 及 F_B、F_C 的值代入,解得 $F_A = 7.35 \text{kN}$。

此外,也可以 F_A 与 F_B 的交点为矩心,由力矩方程求 F_C;以 F_C 与 F_B 的交点为矩心,由力矩方程求 F_A。读者不妨试做,以资校核。

5.6 静定与超静定问题 物体系统的平衡问题

1. 静定与超静定问题

由前文的讨论已经知道,对每一种力系来说,独立平衡方程的数目是一定的,能求解的未知力的数目也是一定的。如果所考察的问题的未知力个数恰好等于独立平衡方程的数目,且所有未知力可全部由平衡方程求得,则这类平衡问题称为**静定问题**,对应的结构也常称为静定结构;如果所考察问题的未知力的数目多于独立平衡方程的数目,仅仅用平衡方程就不可能完全求得所有未知力,这类平衡问题称为**超静定问题**或**静不定问题**,对应的结构也常称为超静定结构或静不定结构。

图 5-15 示出了超静定平衡问题的几个例子。在图 5-15(a)、(b)中,物体所受的力系分别为平面汇交力系和平面平行力系(图 5-15(b)中的 F_A 为什么是铅直的?请读者思考),独立平衡方程都有两个,而未知反力有 3 个,任何一个未知力都不能由平衡方程解得。在图 5-15(c)中,两铰拱所受的力系是平面任意力系,独立平衡方程有 3 个,而未知反力有 4 个,虽然可以利用 $\sum M_{Ai} = 0$ 求出 F_{By},再利用 $\sum M_{Bi} = 0$ 或 $\sum F_{iy} = 0$ 求出 F_{Ay},但 F_{Ax} 及 F_{Bx} 却无法求得,所以仍是超静定的。

一般来说,如果一个物体所受的力组成平面任意力系,则约束力超过 3 个时是超静定的。需要说明,超静定问题并不是不能解决的问题,而是不能仅用平衡方程来解决的问题。问题之所以成为超静定的,是因为静力学中把物体抽象成为刚体,略去了物体的变形;如果考虑到物体受力后的变形,在平衡方程之外再列出变形的补充方程,问题也就可以解决了。

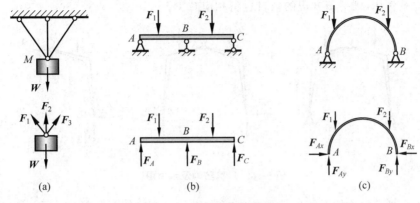

图 5-15　超静定问题的例子

这些内容将在第 2 篇材料力学中讨论。对于工程结构,无论是静定结构还是超静定结构,它们在受到荷载作用时,若不计变形,其几何形状和位置是保持不变的,因此称之为几何不变体系。关于体系的几何组成分析问题将在后继课程《结构静力学》中详细讨论。

2. 物体系统的平衡分析

实际研究对象往往不止一个物体,而是由若干个物体组成的物体系统,各物体之间以一定的方式联系着,整个系统又以适当方式与其他物体相联系。各物体之间的联系构成内约束。而系统与其他物体的联系则构成外约束。当系统受到主动力作用时,各内约束处及外约束处一般都将产生约束力。内约束处的约束力是系统内部物体之间相互作用的力,对整个系统来说,这些力是内约束力(有时简称为内力);而主动力和外约束处的约束力则是其他物体作用于系统的力,是外力。例如,土建工程中常用的三铰拱如图 5-16(a)所示,由 AC、BC 两半拱组成,连接两半拱的铰 C 是内约束,而铰 A 及铰 B 则是外约束。对整个拱来说,铰 C 处的约束力是内力(F_{Cx},F_{Cy}),而主动力及 A、B 处的约束力(F_{Ax},F_{Ay},F_{Bx},F_{By})则是外力。

应当注意:外力和内力是相对的概念,是对一定的考察对象而言的。如果不是取整个三铰拱而是分别取 AC 或 BC 为考察对象,则铰 C 对 AC 或 BC 的作用力就成为外力了。

对物体系统进行平衡分析时,首先要分析系统所包含的未知力的个数,方法是对系统进行受力分析。一般系统的内约束力和外约束力都属未知力,通过受力分析就可以知道它们的个数。对于如图 5-16(a)所示的厂房结构,由示力图 5-16(b)、(c)可见,外约束力的个数为 4,内约束力的个数为 2,系统共有 6 个未知的约束力。然后分析系统所能建立的独立平衡方程的个数,这要根据系统组成的物体的个数及各物体所受力系的类型进行分析。若系统由 n 个物体组成,每个物体所受力系都是平面任意力系,则对每个物体可以建立 3 个独立的平衡方程,对整个系统可以建立 $3n$ 个独立平衡方程(每个物体平衡了,系统中任意部分都将是平衡的)。图 5-16(a)所示的厂房结构由两个构件组成,每个构件受平面任意力系作用,故有 $3 \times 2 = 6$ 个独立的平衡方程。最后判断此系统是否为静定问题,如果系统的未知力个数等于独立的平衡方程个数,则所有未知力仅通过平衡方程就可以求解,为静定问题;否则,为超静定问题。图 5-16(a)所示的厂房结构的平衡问题是静定问题。需要注意,$3n$ 个独立平衡方程是针对每个物体受平面力系作用而得到的结论,如某个物体受平面汇交力系或平面平行力系作用,则平衡方程的数目也将相应减少。

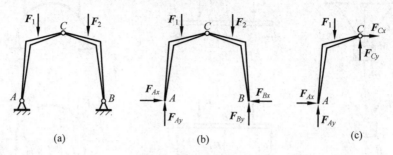

(a)　　　　　　　　　(b)　　　　　　　　　(c)

图 5-16　厂房结构及示力图

　　在具体对静定的物体系统进行平衡分析时,并非每个物体都需单独进行分析,也可以取整体或部分(若干物体)进行研究,原则是使求解过程简单、高效。从数学上看,系统的平衡分析最后可以归结为一个方程组的求解问题(大多是线性方程组的求解)。当方程组不耦合时,求解极为方便。对常见的、简单的一些结构,通过选取适当的脱离体及平衡方程都可以逐个求解未知力,避免联立解方程,使求解过程简洁明了。希望读者在练习过程中注意分析和总结。

　　还应指出,如果所取的考察对象中包含几个物体,考虑到各物体之间相互作用的力(内力)总是成对出现的,在研究该考察对象的平衡时就不必考虑这些内力。下面举例说明如何求解物体系统的平衡问题。

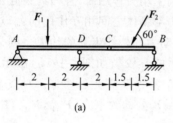

(a)

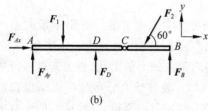

(b)

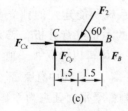

(c)

图 5-17　例 5-4 附图

例 5-4　联合梁支承及荷载情况如图 5-17(a)所示。已知 $F_1 = 10\text{kN}, F_2 = 20\text{kN}$。试求约束反力。图中长度单位为 m。

　　解　联合梁由两个物体组成,作用于每一物体的力系都是平面任意力系,共有 6 个独立的平衡方程;而约束力的未知数也是 6 个(A、C 两处各 2 个,B、D 两处各 1 个),所以是静定的。

　　首先以整个梁作为考察对象,示力图如图 5-17(b)所示,建立平衡方程:

$$\sum F_{ix} = 0: \quad F_{Ax} - F_2\cos 60° = 0$$

解得 $F_{Ax} = F_2\cos 60° = 10\text{kN}$。对于其余三个未知力 F_{Ay}、F_D 及 F_B,不论怎样选取投影轴和矩心,都无法求得其中任何一个,因此必须取其他考察对象进行分析。

　　现在取 BC 作为考察对象,作示力图 5-17(c),建立平衡方程:

$$\sum F_{ix} = 0: \quad F_{Cx} - F_2\cos 60° = 0$$

解得 $F_{Cx} = F_2\cos 60° = 10\text{kN}$。

$$\sum M_C(\boldsymbol{F}_i) = 0: \quad F_B \times 3 - F_2\sin 60° \times 1.5 = 0$$

解得 $F_B = 8.66\mathrm{kN}$。而

$$\sum F_{iy} = 0: F_B + F_{Cy} - F_2 \sin 60° = 0$$

解得 $F_{Cy} = 8.66\mathrm{kN}$。

再分析示力图 5-17(b)，这时，F_{Ax} 及 F_B 均已求出，只有 F_{Ay}、F_D 两个未知力，可以写出两个平衡方程求解：

$$\sum M_A(\boldsymbol{F}_i) = 0: F_D \times 4 + F_B \times 9 - F_1 \times 2 - F_2 \sin 60° \times 7.5 = 0$$

将 F_1、F_2 及 F_B 之值代入，解得 $F_D = 18\mathrm{kN}$。

$$\sum F_{iy} = 0: F_{Ay} + F_D + F_B - F_1 - F_2 \sin 60° = 0$$

将各已知值代入，解得 $F_{Ay} = 0.66\mathrm{kN}$。

本题也可一开始就将 AC 与 BC 分开，由两部分的平衡直接求解各未知数，而用整体的平衡方程进行校核。

例 5-5 某厂房为三铰刚架，由于地形限制，铰 A 及 B 位于不同高程，如图 5-18(a)所示，刚架上的荷载已简化为两个集中力 $\boldsymbol{F}_1$ 及 $\boldsymbol{F}_2$。试求 A、B、C 三处的反力。

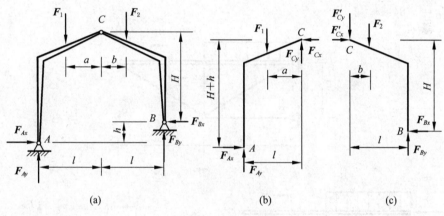

图 5-18 例 5-5 附图

解 本题是静定问题，如果以整个刚架作为考察对象，示力图见图 5-18(a)，不论怎样选取投影轴和矩心，每一平衡方程中至少包含两个未知力，而且不可能联立方程求解(读者可写出平衡方程，进行分析)。尽管可以用另外的方式表示 A、B 处的反力，例如将 A、B 处的反力分别用沿着 AB 线和垂直于 AB 线的分力来表示，这样可以由 $\sum M_A(\boldsymbol{F}_i) = 0$ 及 $\sum M_B(\boldsymbol{F}_i) = 0$ 分别求出垂直于 AB 线的两个分力，但对进一步的计算也并不方便。因此，我们将 AC 及 BC 两部分分开考察，作示力图 5-18(b)、(c)。虽然就每一部分来说，也不能求得四个未知力中的任何一个，但联合考察两部分，分别以 A 及 B 为矩心，建立力矩方程，则两方程中只有 $F_{Cx}(F_{Cx} = F'_{Cx})$ 及 $F_{Cy}(F_{Cy} = F'_{Cy})$ 两个未知力，可以联立求解。现在根据上面的分析来建立平衡方程。据图 5-18(b)建立平衡方程：

$$\sum M_A(\boldsymbol{F}_i) = 0: F_{Cx}(H+h) + F_{Cy}l - F_1(l-a) = 0 \tag{a}$$

据图 5-15(c)建立平衡方程：

$$\sum M_B(\boldsymbol{F}_i) = 0: -F'_{Cx}H + F'_{Cy}l + F_2(l-b) = 0 \tag{b}$$

联立求解式(a)及式(b),可得

$$F_{Cx} = F'_{Cx} = \frac{F_1(l-a) + F_2(l-b)}{2H+h}$$

$$F_{Cy} = F'_{Cy} = \frac{F_1(l-a)H - F_2(l-b)(H+h)}{l(2H+h)}$$

对于其余各未知反力请读者自行计算并进行校核。如果只需求 A、B 两处的反力,请思考怎样用最少数目的平衡方程求解。如果 A、B 两点高程相同($h=0$),那么怎样求解最为简便?

例 5-6 在如图 5-19(a)所示悬臂平台结构中,已知荷载 $M=60\text{kN} \cdot \text{m}$,$q=24\text{kN/m}$,各杆件自重不计。试求杆 BD 的内力。

解 本题是一个混合结构的平衡问题,求系统内力时必须对系统采用脱离体法分析。选取脱离体,使所求的力出现在示力图中,具体过程分为三步。

先取 $ABCD$ 部分,示力图见图 5-19(b),建立平衡方程:

$$\sum M_A(\boldsymbol{F}_i) = 0: \quad F_{ED} \times 3 + M + 4q \times 2 = 0$$

解得 $F_{ED} = -84\text{kN}$。

例 5-6
讲解

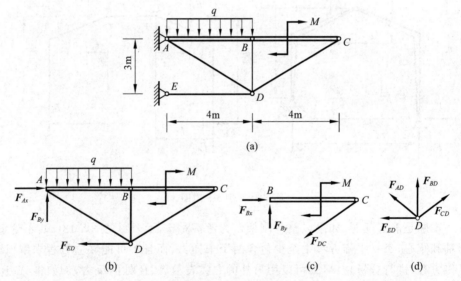

图 5-19 例 5-6 附图

然后取 BC 部分进行分析,示力图见图 5-19(c),建立平衡方程:

$$\sum M_B(\boldsymbol{F}_i) = 0: \quad \frac{3}{5}F_{DC} \times 4 + M = 0$$

解得 $F_{DC} = -25\text{kN}$。

最后取铰 D 进行分析,示力图见图 5-19(d),建立平衡方程:

$$\sum F_{ix} = 0: \quad \frac{4}{5}F_{CD} - F_{ED} - \frac{4}{5}F_{AD} = 0$$

$$\sum F_{iy} = 0: \quad \frac{3}{5}F_{AD} + F_{BD} + \frac{3}{5}F_{CD} = 0$$

因 DC 为二力杆，故有 $F_{CD}=F_{DC}=-25\text{kN}$，代入上面方程组可以解得 $F_{AD}=80\text{kN}$，$F_{BD}=-33\text{kN}$。

请读者思考：以上求解过程是否最为简单？如先分析 BC 的平衡，再取 AB 分析，是否可求解 BD 杆的内力？

由上面几个例子的分析可见，求解物体系统的平衡问题一般须先判别系统是否静定的。若是静定的，再选取适当的考察对象（可以是整个系统或其中的一部分），分析其受力情况，正确作出示力图，以建立必要的平衡方程求解。通常总是首先观察以整个系统为考察对象是否能求出某些未知量，如不能，就需分别选取其中一部分来考察。建立平衡方程时应注意投影轴和矩心的选择，尽可能避免解联立方程；如不能避免时，也应力求方程简单。选取不同的考察对象，建立不同形式的平衡方程，可能求解过程的繁简程度不一，希望读者用心体察，力求灵活掌握。

在实际工程应用中，由于计算机技术的发展，人们已经把重点转向如何用计算机来分析力学平衡问题，以上静定问题的平衡分析都可通过编制计算机程序来求解，且结果正确可靠、速度快，读者不妨自己尝试一下，以提高平衡分析的能力。

习题

5-1　x 轴与 y 轴斜交成 α 角如图示。设一力系在 xy 平面内，对 y 轴和 x 轴上的 A、B 两点有 $\sum M_A(\boldsymbol{F}_i)=0$，$\sum M_B(\boldsymbol{F}_i)=0$，且 $\sum F_{iy}=0$，但 $\sum F_{ix}\neq0$。已知 $OA=a$，求 B 点在 x 轴上的位置。

5-2　一平面力系（在 Oxy 平面内）中的各力在 x 轴上投影的代数和等于零，对 A、B 两点的主矩分别为 $M_A=12\text{N}\cdot\text{m}$，$M_B=15\text{N}\cdot\text{m}$，$A$、$B$ 两点的坐标分别为 $(2,3)$、$(4,8)$。试求该力系的合力（坐标值的单位为 m）。

5-3　某厂房排架的柱子，承受吊车传来的力 $F_1=250\text{kN}$，屋顶传来的力 $F_2=30\text{kN}$ 作用，试将该两力向底面中心 O 简化。图中长度单位为 mm。

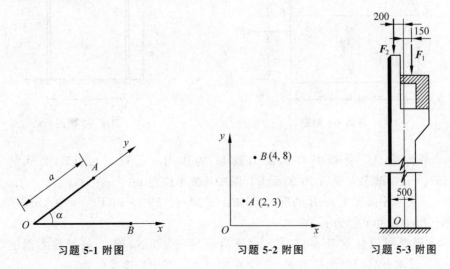

习题 5-1 附图　　　习题 5-2 附图　　　习题 5-3 附图

5-4 已知挡土墙自重 $W=400\text{kN}$，土压力 $F=320\text{kN}$，水压力 $F_1=176\text{kN}$。试求这些力向底面中心 O 简化的结果；如能简化为一合力，试求出合力作用线的位置。图中长度单位为 m。

5-5 某桥墩顶部受到两边桥梁传来的铅直力 $F_1=1940\text{kN}$，$F_2=800\text{kN}$ 及制动力 $F_4=193\text{kN}$ 作用。桥墩自重 $W=5280\text{kN}$，风力 $F_3=140\text{kN}$。各力作用线位置如图所示。求将这些力向基底截面中心 O 简化的结果；如能简化为一合力，试求出合力作用线的位置。图中长度单位为 m。

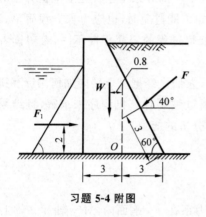

习题 5-4 附图

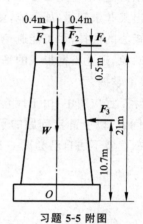

习题 5-5 附图

5-6 图示一平面力系，已知 $F_1=200\text{N}$，$F_2=100\text{N}$，$M=300\text{N}\cdot\text{m}$。欲使力系的合力通过 O 点，问水平力 F 之值应为多少？图中长度单位为 m。

5-7 在刚架的 A、B 两点分别作用 F_1、F_2 两力，已知 $F_1=F_2=10\text{kN}$。欲以过 C 点的一个力 F 代替 F_1、F_2，求 F 的大小、方向及 B、C 间的距离。图中长度单位为 m。

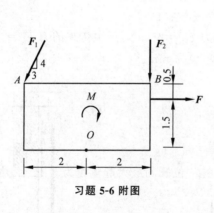

习题 5-6 附图

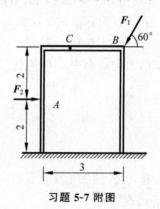

习题 5-7 附图

5-8 外伸梁 AC 受集中力 F 及力偶 M 的作用。已知 $F=2\text{kN}$，力偶的力偶矩 $M=1.5\text{kN}\cdot\text{m}$。试求支座 A、B 的反力。图中长度单位为 m。

5-9 求图示刚架支座 A、B 的反力，已知：(a)$M=2.5\text{kN}\cdot\text{m}$，$F=5\text{kN}$；(b)$q=1\text{kN/m}$，$F=3\text{kN}$。图中长度单位为 m。

5-10 弧形闸门自重 $W=150\text{kN}$，水压力 $F_1=3000\text{kN}$，铰 A 处摩擦力偶的矩 $M=60\text{kN}\cdot\text{m}$。试求开启门时的拉力 F_2 及铰 A 的反力。图中长度单位为 m。

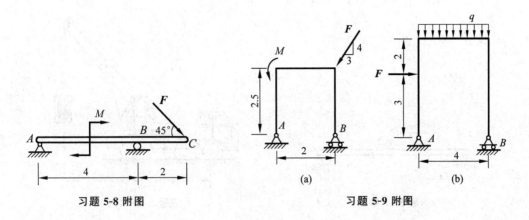

習題 5-8 附图

習題 5-9 附图

5-11　附图为一矩形进水闸门的计算简图。设闸门宽(垂直于纸面)1m,$AB=2$m,重 $W=15$kN,上端用铰 A 支承。若水面与 A 齐平且门后无水,重力作用在 AB 的中点,求开启闸门时绳的最小拉力 F。

5-12　悬管刚架受力如图。已知 $q=4$kN/m,$F_2=5$kN,$F_1=4$kN。试求固定端 A 的约束反力。图中长度单位为 m。

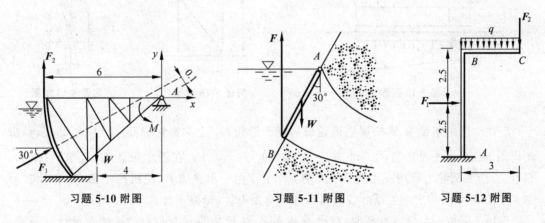

習題 5-10 附图　　　　習題 5-11 附图　　　　習題 5-12 附图

5-13　汽车前轮荷载为 10kN,后轮荷载为 40kN,前后轮间的距离为 2.54m,匀速行驶在长 10m 的桥上。试求:(1)当汽车后轮处在桥中点时,支座 A、B 的反力;(2)当支座 A、B 的反力相等时,后轮到支座 A 的距离。

5-14　汽车起重机在图示位置保持平衡。已知起重量 $W_1=10$kN,起重机自重 $W_2=70$kN。试求 A、B 两处地面的反力。起重机在这一位置的最大起重量为多少? 图中长度单位为 m。

5-15　基础梁 AB 上作用集中力 F_1、F_2,已知 $F_1=200$kN,$F_2=400$kN。假设梁下的地基反力呈直线变化。试求 A、B 两端分布力的集度 q_A、q_B。图中长度单位为 m。

5-16　将水箱的支承简化如图示。已知水箱与水共重 $W=320$kN,侧面的风压力 $F=20$kN,求三杆对水箱的约束力。图中长度单位为 m。

5-17　图示一冲压机构。设曲柄 OA 长 r,连杆 AB 长 l,平衡时 OA 与铅直线成 α 角。试求冲压力 F 大小与作用在曲柄上的力偶 M 之间的关系。

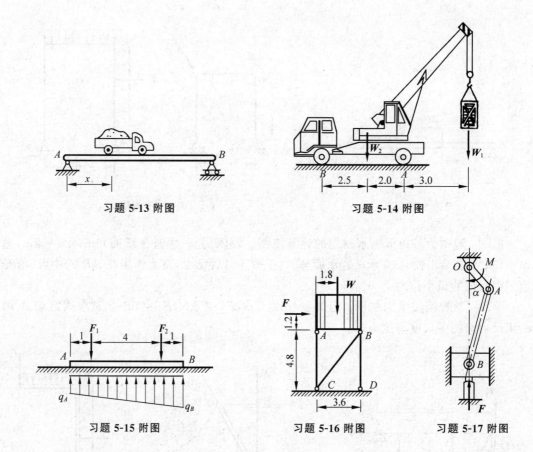

习题 5-13 附图

习题 5-14 附图

习题 5-15 附图

习题 5-16 附图

习题 5-17 附图

5-18　图中半径为 R 的扇形齿轮可借助于圆轮 O_1 上的销钉 A 而绕 O_2 转动,从而带动齿条 BC 在水平槽内运动。已知 $O_1A=r$,$O_1O_2=\sqrt{3}r$。在图示位置 O_1A 水平(O_1O_2 铅直)。今在圆轮上作用一力矩 M,齿条 BC 上作用一水平力 F,使机构平衡,试求力矩 M 与水平力 F 之间的大小关系。设机构各部件自重不计,摩擦不计。

5-19　图示一台秤。空载时,台秤及其支架 BCE 的重量与杠杆 AB 的重量恰好平衡;当秤台上有重物时,在 AO 上加一秤锤,设秤锤重量为 W_1,$OB=a$。试求 AO 上的刻度 x 与重量之间的关系。

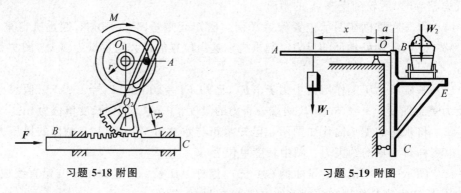

习题 5-18 附图

习题 5-19 附图

5-20　三铰拱桥,每一半拱自重 $W=40\text{kN}$,其重心分别在 D 和 E 点,桥上有荷载 $F=$

20kN,位置如图。求铰 A、B、C 三处的约束力。图中长度单位为 m。

5-21　三铰拱式组合屋架如图所示,已知 $q=5\text{kN/m}$,求铰 C 处的约束力及拉杆 AB 所受的力。图中长度单位为 m。

习题 5-21 讲解

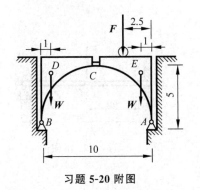

习题 5-20 附图

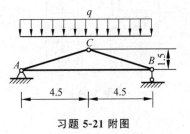

习题 5-21 附图

5-22　剪钢筋用的设备如图所示。欲使钢筋 E 受力 12kN,问加于 A 点的力应为多大? 图中长度单位为 mm。

5-23　附图为某绳鼓式闸门启闭设备传动系统的简图。已知各齿轮半径分别为 r_1、r_2、r_3、r_4,绳鼓半径为 r,闸门重 W,求最小的启门力矩 M。设整个设备的机械效率为 η(即 M 的有效部分与 M 之比)。

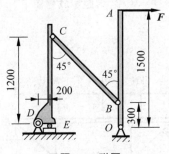

习题 5-22 附图

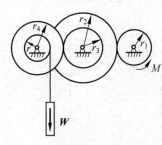

习题 5-23 附图

5-24　附图是一种气动夹具的简图,压缩空气推动活塞 E 向上运动,通过连杆 BC 推动曲臂 AOB,使其绕 O 点转动,从而在 A 点将工件压紧。在图示位置,$\alpha=20°$,已知活塞所受总压力 $F=3\text{kN}$,试求工件受的压力。所有构件的重量和各铰处的摩擦都不计。图中长度单位为 mm。

5-25　水平梁由 AC、BC 两部分组成,A 端插入墙内,B 端搁在辊轴支座上,C 处用铰连接,受 $\boldsymbol{F}$、M 作用。已知 $F=4\text{kN}$,$M=6\text{kN}\cdot\text{m}$。试求 A、B 两处的反力。

5-26　钢架 ABC 和梁 CD 的支承与荷载如图所示。已知 $F=5\text{kN}$,$q=200\text{N/m}$,$q_0=300\text{N/m}$。试求支座 A、B 的反力。图中长度单位为 m。

5-27　组合结构如图所示,已知 $q=2\text{kN/m}$。试求 AD、CD、BD 三杆的内力。图中长度单位为 m。

5-28　在图示结构计算简图中,已知 $q=15\text{kN/m}$。试求 A、B、C 处的约束力。图中长度单位为 m。

5-29 一组合结构、尺寸及荷载如图所示,求杆1、2、3所受的力。图中长度单位为m。

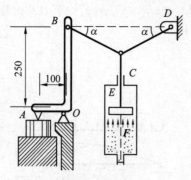

习题 5-24 附图

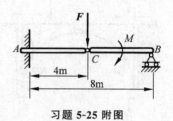

习题 5-25 附图

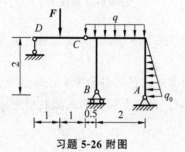

习题 5-26 附图

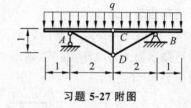

习题 5-27 附图

习题 5-29
讲解

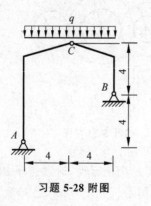

习题 5-28 附图

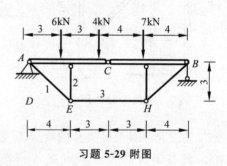

习题 5-29 附图

本章习题参考解答

第 6 章

空间任意力系的平衡

6.1 空间任意力系

若力系中各力的作用线既不汇交于一点，又不全部相互平行，也不共面，则该力系称为**空间任意力系**，简称**空间力系**。

空间力系是物体受力的最一般的情况，在工程中有许多问题都属于这种情况。例如，图 6-1(a)所示为某些船闸上采用的人字形闸门的示意图，当上下游水位有差别而开启闸门时，左边一扇门的受力情况如图 6-1(b)所示。其中：W 为闸门所受的重力；F_1 为由于上下游水位差产生的静水压力与开门时的阻力简化而成的等效力；F_2 为推拉杆作用在门上的力；其余各力则是约束力。所有这些力组成一空间任意力系。

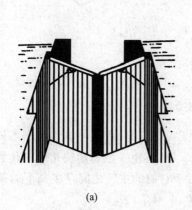

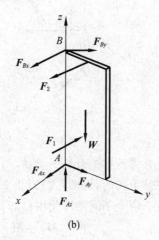

(a)   (b)

图 6-1　人字形闸门及受力图

6.2 空间任意力系的简化

1. 主矢量和主矩

设有一空间任意力系 $F_1, F_2, \cdots, F_n$，各力分别作用于 $A_1, A_2, \cdots, A_n$ 各点，如图 6-2(a)所示(图中未画出受力物体)。与平面任意力系的简化方法相同，简化时可任取一点 O 作为简化中心,将各力平行移至 O 点,并各附加一力偶,于是得到一个作用于 O 点的汇交力系 $\boldsymbol{F}'_1(\boldsymbol{F}'_1=\boldsymbol{F}_1)$,$\boldsymbol{F}'_2(\boldsymbol{F}'_2=\boldsymbol{F}_2)$,$\cdots$,$\boldsymbol{F}'_n(\boldsymbol{F}'_n=\boldsymbol{F}_n)$ 和一个附加力偶系 $\boldsymbol{M}_1$,$\boldsymbol{M}_2$,$\cdots$,$\boldsymbol{M}_n$,如图 6-2(b)所示。各附加力偶矩应按矢量分析,分别垂直于相应的力与 O 点所确定的平面,并分别等于相应的力对于 O 点的矩,即

$$\boldsymbol{M}_i = \boldsymbol{M}_O(\boldsymbol{F}_i), \quad i=1,2,\cdots,n \tag{6-1}$$

汇交力系 $\boldsymbol{F}'_1$,$\boldsymbol{F}'_2$,$\cdots$,$\boldsymbol{F}'_n$ 可合成为一个力 $\boldsymbol{F}_R$,$\boldsymbol{F}_R$ 等于各力的矢量和,即为原力系的主矢量:

$$\boldsymbol{F}_R = \boldsymbol{F}'_1 + \boldsymbol{F}'_2 + \cdots + \boldsymbol{F}'_n = \boldsymbol{F}_1 + \boldsymbol{F}_2 + \cdots + \boldsymbol{F}_n = \sum \boldsymbol{F}_i \tag{6-2}$$

附加力偶系可合成为一个力偶 $\boldsymbol{M}_O$,即为原力系对简化中心 O 的主矩,其力偶矩等于各附加力偶矩的矢量和,亦等于原力系中各力对于简化中心的矩的矢量和,即

$$\boldsymbol{M}_O = \boldsymbol{M}_1 + \boldsymbol{M}_2 + \cdots + \boldsymbol{M}_n = \sum \boldsymbol{M}_O(\boldsymbol{F}_i) = \sum \boldsymbol{r}_i \times \boldsymbol{F}_i \tag{6-3}$$

其中 $\boldsymbol{r}_i$ 为 $\boldsymbol{F}_i$ 的作用点 A_i 相对于 O 点的矢径。

由以上可知,空间力系向一点(简化中心)简化的结果一般是一个力和一个力偶,如图 6-2(c)所示。这个力作用于简化中心,等于原力系中所有各力的矢量和,亦即等于原力系的主矢量;这个力偶的矩等于原力系中所有各力对于简化中心的矩的矢量和,亦即等于原力系对于简化中心的主矩。

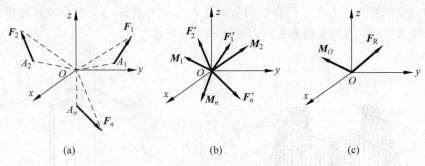

(a)　　　　　　　　　(b)　　　　　　　　　(c)

图 6-2　空间任意力系

一个力系的主矢量是一常量,与简化中心位置无关。但是,力系中各力对于不同的简化中心的矩是不同的,因而它们的和一般也不相等。所以,主矩一般将随简化中心位置不同而改变。对于两个不同的简化中心 O_1 及 O_2,力系对于它们的主矩之间存在如下的关系:

$$\boldsymbol{M}_2 = \boldsymbol{M}_1 + \boldsymbol{r} \times \boldsymbol{F}_R = \boldsymbol{M}_1 + \boldsymbol{M}_{O_2}(\boldsymbol{F}_R) \tag{6-4}$$

其中,$\boldsymbol{M}_1$ 及 $\boldsymbol{M}_2$ 分别为力系对于 O_1 及 O_2 的主矩,$\boldsymbol{r}$ 为由 O_2 引向 O_1 的矢径,而 $\boldsymbol{M}_{O_2}(\boldsymbol{F}_R)$ 为作用于 O_1 的主矢量 $\boldsymbol{F}_R$ 对于 O_2 的矩。可见,力系对于第二简化中心 O_2 的主矩等于力系对于第一简化中心 O_1 的主矩与作用于第一简化中心的主矢量 $\boldsymbol{F}_R$ 对第二简化中心的矩的矢量和。由此可知,当简化中心沿 $\boldsymbol{F}_R$ 的作用线移动时,主矩将保持不变(这一结论请读者自己论证)。·

2. 主矢量和主矩的解析计算

为计算主矢量和主矩,可过简化中心取直角坐标系 $Oxyz$,如果设 F_{Rx}、F_{Ry}、F_{Rz} 及

F_{ix}、F_{iy}、F_{iz} 分别代表 $\boldsymbol{F}_R$ 及 $\boldsymbol{F}_i$ 在坐标轴上的投影,则式(6-2)可写成

$$\boldsymbol{F}_R = F_{Rx}\boldsymbol{i} + F_{Ry}\boldsymbol{j} + F_{Rz}\boldsymbol{k} = \sum F_{ix}\boldsymbol{i} + \sum F_{iy}\boldsymbol{j} + \sum F_{iz}\boldsymbol{k} \tag{6-5}$$

于是有

$$F_{Rx} = \sum F_{ix}, \quad F_{Ry} = \sum F_{iy}, \quad F_{Rz} = \sum F_{iz} \tag{6-6}$$

则 $\boldsymbol{F}_R$ 的大小及方向余弦分别为

$$\begin{cases} F_R = \sqrt{F_{Rx}^2 + F_{Ry}^2 + F_{Rz}^2} \\ \cos(\boldsymbol{F}_R, x) = \dfrac{F_{Rx}}{F_R}, \quad \cos(\boldsymbol{F}_R, y) = \dfrac{F_{Ry}}{F_R}, \quad \cos(\boldsymbol{F}_R, z) = \dfrac{F_{Rz}}{F_R} \end{cases} \tag{6-7}$$

同样地,假设主矩 $\boldsymbol{M}_O$ 在坐标轴上的投影为 M_x、M_y、M_z,则由式(6-3),M_x、M_y、M_z 应分别等于各力对 O 点的矩在对应轴上的投影之和,亦即等于各力对于对应轴的矩之和,即

$$\begin{cases} M_x = \sum M_x(\boldsymbol{F}_i) \\ M_y = \sum M_y(\boldsymbol{F}_i) \\ M_z = \sum M_z(\boldsymbol{F}_i) \end{cases} \tag{6-8}$$

由式(4-8),还可将上式写成

$$\begin{cases} M_x = \sum (y_i F_{iz} - z_i F_{iy}) \\ M_y = \sum (z_i F_{ix} - x_i F_{iz}) \\ M_z = \sum (x_i F_{iy} - y_i F_{ix}) \end{cases} \tag{6-9}$$

已知主矩 $\boldsymbol{M}_O$ 的投影,则可求得 $\boldsymbol{M}_O$ 的大小及方向余弦为

$$\begin{cases} M_O = \sqrt{M_x^2 + M_y^2 + M_z^2} \\ \cos(\boldsymbol{M}_O, x) = \dfrac{M_x}{M_O}, \quad \cos(\boldsymbol{M}_O, y) = \dfrac{M_y}{M_O}, \quad \cos(\boldsymbol{M}_O, z) = \dfrac{M_z}{M_O} \end{cases} \tag{6-10}$$

3. 空间平行力系简化的结果

作为空间任意力系的特殊情形,空间平行力系向一点(简化中心)简化的结果也是一个力(等于力系的主矢量)和一个力偶(力偶矩等于力系的主矩),只是计算可作适当简化。

取 z 轴平行于各力作用线,则在式(6-6)~式(6-10)中,$F_{Rx} \equiv 0$,$F_{Ry} \equiv 0$,$M_z \equiv 0$,而各式成为

$$\begin{cases} F_{Rz} = \sum F_{iz}, \quad F_R = |F_{Rz}| \\ \cos(\boldsymbol{F}_R, z) = \pm 1, \quad \cos(\boldsymbol{F}_R, x) = \cos(\boldsymbol{F}_R, y) = 0 \\ M_x = \sum y_i F_{iz}, \quad M_y = -\sum x_i F_{iz} \\ M_O = \sqrt{M_x^2 + M_y^2} \\ \cos(\boldsymbol{M}_O, x) = \dfrac{M_x}{M_O}, \quad \cos(\boldsymbol{M}_O, y) = \dfrac{M_y}{M_O}, \quad \cos(\boldsymbol{M}_O, z) = 0 \end{cases} \tag{6-11}$$

可见,$\boldsymbol{F}_R$ 平行于 z 轴(即与原力系平行),而 $\boldsymbol{M}_O$ 必垂直于 z 轴。所以 $\boldsymbol{F}_R$ 与 $\boldsymbol{M}_O$ 互相垂直。

4. 空间任意力系简化结果的讨论

空间任意力系向任一点简化,得到的一般是一个力和一个力偶,但这并不是最后的或最简单的结果,还需区别几种可能的情形,作进一步的探讨。

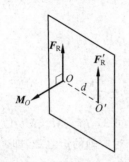

图 6-3　共面的一个力和一个力偶

(1) 若 $F_R=0,M_O\neq0$,则原力系简化为一个力偶,力偶矩等于原力系对于简化中心的主矩。在这种情况下,主矩(即力偶矩)将不因简化中心位置的不同而改变,原力系与一力偶等效。此时的主矩就是原力系的合力偶。

(2) 若 $F_R\neq0,M_O\neq0$,而 $F_R\perp M_O$,表明 M_O 所代表的力偶与 F_R 在同一平面内,如图 6-3 所示。由力的平移定理的逆过程可知,此时可进一步简化为一个力 $F'_R(F'_R=F_R)$,即为原力系的合力,其作用线至 O 点的距离 $d=M_O/F_R$。

当空间任意力系可简化为一合力时,合力 F'_R 对任一点 O(或轴 x)的矩与分力对同一点(或轴)的矩之间存在以下关系:

$$M_O(F'_R)=\sum M_O(F_i) \tag{6-12}$$

$$M_x(F'_R)=\sum M_x(F_i) \tag{6-13}$$

此结论很容易证明。设某空间力系可简化成作用于 O' 点的一个合力 F'_R,现任取一点 O,由式(6-4)应有

$$M_O=M_{O'}+M_O(F'_R) \tag{6-14}$$

其中 $M_O=\sum M_O(F_i)$,而 $M_{O'}=0$(因 O' 是合力作用点),于是式(6-14)化为式(6-12)。过 O 点任取一轴 x,将式(6-12)两边投影到 x 轴上,并注意 $M_O(F'_R)$ 及 $M_O(F_i)$ 在 x 轴上的投影分别等于 F'_R 及 F_i 对 x 轴的矩,故可得到式(6-13)。

式(6-12)及式(6-13)表明:**若空间任意力系可简化成一个合力,则合力对任一点(或轴)的矩等于原力系各力对同一点(或轴)的矩的矢量和(或代数和)。这一结论称为合力矩定理。**

(3) 若 $F_R\neq0,M_O\neq0$,且 M_O 与 F_R 互不垂直,则力系还可略作简化。将 M_O 分解成垂直于 F_R 的 M_1 和平行于 F_R 的 M_R。因 M_1 所代表的力偶与力 F_R 位于同一平面内,可合成为此平面内的一个力 F'_R,再将 M_R 平移至与 F'_R 重合。这时,M_R 所代表的力偶位于与 F'_R 垂直的平面内。这样的一个力和一个力偶称为**力螺旋**,如 M_R 与 F'_R 矢量同向,则称为右手螺旋,反之称为左手螺旋。一般情况下,力螺旋是空间力系简化最简单的形式,对于确定的空间力系,组成力螺旋的力、力偶矩及所处位置是确定的,且 M_R 是力系的最小主矩。

例 6-1　将图 6-4 所示的力系向 O 点简化,求主矢量和主矩。已知 $F_1=50\text{N},F_2=100\text{N},F_3=200\text{N}$。图中长度单位为 m。

解　先将各力沿坐标轴分解:

$$F_1=50i$$

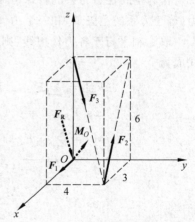

图 6-4　例 6-1 附图

$$\boldsymbol{F}_2 = (-3/\sqrt{45}) \times 100\boldsymbol{i} + (6/\sqrt{45}) \times 100\boldsymbol{k}$$

$$= -44.7\boldsymbol{i} + 89.4\boldsymbol{k}$$

$$\boldsymbol{F}_3 = (3/\sqrt{61}) \times 200\boldsymbol{i} + (4/\sqrt{61}) \times 200\boldsymbol{j} - (6/\sqrt{61}) \times 200\boldsymbol{k}$$

$$= 76.8\boldsymbol{i} + 102.4\boldsymbol{j} - 153.6\boldsymbol{k}$$

可得主矢量的投影及大小分别如下：

$$F_{Rx} = \sum F_{ix} = (50 - 44.7 + 76.8)\text{N} = 82.1\text{N}$$

$$F_{Ry} = \sum F_{iy} = 102.4\text{N}$$

$$F_{Rz} = \sum F_{iz} = (89.4 - 153.6)\text{N} = -64.2\text{N}$$

$$F_R = \sqrt{F_{Rx}^2 + F_{Ry}^2 + F_{Rz}^2} = \sqrt{82.1^2 + 102.4^2 + (-64.2)^2}\text{N} = 146.1\text{N}$$

主矢量的方向余弦分别为

$$\cos\alpha = F_{Rx}/F_R = 0.5619, \quad \cos\beta = F_{Ry}/F_R = 0.7009, \quad \cos\gamma = F_{Rz}/F_R = -0.4394$$

主矩的投影及大小分别为

$$M_x = \sum M_x(\boldsymbol{F}_i) = (4 \times 89.4 - 6 \times 102.4)\text{N} \cdot \text{m} = -256.8\text{N} \cdot \text{m}$$

$$M_y = \sum M_y(\boldsymbol{F}_i) = (-3 \times 89.4 + 6 \times 76.8)\text{N} \cdot \text{m} = 192.6\text{N} \cdot \text{m}$$

$$M_z = \sum M_z(\boldsymbol{F}_i) = 4 \times 44.7\text{N} \cdot \text{m} = 178.8\text{N} \cdot \text{m}$$

$$M_O = \sqrt{M_x^2 + M_y^2 + M_z^2} = \sqrt{(-256.8)^2 + 192.6^2 + 178.8^2}\text{N} \cdot \text{m} = 367.4\text{N} \cdot \text{m}$$

主矩的方向余弦分别为

$$\cos\alpha = M_x/M_O = -0.6989, \quad \cos\beta = M_y/M_O = 0.5242, \quad \cos\gamma = M_z/M_O = 0.4866$$

图 6-4 中主矢量和主矩用虚线箭头表示。

6.3　重心和形心

重力是工程中最常见的荷载,重力的简化将涉及物体重心、形心等概念。重力是由于物体受到地球的吸引而产生的,它作用在整个物体上,属体分布力。将物体看作由无数多个质点组成的质点系,每一质点所受地球引力通过地心,所以物体所受的地球引力组成一空间汇交力系(由于物体至地心的距离远大于物体的几何尺寸,故也可以按空间同向平行力系处理)。由第 3 章知识可知汇交力系必可简化成合力,此合力在工程中常称为物体的**重力**(工程中量测到的重力已包含了地球自转的影响)。进一步研究发现,不论物体在空间的方位如何,重力始终通过相对于物体的某一固定点,此位置称为物体的**重心**。

重心的位置与物体的平衡和运动都有很大关系。在工程中,设计挡土墙、重力坝等建筑物时,重心位置直接关系到建筑物的抗倾稳定性及其内部受力的分布。机械的转动部分,有的(如偏心轮)应使其重心离开转动轴一定的距离,以便利用由于偏心而产生的效果;有的(特别是高速转动者)却必须使其重心尽可能不偏离转动轴,以避免产生不良影响。所以,如何确定物体重心的位置在实践上有重要意义。以下讨论确定物体重心位置的一般公式。

1. 重心的基本公式

一个物体可看作由无数微小部分所组成，每一微小部分都受到一个重力作用。假设其中某一微小部分 Q_i 所受的重力为 ΔW_i，如图 6-5 所示，所有各力 ΔW_i 的合力 W 就是整个

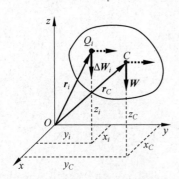

图 6-5　物体及重心示意图

物体所受的重力。ΔW_i 的大小 ΔW_i 等于 Q_i 的重量，W 的大小 W 则等于整个物体的重量。不论物体在空间处于什么样的位置，合力 W 的作用线相对于物体而言，必定通过某一确定点 C，即重心。将 ΔW_i 按同向平行力处理，则合力 W 的大小（即整个物体的重量）为 $W = \sum \Delta W_i$，而物体重心位置则可利用合力矩定理求得。取直角坐标系 $Oxyz$，令坐标平面 Oxy 为水平面，z 轴铅直向上，如图 6-5 所示，则 ΔW_i 和 W 与 z 轴平行、指向相反。设 Q_i 及 C 相对于 O 点的位矢分别为 r_i 及 r_C，对应的坐标分别为 (x_i, y_i, z_i) 和 (x_C, y_C, z_C)，分别对 y 轴和 x 轴应用合力矩定理，有

$$x_C W = \sum x_i \Delta W_i, \quad -y_C W = \sum -y_i \Delta W_i \tag{a}$$

从而可以求得 x_C 及 y_C。为了求得 z_C，可令物体连同坐标系一起绕 x 轴转过 $90°$，使 y 轴向下。于是各 ΔW_i 和 W 与 y 轴平行，如图 6-5 中带箭头的虚线段所示。这时，再对 x 轴应用合力矩定理，应有

$$-z_C W = \sum -z_i \Delta W_i \tag{b}$$

于是，由式（a）和式（b）可求得重心 C 的坐标为

$$x_C = \frac{\sum x_i \Delta W_i}{W}, \quad y_C = \frac{\sum y_i \Delta W_i}{W}, \quad z_C = \frac{\sum z_i \Delta W_i}{W} \tag{6-15}$$

此式也可以合写成矢量形式：

$$r_C = \frac{\sum \Delta W_i r_i}{W} \tag{6-16}$$

2. 形心的基本公式

如果物体是均质的，即每单位体积重量 $\gamma =$ 常数，假设 Q_i 的体积为 ΔV_i，整个物体的体积为 $V = \sum \Delta V_i$，则 $\Delta W_i = \gamma \Delta V_i$，而 $W = \sum \Delta W_i = \gamma \sum \Delta V_i = \gamma V$，代入式（6-15）得

$$x_C = \frac{\sum x_i \Delta V_i}{V}, \quad y_C = \frac{\sum y_i \Delta V_i}{V}, \quad z_C = \frac{\sum z_i \Delta V_i}{V} \tag{6-17}$$

该式表明，均质物体的重心位置与物体几何形心重合，完全取决于物体的几何形状，而与物体的重量无关。

对于曲面或曲线，只需在式（6-17）中分别将 ΔV_i 改为 ΔA_i（微小面积）或 ΔL_i（微小长度），V 改为 A（总面积）或 L（总长度），即可得相应的形心坐标计算公式。

对于平面图形或平面曲线，如取所在的平面为 Oxy，则显然 $z_C = 0$，而 x_C 及 y_C 可由式（6-17）中的前两式求得。在式（6-17）中，如令 ΔV_i 趋近于零而取和式的极限，则各式成为

积分公式：

$$x_C = \frac{\int x \, \mathrm{d}V}{V}, \qquad y_C = \frac{\int y \, \mathrm{d}V}{V}, \qquad z_C = \frac{\int z \, \mathrm{d}V}{V} \tag{6-18}$$

不难证明，凡具有对称面、对称轴或对称中心的均质物体（或几何形体），其重心（或形心）必定在对称面、对称轴或对称中心上。圆柱体、圆锥体的形心都在它们的中心轴上。现将一些常见的简单形体的形心位置列于表 6-1 中，以供参考。

表 6-1　简单形体的形心

形　体	形心坐标	形　体	形心坐标
圆弧	$x_C = \dfrac{r\sin\alpha}{\alpha}$ （α 以 rad 计，下同） $\alpha = \dfrac{\pi}{2}$ 时， $x_C = \dfrac{2r}{\pi}$	椭圆形	$x_C = \dfrac{4a}{3\pi}$ $y_C = \dfrac{4b}{3\pi}$ $\left(A = \dfrac{1}{4}\pi ab \right)$
三角形	在中线交点 $y_C = \dfrac{1}{3}h$	抛物线形	$x_C = \dfrac{n+1}{2n+1}l$ $y_C = \dfrac{n+1}{2(n+2)}h$ $\left(A = \dfrac{n}{n+1}lh \right)$ 当 $n = 2$ 时 $x_C = \dfrac{3}{5}l$ $y_C = \dfrac{3}{8}h$
梯形	在上、下底中点的连线上 $y_C = \dfrac{h(a+2b)}{3(a+b)}$	半球体	$z_C = \dfrac{3}{8}R$ $\left(V = \dfrac{2}{3}\pi R^3 \right)$
扇形	$x_C = \dfrac{2r\sin\alpha}{3\alpha}$ 半圆： $\alpha = \dfrac{\pi}{2}, \ x_C = \dfrac{4r}{3\pi}$	锥体	在顶点与底面中心 O 的连线上 $z_C = \dfrac{1}{4}h$ $\left(V = \dfrac{1}{3}Ah, \ A \text{ 是底面面积} \right)$

3. 组合形体的重心或形心

较复杂的形体往往可以看作几个简单形体的组合。设已知各简单形体的重量 W_i（或

体积 V_i,或面积 A_i,或长度 L_i 及其重心(或形心)位置,只要用 W_i、V_i、……替换以上各公式中的 ΔW_i、ΔV_i、……,用各简单形体的重心(或形心)的坐标 x_{Ci}、……代替 x_i、……,就可求得整个形体的重心(或形心)的位置。如果一个复杂的形体不能分成简单形体,对其又不能求积分,就只能用近似方法或用实验方法求其重心(或形心)。

例 6-2　求圆弧 AB 的形心坐标,如图 6-6 所示。

解　取坐标如图 6-6 所示。由于图形对称于 x 轴,因而 $y_C=0$。为了求 x_C,取微小弧段 $ds=r\mathrm{d}\theta$,其坐标为 $x=r\cos\theta$,于是

$$x_C=\frac{\int x\,\mathrm{d}s}{\int \mathrm{d}s}=\frac{2\int_0^\alpha r^2\cos\theta\,\mathrm{d}\theta}{2\int_0^\alpha r\,\mathrm{d}\theta}=\frac{r\sin\alpha}{\alpha}$$

利用这一结果,很容易求出扇形 OAB 的形心位置,如图 6-7 所示。将扇形分成许多微小扇形,它近似为三角形,如图 6-7 中阴影线所示,每一个三角形的形心位于距顶点 $2r/3$ 处,因而求扇形的形心相当于求半径为 $2r/3$ 的圆弧 DE 的形心,于是可以得到

$$x_C=\frac{2r\sin\alpha}{3\alpha}$$

例 6-3　在均质圆板内挖去一扇形面积如图 6-8 所示。已知 $R=300\mathrm{mm}$,$r_1=250\mathrm{mm}$,$r_2=100\mathrm{mm}$,求板的重心位置。

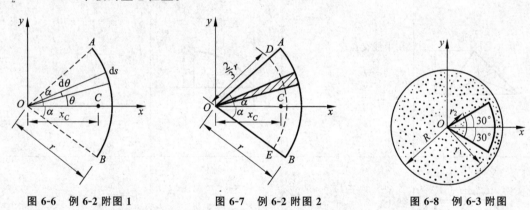

图 6-6　例 6-2 附图 1　　　　图 6-7　例 6-2 附图 2　　　　图 6-8　例 6-3 附图

解　取坐标轴如图所示。因 x 轴为板的对称轴,重心必在对称轴上,即 $y_C=0$,所以,只需求重心的 x 坐标 x_C。将板面积看成在半径为 R 的圆面积上挖去一半径为 r_1、圆心角为 $2\alpha=60°$ 的扇形面积,再加上一半径为 r_2、圆心角为 $2\alpha=60°$ 的扇形面积。各部分面积分别用 A_1、A_2、A_3 表示。因 A_2 为挖去的面积,所以应取为负值(这种方法因而也称负面积法)。各部分图形面积及其重心坐标 x_1、x_2、x_3 可根据表 6-1 中公式计算。

各块面积为

$$A_1=\pi R^2=90\,000\pi\,\mathrm{mm}^2$$

$$A_2=-\frac{\pi}{6}r_1^2=-\frac{62\,500}{6}\pi\,\mathrm{mm}^2$$

$$A_3=\frac{\pi}{6}r_2^2=\frac{10\,000}{6}\pi\,\mathrm{mm}^2$$

各块形心 x 坐标为

$$x_1 = 0$$

$$x_2 = \frac{2r_1 \sin\alpha}{3\alpha} = \frac{2 \times 250 \times 0.5}{3 \times \pi/6} \text{mm} = \frac{500}{\pi} \text{mm}$$

$$x_3 = \frac{2r_2 \sin\alpha}{3\alpha} = \frac{2 \times 100 \times 0.5}{3 \times \pi/6} \text{mm} = \frac{200}{\pi} \text{mm}$$

最后得图示板的形心 x 坐标为

$$x_C = \frac{\sum A_i x_i}{\sum A_i} = \frac{0 - \dfrac{62\,500}{6}\pi \times \dfrac{500}{\pi} + \dfrac{10\,000}{6}\pi \times \dfrac{200}{\pi}}{90\,000\pi - \dfrac{62\,500}{6}\pi + \dfrac{10\,000}{6}\pi} \text{mm} = -\frac{60}{\pi} \text{mm} = -19.1 \text{mm}$$

6.4　空间平行分布力的简化

1. 空间平行线分布力的简化

设一同向平行力沿平面曲线 AB 分布,如图 6-9 所示,荷载图为一曲面。取直角坐标系的 z 轴平行于分布力,曲线 AB 位于 Oxy 平面内。令坐标为 (x,y) 处的荷载集度为 q,则在该处微小长度 Δs 上的力的大小为 $\Delta F = q\Delta s$,亦即等于 Δs 上荷载图的面积 ΔA。于是,线段 AB 上所受力的合力大小为 $F = \sum \Delta F = \sum q\Delta s = \sum \Delta A$,即线段 AB 上荷载图的面积。合力 $\boldsymbol{F}$ 的作用线位置可用合力矩定理求得。分别对 y 轴及 x 轴应用合力矩定理,有

$$x_C F = \sum xq\Delta s = \sum x\Delta A$$

$$-y_C F = -\sum yq\Delta s = -\sum y\Delta A$$

由此得

$$x_C = \frac{\sum x\Delta A}{\sum \Delta A}, \quad y_C = \frac{\sum y\Delta A}{\sum \Delta A} \tag{6-19}$$

这就是荷载图几何体形心的 x 坐标和 y 坐标。可见,**沿平面曲线分布的平行分布力的合力大小等于荷载图的面积,合力通过荷载图的形心**。

2. 空间平行面分布力的简化

设一同向平行分布力作用在平面几何体 K 上,如图 6-10 所示,取直角坐标系中的 z 轴平行于分布力,荷载作用面 K 为 Oxy 面,此时荷载图为一柱体,简化的结果是一合力。在平面几何体 K 内坐标为 (x,y) 处取微小面积 ΔA,若该处的荷载集度(单位面积上的荷载大小)用 p 表示,则 ΔA 上所受力的大小为 $\Delta F = p\Delta A$,亦即等于对应微小面积 ΔA 的几何体上荷载图的体积 ΔV。于是,K 上所受分布力的合力大小等于 $F = \sum \Delta F = \sum p\Delta A = \sum \Delta V =$ 荷载图的体积。合力 $\boldsymbol{F}$ 作用线的位置可用合力矩定理求得。分别对 y 轴及 x 轴应用合力矩定理,有

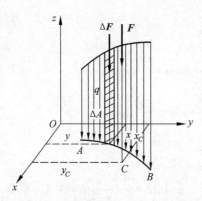

图 6-9　平面曲线 AB 上的分布力

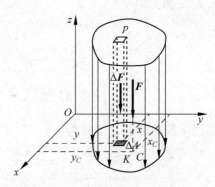

图 6-10　平面几何体 K 上的分布力

$$x_C F = \sum x p \Delta A = \sum x \Delta V$$
$$- y_C F = - \sum y p \Delta A = - \sum y \Delta V$$

由此得

$$x_C = \frac{\sum x \Delta V}{\sum \Delta V}, \quad y_C = \frac{\sum y \Delta V}{\sum \Delta V} \tag{6-20}$$

此为荷载图几何体的形心坐标。综上所述,可知**平行分布的面力的合力大小等于荷载图的体积,合力通过荷载图的形心**。

与前相同,如果荷载图的图形虽较为复杂,但可分成几个简单的图形,则可分别求每一简单图形所代表的分布力的合力,然后再按几个集中力进行分析。除了需要求总的合力外,一般不需合成为一个力。如果荷载图不能分作简单图形,但分布力的集度是连续变化的,则可用积分法求合力。

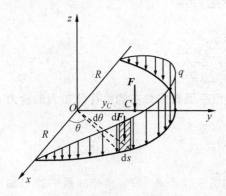

图 6-11　例 6-4 附图

例 6-4　水平半圆形(半径 R)梁上受铅直分布荷载,其集度按 $q = q_0 \sin\theta$ 变化,如图 6-11 所示。求分布荷载的合力大小及作用线位置。

解　首先求合力 $\boldsymbol{F}$ 的大小。

在 θ 角处,长 $\mathrm{d}s = R\mathrm{d}\theta$ 的梁段所受的力 $\mathrm{d}F = qR\mathrm{d}\theta = Rq_0 \sin\theta\mathrm{d}\theta$,所以整个梁所受荷载的合力的大小为

$$F = \int_0^\pi Rq_0 \sin\theta\mathrm{d}\theta = -Rq_0 \cos\theta \ \big|_0^\pi = 2Rq_0$$

再求 $\boldsymbol{F}$ 的作用线位置。设作用线与 xy 平面的交点为 C。由于对称性,C 必位于 y 轴上,即 $x_C = 0$,只需求 y_C。对 x 轴用合力矩定理,有

$$y_C F = \int_0^\pi R\sin\theta\mathrm{d}F = \int_0^\pi R^2 q_0 \sin^2\theta\mathrm{d}\theta = R^2 q_0 \left[\frac{1}{2}\theta - \frac{1}{4}\sin(2\theta)\right]\Big|_0^\pi = \frac{1}{2}\pi R^2 q_0$$

可得 $y_C = \frac{1}{4}\pi R$。

6.5　空间任意力系的平衡条件

如果一空间任意力系的主矢量及对于任一简化中心的主矩均等于零,则该力系为平衡力系。因为主矢量等于零,表明作用于简化中心的汇交力系成平衡;主矩等于零,表明附加力偶系成平衡;两者都等于零,则原力系必成平衡。反之,如空间任意力系平衡,其主矢量与对于任一简化中心的主矩必均等于零,否则该力系最后将简化为合力、合力偶、力螺旋三者之一。因此,**空间任意力系处于平衡状态的充要条件是力系的主矢量与力系对于任一点的主矩都等于零**,即

$$F_R = 0, \quad M_O = 0 \tag{6-21}$$

上述条件可用代数方程表示为

$$
\begin{cases}
\sum F_{ix} = 0, \quad \sum F_{iy} = 0, \quad \sum F_{iz} = 0 \\
\sum M_x(F_i) = 0, \quad \sum M_y(F_i) = 0, \quad \sum M_z(F_i) = 0
\end{cases}
\tag{6-22}
$$

这六个方程称为**空间任意力系的平衡方程**。这些方程表明:力系中所有的力在三个直角坐标轴中的每一轴上的投影的代数和等于零,所有的力对于每一轴的矩的代数和等于零。前三个方程常称为平衡的投影方程,后三个方程常称为平衡的力矩方程(常简写为 $\sum M_{xi} = 0, \sum M_{yi} = 0, \sum M_{zi} = 0$)。

对于空间平行力系,令 z 轴平行于各力,则 $\sum F_{ix} = 0, \sum F_{iy} = 0, \sum M_{zi} = 0$。因而空间平行力系的平衡方程成为

$$\sum F_{iz} = 0, \quad \sum M_{xi} = 0, \quad \sum M_{yi} = 0 \tag{6-23}$$

还需说明,方程式(6-22)虽然是由直角坐标系导出的,但在解答具体问题时不一定使三个投影轴或矩轴垂直,也没有必要使矩轴和投影轴重合而可以分别选取适宜的轴为投影轴或矩轴,使每一平衡方程中包含的未知数量最少,以简化计算。此外,有时为了方便,也可减少平衡方程中的投影方程,而增加力矩方程。如取两个投影方程和四个力矩方程(四力矩形式),或取一个投影方程和五个力矩方程(五力矩形式),或全部取六个力矩方程(六力矩形式),而式(6-22)称为平衡方程的基本形式。但不管采用何种平衡方程的形式,最多只能有六个独立的平衡方程且与空间任意力系平衡的充要条件等价(读者可自行证明)。但须注意,不同平衡方程形式中投影轴与矩轴需满足一定的条件,才能保证方程是相互独立的。由于此条件较复杂,书中不再给出,读者应用时需注意。

例 6-5　三轮卡车自重(包括车轮重)$W = 8kN$,载重 $F = 10kN$,作用点位置如图 6-12 所示,求静止时地面作用于三个轮子的反力。图中长度单位为 m。

解　作三轮卡车的示力图,W、F 及地面对轮子的铅直反力 F_A、F_B、F_C 组成一平衡的空间平行力系。取坐标轴如图,建立平衡方程求解各未知量:

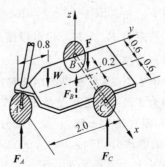

图 6-12　例 6-5 附图

$$\sum M_{xi} = 0: \quad W \times 1.2 - F_A \times 2 = 0$$

解得 $F_A = 4.8 \text{kN}$。

$$\sum M_{yi} = 0: \quad W \times 0.6 + F \times 0.4 - F_A \times 0.6 - F_C \times 1.2 = 0$$

将 W、F 及 F_A 之值代入,解得 $F_C = 4.93 \text{kN}$。

$$\sum F_{iz} = 0: \quad F_A + F_B + F_C - F - W = 0$$

解得 $F_B = 8.27 \text{kN}$。

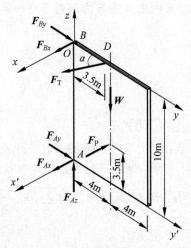

图 6-13　例 6-6 附图

例 6-6　一闸门可绕铅直轴 z 转动,A 处为球铰约束,B 处(O 点)为轴承约束,尺寸及受力如图 6-13 所示。已知闸门重 $W = 150 \text{kN}$,总的水压力 $F_P = 2700 \text{kN}$,推拉杆在水平面内与闸门顶边成角 $\alpha = 45°$。设在图示位置闸门处于平衡状态,试求推拉杆的拉力 F_T 及 A、B 处的约束力。

解　研究闸门,进行受力分析并作示力图。A、B 处的约束力用其分力表示,如图 6-13 所示。取门所在平面为 Oyz 平面,闸门在空间力系作用下平衡。如下建立平衡方程求解可以避免解联立方程:

$$\sum M_{zi} = 0: \quad F_P \times 4 - F_T \sin\alpha \times 3.5 = 0$$

解得 $F_T = 4F_P / (3.5 \sin\alpha) = 4363.9 \text{kN}$。

$$\sum F_{iz} = 0: \quad F_{Az} - W = 0$$

解得 $F_{Az} = W = 150.0 \text{kN}$。

$$\sum M_{xi} = 0: \quad F_{Ay} \times 10 - W \times 4 = 0$$

解得 $F_{Ay} = 4W/10 = 60.0 \text{kN}$。

$$\sum M_{yi} = 0: \quad F_P \times 6.5 - F_{Ax} \times 10 = 0$$

解得 $F_{Ax} = 6.5 F_P / 10 = 1755.0 \text{kN}$。

$$\sum M_{x'i} = 0: \quad F_T \cos\alpha \times 10 - W \times 4 - F_{By} \times 10 = 0$$

解得 $F_{By} = F_T \cos\alpha - 4W/10 = 3025.7 \text{kN}$。

$$\sum M_{y'i} = 0: \quad F_T \sin\alpha \times 10 - F_P \times 3.5 + F_{Bx} \times 10 = 0$$

解得 $F_{Bx} = 3.5 F_P / 10 - F_T \sin\alpha = -2141.7 \text{kN}$。

约束力 $\boldsymbol{F}_{Bx}$、$\boldsymbol{F}_{By}$ 也可以通过平衡的投影方程 $\sum F_{ix} = 0$ 和 $\sum F_{iy} = 0$ 来求解,读者可以自行校核。

例 6-7　某厂房支承屋架和吊车梁的柱子下端固定,如图 6-14 所示。柱顶承受屋架传来的力 $\boldsymbol{F}_1$,牛脚上承受吊车梁传来的铅直力 $\boldsymbol{F}_2$ 及水平制动力 $\boldsymbol{F}_3$。如以柱脚中心为坐标原点 O,铅直轴为 z 轴,x 及 y 轴分别平行于柱脚的两边,则力 $\boldsymbol{F}_1$ 及 $\boldsymbol{F}_2$ 均在 Oyz 平面内,与 z 轴的距离分别为 $e_1 = 0.1 \text{m}$,$e_2 = 0.34 \text{m}$,制动力 $\boldsymbol{F}_3$ 平行于 x 轴。已知 $F_1 = 120 \text{kN}$,$F_2 = 300 \text{kN}$,$F_3 = 25 \text{kN}$,$h = 6 \text{m}$。柱所受重力 $\boldsymbol{W}$ 可认为沿 z 轴作用,且 $W = 40 \text{kN}$。试求基础对柱作用的约束力及力偶矩。

解　柱子下端在任意方向既不能移动又不能转动,这种约束为**固定端约束**。其约束力是空间任意方向的一个力和一个力偶,分别用三个分量 F_{Ox}、F_{Oy}、F_{Oz} 和 M_{Ox}、M_{Oy}、M_{Oz} 表示,见图 6-14。事实上固定端的约束力是作用在柱端表面的一个分布力,向 O 点简化后就得到上面的结果。按以下次序列六个平衡方程:

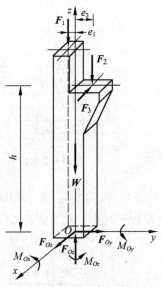

$$\sum F_{ix} = 0: \ F_{Ox} - F_3 = 0$$

$$\sum F_{iy} = 0: \ F_{Oy} = 0$$

$$\sum F_{iz} = 0: \ F_{Oz} - F_1 - F_2 - W = 0$$

$$\sum M_{xi} = 0: \ M_{Ox} + F_1 e_1 - F_2 e_2 = 0$$

$$\sum M_{yi} = 0: \ M_{Oy} - F_3 h = 0$$

$$\sum M_{zi} = 0: \ M_{Oz} - F_3 e = 0$$

图 6-14　例 6-7 附图

将已知值代入,依次可解得

$$F_{Ox} = 25\text{kN}, \quad F_{Oy} = 0, \quad F_{Oz} = 460\text{kN},$$

$$M_{Ox} = 90\text{kN} \cdot \text{m}, \quad M_{Oy} = 150\text{kN} \cdot \text{m}, \quad M_{Oz} = -8.5\text{kN} \cdot \text{m}$$

习题

6-1　柱上作用着 F_1、F_2、F_3 三个铅直力,已知 $F_1 = 80\text{kN}$,$F_2 = 60\text{kN}$,$F_3 = 50\text{kN}$,三力位置如图所示。图中长度单位为 mm,求将该力系向 O 点简化的结果。

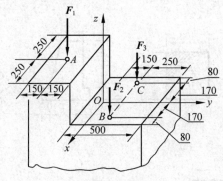

习题 6-1 附图

6-2　求图示平行力系合成的结果(小方格边长均为 100mm)。

6-3　平板 $OABD$ 上作用着的空间平行力系如图所示,问 x、y 应等于多少才能使该力系的合力作用线过板中心 C? 图中长度单位为 m。

6-4　一力系由四个力组成,已知 $F_1 = 60\text{N}$,$F_2 = 400\text{N}$,$F_3 = 500\text{N}$,$F_4 = 200\text{N}$。试将该力系向 A 点简化。图中长度单位为 mm。

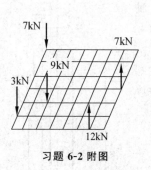

习题 6-2 附图

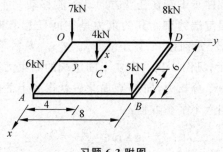

习题 6-3 附图

6-5 一力系由三个力组成,各力大小、作用线位置和方向见图。已知将该力系向 A 点简化所得的主矩最小,试求主矩之值及简化中心 A 的坐标(图中力的单位为 N,长度单位为 mm)。

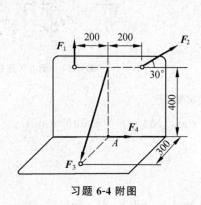

习题 6-4 附图

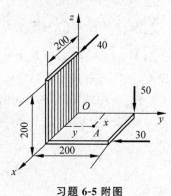

习题 6-5 附图

6-6 求图示图形的形心。(a)、(b)两图长度单位为 mm;(c)、(d)、(e)、(f)各图长度单位为 m。

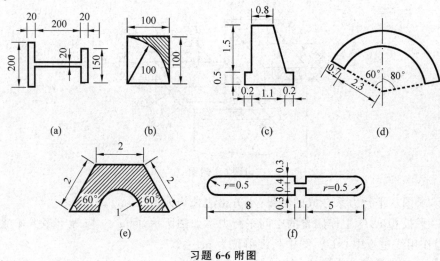

习题 6-6 附图

6-7 振动打桩机偏心块如图所示,已知 $R = 100\text{mm}$,$r_1 = 17\text{mm}$,$r_2 = 30\text{mm}$。求其重心位置。

6-8 一圆板上钻了半径为 r 的三个圆孔,其位置如图。为使重心仍在圆板中心 O 处,

须在半径为 R 的圆周线上再钻一个孔,试确定该孔的位置及孔的半径。

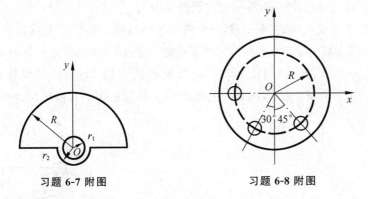

习题 **6-7** 附图　　　　　　习题 **6-8** 附图

6-9　试用积分法分别求表 6-1 中椭圆形图形的面积和抛物线形图形的面积及形心位置。

6-10　两混凝土基础尺寸如图所示,试分别求其重心的位置坐标。图中长度单位为 m。

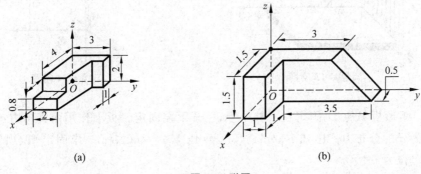

(a)　　　　　　　　　(b)

习题 **6-10** 附图

6-11　一悬臂圈梁,其轴线为 $r=4\text{m}$ 的四分之一圆弧。梁上作用着垂直均布荷载,$q=2\text{kN/m}$。求该分布荷载的合力及其作用线位置,并求 A 处的约束力。

6-12　起重机如图所示。已知 $\overline{AD}=\overline{DB}=1\text{m}$,$\overline{CD}=1.5\text{m}$,$\overline{CM}=1\text{m}$;机身与平衡锤 E 共重 $W_1=100\text{kN}$,重力作用线在平面 LMN 内,到机身轴线 MN 的距离为 0.5m;起重量 $W_2=30\text{kN}$。求当平面 LMN 平行于 AB 时,车轮对轨道的压力。

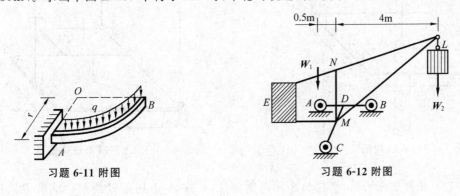

习题 **6-11** 附图　　　　　　习题 **6-12** 附图

6-13　有一均质等厚的矩形板 $ABCD$,重 200N,角 A 用球铰、另一角 B 用铰链与墙壁相连,再用一索 EC 使之维持于水平位置。若 $\angle ECA = \angle BAC = 30°$,试求索内的拉力及 A、B 两处的反力(注意:铰链 B 沿 y 方向无约束力)。

6-14 手摇钻由支点 B、钻头 A 和一个弯曲手柄组成。当在 B 处施力 $\boldsymbol{F}_B$(附图中用分力表示)并在手柄上加力 $\boldsymbol{F}$ 时,手柄恰可以带动钻头绕 AB 轴转动(支点 B 不动)。已知:$\boldsymbol{F}_B$ 的铅直分量 $F_{Bz} = 50\text{N}$,$F = 150\text{N}$。求:(1)材料阻抗力偶 M;(2)材料对钻头作用的力 F_{Ax}、F_{Ay}、F_{Az};(3)力 $\boldsymbol{F}_B$ 在 x、y 方向的分力 F_{Bx}、F_{By}。图中长度单位为 mm。

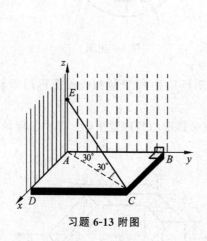

习题 6-13 附图

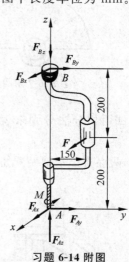

习题 6-14 附图

习题 6-15
讲解

6-15 矩形板 $ABCD$ 固定在一柱子上,柱子下端固定。板上作用两集中力 F_1、F_2 和荷载集度为 q 的分布力。已知 $F_1 = 2\text{kN}$,$F_2 = 4\text{kN}$,$q = 400\text{N/m}$。求固定端 O 的约束力。图中长度单位为 m。

6-16 板 $ABCD$ 的 A 角用球铰支承,B 角用水平连杆和竖向绳索约束,CD 中点 E 系一绳,使板在水平位置处于平衡状态,GE 平行于 z 轴。已知板重 $F_1 = 8\text{kN}$,$F_2 = 2\text{kN}$,试求 A、B 两处的约束力及绳子的张力。图中长度单位为 m。

6-17 均质杆 AB 重 W,长 l,A 端靠在光滑墙面上并用一绳 AC 系住,AC 平行于 x 轴,B 端用球铰连于水平支承面上。求杆 A、B 两端所受的约束力。

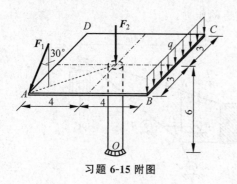

习题 6-15 附图

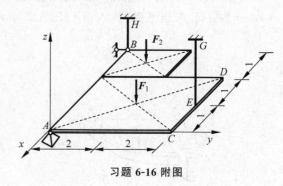

习题 6-16 附图

6-18 扒杆如图所示,竖柱 AB 用两绳拉住,并在 A 点用球铰约束。试求 BG、BH 两绳中的拉力和 A 处的约束力。竖柱 AB 及梁 CD 重量不计,图中长度单位为 m。

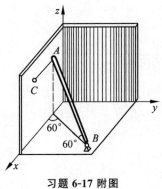

习题 6-17 附图

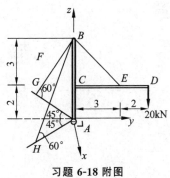

习题 6-18 附图

6-19　正方形板 $ABCD$ 由六根连杆支承如图。在 A 点沿 AD 边作用水平力 F。求各杆的内力。板自重不计。

6-20　曲杆 ABC 用球铰 A 及连杆 CI、DE、GH 支承如图，其上作用两个力 F_1、F_2。力 F_1 与 x 轴平行，F_2 铅直向下。已知 $F_1=300\text{N}$，$F_2=600\text{N}$。求所有的约束力。图中长度单位为 m。

习题 6-20
讲解

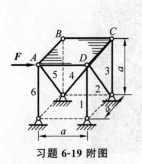

习题 6-19 附图

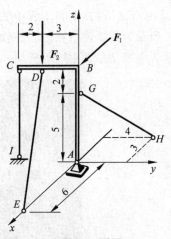

习题 6-20 附图

本章习题参考解答

第7章

静力学专题

7.1 静定桁架

7.1.1 概述

　　桁架是由许多细长直杆在两端用适当方式连接而成,且主要在节点承受荷载的几何不变结构。这种结构杆件截面受力均匀、用料较省、重量轻,因此在工程中应用很广。房屋和桥梁上常采用桁架结构,水利工程中的闸门以及起重机、高压输电线塔等大都采用桁架结构。图 7-1 所示为某铁路桥梁,其两侧的结构就是桁架。图 7-2 所示为厂房结构中的桁架。图 7-3 所示为电视信号发射塔的桁架。图 7-4 所示为由桁架构成的输电铁塔。

图 7-1　铁路桥梁

图 7-2　厂房结构

图 7-3　电视信号发射塔

图 7-4　输电铁塔

桁架的杆件与杆件相连接的点称为**节点**。所有杆件的轴线(中心线)都在同一平面内的桁架称为**平面桁架**,其他桁架称为**空间桁架**。图 7-1 中的桁架可以简化为平面桁架,图 7-2～图 7-4 中的桁架为空间桁架。

实际桁架的构造一般是较复杂的,按杆件的材料可将桁架分为木桁架、钢桁架、钢筋混凝土桁架等,节点的组合方式也可能是榫接、铆钉连接、焊接、完全固接等。实际桁架的受力也较复杂,但根据桁架结构的特点,设计桁架时尽可能使节点受力,应避免荷载直接作用在杆件中间。荷载作用在杆件中间将大大降低桁架的承载力。为了简化计算,对桁架通常采用如下的基本假设:

(1) 节点简化为光滑铰连接,铰的中心就是节点的位置。各杆的轴线都通过节点(后文图中表示的都是杆轴线和节点的位置)。

(2) 所有外力(包括荷载和支座反力)都集中作用于节点。如需计算杆件自重,亦将杆件自重平均分配到两端节点上。对于平面桁架,还假设所有荷载都在各杆轴线所在的平面内。

在上述假设下,桁架的所有杆件都只受轴向拉力或压力,这是桁架受力的基本特征,也是它的优点。因为受轴向拉压的杆件,截面上受力均匀(在第 2 篇材料力学中对此将有详细说明),可以比较充分地发挥材料的作用,达到节约材料、减轻结构重量的目的。特别是在大跨度结构中,桁架更能显出优越性。这也是工程中常采用这种结构形式的原因。

符合上述假设的桁架称为**理想桁架**。理想桁架中的各杆为二力杆,截面上只有轴向内力(简称为**轴力**),通常称为主内力。由于实际构造与上述假设不符而产生的附加内力称为次内力。对于一般桁架,次内力可以略去不计。但有些结构由于节点的刚性或杆轴线的偏心影响较大,需要计算次内力。

如果桁架中各杆件的内力仅通过平衡方程就可求解,则此桁架称为**静定桁架**。实际工程中的桁架大多是超静定的,静定桁架的内力分析方法是分析超静定桁架的基础。本章只介绍静定桁架内力分析的两种方法。

平面桁架的形式很多,在竖向荷载作用下只产生竖向反力的称为梁式桁架,如图 7-5(a)、

(b)所示,其作用与梁相似;在竖向荷载作用下同时产生水平推力的称为拱式桁架,如图 7-5(c)、(d)所示,其作用与拱相似。

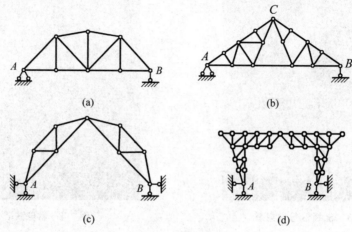

图 7-5 桁架结构

7.1.2 桁架内力分析的节点法

桁架受到外力(荷载及支座反力)作用时,整个桁架保持平衡,如截取桁架的一部分来考察,该部分也必然处于平衡状态。节点法就是假想将某一节点周围的杆件割断,取该节点(包括被割断的杆件)作为考察对象。该部分在外力和被割断的那些杆件的内力作用下保持平衡。外力和杆件内力组成一平衡的汇交力系(对于平面桁架,为平面汇交力系;对于空间桁架,为空间汇交力系),由平衡条件可以求出未知的杆件内力。对桁架的所有节点逐个进行考察,便可求得所有杆件的内力。因为平面汇交力系只有两个独立的平衡方程,所以,对于平面桁架在选节点时应当注意,汇交于所考察节点的未知力不宜超过两个;至于空间桁架,因空间汇交力系有三个平衡方程,所以汇交于所考察节点的未知力一般不应超过三个。如无法做到,则需联立对各节点建立的平衡方程才能求得所有杆的内力。

计算内力时,习惯上总是假设每一杆件都受拉力(力的指向背离所考察的节点);如果某一杆件的内力计算结果是负值,就表示杆件的内力是压力。由于杆件承受拉力的能力与承受压力的能力不同,设计时对受压杆件和受拉杆件的考虑有很大区别,因此,对杆件内力的性质(拉力或压力)必须十分重视。

例 7-1 试求图 7-6(a)所示桁架中各杆的内力。

解 首先考虑整个桁架的平衡,求外约束反力。因为所有荷载及 H 点的约束反力 F_{RH} 都是铅直的,所以 A 点的约束反力也必定是铅直的。约束反力可以通过平衡方程来求解,也可直接依据对称得到 $F_{RA} = F_{RH} = 2F$。

该桁架在解除支座以后,从构造上可以看作是在一个基本铰接△EFD 基础上连续用两个杆固定一个新节点而组成的:FG 与 DG 固定 G 点,FH 与 GH 固定 H 点,左半边结构也是如此。这样形成的桁架称为简单桁架。计算时可以从最后形成的节点的平衡开始,反向进行,即从 $H \to G \to F \to E$,另一半杆件内力因为对称可不必计算。具体求解过程列表表示,见表 7-1。对于桁架,由于杆件较多,常对各杆件及轴力进行编号,既清晰又便于表述。另外,在受力分析时,统一规定杆的轴力为拉力。最后为了清楚起见,常将计算结果用图 7-6(b)的形式表示出来。

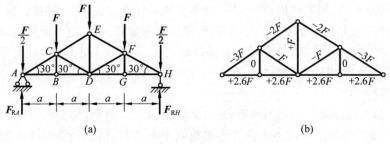

图 7-6 例 7-1 附图

表 7-1 例 7-1 中杆件内力计算过程

节点	示力图	平衡方程 $(\sum F_{ix} = 0, \sum F_{iy} = 0)$	杆件内力
H		$-F_{NHF}\cos30° - F_{NHG} = 0$ $F_{NHF}\sin30° + F_{RH} - 0.5F = 0$	$F_{NHF} = -3F$ $F_{NHG} = +2.6F$
G		$-F_{NGD} + F'_{NHG} = 0$ $F_{NGF} = 0$ $F'_{NHG} = F_{NHG}$	$F_{NGF} = 0$ $F_{NGD} = +2.6F$
F		$F'_{NHF} - F_{NFE} - F_{NFD}\sin30° + F'_{NGF}\sin30° + F\sin30° = 0$ $-F_{NFD}\cos30° - F'_{NGF}\cos30° - F\cos30° = 0$ $F'_{NGF} = F_{NGF}, F'_{NHF} = F_{NHF}$	$F_{NFD} = -F$ $F_{NFE} = -2F$
E		$F'_{NFE}\cos30° - F_{NEC}\cos30° = 0$ $-F - F_{NED} - F'_{NFE}\sin30° - F_{NEC}\sin30° = 0$ $F'_{NFE} = F_{NFE}$	$F_{NEC} = -2F$ $F_{NED} = +F$

可以看到,本例中有两根杆件 *BC* 及 *FG* 的内力为零,在结构上常将内力为零的杆件称为零杆。通常,对零杆无须计算,根据观察即可判定哪些杆件是零杆。本例中的 *FG* 垂直于

DG 及 GH,而在 G 点又无外力作用,考虑节点 G,由 $\sum F_{iy}=0$ 即得到 $F_{NGF}=0$。由此我们可得判断平面桁架零杆的准则:如果某一节点有三根杆件相交,其中两根在一直线上,且该节点不受外力作用,则第三根杆件(不一定与另两根杆件垂直)必为零杆。找出零杆之后,在计算其他杆件内力时完全可以不考虑零杆,就像没有该杆一样,这样常能省却一些计算工作。如本例中的 FG 为零杆,于是可以直接得到 $F_{NGD}=F'_{NHG}$ 而不需另作计算;考察节点 F 时,也无须计及 FG 杆。自然,如一节点只有两根不共线的杆件,又无外力作用,则该两杆件必然都是零杆。

须注意,如果根据某一节点的平衡,求得某杆件内力为负值(即为压力),在考察该杆件另一端的节点时,仍将该杆内力当作拉力来建立平衡方程,但在计算时须连同负号一起代入。如果遵循在节点受力图中已知的轴力按实际方向画,未知的按正方向画,那么在建立的平衡方程中,已知的只要代入绝对值即可。

例7-2　一空间桁架如图7-7(a)所示。已知 $\triangle ABC$ 与 $\triangle DEF$ 为全等的等边三角形,AD、BE、CF 三杆等长并垂直于水平面,杆1、2、3与铅直线的夹角均等于30°。求杆1、2、3、4、5、6的内力。

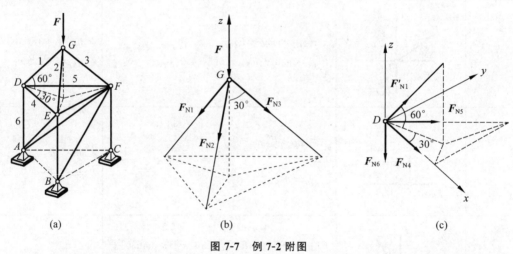

图7-7　例7-2附图

解　该桁架是从基础上 A、B、C 三点开始连续用三个杆固定一空间节点而组成的简单空间桁架,节点组成的次序是 $F \rightarrow E \rightarrow D \rightarrow G$。分析计算时应按相反的次序进行,即 $G \rightarrow D \rightarrow E \rightarrow F$。

首先考虑节点 G 的平衡,示力图如图7-7(b)所示。由对称条件可知 $F_{N1}=F_{N2}=F_{N3}$。建立平衡方程:

$$\sum F_{iz}=0: \ -F-(F_{N1}+F_{N2}+F_{N3})\cos 30°=0$$

解得 $F_{N1}=F_{N2}=F_{N3}=-\dfrac{F}{3\cos 30°}=-\dfrac{2F}{3\sqrt{3}}$。

再考虑节点 D 的平衡,示力图如图7-7(c)所示。取直角坐标系 $Dxyz$ 如图,建立平衡方程:

$$\sum F_{ix}=0: \ F'_{N1}\cos 60°\cos 30°+F_{N5}\cos 60°+F_{N4}=0$$

$$\sum F_{iy} = 0 : F'_{N1}\cos 60°\cos 60° + F_{N5}\cos 30° = 0$$

$$\sum F_{iz} = 0 : F'_{N1}\sin 60° - F_{N6} = 0$$

将 $F'_{N1}(F'_{N1} = F_{N1})$ 的值代入,解得 $F_{N6} = -\dfrac{F}{3}, F_{N5} = \dfrac{F}{9}, F_{N4} = \dfrac{F}{9}$。

空间桁架有时也会出现零杆。判断零杆的准则是:汇交于一节点的各杆中,除某一杆外,其余各杆都在同一平面内,且该节点不受外力,或者外力也与其余各杆共面,则不共面的那一直杆必为零杆;如果一节点只有不共面的三根杆件,又无外力作用,则该三杆都是零杆(其理由请读者思考)。

7.1.3　平面桁架内力分析的截面法

对平面桁架内力的分析常采用截面法。截面法是选用适宜的截面,假想将桁架的某些杆件割断,取出桁架中的一部分(包含两个及两个以上节点)作为考察对象,取出的这一部分在外力和被割断的杆件的内力作用下保持平衡。这些力组成一平衡的任意力系,故可利用任意力系的平衡方程求解被割断的杆件中的未知内力。

因为平面任意力系只有三个独立的平衡方程,所以平面桁架被割断的杆件的未知内力一般不应超过三个。但在特殊情况下可以多于三个。例如在被割断的杆件中,除某一杆件外,其余杆件都交于一点,则那根不与各杆相交的杆件的内力可用力矩方程(以其余各杆的交点为矩心)直接求得,见例 7-4。应用截面法时,必须注意截面的选取。截面形状并无任何限制,可以是平面,也可以是曲面,但必须合乎上述原则才能求解。

只需求出某几根杆件的内力时(抽查验算时往往如此)选用截面法较为方便。因为在这种情况下,如用节点法,可能需要考察若干节点才能得到结果,而用截面法,只要割取的部分包含需求其内力的杆件即可直接求解,简捷得多。对某些较复杂的桁架,有时需要联合应用截面法与节点法,才能较方便地求出各杆内力。

例 7-3　求图 7-8(a)所示桁架中 1、2、3 杆的内力。

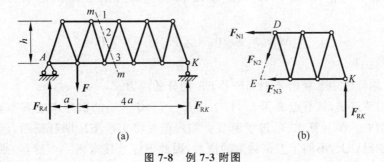

图 7-8　例 7-3 附图

解　首先考虑整个桁架的平衡,求出支座反力 $F_{RA} = \dfrac{4}{5}F, F_{RK} = \dfrac{1}{5}F$。然后用截面 m—m 将桁架分割成两部分,而取右边部分来考察其平衡,示力图如图 7-8(b)所示。这部分析架在反力 F_{RK} 及内力 F_{N1}、F_{N2}、F_{N3} 作用下保持平衡。以铅直轴为 y 轴,建立平衡方程:

$$\sum F_{iy} = 0: \quad F_{RK} - \frac{h}{\sqrt{h^2 + (0.5a)^2}} F_{N2} = 0$$

解得 $F_{N2} = \dfrac{F\sqrt{4h^2 + a^2}}{10h}$。

$$\sum M_E(\boldsymbol{F}_i) = 0: \quad F_{RK} \times 3a + F_{N1}h = 0$$

解得 $F_{N1} = -\dfrac{3aF}{5h}$。

$$\sum M_D(\boldsymbol{F}_i) = 0: \quad F_{RK} \times 2.5a - F_{N3}h = 0$$

解得 $F_{N3} = \dfrac{aF}{2h}$。

例 7-4
讲解

例 7-4　试求图 7-9(a)所示的悬臂桁架中杆 DG 的内力。

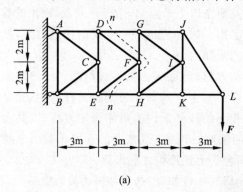

图 7-9　例 7-4 附图

解　对于悬臂形式的桁架往往不必先求反力。如可以用截面 $n—n$ 将 DG 及 FG、FH、EH 各杆割断,取右部部分作为考察对象,如图 7-9(b)所示。此时虽然出现 4 个未知内力,但 $\boldsymbol{F}_{NGF}$、$\boldsymbol{F}_{NHF}$、$\boldsymbol{F}_{NHE}$ 相交于 H 点。因此,以 H 点为矩心建立平衡方程可直接求得 F_{NGD}。

$$\sum M_H(\boldsymbol{F}_i) = 0: \quad 4 \times F_{NGD} - 6 \times F = 0$$

解得 $F_{NGD} = 1.5F$。

例 7-5　求前例中悬臂桁架中 DF 及 EF 两杆的内力。

例 7-5
讲解

解　如用节点法,从节点 L 开始,依 $L \to K \to J \to I \to \cdots$ 的次序考虑各节点,必能求得 DF 及 EF 的内力,但计算太多,过于麻烦。如用截面将 DF、EF 两杆割断,则同时被割断的杆件将在 4 根以上,不同于上例讨论的情形,因此不能直接求得。当然,如果用上例中的方法求得 $\boldsymbol{F}_{NGD}$,剩余三个未知量不难求解。如不用前例结果,如何直接求 $\boldsymbol{F}_{NFD}$ 及 $\boldsymbol{F}_{NFE}$?较为简便的方法是联合应用节点法与截面法。先考虑节点 F,示力图如图 7-10(a)所示,建立平衡方程:

$$\sum F_{ix} = 0: \quad -\frac{3}{\sqrt{13}} F_{NFD} - \frac{3}{\sqrt{13}} F_{NFE} = 0$$

解得 $F_{NFD} = -F_{NFE}$。

然后再用截面将 DG、DF、EF、EH 各杆割断,取右边为考察对象,如图 7-10(b)所示。

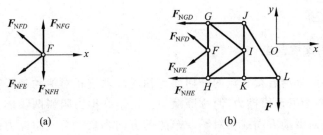

图 7-10　例 7-5 附图

因只要求 F_{NFD} 和 F_{NFE}，为避免 F_{NGD} 和 F_{NHE} 出现在方程中，取 y 轴铅直，建立平衡方程：

$$\sum F_{iy}=0: \frac{2}{\sqrt{13}}F_{NFD}-\frac{2}{\sqrt{13}}F_{NFE}-F=0$$

将 $F_{NFD}=-F_{NFE}$ 代入，解得 $F_{NFD}=-F_{NFE}=\dfrac{\sqrt{13}}{4}F$。

7.2　摩擦及有摩擦的平衡问题

7.2.1　引言

前几章讨论物体平衡时,都假设两物体间的接触面是完全光滑的。但由经验可知,这种完全光滑的接触是不存在的,两物体的接触面之间一般都有摩擦。只是在有些问题中,摩擦力可能很小,对所研究的问题属于次要因素,可以忽略不计,因而也就可以把这样的接触面看作是光滑的。但是,对于另外一些实际问题,例如重力坝与挡土墙的滑动稳定问题、带轮和摩擦轮的转动等,摩擦却是重要的甚至是决定性的因素,必须加以考虑。

按照接触物体之间相对运动的情况分类,摩擦可分为**滑动摩擦**与**滚动摩擦**两类。当两物体在接触处有相对滑动或相对滑动趋势时,在接触处的公切面内所受到的阻碍称为滑动摩擦,又称第一类摩擦。如活塞在气缸中滑动,轴在滑动轴承中转动,都有滑动摩擦。当两物体在相互接触处有相对滚动或相对滚动趋势时,物体间产生的对滚动的阻碍称为滚动摩擦,又称第二类摩擦。如车轮在地面上滚动,滚动轴承中的滚珠在轴承中滚动,都有滚动摩擦。

摩擦在工程和日常生活中都很重要。重力坝依靠摩擦防止在水压力作用下可能产生的滑动;桥梁与码头基础中的摩擦桩依靠摩擦承受荷载;皮带轮和摩擦轮的传动,车辆的起动与制动,都要靠摩擦。若是没有摩擦,连行走都不可能,人们的生活将不可想象。这些都是摩擦有利的一面。摩擦也有其有害的一面。例如摩擦将消耗能量,损坏机件。为了提高机械效率,保护机件,又要设法减小摩擦,如在机件接触面加润滑油或润滑脂,或改善接触面状况(如增加光洁度)等,长期以来,人们在摩擦的理论和实验方面做了很多工作,目的就是通过认识有关摩擦的规律,以设法减少或避免它有害的一面,而利用它有利的一面来为生产和生活服务。

7.2.2 滑动摩擦

1. 滑动摩擦与摩擦定律

当两物体在接触处沿着接触点的公切面有相对滑动或相对滑动趋势时,彼此作用着阻碍相对滑动的力,称为**滑动摩擦力**,简称**摩擦力**。由于摩擦力阻碍两物体相对滑动,所以它的方向必与物体相对滑动方向或相对滑动趋势的方向相反。至于摩擦力的大小,将随不同的受力情况而各异。

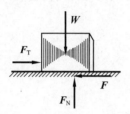

图 7-11 有滑动摩擦的物体

设将重 W 的物体放在水平面上,并施加一水平力 F_T,如图 7-11 所示。根据经验可知,当 F_T 的大小不超过某一数值时,物体虽有滑动的趋势,但仍可保持静止。这就表明水平面对物体的作用力除了法向反力 F_N 外,还有一摩擦力 F。这时的摩擦力 F 称为**静摩擦力**。F 的大小根据物体的平衡条件确定:$F = F_T$。由此可见:如 $F_T = 0$,则 $F = 0$,即物体没有滑动趋势时,也就没有摩擦力;而当 F_T 增大时,静摩擦力 F 亦随着相应增大。但当 F_T 增大到一定数值时,物体就将开始滑动。这说明摩擦力不能无限增大而有一极限值。当静摩擦力达到极限值时,物体处于将动未动的状态,即所谓临界平衡状态,这时的摩擦力称为**极限摩擦力**或**最大静摩擦力**。

综上所述,静摩擦力的大小由平衡条件决定,但必介于零与极限摩擦力的大小之间,如以 F_L 表示极限摩擦力 F_L 的大小,则静摩擦力 F 大小的变化范围为

$$0 \leqslant F \leqslant F_L \tag{7-1}$$

根据大量实验结果可知,极限摩擦力的大小与接触面之间的正压力(即法向反力)F_N 的大小近似成正比,即

$$F_L = f_s F_N \tag{7-2}$$

此关系常称为**库仑摩擦定律**。式中系数 f_s 无单位、量纲为 1,称为**静摩擦因数**。它的大小与接触体的材料以及接触面状况(粗糙度、湿度、温度等)有关。各种材料在不同表面情况下的静摩擦因数可由实验测定,这些值一般可在一些工程手册中查到。表 7-2 中列举几种材料的静摩擦因数 f_s 的近似值,供参考。

表 7-2　几种材料的静摩擦因数

材　　料	静摩擦因数	材　　料	静摩擦因数
钢对钢	0.10～0.20	木材对木材	0.40～0.60
钢对铸铁	0.20～0.30	木材对土	0.30～0.70
皮革对铸铁	0.30～0.50	混凝土对砖	0.70～0.80
橡胶对铸铁	0.50～0.80	混凝土对土	0.30～0.40

必须指出,式(7-2)所表示的关系只是近似的,它并没有反映出摩擦现象的复杂性。但由于公式简单,应用方便,对于一般工程问题,用它求得的结果已能满足要求,故目前仍被广泛采用。摩擦因数的数值与工程的安全性及经济性有着极为密切的关系。对于一些重要的工程,如采用式(7-2),必须通过现场量测与实验精确地测定静摩擦因数的值,作为设计计算

的依据。例如,某大型水坝与基础的摩擦因数的数值若提高 0.01,则为了维持该坝体抗滑稳定所需的自重可相应地减少,从而可节约混凝土约 $2 \times 10^4 \, \text{m}^3$。可见精确可靠地测定摩擦因数是一项十分重要的工作。

物体间有相对滑动时的摩擦力称为**动摩擦力**。动摩擦力与法向反力之间也有与式(7-2)相同的近似关系:动摩擦力的大小与接触面之间的正压力(法向反力)成正比。如以 F' 表示动摩擦力 $\boldsymbol{F}'$ 的大小,则有

$$F' = fF_N \tag{7-3}$$

其中 f 也是一个无单位、量纲为 1 的比例常数,称为**动摩擦因数**。动摩擦因数 f 随物体接触处相对滑动的速度而变化,但由于它们间的关系复杂,通常在一定速度范围内,可不考虑这种变化,而认为它只是与接触面的材料和表面状况有关的常数。实践中发现动摩擦因数一般比静摩擦因数略小。这就说明了为什么维持一个物体的运动比使其由静止状态进入运动状态要容易。由于静摩擦因数与动摩擦因数的大小比较接近,在应用中有时不进行严格区分,而统一取小的值,并简称为摩擦因数。

2. 摩擦角与自锁现象

当有摩擦时,支承面对物体的约束力包括法向反力 $\boldsymbol{F}_N$ 与摩擦力 $\boldsymbol{F}$,这两个力的合力 $\boldsymbol{F}_R$ 就是支承面对物体作用的全约束反力。当摩擦力 $\boldsymbol{F}$ 达到极限摩擦力 $\boldsymbol{F}_L$ 时,$\boldsymbol{F}_R$ 与 $\boldsymbol{F}_N$ 所成的角 φ_m 称为静摩擦角,简称**摩擦角**,如图 7-12 所示。由于 $\boldsymbol{F}_L$ 是最大的静摩擦力,所以 φ_m 也是 $\boldsymbol{F}_R$ 与 $\boldsymbol{F}_N$ 之间可能有的最大夹角。由图可见 $F_L = F_N \tan \varphi_m$。根据式(7-2)得

$$\tan \varphi_m = f_s \tag{7-4}$$

即摩擦角的正切等于静摩擦因数。摩擦角这一概念在工程中应用较为广泛,如螺杆的设计及土建工程中土压力的计算等都涉及这一概念。

如通过接触点在不同的方向作出在极限摩擦情况下的全约束反力的作用线,则这些直线将形成一个锥面,称**摩擦锥**。如沿接触面的各个方向的摩擦因数都相同,则摩擦锥是一个顶角为 $2\varphi_m$ 的圆锥,如图 7-13 所示。因为全约束反力 $\boldsymbol{F}_R$ 与接触面法线所成的角不会大于 φ_m,也就是说 $\boldsymbol{F}_R$ 的作用线不可能超出摩擦锥,所以物体所受的主动力的合力 $\boldsymbol{F}_Q$ 的作用线须在摩擦锥内,物体才不致滑动;而只要 $\boldsymbol{F}_Q$ 的作用线在摩擦锥内,则不论 $\boldsymbol{F}_Q$ 多大,物体总能保持静止(能满足二力平衡的条件),这种现象称为"**自锁**"。

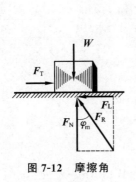

图 7-12 摩擦角

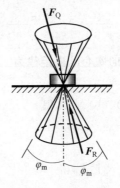

图 7-13 摩擦锥

工程中常利用"自锁"设计一些机构或夹具。例如螺旋千斤顶举起重物后不会自行下落就是自锁现象。而在另一些问题中，则要设法避免产生自锁现象。例如，在水闸闸门启闭时就应避免自锁，以防止闸门卡住。

3. 有摩擦的平衡分析

对于有摩擦的平衡问题，在进行受力分析考虑摩擦力之后，与求解无摩擦的平衡问题过程相同，只是由于静摩擦力的大小可在零与极限值 F_L 之间变化，即 $0 \leqslant F \leqslant F_L$，因而相应的物体平衡位置或所受的力也有一个范围，这是其不同于没有摩擦的平衡问题之处。

如何确定物体平衡位置或所受的力的范围，通常可以取物体的临界平衡状态进行分析，来确定平衡位置或受力大小的边界值。这个过程可称为**临界状态分析法**。这时极限摩擦力的方向总与相对滑动趋势方向相反，不能任意假设，摩擦力的大小可以用库仑摩擦定律来计算。

另一种情况，在实际工程中常需要确定物体在某一位置或在一定力作用下能否保持平衡。此时，可以把摩擦力看作约束力，假设物体是平衡的，通过平衡方程求出摩擦力 F 和法向约束力 F_N，然后将 F 与极限摩擦力 $F_L (F_L = f_s F_N)$ 进行比较，如 $F \leqslant F_L$，则物体能保持平衡；否则物体不能保持平衡。这个过程可称为**假设状态分析法**。

例 7-6　重 W 的物块放在倾角 α 大于摩擦角 φ_m 的斜面上，如图 7-14(a)所示，另施加一水平力 $\boldsymbol{F}_T$ 使物块保持静止。求 $\boldsymbol{F}_T$ 的最小值与最大值，设静摩擦因数为 f_s。

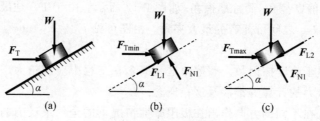

图 7-14　例 7-6 附图

解　因 $\alpha > \varphi_m$，若 $\boldsymbol{F}_T$ 太小，则物块将下滑（读者可通过摩擦角的概念很快得出），若 $\boldsymbol{F}_T$ 过大，又将使物块上滑，所以需要分两种情形加以讨论。

先求恰能维持物块不下滑所需的力 $\boldsymbol{F}_T$ 的最小值 F_{Tmin}。这时物块有下滑的趋势，所以摩擦力沿斜面向上，如图 7-14(b)所示。列出物体在斜面方向和法线方向的投影平衡方程：

$$F_{Tmin} \cos\alpha + F_{L1} - W\sin\alpha = 0 \tag{a}$$

$$F_{N1} - F_{Tmin}\sin\alpha - W\cos\alpha = 0 \tag{b}$$

极限平衡状态下的库仑摩擦定律为

$$F_{L1} = f_s F_{N1} \tag{c}$$

联立求解方程(a)、(b)、(c)，得

$$F_{Tmin} = \frac{\sin\alpha - f_s\cos\alpha}{\cos\alpha + f_s\sin\alpha}W$$

将 $f_s = \tan\varphi_m$ 代入上式，得

$$F_{Tmin} = \frac{\sin\alpha - \tan\varphi_m\cos\alpha}{\cos\alpha + \tan\varphi_m\sin\alpha}W = W\tan(\alpha - \varphi_m) \tag{d}$$

其次,求不使物块向上滑动的 F_T 的最大值 F_{Tmax}。这时摩擦力沿斜面向下,如图 7-14(c) 所示,列出平衡方程:

$$F_{Tmax}\cos\alpha - F_{L2} - W\sin\alpha = 0 \tag{e}$$

$$F_{N2} - F_{Tmax}\sin\alpha - W\cos\alpha = 0 \tag{f}$$

极限平衡状态下的库仑摩擦定律为

$$F_{L2} = f_s F_{N2} = \tan\varphi_m F_{N2} \tag{g}$$

联立求解方程(e)、(f)、(g),得

$$F_{Tmax} = \frac{\sin\alpha + f_s\cos\alpha}{\cos\alpha - f_s\sin\alpha}W = W\tan(\alpha + \varphi_m) \tag{h}$$

可见,要使物块在斜面上保持静止,力 F_T 的大小必须满足以下条件:

$$W\tan(\alpha - \varphi_m) \leqslant F_T \leqslant W\tan(\alpha + \varphi_m)$$

如利用摩擦角求解本题,则很容易得到上面的结果。

当 F_T 有最小值时,物体受力如图 7-15(a)所示,其中 F_R 是斜面对物块的全约束反力。这时 W、F_{Tmin} 及 F_R 三力处于平衡状态,力三角形应闭合,如图 7-15(b)所示,则

$$F_{Tmin} = W\tan(\alpha - \varphi_m)$$

当 F_T 有最大值时,物块受力如图 7-15(c)所示,力闭合三角形如图 7-15(d)所示,于是有

$$F_{Tmax} = W\tan(\alpha + \varphi_m)$$

应当注意,当力 F_T 在上述范围内而未达到极限值时,摩擦力不等于 $f_s F_N$,其大小应由平衡条件决定,摩擦力的方向也由平衡条件决定。

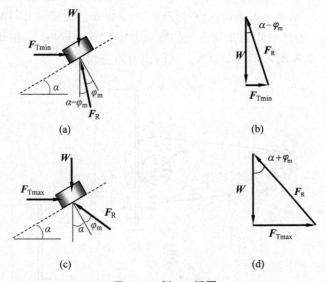

图 7-15　例 7-6 解图

由式(d)可以看出,如果 $\alpha = \varphi_m$,则 $F_{Tmin} = 0$,就是说,无须施加力 F_T,物块已能平衡。但这只是临界状态,只要 α 略为增加,物块即将下滑。在临界状态下的角 α 称为**休止角**,可用来测定摩擦因数。

例 7-7　梯子 AB 长 l,一端支于地板,另一端靠在墙上,梯子与地板成角 α,如图 7-16 所示。若梯子与地板及墙壁之间的静摩擦角都为 φ_m,不计梯子重,求重为 W 的人沿梯子上行而梯子不滑倒的距离。设墙壁与地板垂直。

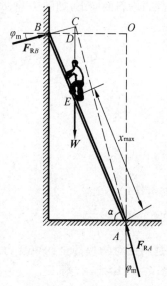

图 7-16 例 7-7 附图

解 当人上梯子时,其重力 W 有使梯子绕 O 逆时针方向转动的趋势,因此 A 点的摩擦力向左,而 B 点的摩擦力向上。当人沿梯子上行距离到达极值 $x_{\max}$,梯子即将开始滑动时,A、B 两点的全约束力都与接触面的法线成 φ_{m} 角,如图 7-16 所示。延长 $F_{\mathrm{R}A}$ 及 $F_{\mathrm{R}B}$ 的作用线交于 C 点,则重力 W 须通过 C 点,三力才能平衡。这时,人所在位置就是极限位置。因设墙壁与地板垂直,所以 $AC \perp BC$。由直角三角形 ABC 及 BCD 中的几何关系可知

$$BC = l\cos(\alpha + \varphi_{\mathrm{m}})$$

$$BD = BC\cos\varphi_{\mathrm{m}} = l\cos(\alpha + \varphi_{\mathrm{m}})\cos\varphi_{\mathrm{m}}$$

则有

$$x_{\max} = l - BE = l - BD\sec\alpha$$

$$= l[1 - \cos(\alpha + \varphi_{\mathrm{m}})\cos\varphi_{\mathrm{m}}\sec\alpha]$$

因此,要使梯子不滑倒,人上行的距离应为 $x \leqslant x_{\max}$,即

$$x \leqslant l[1 - \cos(\alpha + \varphi_{\mathrm{m}})\cos\varphi_{\mathrm{m}}\sec\alpha]$$

由此可见,当 α 确定时,人上行的最大距离取决于摩擦角,而与人重 W 无关。请读者思考:(1)欲使人沿梯子上行至最高点 B 而梯子不滑动,α 值应为多少?(2)若人在 AE 之间,即 $0 < x < x_{\max}$,能求得 A、B 两处的约束力吗?

例 7-8 讲解

例 7-8 一皮带传动装置采用摩擦制动器制动,各部分尺寸如图 7-17(a)所示,已知 $l = 1\mathrm{m}$,$a = 0.4\mathrm{m}$,$R = 0.3\mathrm{m}$,$r = 0.15\mathrm{m}$,$r_1 = 0.2\mathrm{m}$,$b = 0.02\mathrm{m}$。皮带轮 II 与摩擦轮 III 固结在一起并套在同一轴上。若已知作用在轮 I 上的转动力矩 $M = 60\mathrm{kN} \cdot \mathrm{m}$,闸块与摩擦轮 III 之间的摩擦因数 $f_{\mathrm{s}} = 0.8$,制动力 $F = 332\mathrm{kN}$。试问此时能否制动?

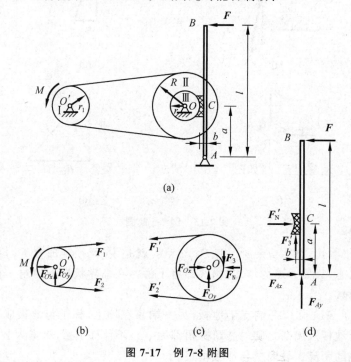

图 7-17 例 7-8 附图

解　分别取轮 Ⅰ、轮 Ⅱ 和轮 Ⅲ 及杆 *AB* 分析,各部分受力如图 7-17(b)、(c)、(d)所示。首先假设系统能保持平衡(即能制动),根据图 7-17(b)建立平衡方程:

$$\sum M_{O'}(\boldsymbol{F}_i) = 0: \quad M - F_1 r_1 + F_2 r_1 = 0$$

解得

$$F_1 - F_2 = \frac{M}{r_1} \tag{a}$$

再根据图 7-17(c)建立平衡方程:

$$\sum M_O(\boldsymbol{F}_i) = 0: \quad F'_1 R - F'_2 R - F_3 r = 0$$

解得

$$F'_1 - F'_2 = \frac{F_3 r}{R} \tag{b}$$

又因 $F_1 = F'_1$,$F_2 = F'_2$,于是由式(a)、式(b)可得

$$F_3 = \frac{MR}{r r_1} = \frac{60 \times 10^3 \times 0.3}{0.15 \times 0.2} \text{N} = 600 \times 10^3 \text{N} = 600 \text{kN} \tag{c}$$

根据图 7-17(d)建立平衡方程:

$$\sum M_A(\boldsymbol{F}_i) = 0: \quad Fl - F'_N a - F'_3 b = 0$$

考虑到 $F'_N = F_N$,$F'_3 = F_3$,故求得

$$F_N = \frac{1}{a}(Fl - F_3 b) = \frac{1}{0.4} \times (332 \times 1 - 600 \times 0.02) \text{kN} = 800 \text{kN}$$

此时闸块处所能产生的极限摩擦力大小为 $F_L = f_s F_N = 0.8 \times 800 \text{kN} = 640 \text{kN}$。由于 $F_3 = 600 \text{kN} < F_L$,所以在制动力 $F = 332 \text{kN}$ 作用下,系统能制动(平衡)。

7.2.3　滚动摩擦

将一半径为 r、重为 W 的轮子放在水平面上,在轮心 O 加一水平力 $\boldsymbol{F}_T$,如图 7-18(a)所示,并假定接触处有足够的摩擦阻止轮子滑动。若轮子与支承面都是刚体,则两者接触于 A 点(实际上是通过 A 点的一条直线),法向反力 $\boldsymbol{F}_N$ 和摩擦力 $\boldsymbol{F}$ 都作用于 A 点。显然 $\boldsymbol{F}_N = -\boldsymbol{W}$,又由轮子不滑动的条件可知 $\boldsymbol{F} = -\boldsymbol{F}_T$。这时 $\boldsymbol{F}_N$ 与 $\boldsymbol{W}$ 的作用线相同、大小相等、方向相反,互成平衡,而 $\boldsymbol{F}_T$ 与 $\boldsymbol{F}$ 则组成一力偶。不论 $\boldsymbol{F}_T$ 的值多么小,都将使轮子滚动。但由经验可知,当力 $\boldsymbol{F}_T$ 较小时,轮子并不滚动,可见必另有一个力偶与力偶($\boldsymbol{F}_T$, $\boldsymbol{F}$)平衡,该力偶的矩应为 $M = F_T r$,如图 7-18(b)所示。此阻碍轮子滚动的力偶称为**滚动摩擦力偶**(有时简称滚阻力偶)。

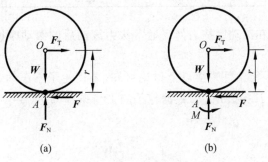

图 7-18　滚动摩擦

　　滚动摩擦力偶的产生，主要由于接触物体（轮子与支承面）并非刚体，受力后产生了微小变形，使接触处不是一直线而是偏向轮子相对滚动的前方一小块区域，支承面对轮子作用的力就分布在这一小块区域上，如图7-19（a）所示（图中假设只是支承面变形）。将分布力合成为一个力F_R，则F_R的作用线也稍稍偏于轮子前方，再将F_R沿水平与铅直两个方向分解，则水平方向的分力即摩擦力F，铅直方向的分力即法向反力F_N。可见F_N向轮子前方偏移了一小段距离d，使F_N与W组成一个力偶，这个力偶就是滚动摩擦力偶。我们也可以不用图7-19（b）的受力表示法，而令F_N及F作用于A点（向A点简化），再附加一个力偶，如图7-18（b）所示，当然力偶矩$M=F_N d$。

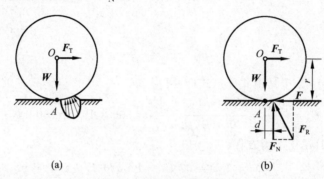

图7-19　接触面变形及受力

　　当F_T增大时，若轮子仍静止，显然滚动摩擦力偶矩也随着增大。但是滚动摩擦力偶矩不会无限增大，而是有一最大值。当主动力F_T的力矩$F_T r$超过该最大值时，轮子就会开始滚动。滚动摩擦力偶矩的最大值称为**极限滚动摩擦力偶矩**。根据实验结果可知：极限滚动摩擦力偶矩近似与法向反力成正比。如用M_L代表极限滚动摩擦力偶矩，则

$$M_L = \delta F_N \tag{7-5}$$

式中，δ称为**滚动摩擦系数**，是一个以长度为单位的量，常用的单位是毫米（mm）。显然δ起着力偶臂的作用，它是法向反力朝相对滚动的前方偏离轮子最低点的最大距离。滚动摩擦系数δ的大小与接触体材料性质有关，可由实验测定。某些材料的δ值也可在工程手册中查到。下面列举几种材料的滚动摩擦系数的近似值，见表7-3。

表7-3　几种材料的滚动摩擦系数

材　料	滚动摩擦系数	材　料	滚动摩擦系数
木对木	$\delta = 0.5 \sim 0.8$mm	软钢对软钢	$\delta = 0.05$mm
木对钢	$\delta = 0.3 \sim 0.4$mm	轮胎对路面	$\delta = 2.0 \sim 10.0$mm

　　轮子滚动后，仍存在滚动摩擦力偶。通常认为滚动后的滚动摩擦力偶矩与极限摩擦力偶矩的大小相等。

　　现在研究轮子的平衡条件。由以上讨论可知，要使轮子不滚动，力矩$F_T r$不能超过极限滚动摩擦力偶矩，即$F_T r \leqslant \delta F_N$。根据轮子的平衡条件知$F_N = W$，于是得轮子不滚动的条件为$F_T r \leqslant \delta W$，即

$$F_T \leqslant \frac{\delta}{r} W \tag{a}$$

要使轮子不滑动,必须满足条件

$$F_T \leqslant f_s W \tag{b}$$

因此,要使轮子既不滚动又不滑动,必须满足的条件是

$$F_T \leqslant \frac{\delta}{r} W, \quad F_T \leqslant f_s W \tag{c}$$

通常 δ/r 远比 f_s 小,所以轮子的平衡总是取决于前一条件。由此又可知,使轮子滚动要比使它滑动容易得多。在生产实践中,常以滚动代替滑动,如沿地面拖曳重物时,常在重物底部垫以圆辊,在机器中用滚珠轴承代替滑动轴承等,原因就在于此。

例 7-9 在半径为 r、重为 W_1 的两个滚子上放一木板,木板上放一重物,板与重物共重 W_2,如图 7-20(a)所示,在水平力 F 的作用下,木板与重物以匀速沿直线缓慢运动。设木板与滚子之间、滚子与地面之间的滚动摩擦系数分别为 δ' 及 δ,并且无相对滑动。试求力 F 的大小。

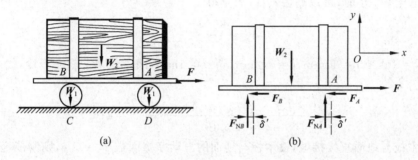

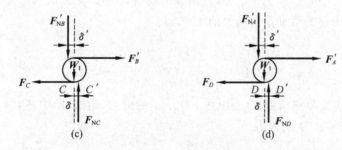

图 7-20　例 7-9 附图

解 因为木板和重物以匀速沿直线缓慢运动,所以滚子以匀速缓慢滚动,整个系统仍可以按平衡体系进行分析。由于接触处的变形,所有接触处的法向反力都向相对滚动的一边偏移一微小距离——等于滚动摩擦系数。

分别考虑木板和重物以及两个滚子的平衡,作示力图如图 7-20(b)、(c)、(d)所示(也可令 F_{NA}、F_{NB}、……作用于接触点,另加相应的滚阻力偶)。

取 x 轴水平向右,y 轴铅直向上,根据图 7-20(b)建立平衡方程:

$$\sum F_{ix} = 0: \quad F - F_A - F_B = 0 \tag{a}$$

$$\sum F_{iy} = 0: \quad F_{NA} + F_{NB} - W_2 = 0 \tag{b}$$

根据图 7-20(c)建立平衡方程:

$$\sum M_{C'}(F_i) = 0: \quad F'_{NB}(\delta + \delta') + W_1 \delta - 2r F'_B = 0 \tag{c}$$

根据图 7-20(d)建立平衡方程:

$$\sum M_{D'}(\boldsymbol{F}_i) = 0: \quad F'_{NA}(\delta + \delta') + W_1\delta - 2rF'_A = 0 \tag{d}$$

将式(c)、(d)相加,得

$$(F'_{NA} + F'_{NB})(\delta + \delta') + 2W_1\delta - 2r(F'_A + F'_B) = 0 \tag{e}$$

因 $F_A = F'_A, F_B = F'_B, F_{NA} = F'_{NA}, F_{NB} = F'_{NB}$,同时由式(a)、(b)得

$$F_A + F_B = F, \quad F_{NA} + F_{NB} = W_2$$

代入式(e),则有

$$W_2(\delta + \delta') + 2W_1\delta - 2rF = 0$$

解得

$$F = \frac{W_2(\delta + \delta') + 2W_1\delta}{2r}$$

一般 W_1 远比 W_2 小时,可以略去不计,于是得

$$F = \frac{W_2(\delta + \delta')}{2r} \tag{f}$$

设 $W_2 = 10\text{kN}, r = 30\text{mm}, \delta = 0.3\text{mm}, \delta' = 0.4\text{mm}$,滚子重 W_1 略去不计,代入式(f)得滚动时的力

$$F = \frac{10 \times 10^3 \times (0.3 + 0.4) \times 10^{-3}}{2 \times 30 \times 10^{-3}}\text{N} = 116.7\text{N}$$

如果木板与地面直接接触,设木板与地面的滑动摩擦因数 $f_s = 0.6$,则刚能拖动木板和重物的水平力 $F = f_s F_N$。因为 $F_N = W_2$,所以滑动时,$F = 0.6 \times 10 \times 10^3\text{N} = 6000\text{N}$。对比可知,滚动所需的力仅为滑动所需的力的 1.95%。

习题

7-1 试用节点法分别求附图(a)中杆 FD、FA 的内力,附图(b)中杆 CA、CD、GH 的内力,附图(c)中杆 LK、LN 的内力。

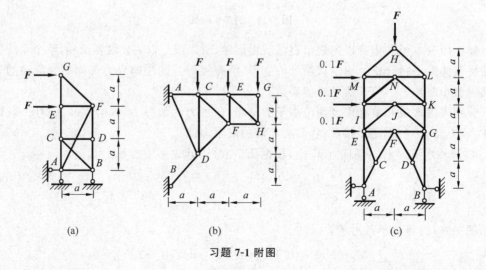

习题 7-1 附图

7-2　试用截面法（或联合节点法和截面法）求附图所示静定桁架指定杆件的内力（图中长度单位为 m）。

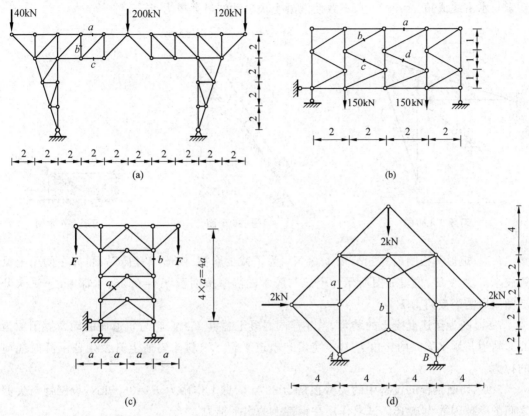

习题 7-2 附图

7-3　试用最简捷的方法求图示桁架指定杆件的内力。

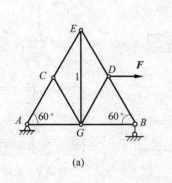

习题 7-3 附图

7-4　图示桁架，沿 3 号和 5 号杆分别作用着力 $F_1 = 20$kN，$F_2 = 12$kN。试求各杆内力。

7-5　物体 A 重 $W_1 = 10$N，与斜面间的摩擦因数 $f = 0.4$。（1）设物体 B 重 $W_2 = 5$N，试求 A 与斜面间的摩擦力的大小和方向。（2）若物体 B 重 $W_2 = 8$N，则物体与斜面间的摩擦力方向如何? 大小是多少?

7-6 一混凝土锚锭如图。设混凝土墩重 400kN,与土壤之间的静摩擦因数 $f_s=0.6$,铁索与水平线成角 $\alpha=20°$。求不致使混凝土块滑动的最大拉力 F。

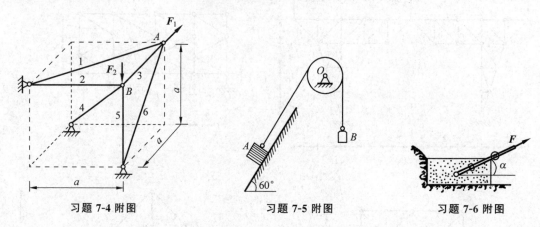

习题 7-4 附图　　　　习题 7-5 附图　　　　习题 7-6 附图

7-7 矩形平板闸门宽 6m,重 150kN。为了减少摩擦,门槽以瓷砖贴面,并在闸门上设置胶木滑块 A、B,位置如图所示。瓷砖与胶木的静摩擦因数 $f_s=0.25$,水深 8m。试求开启闸门所需的启门力 F。

7-8 图为运送混凝土的装置,料斗连同混凝土总重 25kN,它与轨道面的动摩擦因数为 0.3,轨道与水平面间的夹角为 70°,缆索和轨道平行。求料斗匀速上升及匀速下降时缆绳的拉力。

7-9 切断钢锭的设备中的尖劈顶角为 30°。尖劈上作用力 $F=3500$kN,设钢锭与尖劈之间的摩擦因数为 0.15。试求作用在钢锭上的水平推力。

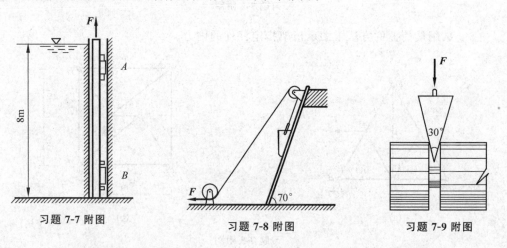

习题 7-7 附图　　　　习题 7-8 附图　　　　习题 7-9 附图

7-10 轧钢机由直径为 d 的两个轧辊构成,两轧辊之间距离为 a,按相反方向转动,已知烧红的钢板与轧辊之间的摩擦因数为 f。求在该轧钢机上能压延的钢板厚度 b(提示:作用在钢板 A、B 处的正压力和摩擦力的合力须水平向右,才能把钢板带进两轧辊间隙中压延)。

7-11 板 AB 长 l,A、B 两端分别放置在倾角 $\alpha_1=50°$,$\alpha_2=30°$ 的两斜面上。已知板端

与斜面之间的摩擦角 $\varphi_m = 25°$。欲使物块 M 放在板上而板保持水平不动,试求物块放置的范围。板重不计。

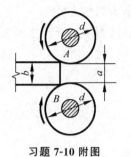

习题 7-10 附图

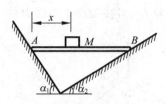

习题 7-11 附图

7-12　攀登电线杆的脚套钩如图。设电线杆直径 $d = 300\text{mm}$,A、B 间的铅直距离 $b = 100\text{mm}$。若套钩与电线杆之间的摩擦因数 $f_s = 0.5$,求工人操作时,为了安全,脚作用力 F 到电线杆中心的距离 l 应为多少。

7-13　长 l 的杆 BC,在 B 端铰连着一套筒,套筒可在杆 OA 上滑动。杆 OA 上作用一力矩 M。在图示位置,套筒与杆 OA 恰好卡住。求套筒与杆 OA 之间的摩擦因数 f 及杆 BC 所受的力。

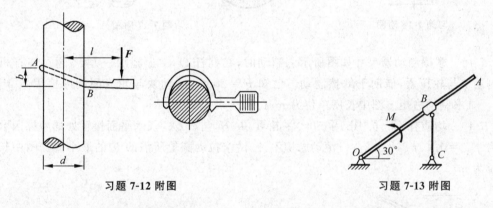

习题 7-12 附图

习题 7-13 附图

7-14　两块钢板用两颗高强度螺栓连接,并受力 $F = F' = 24\text{kN}$,钢板接触面的摩擦因数 $f = 0.2$。问:欲使钢板不致错动,螺栓内必须产生多大的拉力(设螺栓周围留有空隙)?

7-15　用尖劈顶起重物的装置如图所示。重物与尖劈间的摩擦因数为 f,其他有圆辊处为光滑接触,尖劈顶角为 α,且 $\tan\alpha > f$,被顶举重物的重量设为 W。试求:(1)顶举重物上升所需的 F 值;(2)顶住重物使其不下降所需的 F 值。

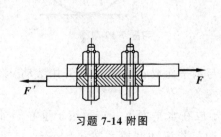

习题 7-14 附图

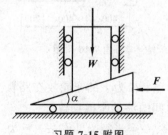

习题 7-15 附图

7-16　起重机的夹子尺寸如图示，要把重 W 的物体夹起，必须利用重物与夹子之间的摩擦力。设夹子对重物的压力的合力作用于与 C 点相距 150mm 处的 A、B 两点，不计夹子重量。问要把重物夹起，重物与夹子之间的摩擦因数 f_s 至少为多大？

7-17　附图为摩擦离合器的示意图。试求施于离合器的力 $\mathbf{F}_N$ 所产生的极限力矩 M。设摩擦因数为 f_s，且接触面上的压力是均匀分布的。

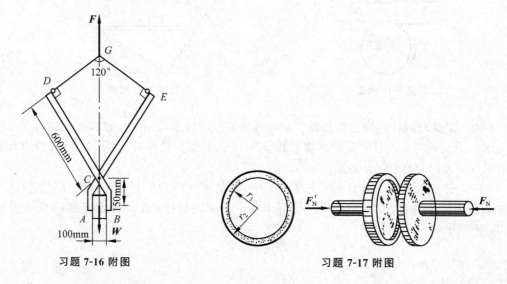

习题 7-16 附图　　　　　　　　习题 7-17 附图

7-18　摩擦制动器尺寸如图所示。制动时，在杠杆 O_2G 上施加一力 F，通过连杆机构使制动块与轮压紧，借助于摩擦制动。已知 F＝200N，制动块与轮缘间的摩擦因数 f_s＝0.4。试求制动力矩。图中长度单位为 mm。

7-19　均质杆 OC 长 4m，重 500N；轮重 300N，与杆 OC 及水平面接触处的摩擦因数分别为 f_{As}＝0.4，f_{Bs}＝0.2。设滚动摩擦不计，试求拉动圆轮所需的 F 的最小值。图中长度单位为 m。

习题 7-19
讲解

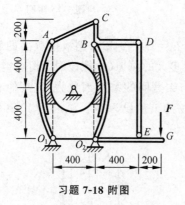

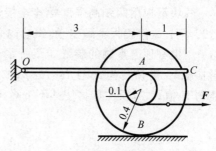

习题 7-18 附图　　　　　　　　习题 7-19 附图

7-20　半径为 r 的车轮放在路轨上，当路轨与水平面成 α 角时，车轮开始滚动。试求车轮与路轨间的滚动摩擦系数。

7-21　一个半径为 300mm、重为 3kN 的滚子放在水平面上。在过滚子重心 O 而垂直于滚子轴线的平面内加一力 F，恰好使滚子滚动。若滚动摩擦系数 δ＝5mm，试求 F 的大小。

7-22　为在松软地面上移动一重 14kN 的木箱,在地面上铺以木板,并在木箱与木板之间放入直径为 50mm 的钢管。设钢管与木板及与木箱之间的滚动摩擦系数 δ 均为 2.5mm,试求推动木箱所需的水平力 F。若不用钢管而使木箱直接在木板上移动,已知木箱与木板间的摩擦因数 f 为 0.4,试求推动木箱所需的水平力。

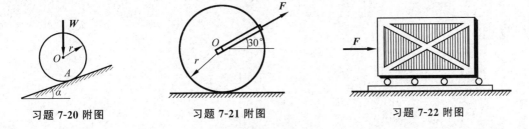

习题 7-20 附图　　　　　习题 7-21 附图　　　　　习题 7-22 附图

本章习题参考解答

第2篇 材料力学

在第1篇刚体静力学中,我们忽略所研究物体的变形而将物体简化为刚体,导出了刚体平衡的充要条件,分析和计算了刚体平衡时未知的约束力。但是,对于超静定结构,仅用平衡方程无法确定所有的约束力,进一步研究发现此时需考虑物体的变形关系才能求解所有的未知力,即需考虑力的变形效应。另外,在实际工程中,对很多力学问题须考虑物体的变形,如机械系统中的传动轴,房屋建筑中的梁、柱等杆件,交通工程中的桥梁等。因为这些构件(部件)的变形直接影响机械系统、土木工程结构的正常工作。如轴的变形过大将影响机器的加工精度、梁的变形过大导致楼板开裂而危及人们正常生活,甚至带来危险。本篇将在刚体静力学的基础上进一步讨论力的变形效应,并以杆件为研究对象,研究其在力作用下的受力和变形问题,建立合理的杆件正常、安全工作的强度、刚度、稳定性条件,为杆件的设计以及确保结构安全工作提供理论和技术基础。

由于杆件的强度、刚度、稳定性问题与材料的力学性质有关,不同的材料常呈现不同的力学特性,且具有不同的力学参数值,所以,本篇内容在工程力学系列课程中常称为**材料力学**。

第 8 章

材料力学的基本概念

8.1　材料力学的任务

　　建筑物、机器等都是由许多部件组成的,例如建筑物中的梁、板、柱和承重墙等,机器中的齿轮、传动轴等,这些部件统称为**构件**。为了使建筑物和机器能正常工作,必须对构件进行设计,即选择合适的尺寸和材料,使之满足一定的要求。三个最基本、最重要的要求是:

　　(1)**强度**要求。构件抵抗破坏的能力称为强度。构件在外力作用下必须具有足够的强度才不致发生破坏,即不发生**强度失效**。

　　(2)**刚度**要求。构件抵抗变形的能力称为刚度。在某些情况下,构件虽有足够的强度,但若刚度不够,即受力后产生的变形过大,也会影响正常工作。因此设计时必须使构件具有足够的刚度,使其变形限制在工程允许的范围内,即不发生**刚度失效**。

　　(3)**稳定性**要求。构件在外力作用下保持原有形状平衡的能力称为稳定性。例如受压力作用的细长直杆,当压力较小时,其直线形状的平衡是稳定的;但当压力过大时,直杆将发生弯曲,甚至折断,而不能保持直线形状的平衡,称为失稳。因此,这类构件须具有足够的稳定性,即不发生**稳定失效**。

　　一般来说,强度要求是基本的;刚度要求只是在某些情况下才对构件提出;至于稳定性问题,只有在一定受力情况下或某些构件中才会出现。

　　为了满足上述要求,一方面必须从理论上分析和计算构件受外力作用时产生的**内力、应力和变形**,建立强度、刚度和稳定性计算的方法;另一方面,构件的强度、刚度和稳定性与材料的力学性质有关,而材料的力学性质需要通过试验确定。因此,理论分析和试验研究是材料力学中两个同样重要的研究方法。材料力学的任务就是从理论和试验两方面研究构件的内力、应力和变形,在此基础上进行强度、刚度和稳定性计算,以合理地选择构件的尺寸和材料。

8.2　变形固体及基本假设

　　材料力学研究的构件属变形固体。变形固体的组织构造及其物理性质是十分复杂的,为了简化分析,通常对变形固体做出下列基本假设:

　　(1)**连续性假设**。假设变形固体内部充满了物质,没有任何空隙。而实际的物体内当然存在着空隙,而且随着外力或其他外部条件的变化,这些空隙的大小会发生变化。但从宏观方面研究,只要这些空隙的大小比物体的尺寸小得多,就可不考虑空隙的存在,而认为物体是连续的。

(2) **均匀性假设**。假设变形固体内各处的力学性质是完全相同的。实际上,工程材料的力学性质都有一定程度的非均匀性。例如金属材料由晶粒组成,各晶粒的性质不尽相同,晶粒与晶粒交界处的性质与晶粒本身的性质也不同;又如混凝土材料由水泥、砂和碎石组成,它们的性质也各不相同。但由于这些组成物质的大小和物体尺寸相比很小,而且是随机排列的,因此,从宏观上看,可以将物体的性质看作各组成部分性质的统计平均量,而认为物体的性质是均匀的。

(3) **各向同性假设**。假设材料在各个方向的力学性质均相同。金属材料由晶粒组成,单个晶粒的性质有方向性,但由于晶粒交错排列,在统计意义上,金属材料的力学性质可认为是各个方向相同的。例如铸钢、铸铁、铸铜等均可认为是各向同性材料。同样,像玻璃、塑料、混凝土等非金属材料也可认为是各向同性材料。但是,有些材料在不同方向具有明显不同的力学性质,如经过辗压的钢材、纤维整齐的木材以及冷扭的钢丝等,这些材料是各向异性材料。在材料力学中主要研究各向同性的材料。

作以上假设后的固体材料称为材料的**理想模型**。理想模型与实际材料是有差别的,如何假设和简化与人们所要解决的问题有关,其基本原则是抓住主要矛盾,忽略次要因素,与静力学中将工程结构抽象为力学简图具有相同的思想。这些内容将在后继课程中逐步详细介绍。

固体的变形也是很复杂的,材料力学先研究简单的变形,它满足以下两个条件:

(1) **小变形**。变形固体在外力作用下产生的变形大小较物体原始尺寸小得多时称为小变形。此时研究构件的平衡以及内部受力等问题时,均可忽略变形而按构件的原始尺寸计算,其结果就有足够的精度。其实这也是判别是否可作为小变形来分析的标准。

(2) **弹性变形**。变形固体在外力作用下产生的变形在外力撤去后若能消失,则原来的变形称为弹性变形。变形固体能恢复原有形状和尺寸的性质称为固体的**弹性**;撤去外力后,若变形不会全部消失,其中能消失的变形仍称为弹性变形,不能消失的变形称为**塑性变形**,或残余变形、永久变形。对大多数的工程材料而言,当外力在一定的范围内时,其产生的变形完全是弹性的,而超过了某一值将产生塑性变形。在材料力学中,主要研究构件产生的弹性变形。

8.3　材料力学的研究对象及杆件的基本变形

根据几何形状的不同,构件可分为三类。

(1) **杆**。一个方向的尺寸比其他两个方向的尺寸大得多的构件称为杆或杆件,如图 8-1(a)所示。杆的几何形状可用一根中心**轴线**和与中心轴线正交的**横截面**表示。根据轴线的形状,可分为直杆和曲杆;根据横截面沿轴线变化的情况,可分为等截面杆和变截面杆。例如组成桁架的杆多为等截面直杆,起重机的吊钩为变截面曲杆。

(2) **板和壳**。一个方向的尺寸(厚度)比其他两个方向的尺寸小得多的构件称为板或壳。平分厚度的面称为**中面**。当中面为平面时,该构件称为板(或平板),如图 8-1(b)所示;当中面为曲面时,该构件称为壳(或壳体),如图 8-1(c)所示。

（3）**块体**。三个方向的尺寸相差不是很大的构件称为块体。例如机器底座为块体，
图 8-1(d)所示的坝体也是块体。

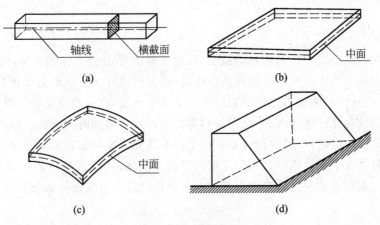

图 8-1　构件的分类

　　材料力学主要研究等截面直杆，简称等直杆，其他构件将在后继课程中研究。

　　杆在外力作用下，其变形形式是多种多样的。杆的**基本变形**可分为以下几种。

　　（1）**轴向拉伸或压缩**。直杆受到与轴线重合的外力作用时，它的变形主要是轴线方向
的伸长或缩短。这种变形称为轴向拉伸或压缩，如图 8-2(a)、(b)所示。

　　（2）**剪切**。直杆受一对大小相等、方向相反、作用线相距很近的横向外力作用时，它
的主要变形是相邻横截面间沿外力作用方向发生相对错动。这种变形称为剪切，如
图 8-2(c)所示。

　　（3）**扭转**。直杆在垂直于轴线的平面内，受到一力偶作用时，各横截面间发生绕轴线相
对转动。这种变形称为扭转，如图 8-2(d)所示。

　　（4）**弯曲**。直杆受到垂直于轴线的外力或在包含轴线的平面内的力偶作用时，它的轴
线发生弯曲。这种变形称为弯曲，如图 8-2(e)所示。

　　本书中先分别讨论杆的基本变形，然后再分析其他复杂的变形。

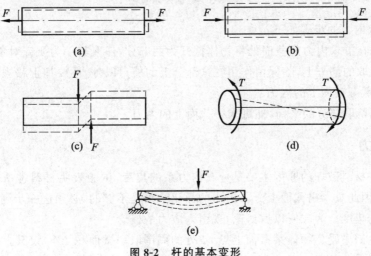

图 8-2　杆的基本变形

8.4 内力和应力

8.4.1 内力

构件所受到的外力包括**荷载**和**约束反力**,这在静力学中已有详述。构件内各质点之间的相互作用力称为内力。构件未受外力作用时,内力已经存在。当外力作用后,在构件发生变形的同时,构件内相邻质点之间原有的内力会发生改变,这一改变量称为**附加内力**。材料力学中研究的就是这种附加内力,通常简称为**内力**。外力增加时内力也会随之增加,当外力使内力超过某一限度时,材料将会被破坏。所以要研究强度问题首先要研究内力。

由于材料力学中假设物体是均匀连续的可变形固体,因此在构件内部相邻部分之间相互作用的内力实际上是一个**分布内力系**。本书所称的内力通常是指此分布内力系简化后的分量。

8.4.2 截面法

材料力学中常用**截面法**来确定杆件某横截面上的内力。如图 8-3(a)所示的直杆,假想在需求内力的截面 $m—m$ 处将杆截开为 A、B 两部分,留取任一部分,例如 A 部分(见图 8-3(b))。在 A 部分上除有外力 F_1 和 F_2 外,还有 B 部分对它的作用力,即分布内力。一般情况下分布内力可以简化为一个力(主矢)和一个力偶(主矩),分别叫内力主矢和内力主矩,统称内力。内力的大小往往通过所取脱离体的平衡方程来求解。

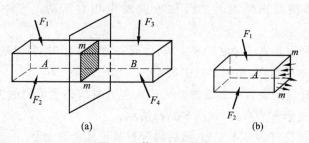

(a) (b)

图 8-3 截面法示意图

截面法求内力的步骤如下:

(1)假想在欲求内力的截面处将物体截开为两部分,任取其一为研究对象。

(2)在留取的部分上,除保留作用在这部分上的外力以外,还要加上移去部分对这部分的作用力,即截开截面上的内力。

(3)利用留取部分的平衡,即可求得截面上的内力。

8.4.3 应力

引起构件材料破坏的原因主要是分布内力系的**集度**,试验表明材料常从内力集度最大处开始破坏,因此只求出截面上分布内力的简化结果是不够的,必须进一步确定截面上各点处分布内力的集度。为方便以后讨论,现引入应力的概念。

在图 8-4(a)中受力物体某截面上点 M 处的周围取一微面积 ΔA,设其上分布内力的合

力为 $\Delta \boldsymbol{F}$。$\Delta \boldsymbol{F}$ 的大小和指向随 ΔA 的大小而变。$\Delta F/\Delta A$ 称为面积 ΔA 上分布内力的平均集度,又称为平均应力。如令 $\Delta A \to 0$,则 $\Delta F/\Delta A$ 的极限值

$$p = \lim_{\Delta A \to 0} \frac{\Delta \boldsymbol{F}}{\Delta A} \tag{8-1}$$

为 M 点处分布内力的集度,称为该点处的**总应力**。由此可见,应力是截面上一点处分布内力的集度。将总应力 p 分解为两个分量:一个是垂直于截面的应力,称为**正应力**,或称法向应力,用 σ 表示;另一个是沿着截面的应力,称为**切应力**,或称切向应力、剪应力,用 τ 表示,如图 8-4(b)所示。应力具有方向性,本书习惯用细斜体 σ 和 τ 表示正应力和切应力的大小。应力是固体力学中很重要的一个概念,理解应力的概念需理解其作用面、方向、大小这三个要素,请读者细悟。

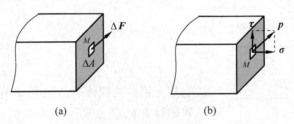

(a)　　　　　　　(b)

图 8-4　一点处的应力

应力的量纲是 $ML^{-1}T^{-2}$。在国际单位制中,应力的单位名称是"帕斯卡",符号为 Pa,$1\text{Pa} = 1\text{N/m}^2$,也可以用兆帕(MPa)或吉帕(GPa)等表示,其换算关系为:$1\text{MPa} = 10^6\text{Pa}$,$1\text{GPa} = 10^3\text{MPa} = 10^9\text{Pa}$。

8.5　位移和应变

构件受力后,其形状和尺寸都会发生变化,即发生变形。为了描述变形,现引入位移和应变的概念。

8.5.1　位移

(1) **线位移**。构件中一点相对于原来位置的变化称为线位移。如图 8-5 所示直杆,受外力作用弯曲后,杆的轴线上任一点 A 的线位移为 $\overrightarrow{AA'}$。

(2) **角位移**。构件中某一直线或平面相对于原来位置所转过的角度称为角位移。如图 8-5 中,杆的右端截面的角位移为 θ。

上述两种位移是变形过程中构件内各点作相对运动所产生的,称为变形位移。变形位移可以描述构件的变形

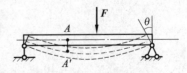

图 8-5　杆件的变形位移

情况,例如对于图 8-5 所示的直杆,由杆的轴线上各点的线位移和各截面的角位移就可以描述杆的弯曲变形。反过来,有位移不一定会产生变形,如刚体位移。

一般来说,受力构件内各点处的变形程度是不同的,为了量度构件内各点处的变形程度,现引入应变的概念。

8.5.2 应变

设想在构件内一点 A 处取出一微小的长方体,它在 xy 平面内的边长分别为 Δx 和 Δy,如图 8-6 所示(图中未画出厚度)。长方体受力后,A 点移动至 A' 点,且长方体的尺寸和形状都发生了改变,如边长 Δx 和 Δy 变为 $\Delta x'$ 和 $\Delta y'$(由于是小变形,AB、AD 线段变形后的长度近似用其在 x、y 轴上的投影来表示),直角变为锐角(或钝角),从而引出下面两种表示该长方体变形的量。

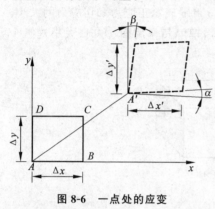

图 8-6　一点处的应变

(1) **线应变**。单位长度线段的改变称为线应变,用 ε 表示。如图 8-6 中的 $\Delta x' - \Delta x$ 和 $\Delta y' - \Delta y$ 是原边长 Δx 和 Δy 的长度变化,定义

$$\varepsilon_x = \lim_{\Delta x \to 0} \frac{\Delta x' - \Delta x}{\Delta x} \tag{8-2a}$$

$$\varepsilon_y = \lim_{\Delta y \to 0} \frac{\Delta y' - \Delta y}{\Delta y} \tag{8-2b}$$

它们分别称为固体中 A 点沿 x 和 y 方向的线应变,反映固体在此点 x 和 y 方向几何尺寸变化的程度。线应变的量纲为 1。

(2) **切应变**。通过一点处互相垂直的两线段之间所夹直角的改变量称为切应变,用 γ 表示。如图 8-6 中,当 $\Delta x \to 0$ 和 $\Delta y \to 0$ 时直角的改变量为

$$\gamma_{xy} = \alpha + \beta \tag{8-3}$$

称为固体中 A 点处 x 和 y 方向之间的切应变,它反映固体在此点几何形状变化的程度。切应变的大小通常用弧度量度,量纲为 1。同样,应变也是固体力学中一个重要概念。线应变 ε 和切应变 γ 是描述物体内一点处变形程度的两个基本量,它们分别与正应力和切应力有关。故线应变有时也可称为**正应变**。实际工程中固体材料的线应变通常是很小的,故常用微应变来量度。微应变的符号为 $\mu\varepsilon$,$1\mu\varepsilon = 10^{-6}$。

第 9 章

杆的轴向拉压变形

9.1 概述

工程中有一些直杆,在外力作用下,其主要变形是轴线方向的伸长或缩短。如图 9-1(a) 所示桁架的各杆及支承桁架的柱子;如图 9-1(b) 所示高架桥的桥墩;如图 9-1(c)、(d) 所示升降平台、翻斗车中的液压顶杆等。这些杆件,尽管端部的连接方式各有差异,但根据其受力和约束情况,计算简图均可用图 9-2 来表示。这类杆件称为**轴向拉伸(压缩)杆件**。轴向拉压是杆件的基本变形之一。

(a)

(b)

(c)

(d)

图 9-1 轴向拉压杆件实例

这类杆件的受力特点是:外力的合力作用线与杆轴线重合。图 9-2(a) 所示为轴向拉伸,图 9-2(b) 所示为轴向压缩。

这类杆件的变形特点是:杆的主要变形是轴线方向尺寸的伸长或缩短,同时杆的横向(垂直于轴线方向)尺寸缩小或增大。图 9-3(a) 所示为轴向拉伸的变形情况,图 9-3(b) 所示为轴向压缩的变形情况,实线表示杆受力前的形状,虚线表示杆受力后的形状。

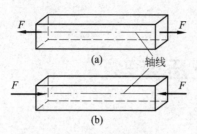

图 9-2 轴向拉压杆件的受力

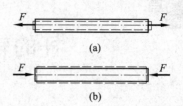

图 9-3 轴向拉压杆件的变形

9.2 轴力及轴力图

9.2.1 轴力的计算

由第 8 章内容可知,轴向拉压杆件横截面上的内力可用截面法求解。设一等直杆在两端

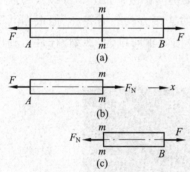

图 9-4 轴力的表示和计算

轴向拉力 F 的作用下处于平衡状态,欲求任意横截面 m—m 上的内力(见图 9-4(a))。为此,假想沿横截面 m—m 将杆截为两段,并取左段杆为研究对象(见图 9-4(b))。由于整根杆处于平衡状态,杆的任一部分均应保持平衡,在左段杆上,除外力 F 外,还有横截面上的内力 F_N,故内力 F_N 必定与其左端外力 F 共线即与杆的轴线重合。由该段杆的平衡方程 $\sum F_{ix}=0$,求得

$$F_N = F$$

F_N 称为**轴力**。如果取右段杆为研究对象(见图 9-4(c)),同样可求得横截面 m—m 上的轴力,其大小必与由左段杆求出的相同而指向相反。

为便于分析和应用,将轴力正负值规定为:轴力指向横截面的外法线方向为正,称为**拉力**;反之为负,称为**压力**。拉力引起轴向伸长变形,而压力引起轴向压缩变形。

横截面上的轴力与杆的受力及其分布情况有关,如果以轴线为 x 轴,横截面的位置用坐标 x 表示,则可将轴力表示为 x 的函数,即

$$F_N = f(x) \tag{9-1}$$

此方程称为**轴力方程**。

9.2.2 轴力图

为了直观地表示杆各横截面上轴力沿轴线的变化规律,可以将轴力方程用几何图形来表示,所得的图称为**轴力图**。轴力图的具体作法为:以平行于杆轴线的坐标轴为横坐标轴,其上各点表示横截面的位置,以垂直于杆轴线的纵坐标表示横截面上的轴力大小,规定正的轴力画在横坐标轴的上方,负的画在下方,最后在图上标出若干轴力的代表值、轴力标注及单位,并画上纵向辅助线,便于查阅。轴力图中一般不画出坐标轴,所以在图中要标明轴力的正负,具体见下面的例题。有了轴力图后,便可以便捷地了解杆的受力和变形特点,如受

拉、受压的区间,产生最大轴力的横截面位置等,从而大大提高设计杆件的效率。画内力图是工程力学的一个特点。

例 9-1 一等直杆及其受力情况如图 9-5(a)所示,试作杆的轴力图。

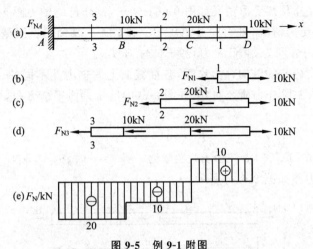

图 9-5 例 9-1 附图

解 (1) 此为悬臂式轴向拉压杆件,从右端开始用截面法可以不需计算约束力。根据杆上受力情况,分 CD、BC 和 AB 三段计算轴力。

CD 段:沿 CD 段内任意横截面 1—1 假想地将杆截开,取右段杆为研究对象,如图 9-5(b)所示。假定 F_{N1} 为拉力,由平衡方程求得

$$F_{N1} = 10\text{kN}$$

结果为正,说明 F_{N1} 为拉力。

BC 段:假想沿横截面 2—2 将杆截开,取右段杆为研究对象,如图 9-5(c)所示。假定 F_{N2} 为拉力,由平衡方程求得

$$F_{N2} = (10 - 20)\text{kN} = -10\text{kN}$$

结果为负,表示 F_{N2} 为压力。

AB 段:假想沿横截面 3—3 将杆截开,取右段杆为研究对象,如图 9-5(d)所示。假定 F_{N3} 为拉力,由平衡方程求得

$$F_{N3} = (10 - 20 - 10)\text{kN} = -20\text{kN}$$

结果为负,表示 F_{N3} 也是压力。

另外,也可取左段杆为研究对象,但需首先由全杆的平衡方程求出左端的约束反力 F_{NA},再计算轴力。

(2) 作轴力图。按作轴力图的规则,作出杆的轴力图,如图 9-5(e)所示,考虑到轴力图的坐标轴没必要画出,但需标明正负值,并用“F_N/kN”表示默认的坐标轴的物理量和单位。由该图可见,杆的最大轴力为

$$|F_N|_{\max} = 20\text{kN}$$

发生在 AB 段内的各横截面上。由该图还可看出,由于假设外力是作用在一点的集中力,在集中力作用处左右两侧的横截面上轴力有突变,突变值即为该集中力的大小。

由于对轴力的正负已作统一规定,所以读者在熟练的前提下,计算轴力时没必要画出脱

离体的示力图(如本题图 9-5(b)、(c)、(d)),也不必列出具体平衡方程式,可按规定直接写出轴力的计算式。如取截面右段杆为脱离体,则**横截面上的轴力大小等于脱离体上所有外力,以向右为正进行求和。反之也可取左段杆分析。**

例 9-2 一等直杆及其受力情况如图 9-6(a)所示,试作杆的轴力图。

解 根据杆上受力情况,轴力图分 AB、BC 和 CD 三段画出。用截面法不难求出 AB 段和 CD 段杆的轴力分别为 $3kN$(拉力)和 $-1kN$(压力)。

BC 段杆受均匀分布的轴向外力作用,各横截面上的轴力是不同的。假想在距 B 截面为 x 处将杆截开,取左段杆为研究对象,如图 9-6(b)所示。由平衡方程,可求得 x 处截面的轴力为

$$F_N(x) = 3 - 2x$$

由此可见,在 BC 段内,$F_N(x)$ 沿杆轴线线性变化。当 $x=0$ 时,$F_N=3kN$;当 $x=2m$ 时,$F_N=-1kN$。全杆的轴力图如图 9-6(c)所示。

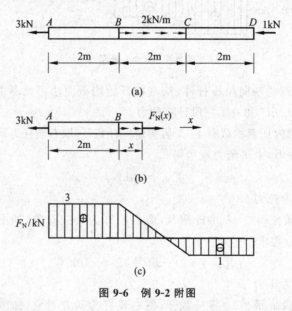

图 9-6 例 9-2 附图

9.3 拉压杆件横截面上的正应力

9.2 节所计算的轴力,是杆件横截面上分布内力系的合力。杆件的强度与分布内力系的集度(即应力)有关。显然,轴向拉压时横截面上存在正应力,因为其简化后会产生轴力。仅知道轴力是无法求出正应力的,需要先确定横截面上的正应力分布规律。而应力的分布规律和杆的变形情况有关,因此需通过试验观察杆受力后的变形情况,由此得到杆横截面的变形规律,即变形的几何关系,然后利用变形和力之间的物理关系得到横截面上正应力分布的规律,最后由静力学关系推得横截面上正应力的计算公式。可见分析杆件横截面上的应力需考虑三大关系:几何关系(即变形规律)、物理关系(力与变形的关系)、静力等效关系(应力简化后即为轴力)。此方法还将应用于扭转、平面弯曲这两种基本变形的应力分析。

1. 几何关系

取一等直杆,在杆的中部表面上画上一系列与杆轴线平行的纵线和与杆轴线垂直的横线,然后在杆的两端施加一对轴向拉力 F 使杆发生变形,如图 9-7(a)所示(图中虚线表示杆件变形后的形状)。通过观察纵线和横线的变化情况来分析杆件的变形规律。可以发现,杆件变形后纵线仍为平行于轴线的直线,各横线仍为直线并垂直于轴线,但产生了平行移动。横线可以看作横截面的周线,同一周线上的横线平移的位移相同,据此可以做出如下假设:变形前为平面的横截面,变形后仍为平面。这个假设称为平截面假设或**平面假设**。

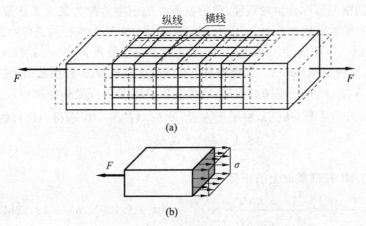

图 9-7　拉伸变形及横截面上应力分布

由平面假设可知,两个横截面间所有纵向线段的伸长是相同的,而这些线段的原长相同,于是可推知它们的轴向线应变 ε 相同。另外,由于变形后所有纵向线段仍保持平行,且杆件表面横向不受力,所以进而假设杆件所有纵向线段只在轴向受力,即单向受力假设。

2. 物理关系

材料力学主要研究的是线弹性变形,即力和变形成正比(实际上对于很多材料,当受力在一定范围时力和变形基本呈线性关系,如低碳钢)。因为横截面上各点纵向线段的线应变 ε 相同,而各纵向线段的线应变只能由正应力 σ 引起,依据 σ 与 ε 呈线性关系可推知横截面上各点处的正应力相同,即在横截面上正应力 σ 为均匀分布,如图 9-7(b)所示。(注:对于轴向拉压变形,只要材料是均匀、各向同性的,正应力与轴向线应变存在确定关系,在平面假设和单向受力假设下就可以得到正应力均匀分布的结论。)

3. 静力学关系

正应力 σ 简化后必须是轴力:

$$F_N = \int_A \sigma \mathrm{d}A = \sigma \int_A \mathrm{d}A = \sigma A$$

由此可得杆的横截面上正应力计算公式为

$$\sigma = \frac{F_N}{A} \tag{9-2}$$

式中,A 为杆的横截面面积。

如果杆受到轴向压力,式(9-2)同样适用。正应力的正负号与轴力的正负号规定相同,**即拉应力为正,压应力为负**。由式(9-2)计算得到的正应力大小只与横截面面积有关,而与横截面的形状和杆的材料无关。此外,对于横截面沿杆长连续缓慢变化的变截面杆,其横截面上的正应力也可用上式作近似计算。

当等直杆受到多个轴向外力作用时,由轴力图可求得其最大轴力 F_{Nmax},代入式(9-2)即可求得杆内的最大正应力为

$$\sigma_{max} = \frac{F_{Nmax}}{A} \tag{9-3}$$

最大轴力所在的横截面称为**危险截面**,危险截面上的正应力称为**最大工作应力**。若杆各横截面上的轴力和横截面的面积都不相同,则需要具体分析哪个截面的正应力最大。

例 9-3 图 9-8(a)所示为一吊车架,吊车及所吊重物总重为 $W=18.4\text{kN}$。拉杆 AB 的横截面为圆形,直径 $d=15\text{mm}$。试求当吊车在图示位置时,AB 杆横截面上的应力。

解 由于 A、B、C 三处用销钉连接,故可视为铰接,AB 杆受轴向拉伸。

BC 梁的示力图见图 9-8(b),由平衡方程 $\sum M_C(\boldsymbol{F}_i)=0$,求得 AB 杆的轴力为

$$F_{NAB} = \frac{18.4 \times 10^3 \times 0.6}{1.2 \times \sin 30°}\text{N} = 18.4 \times 10^3\,\text{N}$$

再由式(9-2)求 AB 杆横截面上的正应力为

$$\sigma = \frac{F_{NAB}}{A} = \frac{18.4 \times 10^3}{\frac{1}{4}\pi \times 0.015^2}\text{N/m}^2 = 104.2 \times 10^6\,\text{N/m}^2 = 104.2\text{MPa}$$

显然,当吊车在 BC 杆上行驶到其他位置时,AB 杆横截面上的应力将发生变化。

例 9-4 一横截面为正方形的砖柱分上、下两段,其受力情况、各段长度及横截面尺寸如图 9-9(a)所示。已知 $F=50\text{kN}$,不计砖柱自重,试求荷载引起的最大工作应力。

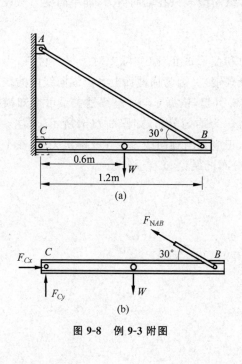

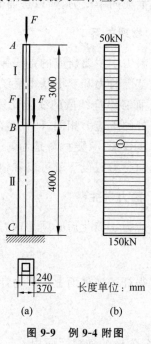

图 9-8 例 9-3 附图

图 9-9 例 9-4 附图

解　首先作柱的轴力图如图 9-9(b)所示。由于砖柱为变截面杆,故须利用式(9-2)求出每段柱横截面上的正应力,从而确定全柱的最大工作应力。

Ⅰ、Ⅱ两段柱(见图 9-9(a))横截面上的正应力分别利用轴力图及横截面尺寸算得

$$\sigma_{AB} = \frac{F_{N1}}{A_1} = \frac{-50 \times 10^3}{0.24^2} Pa = -0.868 \times 10^6 Pa = -0.868 MPa(压应力)$$

$$\sigma_{BC} = \frac{F_{N2}}{A_2} = \frac{-150 \times 10^3}{0.37^2} Pa = -1.096 \times 10^6 Pa = -1.096 MPa(压应力)$$

由上述结果可见,砖柱的最大工作应力在柱的下段,其值约为 1.1MPa,为压应力。

9.4　圣维南原理和应力集中的概念

必须指出,式(9-2)只在杆上距离外力作用点稍远的部分才成立,而在外力作用点附近,由于杆端连接方式不同,其应力情况较为复杂。但法国科学家圣维南(Saint-Venant)指出,当作用于弹性体表面某一小区域上的力系被另一静力等效的力系代替时,对该区域附近的应力和应变有显著的影响,而对稍远处的应力和应变影响很小,可以忽略不计。这一结论称为**圣维南原理**。它已被许多计算和试验结果所证实,因此,在非杆端和集中力作用横截面处仍用式(9-2)来计算横截面上的正应力。至于杆端连接部位、集中力作用处的应力将在后继课程中介绍。

工程中有些杆件,由于实际的需要,常有台阶、孔洞、沟槽、螺纹等,使杆的横截面在某些部位发生显著的变化。理论和实验研究发现,在截面突变处的局部范围内应力数值明显增大,这种现象称为**应力集中**。在应力集中部位不宜用式(9-2)计算横截面上的正应力。

图 9-10(a)～(e)分别为在均布轴向力作用、集中轴向力作用、变截面情况下,杆件的轴向变形图(轴向位移云图和网格变形图),这些图形是根据弹性理论,用有限元法(比本书的方法更为精确)计算得到的。由图 9-10(a)可见在杆端作用均布轴向力时,所有横截面仍保持为平面,且相互平行,说明横截面上的正应力均匀分布。如将分布力等效成集中力,如图 9-10(b)所示,可见在集中力作用附近的横截面不再保持平面,说明此处横截面上的正应力不再均匀分布,在稍远处,1—1、2—2 截面之间仍保持平截面,说明正应力还是均匀分布的。作用在杆件中间的轴向力也有此规律,如图 9-10(c)所示。这些结果验证了圣维南原理。图 9-10(d)和(e)给出了变截面杆的轴向变形规律,由图可见在变截面处横截面翘曲明显(图 9-10(d)中 1—1、2—2 截面之间,3—3、4—4 截面之间,图 9-10(e)中 1—1、2—2 截面之间)。截面翘曲程度越大,应力集中越严重,读者务必清楚式(9-2)的适用性,对正应力不均匀分布的截面,用此公式计算的结果只能作为参考。

下面具体给出孔口处应力集中的分布规律。图 9-11(a)所示的受轴向拉伸的直杆,杆内某处轴线上有一小圆孔。在通过圆孔的 1—1 截面上,应力分布不再是均匀的,在孔的附近局部范围内应力明显增大,在离开孔边稍远处应力迅速减小并趋于均匀,如图 9-11(b)所示。但在离开圆孔较远的 2—2 截面上,应力仍为均匀分布,如图 9-11(c)所示。

当材料处在弹性范围时,用弹性力学方法或实验方法可以求出有应力集中的截面上的最大应力和该截面上的应力分布规律。该截面上的最大应力 σ_{max} 和平均应力 σ_0 之比称为**应力集中系数** α,即

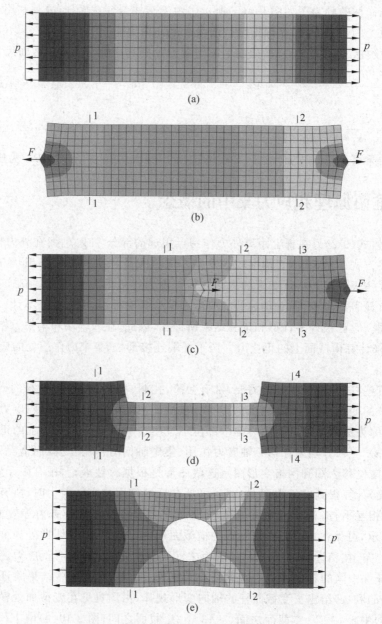

图 9-10　杆件轴向变形图

$$\alpha = \frac{\sigma_{\max}}{\sigma_0} \tag{9-4}$$

式中,$\sigma_0 = F/A_0$,A_0 为 1—1 截面处的净截面面积。

α 是大于 1 的数,它反映应力集中的程度。根据 σ_0 值及 α 值即可求出最大应力 $\sigma_{\max}$。不同情况下的 α 值一般可在有关的设计手册中查到。

在水利工程结构中也经常遇到应力集中问题。例如图 9-12 所示的混凝土重力坝中,为了满足排水、灌浆、观测等需要,常在坝体内设置一些廊道。在廊道周边附近也会引起应力集中。因此,在设计重力坝时,为确保坝体的安全常需要用理论或实验的方法专门对廊道附近区域进行应力分析。

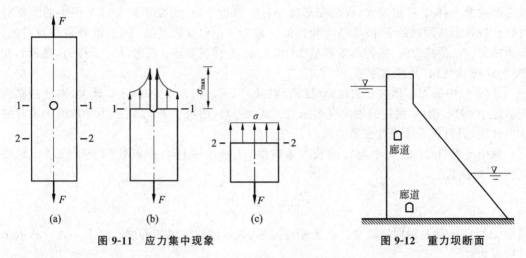

图 9-11　应力集中现象

图 9-12　重力坝断面

9.5　拉压杆件的变形

杆受到轴向外力作用时,在轴线方向将伸长或缩短,同时横向尺寸将缩小或增大,即同时发生纵向(轴向)变形和横向变形。下面分别介绍这两种变形的计算。

9.5.1　轴向变形　胡克定律

如图 9-13 所示,设拉杆的原长为 l,横截面为正方形,边长为 a。当杆受到轴向外力拉伸后,长度由 l 增至 l',横截面边长由 a 缩小到 a'。

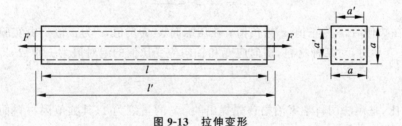

图 9-13　拉伸变形

杆的轴向变形量 $\Delta l = l' - l$,与其所受力之间的关系及材料的性能有关,只能通过实验来获得。实验表明,当杆发生线弹性变形时,杆的轴向变形量 Δl 与拉力 F、杆长 l 成正比,与杆的横截面面积 A 成反比,即

$$\Delta l \propto \frac{Fl}{A}$$

引入比例常数 E,并注意到轴力 $F_\mathrm{N} = F$,则上式可表示为

$$\Delta l = \frac{F_\mathrm{N} l}{EA}$$

(9-5)

这一关系是由胡克(Hooke)首先总结出的,故通常称为**胡克定律**。当杆受轴向外力压缩时,这一关系仍然成立。式中的 E 称为拉伸(或压缩)时材料的**杨氏模量**或**弹性模量**,其量纲为

$ML^{-1}T^{-2}$,单位为 Pa。E 值的大小因材料而异,是通过实验测定的,其值表征材料抵抗弹性变形的能力,即:E 值越大,杆的变形越小;E 值越小,杆的变形越大。工程中的大部分材料在拉伸和压缩时的 E 值是基本相同的。轴力 F_N 和变形量 Δl 的正负号是相对应的,即当轴力 F_N 是拉力时,求得的变形量 Δl 也为正,是伸长变形;反之,F_N 是压力(负值),变形量 Δl 则为负值,是压缩变形。

式(9-5)中的 EA 称为杆的**拉伸(压缩)刚度**,当 F_N 和 l 不变时,EA 越大,则杆的轴向变形越小;EA 越小,则杆的轴向变形越大。式(9-5)只适用于 F_N、A、E 为常数的一段杆的变形计算,且材料在线弹性变形范围内。

轴向变形量 Δl 的大小与杆的长度 l 有关,无法反映杆内一点处的变形程度。现将式(9-5)变换为

$$\frac{\Delta l}{l} = \frac{F_N}{A} \cdot \frac{1}{E}$$

式中,$\Delta l / l = \varepsilon$ 就是轴向线应变。它是相对变形,表示轴向变形的程度。又 $F_N/A = \sigma$,故上式可写为

$$\varepsilon = \frac{\sigma}{E} \quad \text{或} \quad \sigma = E\varepsilon \tag{9-6}$$

这是单向受力情况下正应力与线应变之间的关系,是胡克定律的另一种形式。显然,轴向线应变 ε 和横截面上的正应力 σ 的正负值是相对应的,即拉应力引起轴向伸长线应变,压应力引起轴向压缩应变。尽管式(9-6)是在一段杆内轴向线应变为常量时导出的,但即使线应变不是常量此式也成立,该式称为材料单向应力状态下的胡克定律。

9.5.2　横向应变

图 9-13 所示的杆,其横向应变为

$$\varepsilon' = \frac{\Delta a}{a} = \frac{a' - a}{a}$$

显然,在拉伸时,ε 为正值,ε' 为负值;在压缩时,ε 为负值,ε' 为正值。由实验可知,当变形为线弹性变形时,对某种材料,横向应变和轴向应变比值的绝对值为一常数,即

$$\nu = \left| \frac{\varepsilon'}{\varepsilon} \right|, \quad \text{或} \quad \varepsilon' = -\nu\varepsilon \tag{9-7}$$

ν 称为**泊松比**,是由法国科学家泊松首先提出的。ν 的量纲为 1,其数值因材料而异,也是通过实验测定的。

弹性模量 E 和泊松比 ν 都是材料的弹性常数,表 9-1 给出了一些常用材料的 E、ν 值。

表 9-1　常用材料的 E、ν 值

材　料	E/GPa	ν
钢	190～220	0.25～0.33
铜及其合金	74～130	0.31～0.36
灰口铸铁	60～165	0.23～0.27
铝合金	71	0.26～0.33
花岗岩	48	0.16～0.34
石灰岩	41	0.16～0.34

续表

材　料	E/GPa	ν
混凝土	$14.7 \sim 35$	$0.16 \sim 0.18$
橡胶	0.0078	0.47
木材(顺纹)	$9 \sim 12$	—
木材(横纹)	0.49	—

例 9-5 一矩形截面杆,长 1.5m,截面为 $50\mathrm{mm} \times 100\mathrm{mm}$ 的矩形。在线弹性范围内测试变形,当杆受到 100kN 的轴向拉力作用时,测得杆伸长 0.15mm,截面的长边缩短 0.003mm。试求该杆材料的弹性模量 E 和泊松比 ν。

解 利用式(9-5),可求得弹性模量为

$$E = \frac{F_N l}{\Delta l A} = \frac{100 \times 10^3 \times 1.5}{0.15 \times 10^{-3} \times 0.05 \times 0.1} \mathrm{Pa} = 2.0 \times 10^{11} \mathrm{Pa} = 200\mathrm{GPa}$$

再由式(9-7),求得泊松比为

$$\nu = \left| \frac{\varepsilon'}{\varepsilon} \right| = \frac{0.003 \times 10^{-3}/0.1}{0.15 \times 10^{-3}/1.5} = 0.3$$

例 9-6 一木柱受力如图 9-14 所示。柱的横截面为边长 200mm 的正方形,材料的变形可认为服从胡克定律,其弹性模量 $E = 10\mathrm{GPa}$。如不计柱的自重,试求木柱顶端 A 截面的位移。

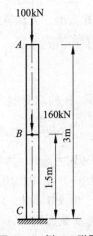

图 9-14 例 9-6 附图

解 因为木柱下端固定,故顶端 A 截面的位移等于全杆总的轴向变形。由于 AB 段和 BC 段的轴力不同,但每段杆内各截面的轴力相同,因此可利用式(9-5)分别计算各段杆的变形,然后求其代数和,即为全杆的总变形。

AB 段:轴力 $F_N = -100\mathrm{kN}$

$$\Delta l_{AB} = \frac{-100 \times 10^3 \times 1.5}{10 \times 10^9 \times 0.2^2} \mathrm{m} = -0.375 \times 10^{-3} \mathrm{m} = -0.375\mathrm{mm}$$

BC 段:轴力 $F_N = (-100-160)\mathrm{kN} = -260\mathrm{kN}$

$$\Delta l_{BC} = \frac{-260 \times 10^3 \times 1.5}{10 \times 10^9 \times 0.2^2} \mathrm{m} = -0.975 \times 10^{-3} \mathrm{m} = -0.975\mathrm{mm}$$

全杆的总变形为

$$\Delta l = \Delta l_{AB} + \Delta l_{BC} = (-0.375 - 0.975)\mathrm{mm} = -1.35\mathrm{mm}(缩短)$$

即木柱顶端 A 截面的位移为 1.35mm,方向向下。

例 9-7 试求图 9-15(a)所示等截面直杆由自重引起的最大正应力以及杆的轴向总变形。设该杆的横截面面积 A、材料质量密度 ρ 和弹性模量 E 均为已知。

例 9-7 讲解

解 自重为体积力。对于均质材料的等截面杆,可将杆的自重简化为沿轴线作用的均布荷载,其集度为 $q = \rho g A \times 1 = \rho g A$。

(1) 杆的最大正应力。应用截面法,求得与杆顶端距离为 x 的横截面(图 9-15(b))上的轴力为

$$F_N(x) = -qx = -\rho g A x$$

上式表明,自重引起的轴力沿杆轴线按线性规律变化。轴力图如图 9-15(d)所示。

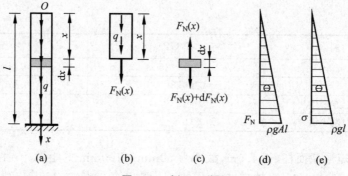

图 9-15 例 9-7 附图

x 截面上的正应力为

$$\sigma(x) = \frac{F_N(x)}{A} = -\rho g x (压应力)$$

可见，在杆底部 $(x=l)$ 的横截面上，正应力的数值最大，其值为

$$|\sigma_{max}| = \rho g l$$

正应力沿轴线的变化规律如图 9-15(e) 所示。

（2）杆的轴向变形。由于杆的轴力沿杆轴线按线性规律变化，因此不能直接用式（9-5）计算变形。先计算任一微段 dx（图 9-15(c)）的变形 $d(\Delta l)$，略去微量 $dF_N(x)$ 的影响，dx 微段的变形为

$$d(\Delta l) = \frac{F_N(x)dx}{EA}$$

因此，杆的总变形为

$$\Delta l = \int_0^l d(\Delta l) = \int_0^l \frac{F_N(x)dx}{EA} = \int_0^l \frac{-\rho g A x\, dx}{EA} = -\frac{\rho g A l^2}{2EA} = -\frac{0.5Wl}{EA}(缩短)$$

式中 $W = \rho g A l$，为杆的总重。由计算可知，等直杆因自重引起的变形，在数值上等于将杆总重的一半集中作用在杆端所产生的变形。

例 9-8 图 9-16(a) 所示为一桁架。1 杆和 2 杆均为钢杆，其弹性模量均为 $E=200\text{GPa}$，1 杆横截面面积 $A_1 = 100\text{mm}^2$，长 $l_1 = 1\text{m}$，2 杆横截面面积 $A_2 = 400\text{mm}^2$。设 $F=40\text{kN}$，试求节点 A 的位移。

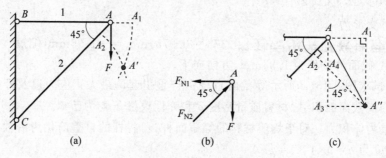

图 9-16 例 9-8 附图

解 节点 A 的位移与 1、2 杆变形有关，需根据两杆的变形由几何关系确定。

（1）计算两杆的轴力。A 节点的受力图如图 9-16(b) 所示，由节点平衡可求得两杆的轴力 F_{N1} 和 F_{N2}：

$$F_{N1} = F = 40 \text{kN}（拉力）$$
$$F_{N2} = \sqrt{2} F = 56.6 \text{kN}（压力）$$

（2）计算两杆的变形。

杆 1 的伸长为

$$\Delta l_1 = \frac{F_{N1} l_1}{E_1 A_1} = \frac{40 \times 10^3 \times 1}{200 \times 10^9 \times 100 \times 10^{-6}} \text{m} = 0.002 \text{m} = 2.0 \text{mm}$$

杆 2 的缩短为

$$\Delta l_2 = \frac{F_{N2} l_2}{E_2 A_2} = \frac{56.6 \times 10^3 \times 1.414}{200 \times 10^9 \times 400 \times 10^{-6}} \text{m} = 0.001 \text{m} = 1.0 \text{mm}$$

（3）计算节点 A 的位移。AB 和 AC 两杆在未受力前是连接在一起的，它们在受力变形后仍应不脱开，于是两杆变形后 A 点的新位置可由下面方法确定：先假设各杆自由变形，$AA_1 = \Delta l_1$，$AA_2 = \Delta l_2$，然后分别以 B、C 两点为圆心，以 $l_1 + \Delta l_1$ 和 $l_2 - \Delta l_2$ 为半径作圆弧，两圆弧的交点 A' 即 A 节点的新位置，如图 9-16(a)所示。其实，在小变形情况下可近似地用垂直线代替圆弧，即过 A_1 和 A_2 点分别作 AB 和 AC 的垂线 A_1A'' 和 A_2A''，它们的交点 A'' 即为 A 点的新位置，如图 9-16(c)所示。由图中的几何关系求得 A 点的水平位移 Δ_h 和竖直位移 Δ_v 分别为

$$\Delta_h = A_3 A'' = \Delta l_1 = 2.0 \text{mm}$$

$$\Delta_v = A A_4 + A_4 A_3 = \frac{\Delta l_2}{\cos 45°} + \frac{\Delta l_1}{\tan 45°} = (\sqrt{2} \times 1.0 + 2.0) \text{mm} = 3.41 \text{mm}$$

所以，节点 A 的总位移为

$$\Delta_A = \sqrt{\Delta_h^2 + \Delta_v^2} = \sqrt{2.0^2 + 3.41^2} \text{mm} = 3.95 \text{mm}$$

9.6　拉伸和压缩时材料的力学性质

材料的力学性质是指材料受外力作用后，在强度和变形方面所表现出来的特性，也称为机械性质。例如外力和变形的关系、材料的弹性常数 E 和 ν、材料的极限应力等，都属于材料的力学特性。材料的力学性质不仅与材料内部的成分和组织结构有关，还受到加载速度、温度、受力状态以及周围介质的影响。本节主要介绍在常温和静荷载（缓慢平稳加载）作用下处于拉伸和压缩时材料的力学性质，这是材料最基本的力学性质。

9.6.1　拉伸时材料的力学性质

1. 低碳钢的拉伸试验

低碳钢是含碳量较低（质量分数在 0.25% 以下）的普通碳素钢，例如 Q235 钢，是工程中广泛使用的材料，它在拉伸试验时的力学性质较为典型。

材料的力学性质也与试样的几何尺寸有关。为了便于比较试验结果，应将材料制成**标准试样**。金属材料的标准试样有两种，一种是圆截面试样，另一种是矩形截面试样，如图 9-17 所示。在试样受力时，试样中部等直部分 A、B 之间横截面上的应力均相同，这一段的长度 l 称为标距，试验时用仪表量测该段的伸长。对圆截面试样，规定其标距 l 与标距内横截面直径 d 的关系为 $l = 10d$ 或 $l = 5d$。对矩形截面试样，则规定其标距 l 与横截面面积 A 的关

系为 $l=11.3\sqrt{A}$ 或 $l=5.65\sqrt{A}$。

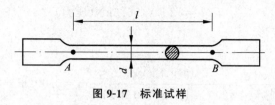

图 9-17 标准试样

试验时,将试样安装在试验机上,然后均匀缓慢地加载(应力加载速率在 3～30MPa/s 之间),使试样伸直至断裂(关于试样的具体要求和测试条件,可参阅国家标准,例如《金属材料　拉伸试验　第1部分:室温试验方法》(GB/T 228.1—2021))。

试验机自动绘制的试样所受荷载与变形量的关系曲线(即 F-Δl 曲线)称为**拉伸图**,如图 9-18 所示。为了消除试样尺寸的影响,将拉力 F 除以试样的原横截面面积 A,试样伸长量 Δl 除以原标距 l,得到材料的**应力-应变图**(即 σ-ε 曲线)如图 9-19 所示。在试验机上也可自动绘制出应力-应变图,且这一图形与拉伸图的图形相似。根据拉伸图和应力-应变图的规律以及试样的变形现象,可分析低碳钢的下列力学特性。

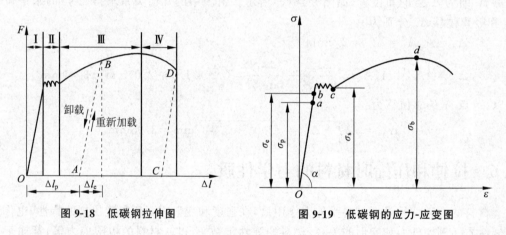

图 9-18 低碳钢拉伸图　　　　　图 9-19 低碳钢的应力-应变图

1) 拉伸过程的阶段及特征点

低碳钢整个拉伸过程大致可分为 4 个阶段:

(1) **弹性阶段**(Ⅰ)。当试样中的应力不超过图 9-19 中 b 点的应力时,试样的变形是弹性的。在这个阶段内,当卸去荷载后,试样将恢复其原长。b 点对应的应力为弹性阶段的应力最大值,称为**弹性极限**,用 σ_e 表示。在弹性阶段内,Oa 段为直线,表示应力和应变(或拉力和伸长变形)呈线性关系,即材料服从胡克定律。a 点的应力为线弹性阶段的应力最大值,称为**比例极限**,用 σ_p 表示。由于在 Oa 范围内材料服从胡克定律,故可在这段范围内利用式(9-5)或式(9-6)测定材料的弹性模量 E。

试验结果表明,材料的弹性极限和比例极限在数值上非常接近,故工程中对它们往往不加区分。

(2) **屈服阶段**(Ⅱ)。此阶段亦称为**流动阶段**。当增加荷载使应力超过弹性极限后,变形增加较快,而应力不增加或在很小的范围内波动,σ-ε 曲线或 F-Δl 曲线呈锯齿形,这种现象称为材料的**屈服**或**流动**。在屈服阶段内,若卸去荷载,则变形不能完全消失。这种不能消失的变形即为塑性变形或称残余变形。材料具有塑性变形的性质称为**塑性**。试验表明,低碳钢在屈服阶段内所产生的应变为弹性极限时应变的 15～20 倍。当材料屈服时,在抛光的试样表面能观察到两组与试样轴线成 45° 的正交细微条纹,这些条纹称为**滑移线**。在后面的应力状态分析中可以知道,这种现象的产生是由于拉伸试样中与杆轴线成 45° 的两组斜面上存在着数值最大的切应力,当拉力增加到一定数值后,斜面上的最大切应力超过了材料的极限值,造成材料内部晶格产生相互间的滑移。由于滑移,材料暂时失去了继续承受外力增加的能力,因此变形增加的同时,应力不会增加甚至减少。由试验得知,屈服阶段内最高点(上屈服点)的应力很不稳定,而最低点 c(下屈服点)所对应的应力较为稳定。故通常取最低点所对应的应力为材料屈服时的应力,称为**屈服极限**(或**流动极限**),用 σ_s 表示(在国家标准 GB/T 228.1—2021 中规定,以屈服期间荷载首次下降前的最大应力作为上屈服极限,以不计初始瞬时效应时的最小应力作为下屈服极限)。

(3)**强化阶段**(Ⅲ)。试样屈服以后,内部组织结构发生了改变,重新获得了进一步承受外力增加的能力,因此要使试样继续增大变形,必须增加外力,这种现象称为材料的**强化**。在强化阶段中,试样主要产生塑性变形,而且随着外力的增加,塑性变形量显著地增加。这一阶段的最高点 d 所对应的应力称为**强度极限**或**拉伸强度**,用 σ_b 表示。

(4)**破坏阶段**(Ⅳ)。在 d 点以后,试样在某一薄弱区域内的伸长急剧增加,试样横截面在这一薄弱区域内显著缩小,出现**"颈缩"**现象,如图 9-20 所示。由于试样"颈缩",使试样继续变形所需的拉力迅速减小。因此,$F\text{-}\Delta l$ 曲线和 $\sigma\text{-}\varepsilon$ 曲线出现下降现象。最后试样在最小截面处被拉断。

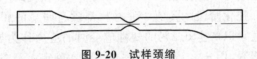

图 9-20　试样颈缩

材料的比例极限 σ_p(或弹性极限 σ_e)、屈服极限 σ_s 及强度极限 σ_b 都是特征点应力,它们在材料力学的概念和计算中有重要意义。需要注意的是,这里的应力(尤其是 σ_b)实质上是名义应力,因为超过屈服阶段以后试样横截面面积显著减小,用原面积计算的应力并不能表示试样横截面上的真实应力,这也说明了应力-应变曲线在破坏阶段出现下降现象的原因。同样,所测应变实质上也是名义应变,因为超过屈服阶段以后试样的长度也有了显著增加。

2)材料的塑性指标

试样断裂之后,弹性变形消失,塑性变形则留存在试样中不会消失,试样的标距由原来的 l 伸长为 l_1,断口处的横截面面积由原来的 A 缩小为 A_1。工程中常用试样拉断后保留的塑性变形大小作为衡量材料塑性的指标。塑性指标**延伸率** δ(或断后伸长率)的定义为

$$\delta = \frac{l_1 - l}{l} \times 100\%$$

试样拉断后的长度 l_1 既包括标距内的均匀伸长,也包括"颈缩"部分的局部伸长,前者与标距有关,后者仅与标距内横截面尺寸有关,因此延伸率 δ 的大小和试样的标距与横截面的比值有关。通常若不加说明,δ 为 $l=10d$ 标准试样的延伸率。

衡量材料塑性的另一个指标为**断面收缩率** ψ,其定义为

$$\psi = \frac{A - A_1}{A} \times 100\%$$

式中，A_1 为试样拉断后断口处平均横截面面积。工程中一般将 $\delta \geqslant 5\%$ 的材料称为**塑性材料**，$\delta < 5\%$ 的材料称为**脆性材料**。低碳钢的延伸率大约为 25%。

3) 应变硬化现象

在材料的强化阶段中，如果卸去荷载，则卸载时拉力和变形之间仍为线性关系，如图 9-18 中的虚线 BA，该直线与弹性阶段内的加载直线近乎平行。由图可见，试样在强化阶段的变形包括弹性变形 Δl_e 和塑性变形 Δl_p。如卸载后立即重新加载，则拉力和变形之间大致仍按 AB 直线上升，直到 B 点后再按原曲线 BD 变化。将 OBD 曲线和 ABD 曲线比较可以看出：①卸载后重新加载时，材料的比例极限提高了(由原来的 σ_p 提高到 B 点所对应的应力)，而且不再有屈服现象；②拉断后的塑性变形减少了(即拉断后的残余伸长由原来的 OC 减小为 AC)。这一现象称为**应变硬化**现象，工程中称为**冷作硬化**现象。

材料经过冷作硬化处理后，其比例极限提高，表明材料可利用的强度提高了，这是有利的一面。例如钢筋混凝土梁中所用的钢筋，常预先经过冷拉处理；起重机用的钢索也常预先进行冷拉。但另外，材料经冷作硬化处理后，其塑性降低，这在许多情况下又是不利的。例如机器上的零件经冷加工后易变硬变脆，使用中容易断裂；在冲孔等工艺中，零件的孔口附近材料变脆，使用时孔口附近也容易开裂。因此需对这些零件进行"退火"处理，以消除冷作硬化的影响。

2. 其他塑性材料拉伸时的力学性质

图 9-21 给出了 5 种金属材料在拉伸时的 $\sigma\text{-}\varepsilon$ 曲线。由图可见，这 5 种材料的变形并非都有四个明显的阶段，但延伸率都比较大($\delta > 5\%$)。45 钢和 Q235 钢的 $\sigma\text{-}\varepsilon$ 曲线大体相似，有弹性阶段、屈服阶段和强化阶段。其他 3 种材料都没有明显的屈服阶段。对于没有明显屈服阶段的塑性材料，通常以产生 0.2% 的塑性应变时的应力作为屈服极限，称为**条件屈服极限**，或称为**名义屈服极限**，用 $\sigma_{p0.2}$ 表示，或写成 $\sigma_{0.2}$。确定 $\sigma_{0.2}$ 的方法如图 9-22 所示，图中的直线 CD 与弹性阶段内的直线部分平行。

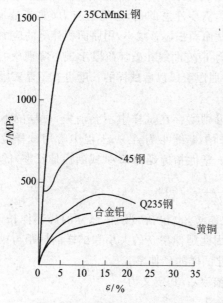

图 9-21 塑性材料的 $\sigma\text{-}\varepsilon$ 曲线

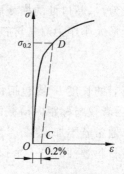

图 9-22 条件屈服应力

3. 铸铁的拉伸试验

图 9-23 所示为脆性材料灰口铸铁拉伸时的 σ-ε 曲线。从图中可以看出：

（1）σ-ε 曲线上没有明显的直线段，即材料不服从胡克定律。但直至试样拉断为止，曲线的曲率都很小。因此，在工程中，曲线的绝大部分可用一割线（如图中虚线）代替，在这段范围内认为材料近似服从胡克定律。

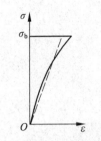

图 9-23　灰口铸铁的拉伸 σ-ε 曲线

（2）变形很小，拉断后的残余变形只有 0.5%～0.6%，故灰口铸铁为脆性材料。

（3）没有屈服阶段和"颈缩"现象。唯一的强度指标是拉断时的应力，即强度极限 σ_b，而且强度极限比较低。

（4）破坏形态是试样在某横截面拉裂的状态。

9.6.2　压缩时材料的力学性质

1. 低碳钢的压缩试验

为避免试样在试验过程中被压弯，低碳钢压缩试验采用短圆柱体试样，试样高度和直径的关系为 $l=(1.5～3.0)d$。试验得到低碳钢压缩时的 σ-ε 曲线如图 9-24(a) 所示。为了便于比较材料在拉伸和压缩时的力学性质，在图中以虚线绘出了低碳钢在拉伸时的 σ-ε 曲线。试验结果表明：

（1）低碳钢压缩时的比例极限 σ_p、屈服极限 σ_s 及弹性模量 E 都与拉伸时基本相同。

（2）当应力超过屈服极限后，压缩试样产生很大的塑性变形，越压越扁，横截面面积不断增大，如图 9-24(b) 所示。虽然名义应力不断增加，但实际应力并不增加，故试样不会破坏，无法得到压缩的强度极限。

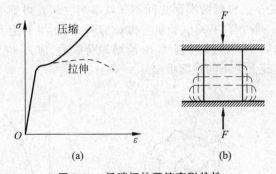

图 9-24　低碳钢的压缩变形特性

2. 铸铁的压缩试验

铸铁压缩试验也采用短圆柱体试样。灰口铸铁压缩时的 σ-ε 曲线和试样破坏情况如图 9-25 所示。试验结果表明：

（1）和拉伸试验相似，σ-ε 曲线上没有直线段，材料只近似服从胡克定律。

（2）没有屈服阶段。

（3）和拉伸相比，延伸率要大得多。

（4）试样沿着与横截面大约成 55°的斜截面剪断。通常以试样剪断时横截面上的正应力作为强度极限 σ_b。铸铁的压缩强度极限比拉伸强度极限高 4～5 倍。

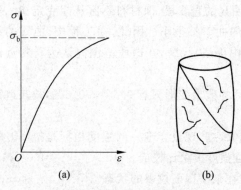

图 9-25　灰口铸铁的压缩特性

3. 混凝土的压缩试验

混凝土是一种由水泥、石子和砂加水搅拌均匀经水化作用而成的人造材料。由于石子粒径较构件尺寸要小得多，故可近似看作均质、各向同性材料。混凝土和天然石料都是脆性材料，一般都用作压缩构件，故对混凝土常需做压缩试验以了解其基本力学性质。混凝土压缩试验常用边长为 150mm 的立方块作为试样，在标准养护条件下养护 28d 后进行。

混凝土的抗压强度与试验方法有密切关系。在压缩试验中，若试样上下两端面不加减摩剂，两端面与试验机加力面之间的摩擦力使得试样横向变形受到阻碍，会提高其抗压强度。随着压力的增加，试样的中部四周逐渐剥落，最后试样剩下两个相连的对顶角锥体而破坏，如图 9-26(a)所示。若在两个端面加减摩剂，则会减少两端面的摩擦力，使试样易于发生横向变形，因而降低其抗压强度。最后试样沿纵向开裂而破坏，如图 9-26(b)所示。

标准的压缩试验是在试样的两端面之间不加减摩剂。试验得到混凝土的压缩 σ-ε 曲线如图 9-27 所示。但是一般在普通的试验机上做试验时，只能得到上升段曲线 OA。在这一范围内，当荷载较小时，σ-ε 曲线接近直线，继续增加荷载后，应力-应变关系为曲线，直至加载到材料破坏，得到混凝土受压的强度极限 σ_b。

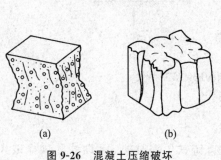

图 9-26　混凝土压缩破坏

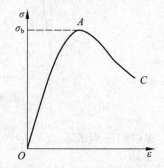

图 9-27　混凝土压缩全曲线

根据近代的试验研究发现，若采用控制变形速率的伺服试验机或刚度很大的试验机，可以得到强度极限 σ_b 以后的 σ-ε 曲线下降段 AC。在 AC 段范围内，试样变形不断增大，但承受压力的能力逐渐减小,这一现象称为材料的**软化**。整个曲线 OAC 称为 σ-ε 全曲线,它对混凝土结构的应力和变形分析有重要意义。

用试验方法同样可得到混凝土的拉伸强度以及拉伸 σ-ε 全曲线,混凝土受拉时也存在材料的软化现象。混凝土的拉伸强度很小,为压缩强度的 $1/5\sim1/20$,故在用作受拉构件时,一般用钢筋来加强(称为钢筋混凝土),在计算时不考虑混凝土的拉伸强度。

4. 木材的压缩试验

木材的力学性质随受力方向与木纹方向间夹角的不同而有很大的差异,即木材的力学性质具有方向性,称为**各向异性材料**。由于木材的组织结构相对于平行于木纹(称为顺纹)和垂直于木纹(称为横纹)的方向大致具有对称性,因而其力学性质也具有对称性,这种力学性质具有三个相互垂直的对称轴的材料称为**正交各向异性材料**(见图 9-28)。

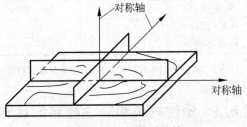

图 9-28　木材的对称性

松木在顺纹拉伸、压缩和横纹压缩时,其 σ-ε 曲线的大致形状如图 9-29 所示。木材的顺纹拉伸强度很高,但因受木节等缺陷的影响,其强度极限值波动很大。木材的横纹拉伸强度很低,工程中应避免横纹受拉。木材的顺纹压缩强度虽稍低于顺纹拉伸强度,但受木节等缺陷的影响较小,因此,在工程中广泛用作柱、斜撑等承压构件。木材在横纹压缩时,其初始阶段的应力-应变关系基本上呈线性,当应力超过比例极限后,其关系曲线趋于水平,并产生很大的塑性变形,工程中通常以其比例极限作为强度指标。

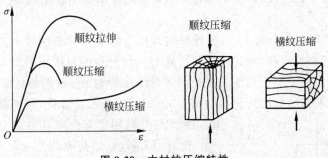

图 9-29　木材的压缩特性

由于木材的力学性质具有方向性,因而在设计计算中,其弹性模量 E 和强度指标都应随应力方向与木纹方向间夹角的不同而采用不同的数值。具体可参阅有关木结构设计规范。表 9-2 给出了工程中几种常用材料在拉伸和压缩时的部分力学性质。

表 9-2　几种常用材料在拉伸和压缩时的力学性质(常温、静荷载)

材料名称或牌号	屈服极限 σ_s/MPa	强度极限/MPa		塑性指标	
		σ_{bt}	σ_{bc}	δ/%	ψ/%
Q235 钢	$216\sim235$	$380\sim470$	$380\sim470$	$24\sim27$	$60\sim70$
Q274 钢	$255\sim274$	$490\sim608$	$490\sim608$	$19\sim21$	

续表

材料名称	屈服极限	强度极限/MPa		塑性指标	
或牌号	σ_s/MPa	σ_{bt}	σ_{bc}	δ/%	ψ/%
35 钢	310	530	530	20	45
45 钢	350			16	40
15Mn 钢	300	520	520	23	50
16Mn 钢	270～340	470～510	470～510	16～21	45～60
灰口铸铁		150～370	600～1300	0.5～0.6	
球墨铸铁	290～420	390～600	1570 以上	1.5～10	
有机玻璃		50～75	100～130		
红松(顺纹)		98	33		
普通混凝土		1.3～3.1	10～50		

注:塑性材料的压缩强度极限 σ_{bc} 值直接取拉伸强度极限 σ_{bt}。

9.6.3 塑性材料和脆性材料的比较

根据以上介绍的各种材料的试验结果可以看出,塑性材料和脆性材料在常温和静荷载下的力学性质有很大差别,现简单地加以比较。

(1) 塑性材料的抗拉强度比脆性材料的抗拉强度高,故一般用来制成受拉构件;脆性材料的抗压强度比抗拉强度高,故一般用来制成受压构件。

(2) 塑性材料破坏时能产生较大的塑性变形,而脆性材料破坏时的变形较小。塑性材料破坏需要消耗较大的能量,因此塑性材料承受冲击的能力较好。此外,在结构安装时,常校正构件的尺寸误差,塑性材料由于可以产生较大的变形而不破坏,但脆性材料则往往会因此而引起断裂。

(3) 当构件中存在应力集中时,塑性材料对应力集中的敏感性较小。例如,图 9-30(a) 所示带圆孔的塑性材料拉杆,当孔边的最大应力达到材料的屈服极限时,若再增加拉力,则该处应力不增加,而该截面上其他各点处的应力将逐渐增加至材料的屈服极限,使截面上的应力趋向平均(未考虑材料的强化),如图 9-30(b)、(c)所示。这样,杆所能承受的最大荷载和无圆孔时相比不会降低很多。但脆性材料由于没有屈服阶段,当孔边最大应力达到材料的强度极限时局部就会开裂;若再增加拉力,裂纹就会扩展,并导致杆件断裂。而对铸铁材料由于其内部组织很不均匀,本身就存在气孔、杂质等引起应力集中的因素,因此外部形状的骤然变化引起的应力集中的影响反而不明显,就可不考虑应力集中的影响。但在动荷载作用下,则不论是塑性材料还是脆性材料制成的构件,都应考虑应力集中的影响。

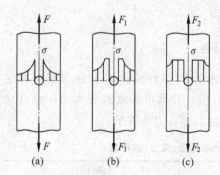

图 9-30 塑性材料孔口应力的变化

必须指出,材料的塑性或脆性还与环境温度、变形速率、受力状态等因素有关。而荷载的作用方式(如冲击荷载或随时间作周期性变化的交变荷载等)对材料的力学性质也将产生明显的影响。例如:低碳钢在常温下表现为塑性,但在低温下表现为脆性；通常石料在很多应力状态下表现为脆性材料,但在各向受压的情况下,它却表现出很好的塑性。

9.7　拉压杆件的强度计算

由式(9-3)可求出拉(压)杆横截面上的最大正应力,称为最大工作应力。但仅有最大工作应力并不能判断杆件是否会因强度不足而发生失效,只有将杆件的最大工作应力与材料的强度指标联系起来,才可以作出判断。

9.7.1　容许应力和安全因数

由 9.6 节中材料的拉伸和压缩试验得知,当脆性材料的应力达到强度极限时,材料将会被破坏(拉断或剪断);当塑性材料的应力达到屈服极限时,材料将产生显著的塑性变形。工程中的构件既不允许破坏,也不允许产生显著的塑性变形。因为显著塑性变形的出现将改变原来的设计状态,往往会影响杆的正常工作。因此,将脆性材料的强度极限 σ_b 和塑性材料的屈服极限 σ_s (或 $\sigma_{0.2}$)作为材料的极限正应力,用 σ_u 表示。要确保杆件不被破坏,其最大工作应力不能超过材料的**极限应力**,但此条件还不能作为杆件安全和正常工作的条件。因为还有一些实际存在的不利因素会影响杆件的工作应力。这些不利因素主要有:

(1) 计算荷载难以估计准确,因而杆件中实际产生的最大工作应力可能超过计算值。

(2) 实际结构与其计算简图间的差异。

(3) 实际的材料与标准试件材料的差异,因此,实际的极限应力往往小于试验所得的结果。

(4) 其他因素,如杆件的尺寸由于制造等原因引起的不准确,加工过程中杆件受到损伤,杆件长期使用受到磨损或材料老化、腐蚀,等等。

此外,还要给杆件必要的强度储备,以应对构件使用期内可能遇到的意外的事故或其他不利的工作条件。因此,工程中将极限应力除以一个大于 1 的**安全因数** n,作为材料工作的**容许正应力**,即

$$[\sigma] = \frac{\sigma_u}{n} \tag{9-8}$$

对于脆性材料,$\sigma_u = \sigma_b$;对于塑性材料,$\sigma_u = \sigma_s$ (或 $\sigma_{0.2}$)。当杆件最大工作应力不超过容许应力时,我们才认为杆件处于安全和正常的工作状态。

安全因数 n 的选取除了需要考虑前述因素外,还要考虑其他很多因素,例如工程的重要性、杆件失效所引起后果的严重性以及经济效益等,因此,要根据实际情况选取安全因数。通常情况下,对静荷载问题,塑性材料一般取 $n = 1.5 \sim 2.0$,脆性材料一般取 $n = 2.0 \sim 2.5$。由于脆性材料的破坏以断裂为标志,而塑性材料的破坏则以发生一定程度塑性变形为标志,两者的危险性显然不同,且脆性材料的强度指标值的分散度较大,因此,脆性材料的安全因数取值较大。

几种常用材料的容许正应力的数值列于表 9-3 中。

表 9-3   几种常用材料的容许正应力值

材 料 名 称		容许正应力值/MPa	
		容许拉应力$[\sigma_t]$	容许压应力$[\sigma_c]$
低碳钢		170	170
低合金钢		230	230
灰口铸铁		34~54	160~200
松木	顺纹	6~8	9~11
	横纹	—	1.5~2
混凝土		0.4~0.7	7~11

9.7.2   强度条件和强度计算

对于等截面直杆,内力最大的横截面称为**危险截面**,危险截面上应力最大的点就是危险点。拉压杆件危险点处的最大工作应力由式(9-3)计算,当该点处的最大工作应力不超过材料的容许正应力时,就能保证杆件安全和正常地工作。因此,等截面拉压直杆的强度条件为

$$\sigma_{\max} = \frac{F_{N\max}}{A} \leqslant [\sigma] \tag{9-9}$$

式中,$F_{N\max}$ 为杆的最大轴力,即危险截面上的轴力。利用式(9-9)可以进行以下 3 方面的强度计算。

(1) **校核强度**。当杆的横截面面积 A、材料的容许正应力$[\sigma]$及杆所受荷载已知时,可由式(9-9)校核杆的最大工作应力是否满足强度条件的要求。如杆的最大工作应力超过了容许应力,工程中规定,只要超过的部分在容许应力的 5% 以内,仍可以认为杆是安全的。

(2) **设计截面**。当杆所受荷载及材料的容许正应力$[\sigma]$已知时,可由式(9-9)选择杆所需的横截面面积,即

$$A \geqslant \frac{F_{N\max}}{[\sigma]}$$

再根据不同的截面形状确定截面的尺寸。

(3) **求容许荷载**。当杆的横截面面积 A 及材料的容许正应力$[\sigma]$已知时,可由式(9-9)求出杆所容许产生的最大轴力为

$$F_{N\max} \leqslant A[\sigma]$$

再由此可确定杆所容许承受的荷载。

例 9-9   三铰屋架的主要尺寸如图 9-31(a)所示,承受集度为 $q = 4.2$kN/m,沿水平方向的竖向均布荷载作用。屋架中的钢拉杆直径 $d = 16$mm,容许正应力$[\sigma] = 170$MPa。试校核拉杆的强度。

解   (1) 作计算简图。由于两屋面板之间和拉杆与屋面板之间的接头难以阻止微小的相对转动,故可将接头看作铰接,于是得屋架的计算简图如图 9-31(b)所示。

(2) 求支反力。由屋架整体(图 9-31(b))的平衡方程 $\sum F_{ix} = 0$ 得

$$F_{Ax} = 0$$

由 $\sum M_B(\boldsymbol{F}_i) = 0$ 和 $\sum M_A(\boldsymbol{F}_i) = 0$ 可求得(也可利用对称关系求得)

$$F_{Ay} = F_{By} = \frac{1}{2}ql = 0.5 \times 4.2 \times 9.3 \text{kN} = 19.53 \text{kN}$$

（3）求拉杆的轴力。取半个屋架为脱离体（图 9-31(c)），由平衡方程

$$\sum M_C(\boldsymbol{F}_i) = 0: 1.42 \times F_N + 4.65q \times 4.65/2 - 4.25 \times F_{Ay} = 0$$

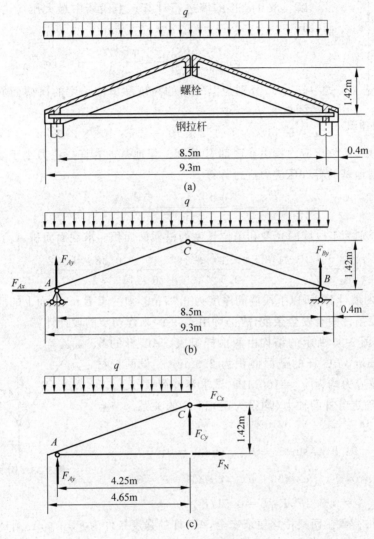

图 9-31 例 9-9 附图

求得

$$F_N = 26.48 \text{kN}$$

（4）求拉杆横截面上的工作应力 σ：

$$\sigma = \frac{F_N}{A} = \frac{26.48 \times 10^3}{\frac{1}{4}\pi \times 0.016^2} \text{Pa} = 131.7 \times 10^6 \text{Pa} = 131.7 \text{MPa}$$

（5）强度校核。因为 $\sigma = 131.7 \text{MPa} < [\sigma] = 170 \text{MPa}$，满足强度条件，故钢拉杆的强度是安全的。

例 9-10 一墙体的剖面如图 9-32 所示。已知墙体材料的容许压应力 $[\sigma_c]_{墙}=1.2\text{MPa}$,重力密度(简称容重)$\gamma=16\text{kN/m}^3$;地基的容许压应力 $[\sigma_c]_{地}=0.5\text{MPa}$。试求上段墙每米长度上的容许荷载 q 及下段墙的厚度。

解 取 1m 长的墙进行计算。上段墙中最大压应力发生在 B 截面,即

$$\sigma_{B\max}=\frac{F_{N\max}}{A}=\frac{q+\gamma A_1 l_1}{A_1}\leqslant[\sigma_c]_{墙}$$

式中,l_1、A_1 分别为上段墙的高度和单位长度的横截面面积。求容许荷载的集度 q:

图 9-32 例 9-10 附图

$$q=0.38\times1\times(1.2\times10^6-16\times10^3\times2)\text{N/m}=443.84\text{kN/m}$$

对于下段墙,最大压应力发生在底部 C 截面。但地基的容许压应力小于墙的容许压应力,所以应根据地基的容许压应力进行计算。

$$\sigma_{C\max}=\frac{F_{N\max}}{A}=\frac{q+\gamma A_1 l_1+\gamma A_2 l_2}{A_2}\leqslant[\sigma_c]_{地}$$

式中,l_2、A_2 分别为下段墙的高度和单位长度的横截面面积。求截面面积 A_2:

$$A_2\geqslant\frac{q+\gamma A_1 l_1}{[\sigma_c]_{地}-\gamma l_2}=\frac{443.84\times10^3+16\times10^3\times0.38\times1\times2}{0.5\times10^6-16\times10^3\times2}\text{m}^2=0.97\text{m}^2$$

因为取 1m 长的墙计算,所以下段墙的厚度为 0.97m。须注意 B、C 截面上的应力并非均匀分布,但因强度条件中有安全余度,故仍可用式(9-9)来作初步的设计计算。

例 9-11 图 9-33 所示的结构由两根杆组成。AC 杆的截面面积为 450mm^2,BC 杆的截面面积为 250mm^2。设两杆材料相同,容许拉应力均为 $[\sigma]=100\text{MPa}$,试求容许荷载 $[F]$。

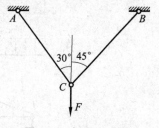

解 (1)确定各杆的轴力(均设为正)和 F 的关系。节点 C 的平衡方程为

$$\sum F_{ix}=0:\ F_{NBC}\sin45°-F_{NAC}\sin30°=0$$

$$\sum F_{iy}=0:\ F_{NBC}\cos45°+F_{NAC}\cos30°-F=0$$

图 9-33 例 9-11 附图

联立求解得 $F_{NAC}=0.732F$,$F_{NBC}=0.517F$。

(2)求容许荷载。两根杆均要求安全,AC 杆的强度条件为 $F_{NAC}\leqslant A_{AC}[\sigma]$,即

$$0.732F\leqslant450\times10^{-6}\times100\times10^6$$

求得 $[F]=61.48\text{kN}$。

BC 杆的强度条件为 $F_{NBC}\leqslant A_{BC}[\sigma]$,即

$$0.517F\leqslant250\times10^{-6}\times100\times10^6$$

求得 $[F]=48.36\text{kN}$。

在所得的两个 $[F]$ 值中应取小者,故结构的容许荷载为 $[F]=48.36\text{kN}$。结构在这一荷载作用下,BC 杆的应力恰好等于容许应力,而 AC 杆的应力小于容许应力,说明 AC 杆的强度没有得到充分发挥。

9.8 拉压超静定问题

在前面讨论的轴向拉压问题中,约束力或内力均可由静力平衡方程求出,这类平衡问题称为**静定问题**。如约束力或内力无法仅用静力平衡方程解出,则这类问题称为**超静定问题**。

在超静定问题中,存在多于维持平衡所必需的约束,习惯上称其为**多余约束**,这种"多余"只是对保证结构的平衡及几何不变性而言的,但可以提高结构的强度和刚度。由于多余约束的存在,未知力的数目多于独立平衡方程的数目。未知力个数与独立平衡方程数的差称为**超静定次数**。多余约束对结构(或构件)的变形起着一定的限制作用,而结构(或构件)的变形又是与受力密切相关的,这就为求解超静定问题提供了补充条件。因此在求解超静定问题时,除了根据静力平衡条件列出平衡方程外,还必须建立**变形协调关系**(或称**变形协调条件**),进而根据内力与变形的关系(即物理条件)建立补充方程。将静力平衡方程与补充方程联立求解,就可解出全部未知力。

可见,求解超静定问题需要综合考虑平衡、变形和物理三方面条件,这是分析超静定问题的基本方法。实际上,在前文推导轴向拉压杆横截面上的正应力公式时就用到了这种方法,这是因为已知横截面上的内力求其应力的问题具有超静定的性质。下面通过例题来说明拉压超静定杆的解法。

例 9-12 图 9-34(a)所示为一两端固定的等直杆 AB,在截面 C 上受轴向力 F,杆的拉压刚度为 EA,试求两端反力。

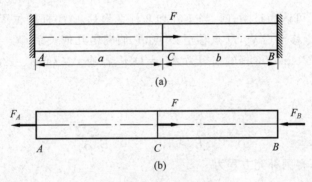

图 9-34 例 9-12 附图

解 杆 AB 为轴向拉压杆,两端的约束反力(如图 9-34(b)所示)均沿轴向,独立平衡方程只有一个,但未知力有两个,故为一次超静定问题。

静力平衡方程为

$$F_A + F_B = F \qquad\qquad (a)$$

为建立补充方程,需要先分析变形协调关系。AB 杆在荷载与约束力的作用下,AC 段和 CB 段均发生轴向变形,但由于两端固定,杆的总变形量须等于零,即

$$\Delta l_{AB} = \Delta l_{AC} + \Delta l_{CB} = 0 \qquad\qquad (b)$$

这就是变形协调关系式。

再根据胡克定律,得各段的轴力与变形的关系为

$$\Delta l_{AC} = \frac{F_{NAC}a}{EA} = \frac{F_A a}{EA}, \quad \Delta l_{CB} = \frac{F_{NCB}b}{EA} = -\frac{F_B b}{EA} \tag{c}$$

将式(c)代入式(b),得补充方程为

$$\frac{F_A a}{EA} - \frac{F_B b}{EA} = 0 \tag{d}$$

最后,由式(a)、(d),即可解出两端的约束反力

$$F_A = \frac{Fb}{a+b}, \quad F_B = \frac{Fa}{a+b}$$

求得约束反力后,对于杆的轴力、应力、变形(位移)及强度计算均可按静定杆进行。

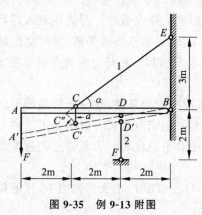

图 9-35 例 9-13 附图

例 9-13 一刚性很大的杆 AB,右端用铰链固定于 B 点,并用钢杆 CE(1 杆)拉住及木杆 DF(2 杆)撑住,如图 9-35 所示。现 A 端受一集中力 $F=300$kN 作用,试求 1 杆和 2 杆的轴力 F_{N1} 及 F_{N2}。设 1 杆的横截面面积 $A_1 = 5 \times 10^{-3}$ m^2,弹性模量 $E_1 = 2 \times 10^5$ MPa;2 杆的横截面面积 $A_2 = 5 \times 10^{-2}$ m^2,弹性模量 $E_2 = 10^4$ MPa。

解 假设 F_{N1} 为拉力,F_{N2} 为压力(示力图略)。由平衡方程 $\sum M_B(\boldsymbol{F}_i) = 0$ 得

$$6F_{N1} + 5F_{N2} = 4500\text{kN} \tag{a}$$

因 AB 杆刚性很大,可认为是刚杆。当 1 杆和 2 杆变形后,AB 杆的位置如图中虚线所示。A 点移至 A' 点,C 点移至 C' 点,D 点移至 D' 点,它们满足几何关系 $CC' = 2DD'$。1 杆的伸长为 $\Delta l_1 = CC'' = CC' \sin\alpha$;2 杆的缩短为 $\Delta l_2 = DD'$,故有 $\Delta l_1/\sin\alpha = 2\Delta l_2$,即

$$\Delta l_1 = 1.2\Delta l_2 \tag{b}$$

由胡克定律得

$$\Delta l_1 = \frac{F_{N1} l_1}{E_1 A_1}, \quad \Delta l_2 = \frac{F_{N2} l_2}{E_2 A_2} \tag{c}$$

将式(c)代入式(b),得到补充方程为

$$\frac{F_{N1} l_1}{E_1 A_1} = \frac{1.2 F_{N2} l_2}{E_2 A_2} \tag{d}$$

联立求解式(a)和式(d),最后得到

$$F_{N1} = 401.5\text{kN(拉力)}, \quad F_{N2} = 418.2\text{kN(压力)}$$

例 9-14
讲解

例 9-14 图 9-36(a)所示的杆系结构由 1、2、3 三杆组成。其中,3 杆在制造时,其长度比设计长度 l 短了 $\delta = l/1000$,经装配后,三杆铰接于 A 点。设三杆都是钢杆,横截面面积相同,弹性模量 $E = 2 \times 10^5$ MPa,$\alpha = 30°$,试计算各杆的装配应力。

解 杆件在加工制造时,尺寸产生微小误差往往是难免的。对于静定结构,在装配时会使结构的几何形状略有改变,并不会在杆内引起附加

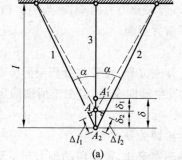

图 9-36 例 9-14 附图

应力。但超静定结构在装配后,却会由于这种误差而在杆中产生附加应力,这种应力称为**装配应力**。因为它是加载以前产生的,故也称**初应力**。该例题即为装配应力问题。

考虑对称性,三杆经装配铰接于 A 点后,1、2 杆受压,从 A_2 移至 A,3 杆受拉,从 A_1 移至 A。节点 A 的受力图如图 9-36(b)所示。平衡方程为

$$
\begin{cases}
\sum F_{ix} = 0: \ F_{N1} \sin\alpha = F_{N2} \sin\alpha \\
\sum F_{iy} = 0: \ F_{N3} - F_{N1} \cos\alpha - F_{N2} \cos\alpha = 0
\end{cases}
\tag{a}
$$

显然,这是一次超静定问题。

假设三根杆的变形量分别为 Δl_1、Δl_2 和 Δl_3,其中 $\Delta l_3 = \delta_1$,另根据对称性可知,$\Delta l_1 = \Delta l_2 = \delta_2 \cos\alpha$。由图可见 $\delta_1 + \delta_2 = \delta$,故变形协调方程为

$$
\Delta l_3 + \frac{\Delta l_1}{\cos\alpha} = \delta
\tag{b}
$$

由于 δ 远小于 l,变形计算仍采用设计长度,根据胡克定律得

$$
\Delta l_1 = \frac{F_{N1} l}{EA \cos\alpha}, \quad \Delta l_3 = \frac{F_{N3} l}{EA}
\tag{c}
$$

将式(c)代入式(b)后,得到补充方程为

$$
\frac{F_{N3} l}{EA} + \frac{F_{N1} l}{EA \cos^2\alpha} = \delta
\tag{d}
$$

联立求解式(a)和式(d),得

$$
F_{N1} = F_{N2} = \frac{\delta}{l} \cdot \frac{EA \cos^2\alpha}{1 + 2\cos^3\alpha}, \quad F_{N3} = \frac{\delta}{l} \cdot \frac{2EA \cos^3\alpha}{1 + 2\cos^3\alpha}
$$

装配应力为

$$
\sigma_1 = \sigma_2 = \frac{F_{N1}}{A} = \frac{\delta}{l} \cdot \frac{E \cos^2\alpha}{1 + 2\cos^3\alpha}, \quad \sigma_3 = \frac{F_{N3}}{A} = \frac{\delta}{l} \cdot \frac{2E \cos^3\alpha}{1 + 2\cos^3\alpha}
$$

代入已知数据得

$$
\sigma_1 = \sigma_2 = 0.001 \times \frac{2 \times 10^{11} \times \cos^2 30°}{1 + 2\cos^3 30°} \text{Pa} = 65.2 \times 10^6 \text{Pa} = 65.2 \text{MPa(压应力)}
$$

$$
\sigma_3 = 0.001 \times \frac{2 \times 2 \times 10^{11} \times \cos^3 30°}{1 + 2\cos^3 30°} \text{Pa} = 113.0 \times 10^6 \text{Pa} = 113.0 \text{MPa(拉应力)}
$$

由计算结果可见,即使 3 杆长度只有千分之一的制造误差,它产生的装配应力也很大。装配应力有时会产生不利的影响,但有时为了某种需要也可利用装配应力。土建工程中的预应力钢筋混凝土构件就是利用装配应力来提高构件承载能力的例子。机械上的过盈配合问题也是如此。在机械上,有时需将两个圆环紧套在一起,通常是将内环的外直径做得比外环的内直径略大,然后将外环加热,使其套在内环上,冷却后,两环即紧套在一起。这样,外环内产生的拉应力和内环内产生的压应力即为装配应力。

例 9-15　一两端固定的杆如图 9-37(a)所示。设杆的横截面面积为 A,弹性模量为 E,线膨胀系数为 α。试求当温度升高 ΔT 时杆的温度应力。

解　杆件在工作时,环境的温度常常会发生变化,导致杆件产生变形。若杆的同一横截面上各点处的温度变化相同,则杆将产生伸长或缩短变形。在静定结构中,由于杆可自由变

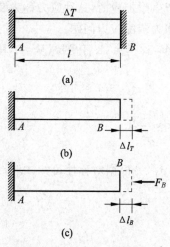

图9-37 例9-15附图

形,均匀的温度变化不会使杆产生应力,但在超静定结构中,由于有了多余约束,杆由温度变化所引起的变形受到限制,从而会在杆中产生应力。这种由温度变化引起的应力称为**温度应力**。与前面不同的是,杆的变形包括两部分,即由温度变化所引起的变形,以及与温度变化引起的内力相应的弹性变形。该例题为温度应力问题。

当温度升高 ΔT 后,杆将伸长。但由于杆端约束,阻止了杆的伸长。这相当于两端有约束反力(轴向压力)作用在杆上,使杆内产生温度应力。由静力平衡方程只能知道两端的约束反力大小相等,但不能求出约束反力的大小,所以这是一次超静定问题。

设想解除一端的约束(例如解除 B 端约束),则杆因温度升高将自由伸长 Δl_T,如图9-37(b)所示。而约束反力 F_B 使杆缩短 Δl_B,如图9-37(c)所示。但全杆实际上没有轴向变形,故变形协调方程为

$$\Delta l_T - \Delta l_B = 0 \qquad\qquad (a)$$

由线膨胀定律和胡克定律,得

$$\Delta l_T = \alpha l \Delta T, \quad \Delta l_B = \frac{F_B l}{EA} \qquad\qquad (b)$$

将式(b)代入式(a)得

$$F_B = \alpha EA \Delta T$$

由此求得温度应力为

$$\sigma = \frac{F_N}{A} = \frac{F_B}{A} = \alpha E \Delta T \text{(压应力)}$$

在超静定结构中,温度应力是一个不容忽视的因素。在铁路钢轨接头处以及混凝土路面中通常都留有空隙,高温管道隔一段距离要设一个弯道等,都是考虑温度的影响,为了调节因温度变化而产生的伸缩。如果忽视了温度变化的影响,将会导致破坏或影响结构的正常工作。

习题

9-1 试绘出附图中各杆的轴力图。

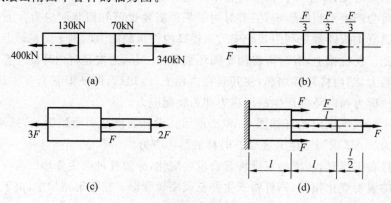

习题9-1附图

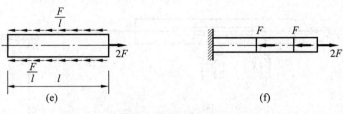

习题 9-1 附图（续）

9-2　附图(a)、(b)为拉压杆的轴力图,试分别作出各杆的受力图。

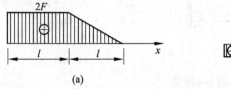
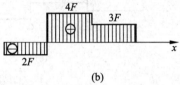

习题 9-2 附图

9-3　求附图所示结构中指定杆内的应力。已知图(a)中杆的横截面面积 $A_1 = A_2 = 1150\text{mm}^2$,图(b)中杆的横截面面积 $A_1 = 850\text{mm}^2$, $A_2 = 600\text{mm}^2$, $A_3 = 500\text{mm}^2$。

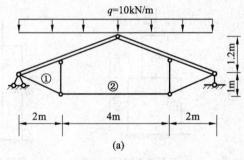
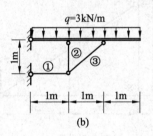

习题 9-3 附图

9-4　求附图所示各杆内的最大正应力。

（1）图(a)为开槽拉杆,两端分别受力 $F = 14\text{kN}$,且 $b = 20\text{mm}$, $b_0 = 10\text{mm}$, $\delta = 4\text{mm}$。

（2）图(b)为阶梯形杆,AB 段杆横截面面积为 80mm^2, BC 段杆横截面面积为 20mm^2, CD 段杆横截面面积为 120mm^2。

（3）图(c)为变截面拉杆,上段 AB 的横截面面积为 40mm^2,下段 BC 的横截面面积为 30mm^2,杆材料的重度 $\gamma = 78\text{kN/m}^3$。

9-5　求附图所示铰接构架中,直径为 20mm 的圆拉杆 CD 中的正应力。

9-6　一直径为 15mm、标距为 200mm 的圆合金钢杆在比例极限内进行拉伸试验,轴向荷载可以缓慢地增加到 58.4kN,此时杆伸长了 0.9mm,直径缩小了 0.022mm。试确定材料的弹性模量 E、泊松比 ν 和比例极限 σ_p。

9-7　附图所示短柱由两种材料制成,上段为钢材,长 200mm,截面尺寸为 $100\text{mm} \times 100\text{mm}$;下段为铝材,长 300mm,截面尺寸为 $200\text{mm} \times 200\text{mm}$。当柱顶受力 $\boldsymbol{F}$ 作用时,柱子总长度减少了 0.4mm,试求 F 值。已知 $E_{钢} = 200\text{GPa}$, $E_{铝} = 70\text{GPa}$。

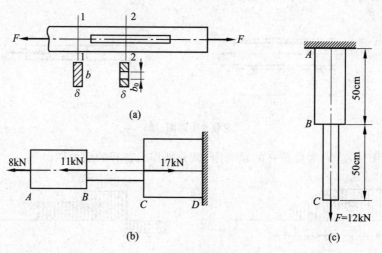

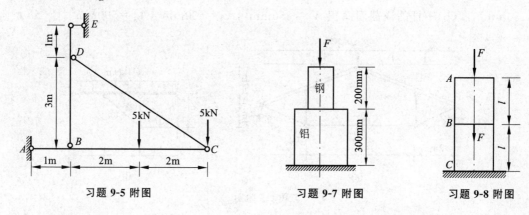

习题 9-4 附图

9-8 附图所示等直杆 AC,材料的重度为 γ,弹性模量为 E,横截面面积为 A。求直杆 B 截面的位移 Δ_B。

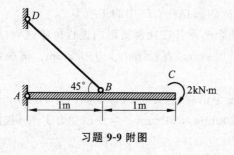

习题 9-5 附图　　　　习题 9-7 附图　　　　习题 9-8 附图

9-9 附图所示受力结构中,ABC 杆可视为刚性杆,BD 杆的横截面面积 $A=400\mathrm{mm}^2$,材料弹性模量 $E=2.0\times10^5\mathrm{MPa}$。求 C 点的竖直位移 Δ_{C_y}。

习题 9-9
讲解

9-10 附图所示结构中,AB 可视为刚性杆。AD 为钢杆,横截面面积 $A_1=500\mathrm{mm}^2$,弹性模量 $E_1=200\mathrm{GPa}$;CG 为铜杆,横截面面积 $A_2=1500\mathrm{mm}^2$,弹性模量 $E_2=100\mathrm{GPa}$;BE 为木杆,横截面面积 $A_3=3000\mathrm{mm}^2$,弹性模量 $E_3=10\mathrm{GPa}$。当 G 点处作用力 $F=60\mathrm{kN}$ 时,求该点的竖直位移 Δ_G。

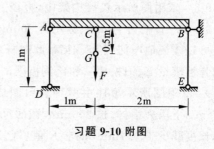

习题 9-9 附图　　　　　　习题 9-10 附图

9-11　求附图所示圆锥形杆在轴向力 F 作用下的伸长量。已知弹性模量为 E，l 远大于 d_1 和 d_2。

9-12　附图所示水塔结构，水和塔共重 $W=400\text{kN}$，同时还受侧向水平风力 $F=100\text{kN}$ 作用。若支杆①、②和③的容许压应力 $[\sigma_c]=100\text{MPa}$，容许拉应力 $[\sigma_t]=140\text{MPa}$，试求每根支杆所需要的横截面面积。

9-13　附图所示结构中的 CD 杆为刚性杆。AB 杆为钢杆，直径 $d=30\text{mm}$，容许应力 $[\sigma]=160\text{MPa}$，弹性模量 $E=2.0\times10^5\text{MPa}$。试求结构的容许荷载 $[F]$。

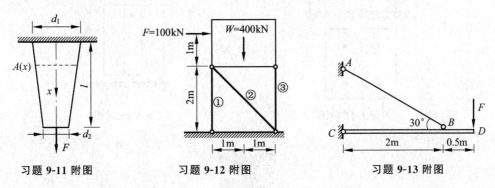

习题 9-11 附图　　　　　习题 9-12 附图　　　　　习题 9-13 附图

9-14　3m 高的正方形截面砖柱，边长为 0.4m，砌筑在高为 0.4m 的正方形块石底脚上，如附图所示。已知砖的重度 $\gamma_1=16\text{kN/m}^3$，块石的重度 $\gamma_2=20\text{kN/m}^3$。砖柱顶上受集中力 $F=16\text{kN}$ 作用，地基容许应力 $[\sigma]=0.08\text{MPa}$。试设计正方形块石底脚的边长 a。

9-15　附图所示 AB 为刚性杆，长为 $3a$。在 C、B 两处分别用材料及横截面面积相同的①、②两杆拉住。在 D 点作用荷载 F 后，求两杆内产生的应力。设①、②杆的弹性模量为 E，横截面面积为 A。

习题 9-15 讲解

9-16　两端固定、长度为 l、横截面面积为 A、弹性模量为 E 的正方形截面杆，在 B、C 截面处各受一力 F 作用，如附图所示。求 B、C 截面间的相对位移。

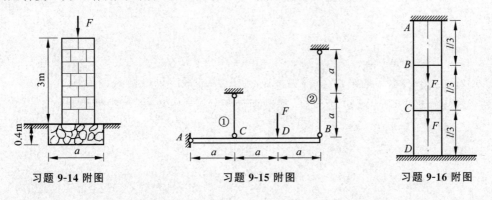

习题 9-14 附图　　　　　习题 9-15 附图　　　　　习题 9-16 附图

9-17　附图所示为钢筋混凝土柱，荷载 F 通过刚性板作用在柱的顶部。钢筋和混凝土的横截面面积分别为 250mm^2 和 $1\times10^4\text{mm}^2$，它们的弹性模量分别为 $2.1\times10^5\text{MPa}$ 和 $2.1\times10^4\text{MPa}$。试问它们各承担多少荷载？

9-18　附图所示相同材料的变截面杆，上段横截面面积 $A_1=1000\text{mm}^2$，长度 $l_1=0.4\text{m}$；下段横截面面积 $A_2=2000\text{mm}^2$，长度 $l_2=0.6\text{m}$。杆上端固定，下端距刚性支座的

空隙 $\delta_0 = 0.3$mm,材料的线膨胀系数 $\alpha = 12.5 \times 10^{-6}/℃$,弹性模量 $E = 200$GPa。试求当温度上升50℃时两段杆内的应力,并与 $\delta_0 = 0$ 时进行比较。

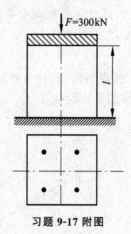

习题 9-17 附图

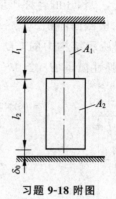

习题 9-18 附图

本章习题参考解答

第 10 章

扭　转

10.1　概述

工程中有一些直杆,其承受的荷载主要是绕轴线转动的力偶。如图 10-1(a)中钻机的钻杆、图 10-1(b)中汽车的传动轴、图 10-1(c)中水轮发电机的主轴、图 10-1(d)中攻丝机的丝

钻
杆

(a)

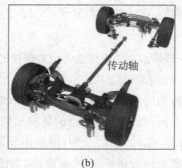

传动轴

(b)

主
轴

水轮机

(c)

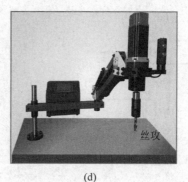

丝攻

(d)

图 10-1　扭转杆件实例

攻等。这类杆件的变形主要是各横截面之间有相对转角,故称为**扭转杆件**。扭转是杆件的另一种基本变形形式。

扭转杆件最简单的计算简图如图 10-2 所示。其受力和变形特点如下:

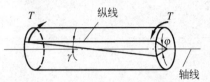

图 10-2 扭转杆件的受力和变形

(1) 受力特点:外力为位于横截面内的平衡力偶系。

(2) 变形特点:所有横截面绕杆轴线作相对转动,两横截面之间产生的相对角位移称为**扭转角**(图 10-2 中的 φ 为右端截面相对于左端截面的扭转角);小变形下,纵线也随之转过一角度 γ。

工程中将主要产生扭转变形的杆件称为**轴**。常见轴的横截面形状有圆、矩形等。

10.2 扭矩和扭矩图 传动轴外力偶矩的计算

10.2.1 扭矩的计算

首先分析杆横截面上的内力。设一等直圆杆在杆端截面内受两力偶作用,如图 10-3(a) 所示,现求任一横截面上的内力。采用截面法,假想将杆在横截面 m—m 处截开,任取一杆段,例如以左段杆(见图 10-3(b))为研究对象。由这段杆的平衡可知,横截面 m—m 上必定存在一个内力偶矩 M_x,由平衡方程 $\sum M_{ix} = 0$ 得

$$M_x = T$$

M_x 称为**扭矩**。该截面上的扭矩也可由右段杆的平衡求出,其值仍等于 T,但转向与图 10-3(b) 中的相反,如图 10-3(c) 所示。

为便于分析和应用,对扭矩的正负值作如下规定:按右手螺旋法则,以右手拇指代表横截面的外法线方向,则与其余 4 指的转向相同的扭矩为正,如图 10-4(a) 所示;反之为负,如图 10-4(b) 所示。因此,图 10-3 中,横截面 m—m 上的扭矩为正。与轴力分析类似,可以将扭矩表示为横截面位置坐标 x 的函数,称为**扭矩方程**;扭矩方程还可以用几何图表示,称为**扭矩图**,具体作法与轴力图相同。

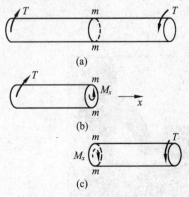

(a)

(b)

(c)

图 10-3 扭矩的表示和计算

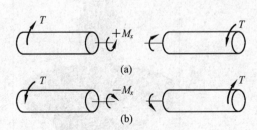

(a)

(b)

图 10-4 扭矩的正负号规定

10.2.2 扭矩图

以平行于杆轴线的坐标轴为横坐标轴,其上各点表示横截面的位置,以垂直于杆轴线的纵坐标表示横截面上的扭矩,画出的图即为**扭矩图**。正的扭矩画在横坐标轴的上方,负的画在下方。有了扭矩图就可以很方便地查看扭矩随杆轴线的变化规律、杆内的最大扭矩及所在截面的位置、横截面扭转变形的趋势,等等。扭矩图也为轴的设计计算带来了方便。

例如图 10-5(a)所示的受多个外力偶矩作用的扭转杆件,根据其受力情况,杆件的扭矩图可分为 AB、BC、CD 三段画出。先采用截面法,分别取图 10-5(b)、(c)和(d)所示杆段为研究对象,求出各段杆横截面上的扭矩,即 1—1,2—2 和 3—3 截面的扭矩,结果分别为

$$M_{x1} = T, \quad M_{x2} = -2T, \quad M_{x3} = -T$$

然后分段画出杆的扭矩图,如图 10-5(e)所示。由图可见,该杆的最大扭矩发生在 BC 段,其值为

$$|M_x|_{max} = 2T$$

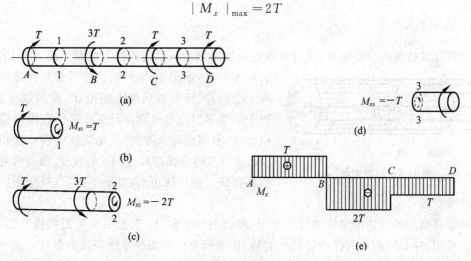

图 10-5 扭矩图

同样地,由于对扭矩的正负作了统一的规定,所以在求扭矩时可以不必画出脱离体图及列出具体的平衡方程。

10.2.3 传动轴外力偶矩的计算

对于工程中常用的传动轴,往往只知道它所传递的功率和转速。为此,需根据所传递的功率和转速计算使轴发生扭转的外力偶矩。

当轴在稳定转动时,外力偶矩在单位时间内所做的功,即功率 P 为

$$P = \frac{W}{t} = \frac{T\varphi}{t} = T\omega$$

式中,ω 为角速度,单位为 rad/s;外力偶矩 T 的单位为 N·m。若功率 P 的单位为 kW,转速 n 的单位为 r/min,因 1kW=1000N·m/s,1r/min=$\frac{2\pi}{60}$rad/s,则由上式得外力偶矩与功率、转速的关系为

$$T(\mathrm{N \cdot m}) = \frac{P}{\omega} = \frac{P \cdot 1000}{n \cdot 2\pi/60} = 9.55 \times 10^3 \frac{P(\mathrm{kW})}{n(\mathrm{r/min})} \tag{10-1}$$

10.3 圆杆扭转时的应力

10.3.1 横截面上的应力

对于等直圆杆,由于杆的物性和横截面几何形状的极对称性,可用材料力学方法(分析轴向拉压杆横截面上应力所采用的方法)分析确定横截面上的应力。

圆杆扭转时横截面上的内力是一扭矩。由于扭矩只能由切向力合成而得,所以横截面上必有切应力。为了确定横截面上各点切应力的大小,须首先研究扭转时杆的变形情况,得到横截面的变形规律,即变形的几何关系,然后再利用物理关系和静力学关系联立求解。

1. 几何关系

为研究横截面的变形规律,在等直圆杆表面上画出一系列的圆周线和纵线,它们组成柱面矩形网格,如图 10-6 所示。然后在其两端施加一

周线　纵线

图 10-6　扭转变形

对大小相等、转向相反的力偶矩 T,使其发生扭转。对于小变形可以观察到:①变形后所有圆周线的形状、大小和间距均未改变,只是绕杆的轴线作相对转动;②所有的纵线都转过同一角度 γ,因而所有的矩形都变成了平行四边形(对于小变形,杆变形后纵线可以看成直线)。

根据观察到的现象推测杆内部的变形,并做出如下假设:变形前为平面的横截面,变形后仍为平面,并如同刚片一样绕杆轴线旋转,横截面上任一半径始终保持为直线。这一假设称为**平截面假设**或**平面假设**。如果横截面不再保持为平面,而发生翘曲,则在杆的两端看截面的变形规律将会出现不同的现象,显然这是矛盾的。因为杆的材料是均匀、各向同性的,分别从两端看杆受力又是一样的,故看到横截面的变形规律自然要相同,此时横截面只能保持平面。这也解释了平面假设的合理性。

在平面假设的基础上,从图 10-6 所示的杆中截取长为 $\mathrm{d}x$ 的一微段,其扭转后的相对变形情况如图 10-7(a)所示。为了更清楚地显示杆的变形,再从微段所在处截取一楔形微体 $O'Oabcd$,如图 10-7(b)所示。由图可见,在微段表面上的矩形 $abcd$ 变为平行四边形 $abc'd'$,左右两条边间距不变,但有一相对错动,从而直角改变了一个 γ 角,γ 即为表面该点的切应变。在圆杆内部,距圆心为 ρ 处的矩形也变为平行四边形,其切应变为 γ_ρ。假设该微段左、右两截面的相对扭转角用半径 $O'd$ 转到 $O'd'$ 的角度 $\mathrm{d}\varphi$ 表示,则由几何关系可以得到

$$\gamma_\rho \approx \tan\gamma_\rho = \frac{ef}{\mathrm{d}x} = \frac{\rho\mathrm{d}\varphi}{\mathrm{d}x}$$

或

$$\gamma_\rho = \rho\frac{\mathrm{d}\varphi}{\mathrm{d}x} = \rho\theta \tag{a}$$

式中 $\theta = \dfrac{\mathrm{d}\varphi}{\mathrm{d}x}$，称为**单位长度杆的相对扭转角**。这就是等直圆杆横截面上切应变的变化规律。对于同一横截面，θ 为一常量，其上各点处的切应变 γ_ρ 与 ρ 成正比，在同一半径 ρ 的圆周上各点处的切应变 γ_ρ 均相同。

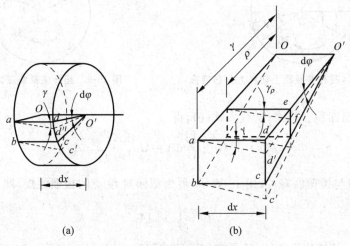

图 10-7　微段圆轴扭转变形分析

2. 物理关系

切应变是由矩形 $abcd$ 的两侧相对错动而引起的，发生在垂直于该处半径的方向，所以与它对应的切应力的方向也垂直于半径的方向。由试验可知（见 10.5 节），在线弹性变形范围内切应力和切应变之间存在如下关系：

$$\tau = G\gamma \tag{10-2}$$

这一关系称为**剪切胡克定律**。式中 G 为切变模量，量纲和常用单位与 E 相同。G 的值因材料而异，可由试验测定。

由式（a）和式（10-2）可得横截面上任一点处的切应力为

$$\tau_\rho = G\gamma_\rho = G\rho\,\frac{\mathrm{d}\varphi}{\mathrm{d}x} \tag{b}$$

由于同一横截面的 $\mathrm{d}\varphi/\mathrm{d}x$ 为常量，可见横截面上各点处的切应力与 ρ 成正比，同一半径 ρ 的圆周上各点处的切应力相同，切应力的方向垂直于半径。等直实心圆杆横截面上的切应力分布规律如图 10-8 所示，在圆杆周边上各点处的切应力具有相同的最大值，而在圆心处 $\tau = 0$。式（b）虽确定了切应力的分布规律，但还需用静力学关系确定 $\mathrm{d}\varphi/\mathrm{d}x$ 后才能计算各点切应力。

3. 静力学关系

由于在横截面任一直径上距圆心相同距离的两点处的微内力 $\tau\mathrm{d}A$ 等值而反向，因此，整个截面上的微内力 $\tau\mathrm{d}A$ 的合力必等于零，并组成一个力偶，即为横截面上的扭矩 M_x。由于 τ_ρ 的方向垂直于半径，如图 10-9 所示，则横截面上的扭矩 M_x 由该横截面无数个微面积 $\mathrm{d}A$ 上的微内力 $\tau\mathrm{d}A$ 对圆心 O 点的力矩合成得到，即

$$M_x = \int_A \rho\tau_\rho \, \mathrm{d}A \tag{c}$$

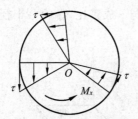

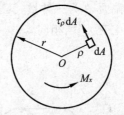

图 10-8　扭转圆杆横截面上切应力分布规律　　　图 10-9　圆杆横截面应力的合成

式中 A 为横截面面积。将式(b)代入式(c),得

$$M_x = \int_A G\rho^2 \frac{\mathrm{d}\varphi}{\mathrm{d}x} \mathrm{d}A = G\frac{\mathrm{d}\varphi}{\mathrm{d}x}\int_A \rho^2 \mathrm{d}A \tag{d}$$

式中 $\int_A \rho^2 \mathrm{d}A$ 只与横截面有关,用 I_p 表示,称为截面对 O 点的**极惯性矩**,即

$$I_\mathrm{p} = \int_A \rho^2 \mathrm{d}A \tag{10-3}$$

I_p 的量纲为 L^4,其单位为 m^4。于是式(d)可改写成

$$\frac{\mathrm{d}\varphi}{\mathrm{d}x} = \frac{M_x}{GI_\mathrm{p}} \tag{10-4}$$

将式(10-4)代入式(b),得到等直圆杆横截面上任一点处的切应力公式:

$$\tau_\rho = \frac{M_x \rho}{I_\mathrm{p}} \tag{10-5}$$

横截面上的最大切应力发生在 $\rho = r$ 处,其值为

$$\tau_{\max} = \frac{M_x r}{I_\mathrm{p}}$$

令

$$W_\mathrm{p} = \frac{I_\mathrm{p}}{r} \tag{10-6}$$

则

$$\tau_{\max} = \frac{M_x}{W_\mathrm{p}} \tag{10-7}$$

式中 W_p 称为**扭转截面系数**,它也只与横截面有关。W_p 的量纲为 L^3,其单位为 m^3。

　　由于推导切应力计算公式的主要依据为平面假设,且材料符合胡克定律,因此上述公式仅适用于在线弹性范围内的等直圆杆。

10.3.2　极惯性矩和扭转截面系数的计算

1. 实心圆截面

　　图 10-10(a)所示为一直径为 d 的实心圆截面。取微面积 $\mathrm{d}A = 2\pi\rho\mathrm{d}\rho$,则由式(10-3)及式(10-6)得

$$I_p = \int_A \rho^2 \mathrm{d}A = \int_0^{d/2} 2\pi\rho^3 \mathrm{d}\rho = \frac{\pi d^4}{32} \tag{10-8}$$

$$W_p = \frac{I_p}{r} = \frac{\pi d^4}{32} \times \frac{2}{d} = \frac{\pi d^3}{16} \tag{10-9}$$

2. 空心圆截面

图 10-10(b)所示为一空心圆截面,内径为 d,外径为 D。设 $\alpha = d/D$,则

$$I_p = \int_A \rho^2 \mathrm{d}A = \int_{d/2}^{D/2} 2\pi\rho^3 \mathrm{d}\rho = \frac{\pi D^4}{32}(1-\alpha^4) \tag{10-10}$$

$$W_p = \frac{\pi D^4}{32}(1-\alpha^4) \times \frac{2}{D} = \frac{\pi D^3}{16}(1-\alpha^4) \tag{10-11}$$

3. 薄壁圆环截面

图 10-10(c)所示为一薄壁圆环截面,内、外径分别为 d 及 D。设其平均直径为 d_0,平均半径为 r_0,壁厚为 δ。将 $D = 2r_0 + \delta$ 和 $d = 2r_0 - \delta$ 分别代入式(10-10)和式(10-11),略去壁厚 δ 的二次方项后,得到

$$I_p \approx 2\pi r_0^3 \delta \tag{10-12}$$

$$W_p \approx 2\pi r_0^2 \delta \tag{10-13}$$

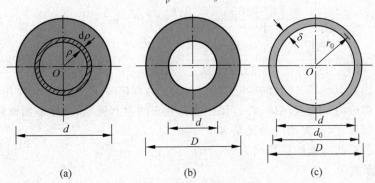

图 10-10 圆截面的 I_p 和 W_p

(a) 实心圆截面;(b) 空心圆截面;(c) 薄壁圆环截面

例 10-1 一直径为 50mm 的传动轴如图 10-11(a)所示。转速为 300r/min 的电动机通过 A 轮输入 100kW 的功率,由 B、C 和 D 轮分别输出 45kW、25kW 和 30kW 的功率以带动其他部件。(1)画轴的扭矩图;(2)试求轴的最大切应力。

解 (1)作用在轮上的外力偶矩可由式(10-1)计算得到,分别为

$$T_A = 9.55 \times 10^3 \times \frac{100}{300} \mathrm{N} \cdot \mathrm{m} = 3.18 \times 10^3 \mathrm{N} \cdot \mathrm{m} = 3.18 \mathrm{kN} \cdot \mathrm{m}$$

$$T_B = 9.55 \times 10^3 \times \frac{45}{300} \mathrm{N} \cdot \mathrm{m} = 1.43 \times 10^3 \mathrm{N} \cdot \mathrm{m} = 1.43 \mathrm{kN} \cdot \mathrm{m}$$

$$T_C = 9.55 \times 10^3 \times \frac{25}{300} \mathrm{N} \cdot \mathrm{m} = 0.796 \times 10^3 \mathrm{N} \cdot \mathrm{m} = 0.796 \mathrm{kN} \cdot \mathrm{m}$$

$$T_D = 9.55 \times 10^3 \times \frac{30}{300} \mathrm{N} \cdot \mathrm{m} = 0.955 \times 10^3 \mathrm{N} \cdot \mathrm{m} = 0.955 \mathrm{kN} \cdot \mathrm{m}$$

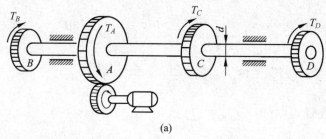

(a)

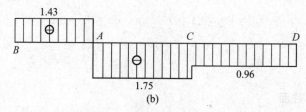

(b)

图 10-11　例 10-1 附图

扭矩图如图 10-11(b)所示。

(2) 由扭矩图可知,最大扭矩发生在 AC 段内,$|M_x|_{max}=1.75\text{kN}\cdot\text{m}$。因为传动轴为等直实心圆杆,故最大切应力发生在 AC 段内各横截面周边上各点处,其值由式(10-9)和式(10-7)计算得到:

$$W_p=\frac{\pi d^3}{16}=\frac{3.14\times0.05^3}{16}\text{m}^3=24.5\times10^{-6}\text{m}^3$$

$$\tau_{max}=\frac{|M_x|_{max}}{W_p}=\frac{1.75\times10^3}{24.5\times10^{-6}}\text{Pa}=71.4\times10^6\text{Pa}=71.4\text{MPa}$$

例 10-2　直径 $d=100\text{mm}$ 的实心圆轴,两端受力偶矩 $T=10\text{kN}\cdot\text{m}$ 作用而扭转,求横截面上的最大切应力。若改用内、外直径比值为 0.5 的空心圆轴,且横截面面积和以上实心轴横截面面积相等,问最大切应力又是多少?

解　圆轴各横截面上的扭矩均为 $M_x=T=10\text{kN}\cdot\text{m}$。

(1) 实心圆截面。

$$W_p=\frac{\pi d^3}{16}=\frac{3.14\times0.1^3}{16}\text{m}^3=1.96\times10^{-4}\text{m}^3$$

$$\tau_{max}=\frac{M_x}{W_p}=\frac{10\times10^3}{1.96\times10^{-4}}\text{Pa}=51.0\times10^6\text{Pa}=51.0\text{MPa}$$

(2) 空心圆截面。由面积相等的条件,可求得空心圆截面的内、外直径。令内直径为 d_1,外直径为 D,$\alpha=d_1/D=0.5$,则有

$$\frac{1}{4}\pi d^2=\frac{\pi D^2}{4}(1-\alpha^2)$$

由此求得 $D=115.47\text{mm}$,$d_1=57.74\text{mm}$。则

$$W_p=\frac{\pi D^3}{16}(1-\alpha^4)=\frac{3.14\times0.11547^3}{16}\times(1-0.5^4)\text{m}^3=2.834\times10^{-4}\text{m}^3$$

$$\tau_{max}=\frac{M_x}{W_p}=\frac{10\times10^3}{2.834\times10^{-4}}\text{Pa}=35.29\times10^6\text{Pa}=35.29\text{MPa}$$

计算结果表明,空心圆截面上的最大切应力比实心圆截面小。这是因为在面积相同的条

件下,空心圆截面的 W_p 比实心圆截面的 W_p 大。此外,扭转切应力在截面上的分布规律表明,实心圆截面中心部分的切应力很小,这部分面积上的微内力 $\tau\mathrm{d}A$ 离圆心近,力臂小,所以组成的扭矩也小,材料没有被充分利用。而空心圆截面的材料分布得离圆心较远,截面上各点处的应力也较均匀,微内力对圆心的力臂大,在合成相同扭矩的情况下,最大切应力必然减小。

10.3.3 切应力互等定理

由前文的分析可知,圆杆扭转时,横截面上各点处存在切应力。下面证明,在圆杆的纵截面(径向平面)上也存在着切应力,且这两个截面上的切应力有一定的关系。在图 10-12(a)所示圆杆表面 A 点周围,沿横截面、纵截面及垂直于径向的平面截出一无限小的长方体,称为**单元体**(有时还称为**微元体**),设其边长分别为 $\mathrm{d}x$、$\mathrm{d}y$、$\mathrm{d}z$,如图 10-12(b)所示。该单元体的左、右两个面为横截面,作用有切应力 τ;前面的一个面为外表面,其上没有应力,与它平行的平面,由于相距很近,也认为没有应力。从平衡的条件看,如果单元体上只在左、右两个面上有切应力,则该单元体将会转动,不能平衡,所以在上、下两个纵截面上必定存在着图示的切应力 τ'。由于各面的面积很小,可认为切应力在各面上均匀分布。由平衡方程 $\sum M_z(\boldsymbol{F}_i)=0$ 得到

$$(\tau\mathrm{d}y\mathrm{d}z)\mathrm{d}x=(\tau'\mathrm{d}x\mathrm{d}z)\mathrm{d}y$$

即得

$$\tau=\tau' \tag{10-14}$$

式(10-14)所表示的关系称为**切应力互等定理**。即过一点的互相垂直的两个截面上,垂直于两截面交线的切应力大小相等,并均指向或背离这一交线。

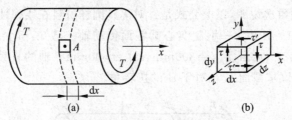

图 10-12 切应力互等分析

切应力互等定理在应力分析中有很重要的作用。在圆杆扭转时,当已知横截面上的切应力及其分布规律后,由切应力互等定理便可知道纵截面上的切应力及其分布规律,如图 10-13 所示。切应力互等定理除在扭转问题中成立外,在其他的变形情况下也同样成立。但须特别指出,这一定理只适用于一点处或在一点处所取的单元体。如果边长不是无限小的长方体或在一点处两个不相正交的方向上,便不再适用。切应力互等定理具有普遍性,若单元体的各面上还同时存在正应力时,也同样适用。

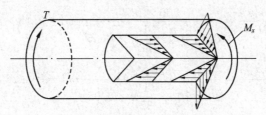

图 10-13 纵截面上切应力分布

10.4 圆杆扭转时的变形 扭转超静定问题

10.4.1 圆杆扭转时的变形

圆杆扭转时,其变形可用横截面之间的**相对角位移** φ,即**扭转角**表示。由式(10-4)可得,相距为 $\mathrm{d}x$ 的两个横截面的相对扭转角 $\mathrm{d}\varphi$ 为

$$\mathrm{d}\varphi = \frac{M_x}{GI_p}\mathrm{d}x$$

若杆长为 l,则两端截面的相对扭转角为

$$\varphi = \int_l \mathrm{d}\varphi = \int_0^l \frac{M_x \mathrm{d}x}{GI_p} \tag{10-15}$$

当杆长 l 之内的 M_x、G、I_p 均为常数时,则

$$\varphi = \frac{M_x l}{GI_p} \tag{10-16}$$

式(10-16)表明,扭转角与杆的长度 l 成正比,与 GI_p 成反比。乘积 GI_p 称为圆杆的**扭转刚度**。当 M_x 和 l 不变时,GI_p 越大,扭转角越小;GI_p 越小,扭转角越大。扭转角的单位为 rad。圆杆各横截面的扭转变形程度常用单位长度扭转角 θ 表示,由前文可知

$$\theta = \frac{\mathrm{d}\varphi}{\mathrm{d}x} = \frac{M_x}{GI_p} \tag{10-17}$$

θ 的单位为 rad/m。扭转角和单位长度扭转角的正负值与扭矩正负一致,即其转向可以通过扭矩的转向来判定。须再次说明,以上公式是针对等直圆杆材料在线弹性变形范围内导出的。

例 10-3 图 10-14 所示为一钢制实心圆截面传动轴。已知:$T_1 = 0.82\mathrm{kN \cdot m}$,$T_2 = 0.5\mathrm{kN \cdot m}$,$T_3 = 0.32\mathrm{kN \cdot m}$,$l_{AB} = 300\mathrm{mm}$,$l_{AC} = 500\mathrm{mm}$。轴的直径 $d = 50\mathrm{mm}$,钢的切变模量 $G = 80\mathrm{GPa}$。试求截面 C 相对于 B 的扭转角。

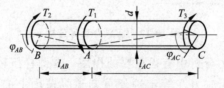

图 10-14 例 10-3 附图

解 截面 C 相对于 B 的扭转角 φ_{BC} 可通过计算截面 B、C 相对于截面 A 的扭转角 φ_{AB}、φ_{AC} 求得。为此,先由截面法计算求得 AB、AC 两段轴的扭矩分别为 $M_{x1} = 0.5\mathrm{kN \cdot m}$,$M_{x2} = -0.32\mathrm{kN \cdot m}$。由式(10-16)可得

$$\varphi_{AB} = \frac{M_{x1} l_{AB}}{GI_p} = \frac{500 \times 0.3}{80 \times 10^9 \times \frac{1}{32}\pi \times 0.05^4}\mathrm{rad} = 3.06 \times 10^{-3}\mathrm{rad}$$

$$\varphi_{AC} = \frac{M_{x2} l_{AC}}{GI_p} = \frac{-320 \times 0.5}{80 \times 10^9 \times \frac{1}{32}\pi \times 0.05^4}\mathrm{rad} = -3.26 \times 10^{-3}\mathrm{rad}$$

B、C 截面的相对扭转角为

$$\varphi_{BC} = \varphi_{AB} + \varphi_{AC} = (3.06 \times 10^{-3} - 3.26 \times 10^{-3})\,\mathrm{rad} = -2.0 \times 10^{-4}\,\mathrm{rad}$$

负值表示从 C 向 B 截面看时，φ_{BC} 是顺时针转向。

10.4.2 扭转超静定问题

杆在扭转时，如支座反力偶矩仅用静力平衡方程不能求出，则这类平衡问题称为扭转超静定问题。其求解方法与拉压超静定问题相同。现举例说明。

图 10-15(a)所示的圆杆 A、B 两端固定。在 C 截面处作用一扭转外力偶矩 T 后，两固定端产生反力偶矩 T_A 和 T_B，示力图如图 10-15(b)所示。由静力学平衡方程得到

$$T_A + T_B = T \tag{a}$$

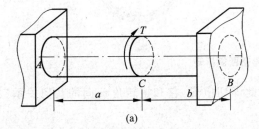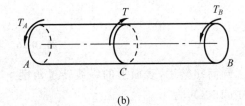

图 10-15 超静定扭转杆件

这是一次超静定问题。为了求出 T_A 和 T_B，必须考虑变形协调条件。杆在 T 的作用下，C 截面绕杆的轴线转动。设截面 C 相对于 A 端产生的扭转角为 φ_{AC}，相对于 B 端产生的扭转角为 φ_{BC}。由于 A、B 两端固定，φ_{AC} 和 φ_{BC} 的数值（绝对值）应相等，这就是变形协调条件，由此得变形几何方程

$$\varphi_{AC} = \varphi_{BC} \tag{b}$$

设杆的扭转刚度为 GI_p，由式(10-16)得

$$\varphi_{AC} = \frac{T_A a}{GI_p}, \quad \varphi_{BC} = \frac{T_B b}{GI_p} \tag{c}$$

将式(c)代入式(b)，得补充方程为

$$T_A = \frac{b}{a} T_B \tag{d}$$

由式(a)和式(d)，求得

$$T_A = \frac{b}{a+b} T, \quad T_B = \frac{a}{a+b} T$$

本问题还可以用假想解除一端约束的方法建立变形协调关系，从而求固定端支座的约束力偶矩。请读者自行分析之。

10.5 扭转时材料的力学性质

薄壁圆筒扭转试验常用来研究固体材料的切应力与切应变之间的关系，并确定极限切应力。一薄壁圆筒，一端固定，在自由端受外力偶矩 T 作用，如图 10-16(a)所示。由于筒壁

很薄,故圆筒扭转后可认为横截面上的切应力 τ 沿壁厚均匀分布,如图 10-16(b)所示。由静力学关系可得

$$(\tau \cdot 2\pi r_0 \cdot \delta)r_0 = M_x = T$$

即

$$\tau = \frac{T}{2\pi r_0^2 \delta} \tag{a}$$

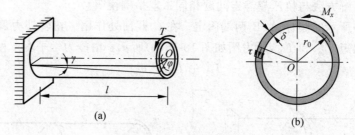

图 10-16　薄壁圆筒扭转

圆筒扭转后,表面上的纵线转过角度 γ,此即切应变,它和扭转角 φ 间的几何关系(见图 10-16(a))为

$$\gamma l = r_0 \varphi$$

即

$$\gamma = \frac{r_0}{l}\varphi \tag{b}$$

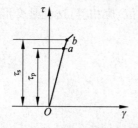

图 10-17　低碳钢的 τ-γ 曲线

扭转试验时逐渐增加外力偶矩 T,并测得与之相应的扭转角 φ,则可画出 T-φ 曲线。再通过式(a)和式(b)计算得 τ 与 γ,又可画出 τ-γ 曲线。

图 10-17 所示为低碳钢扭转试验后所得的 τ-γ 曲线。由图可见,在 Oa 范围内,切应力 τ 与切应变 γ 之间为线性关系,因此得

$$\tau = G\gamma$$

这就是 10.3 节中介绍的剪切胡克定律的关系式(10-2)。该部分直线段的斜率就是 G,最高点 a 的切应力称为**剪切比例极限**,用 τ_p 表示。当切应力超过 τ_p 以后,材料将发生屈服,b 点的切应力称为**剪切屈服极限**,用 τ_s 表示。但利用低碳钢的扭转试验不易测得剪切屈服极限,因为在材料屈服前,圆筒壁可能会发生皱折。试样最后破坏的形态是杆件在某横截面被剪切切断,但对于薄壁杆件而言,由于管壁皱折不容易得到,当为实心或管壁较厚时就可以发生此破坏形态。

铸铁为脆性材料,需采用实心圆截面试件在扭转试验机上进行破坏试验,得出 T-φ 曲线,再通过式(10-7)和式(b)画出危险点的 τ-γ 曲线。

灰口铸铁的 τ-γ 曲线如图 10-18(a)所示。曲线上没有直线段,故一般用割线代替,认为剪切胡克定律近似成立。此外,铸铁扭转时没有屈服阶段,但可测得对应于试件破坏时的剪切强度极限 τ_b。试样最后破坏的形态是杆件沿某一螺旋面发生断裂,此螺旋面上每一点的切面与杆轴线成 $45°$。图 10-18(b)所示为某灰口铸铁杆件扭转破坏后的形态。

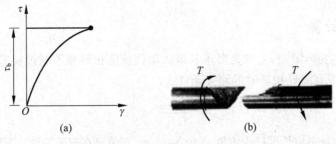

图 10-18　灰口铸铁的 τ-γ 曲线

弹性模量 E、泊松比 ν 和切变模量 G 是材料的 3 个弹性常数,经试验验证(也可通过理论证明)它们之间存在如下关系:

$$G = \frac{E}{2(1+\nu)} \tag{10-18}$$

可见这 3 个常数中只有两个是独立的。只要知道其中两个常数,便可由式(10-18)求得第三个常数。对于绝大多数各向同性材料,泊松比 ν 一般大于 0 小于 0.5,因此,G 值为 E 的 $1/2 \sim 1/3$。

10.6　扭转圆杆的强度计算和刚度计算

工程中的扭转杆件,为保证正常工作,除要求不能发生强度失效外,有时对其变形也需加以限制,以防止发生刚度失效。例如:机器的传动轴如扭转角过大,将会使机器在运转时产生较大的振动;精密机床的轴若变形过大,将影响机床的加工精度等。因此,扭转杆正常安全工作一般需同时满足强度和刚度条件。

10.6.1　强度计算

等直圆杆扭转时,最大切应力 τ_{max} 发生在最大扭矩所在的危险截面的周边上,即危险截面的周边各点为危险点。其强度条件应为 τ_{max} 不超过材料的**容许切应力** $[\tau]$,再由式(10-7)得

$$\tau_{max} = \frac{M_{x\,max}}{W_p} \leqslant [\tau] \tag{10-19}$$

由此即可进行圆杆的强度计算,包括校核强度、设计截面或求容许外力偶矩。

对变截面圆杆,如阶梯轴、圆锥形轴等,W_p 不是常量,τ_{max} 并不一定发生在 $M_{x\,max}$ 的截面上,要综合考虑扭矩 M_x 和 W_p 的变化,计算 $\tau = M_x/W_p$ 的最大值。

关于容许切应力 $[\tau]$,10.5 节中已介绍了用试验的方法可以得到塑性材料的剪切屈服极限 τ_s 和脆性材料的剪切强度极限 τ_b(二者统称为材料的**极限切应力** τ_u),将其除以安全因数 n,即可得到容许切应力的数值。根据大量试验,在常见的受力状态下容许切应力和容许正应力之间存在着下列关系:

$$\begin{cases} 塑性材料:[\tau] = (0.5 \sim 0.6)[\sigma] \\ 脆性材料:[\tau] = (0.8 \sim 1.0)[\sigma] \end{cases} \tag{10-20}$$

因此,只要知道材料的容许正应力,也可以由式(10-20)预估容许切应力。

10.6.2　刚度计算

对扭转圆杆的变形限制,通常是要求其最大单位长度扭转角不超过规定的数值。因此,由式(10-17)得到等直圆杆扭转时的刚度条件为

$$\theta_{\max} = \frac{M_{x\max}}{GI_p} \leqslant [\theta] \tag{10-21}$$

式中$[\theta]$为规定的容许单位长度杆扭转角,单位为$(°)/m$,其值可在有关的设计手册中查到,例如:

精密机器　　　　　$[\theta]=0.15\sim0.3(°)/m$

一般传动轴　　　　$[\theta]=0.5\sim2.0(°)/m$

钻杆　　　　　　　$[\theta]=2.0\sim4.0(°)/m$

利用式(10-21)即可对圆杆进行刚度计算,包括校核刚度、设计截面或求容许外力偶矩。

例 10-4　一传动轴如图 10-19(a)所示。设材料的容许切应力$[\tau]=40MPa$,切变弹性模量$G=8\times10^4 MPa$,杆的容许单位长度扭转角$[\theta]=0.2(°)/m$。试求轴所需的直径。

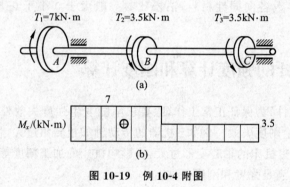

图 10-19　例 10-4 附图

解　(1) 画出扭矩图如图 10-19(b)所示。

(2) 由强度条件求直径。由扭矩图知危险截面是 AB 段内的各截面。由式(10-19)得

$$W_p \geqslant \frac{M_{x\max}}{[\tau]} = \frac{7\times10^3}{40\times10^6} m^3 = 0.175\times10^{-3} m^3$$

$$d \geqslant \sqrt[3]{\frac{16W_p}{\pi}} = \sqrt[3]{\frac{16\times0.175\times10^{-3}}{\pi}} m = 0.096m$$

(3) 由刚度条件求直径。由式(10-21),得

$$I_p \geqslant \frac{M_{x\max}}{G[\theta]} = \frac{7\times10^3}{8\times10^{10}\times0.2\times\pi/180} m^4 = 2.51\times10^{-5} m^4$$

$$d \geqslant \sqrt[4]{\frac{32I_p}{\pi}} = \sqrt[4]{\frac{32\times2.51\times10^{-5}}{\pi}} m = 0.126m$$

综合考虑强度要求和刚度要求,轴直径应取 $d=126mm$。

10.7　矩形截面杆的自由扭转

工程中常遇到一些非圆截面杆的扭转问题,如横截面为矩形、工字形、槽形等。试验表

明,这些非圆截面杆扭转后,横截面不再保持为平面,而是会发生**翘曲**。由于截面翘曲,根据平面假设建立起来的一些圆杆扭转公式在非圆截面杆中便不再适用。

非圆截面杆扭转时,若截面翘曲不受约束,例如两端自由的直杆受一对外力偶矩扭转时,则各截面翘曲程度相同,这时杆的横截面上只有切应力而没有正应力,这种扭转称为**自由扭转**。若杆端存在约束或杆的各截面上扭矩不同,则横截面的翘曲受到限制,因而各截面上翘曲程度不同,这时杆的横截面上除有切应力外,还将产生正应力,这种扭转称为**约束扭转**。由约束扭转产生的正应力在实体截面杆中很小,可不予考虑,但在薄壁截面杆中却不能忽略。本节仅简单介绍矩形截面杆和开口薄壁截面杆的自由扭转问题。

10.7.1 矩形截面杆

矩形截面杆自由扭转时,变形情况如图 10-20(a)所示。由于截面翘曲,无法用材料力学的方法分析杆的应力和变形。现在介绍由弹性力学分析得到的一些主要结果。

(1) 横截面上沿截面周边、对角线及对称轴上的切应力分布情况如图 10-20(b)所示。由图可见,横截面周边上各点处的切应力平行于周边。这个结论可由切应力互等定理及杆表面无应力的情况证明。如图 10-20(c)所示的横截面上,在周边上任一点 A 处取一微元体,在微元体上若有任意方向的切应力,则必可分解成平行于周边的切应力 τ 和垂直于周边的切应力 τ'。由切应力互等定理可知,当 τ' 存在时,则微元体的左侧面上必有 τ'',但左侧面是杆的外表面,其上没有切应力,故 $\tau'' = 0$,由此可知 $\tau' = 0$,于是该点只有平行于周边的切应力 τ。同理,凸角处切应力为零。由图 10-20(b)还可看出,对称轴上的切应力与轴垂直,长边中点处的切应力是整个横截面上的最大切应力。

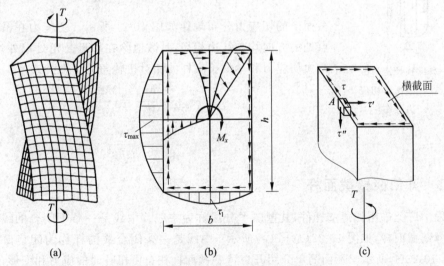

图 10-20 矩形截面杆扭转变形及切应力分布

(2) 长边、短边中点切应力(横截面上产生最大切应力的点)和单位长度扭转角的计算公式分别为

$$\tau_{\max} = \frac{M_x}{W_T} \qquad (10\text{-}22)$$

$$\tau_1 = \gamma \tau_{max} \tag{10-23}$$

$$\theta = \frac{M_x}{GI_T} \tag{10-24}$$

式中,$W_T = \alpha b^3$,称为矩形截面的扭转截面系数;γ 为短边中点切应力与长边中点切应力的比例因数;$I_T = \beta b^4$,称为矩形截面的极惯性矩;h、b 分别为矩形截面的长边和短边长度。α、β 和 γ 的数值见表 10-1,由表可见当 $m \geqslant 10$ 时,$\alpha = \beta \approx \frac{1}{3} m$,$\gamma \approx 0.74$。

表 10-1　矩形截面杆自由扭转的系数 α、β 和 γ

$m = \dfrac{h}{b}$	1.0	1.2	1.5	2.0	2.5	3.0	4.0	6.0	8.0	10.0
α	0.208	0.263	0.346	0.493	0.645	0.801	1.150	1.789	2.456	3.12
β	0.140	0.199	0.294	0.457	0.622	0.790	1.123	1.789	2.456	3.12
γ	1.000	0.930	0.858	0.796	0.766	0.753	0.745	0.743	0.743	0.74

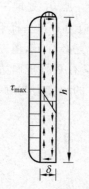

图 10-21　狭长矩形截面扭转切应力分布

(3) 对于狭长矩形截面($m = h/\delta \geqslant 10$,为了与一般矩形相区别,将狭长矩形的短边长度 b 改写成 δ),由表 10-1 可知,W_T、I_T 可以直接用下式分别计算:

$$\begin{cases} W_T = \dfrac{1}{3} m \delta^3 = \dfrac{1}{3} h \delta^2 \\[2mm] I_T = \dfrac{1}{3} m \delta^4 = \dfrac{1}{3} h \delta^3 \end{cases} \tag{10-25}$$

截面上的切应力分布规律如图 10-21 所示。切应力在沿长边各点处的方向均与长边相切,其数值除在靠近凸角处以外均相等。最大切应力和单位长度杆的相对扭转角的计算公式为

$$\tau_{max} = \frac{M_x}{W_T} = \frac{3M_x}{h\delta^2} \tag{10-26}$$

$$\theta = \frac{M_x}{GI_T} = \frac{3M_x}{Gh\delta^3} \tag{10-27}$$

10.7.2　开口薄壁截面杆

工程中广泛采用的薄壁杆件,其壁厚平分线称为中线。中线是一条不闭合的线的杆称为开口薄壁截面杆,如图 10-22(a)~(e)所示;中线是一条闭合线的杆称为闭口薄壁截面杆,如图 10-22(f)所示。下面简单介绍开口薄壁截面杆在自由扭转时的应力和变形,而闭口薄壁截面杆的扭转不再介绍。

开口薄壁截面杆的横截面可看作由若干狭长的矩形截面组成的。杆发生扭转变形时,横截面上的总扭矩为 M_x,而每个狭长矩形截面上由切应力合成的扭矩设为 M_{xi}。如果能求出 M_{xi},则可由式(10-26)和式(10-27)求出每个狭长矩形截面的最大切应力和单位长度杆的扭转角。横截面上的总扭矩应等于各狭长矩形截面上的扭矩之和,即

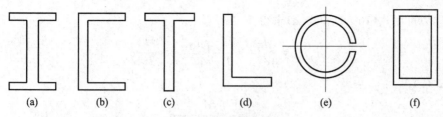

$$(a) \qquad (b) \qquad (c) \qquad (d) \qquad (e) \qquad (f)$$

图 10-22　薄壁截面

$$M_x = M_{x1} + M_{x2} + \cdots + M_{xn} = \sum_{i=1}^{n} M_{xi} \qquad (a)$$

显然,由式(a)无法求出每个狭长矩形截面上的扭矩 M_{xi}。为此需从几何、物理方面进行分析,建立补充方程,然后再与式(a)联立求解。

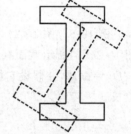

依据试验结果可作出如下假设:开口薄壁截面杆扭转后,横截面虽然翘曲,但横截面的周边形状在其变形前平面上的投影保持不变。此假设称为**刚周边假设**。例如图 10-23 所示的工字形截面杆扭转后,其横截面在原平面内的投影仍为工字形(图中用虚线表示)。当开口薄壁截面杆沿杆长每隔一定距离有加劲板时,上述假设基本上和实际变形情况符合。由此可知,横截面的单位长度扭转角 θ 和各狭长矩形的单位长度扭转角 θ_i 均相同,即

图 10-23　刚周边假设

$$\theta = \theta_1 = \theta_2 = \cdots = \theta_n \qquad (b)$$

由式(10-27)可得

$$\theta = \frac{M_x}{GI_T}, \qquad \theta_i = \frac{M_{xi}}{GI_{Ti}} \qquad (c)$$

将式(c)代入式(b),得

$$\frac{M_{xi}}{GI_{Ti}} = \frac{M_x}{GI_T}$$

或

$$M_{xi} = \frac{M_x}{I_T} I_{Ti} \qquad (d)$$

将式(d)代入式(a)得

$$M_x = \sum_{i=1}^{n} \left(\frac{M_x}{I_T} I_{Ti} \right) = \frac{M_x}{I_T} \sum_{i=1}^{n} I_{Ti}$$

由此可得

$$I_T = \sum_{i=1}^{n} I_{Ti} \qquad (e)$$

式中 I_T 是薄壁截面的等效极惯性矩。

将式(e)代入式(c)得

$$\theta = \frac{M_x}{G \sum\limits_{i=1}^{n} I_{Ti}} = \frac{M_x}{\frac{1}{3} G \sum\limits_{i=1}^{n} h_i \delta_i^3} \qquad (10\text{-}28)$$

式中 h_i 和 δ_i 分别为第 i 个狭长矩形截面的长边边长和短边边长。每个狭长矩形截面上的

最大切应力可由式(10-26)和式(d)求得

$$\tau_{\max i} = \frac{M_{xi}}{W_{Ti}} = \frac{M_x}{T_T}\left(\frac{I_{Ti}}{W_{Ti}}\right) = \frac{M_x}{I_T}\delta_i$$

再利用式(e)得

$$\tau_{\max i} = \frac{M_x}{\frac{1}{3}\sum_{i=1}^{n}h_i\delta_i^3}\delta_i \tag{10-29}$$

由此可见,横截面上的最大切应力发生在厚度 δ_i 最大的狭长矩形的长边中点处。其值为

$$\tau_{\max} = \frac{M_x}{\frac{1}{3}\sum_{i=1}^{n}h_i\delta_i^3}\delta_{\max} \tag{10-30}$$

例 10-5 图 10-24 所示为两薄壁钢管的截面。图 10-24(a)所示截面为闭口薄壁截面;图 10-24(b)所示截面有一缝,为开口薄壁截面。设它们的平均直径 D_0 和厚度 δ 均相同,且 $\delta/D_0 = 1/10$,并假设它们受到相同的外力偶矩作用,试比较两者截面上的最大切应力及单位长度扭转角。

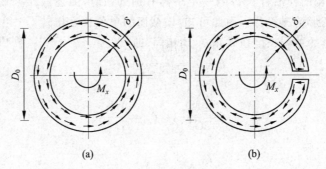

图 10-24 例 10-5 附图

解 (1) 最大切应力。

闭口薄壁截面:由式(10-7)和式(10-13),得

$$\tau_{\max}^{(a)} = \frac{M_x}{W_p} = \frac{2M_x}{\pi D_0^2 \delta} \tag{a}$$

开口薄壁截面:可将此截面展开,看成狭长矩形,长为 $h = \pi D_0$,宽为 δ。由式(10-26)得

$$\tau_{\max}^{(b)} = \frac{3M_x}{h\delta^2} = \frac{3M_x}{\pi D_0 \delta^2} \tag{b}$$

由式(a)和式(b)得

$$\frac{\tau_{\max}^{(b)}}{\tau_{\max}^{(a)}} = \frac{3D_0}{2\delta} = 15$$

即开口薄壁截面管的最大切应力是闭口薄壁截面管的 15 倍。

(2) 单位长度杆的相对扭转角。

闭口薄壁截面:由式(10-17)和式(10-12)得

$$\theta^{(a)} = \frac{M_x}{GI_p} = \frac{4M_x}{G\pi D_0^3 \delta} \tag{c}$$

开口薄壁截面：由式（10-27）得

$$\theta^{(b)} = \frac{3M_x}{Gh\delta^3} = \frac{3M_x}{G\pi D_0\delta^3} \tag{d}$$

由式（c）和式（d）得

$$\frac{\theta^{(b)}}{\theta^{(a)}} = \frac{3}{4}\left(\frac{D_0}{\delta}\right)^2 = 75$$

即开口薄壁截面管的单位长度杆相对扭转角是闭口薄壁截面管的 75 倍。由以上两方面的计算可见，闭口薄壁截面形式好得多。

习题

10-1 试作附图中各圆杆的扭矩图。

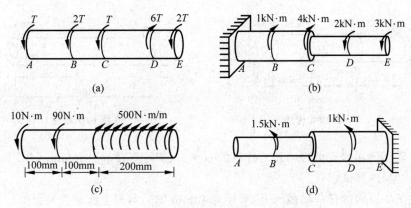

习题 10-1 附图

10-2 一传动轴以 200r/min 的角速度转动，轴上装有 4 个轮子，如附图所示，主动轮 2 输入功率 60kW，从动轮 1、3、4 依次输出功率 15kW、15kW 和 30kW。

（1）作轴的扭矩图。

（2）将 2、3 轮的位置对调，扭矩图有何变化？

10-3 一直径 $d=60$mm 的圆杆，其两端受 $T=2$kN·m 的外力偶矩作用而发生扭转，如附图所示。设轴的切变模量 $G=80$GPa。试求横截面上 1、2、3 点处的切应力和最大切应变，并在此三点处画出切应力的方向。

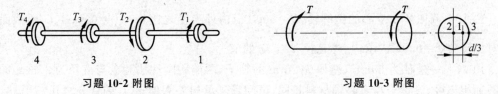

习题 10-2 附图　　　　　　　习题 10-3 附图

10-4 一变截面实心圆轴，受附图所示外力偶矩作用，求轴的最大切应力。

10-5 在直径为 300mm 的实心轴中镗出一个直径为 150mm 的通孔。若扭矩保持不

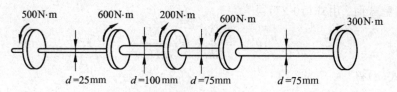

习题 10-4 附图

变,问最大切应力增大了百分之几?

10-6 一端固定、一端自由的钢圆轴,其几何尺寸及受力情况如附图所示,试求:

(1) 轴的最大切应力。

(2) 两端截面的相对扭转角。设 $G=80\mathrm{GPa}$。

10-7 一圆轴 AC 如附图所示。AB 段为实心,直径为 50mm;BC 段为空心,外径为 50mm,内径为 35mm。要使杆的总扭转角为 $0.12°$,试确定 BC 段的长度 a。设 $G=80\mathrm{GPa}$。

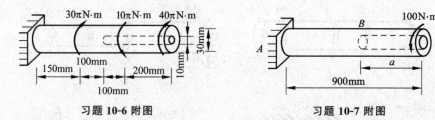

习题 10-6 附图　　　　　习题 10-7 附图

10-8 附图所示合金圆杆 ABC,材料的 $G=27\mathrm{GPa}$,直径 $d=150\mathrm{mm}$,BC 段内的最大切应力为 120MPa。试求:

(1) 在 BC 段内的任一横截面上,半径为 40mm 的圆截面上所承受的扭矩。

(2) B 截面的扭转角。

10-9 附图所示实心圆轴承受均匀分布的扭转外力偶矩作用,分布力偶矩的集度为 m。设轴的切变模量为 G,求自由端的扭转角(用 m、l、G、d 表示)。

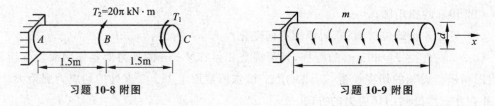

习题 10-8 附图　　　　　习题 10-9 附图

10-10 附图所示空心的钢圆轴,$G=80\mathrm{GPa}$,内外半径之比 $\alpha=\dfrac{r}{R}=0.6$,B、C 两截面的相对扭转角 $\varphi=0.03°$。求内、外直径 d 与 D 的值。

习题 10-11
讲解

10-11 一外径为 50mm、壁厚为 2mm 的管子,两端用刚性法兰盘与直径为 25mm 的实心圆轴相连接,设管子与实心轴材料相同,试问管子承担外力偶矩 T 的百分之几?

10-12 两端固定的圆截面 AB 杆,在 C 截面处受一绕轴转动的外力偶矩 T 作用,如附图所示,试导出使两端约束力偶矩数值上相等时,a/l 的表达式。

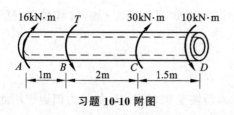

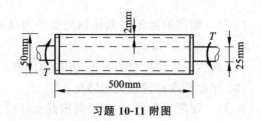

习题 **10-10** 附图　　　　　　习题 **10-11** 附图

10-13　两端固定的圆杆,直径 $d=80$mm,B、C 截面所受外力偶矩 $T=10$kN·m,如附图所示。若杆的容许切应力 $[\tau]=60$MPa,试校核该杆的强度。

习题 10-13
讲解

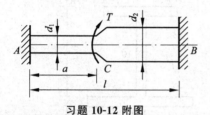

习题 **10-12** 附图　　　　　　习题 **10-13** 附图

10-14　附图所示传动轮的转速为 200r/min,从主动轮 3 上输入的功率为 80kW,由 1、2、4、5 轮输出的功率分别为 25、15、30kW 和 10kW。设 $[\tau]=20$MPa。

（1）试按强度条件选定轴的直径。

（2）若轴改用变截面,试分别定出每一段轴的直径。

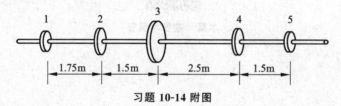

习题 **10-14** 附图

10-15　附图所示传动轴的转速为 $n=500$r/min,主动轮的输入功率 $P_1=500$kW,从动轮 2、3 的输出功率分别为 $P_2=200$kW 和 $P_3=300$kW。已知 $[\tau]=70$MPa,$[\theta]=1(°)/$m,$G=8\times10^4$MPa。

（1）确定 AB 段的直径 d_1 和 BC 段的直径 d_2。

（2）若 AB 和 BC 两段选用同一直径,试确定直径 d。

10-16　一实心圆杆,直径 $d=100$mm,受外力偶矩 T_1 和 T_2 作用,如附图所示。若杆的容许切应力 $[\tau]=80$MPa,900mm 长内的容许扭转角 $[\varphi]=0.0014$rad,求 T_1 和 T_2 的值。已知 $G=80\times10^4$MPa。

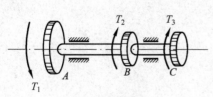

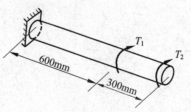

习题 **10-15** 附图　　　　　　习题 **10-16** 附图

10-17 附图所示矩形截面钢杆受外力偶矩作用,已知 $T = 3\text{kN} \cdot \text{m}$,材料的切变模量 $G = 80 \times 10^3 \text{MPa}$。求:

(1) 杆内最大切应力的大小、方向和位置。

(2) 单位长度杆的最大扭转角。

10-18 如附图所示,工字形薄壁截面杆长 2m,两端受 $0.2\text{kN} \cdot \text{m}$ 的外力偶矩作用而扭转。设 $G = 80 \times 10^3 \text{MPa}$,求此杆的最大切应力及杆单位长度的扭转角。

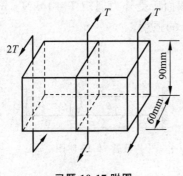

习题 10-17 附图

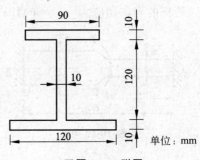

单位: mm

习题 10-18 附图

本章习题参考解答

第11章

连接件强度计算

11.1 概述

工程中的结构大多是通过构件连接而成的。在构件连接部位,一般要有起连接作用的部件,这种部件称为**连接件**。图 11-1(a)所示为将两块钢板用铆钉连接成一根拉杆,图 11-1(b)所示为轮和轴用键连接,其中的铆钉和键就是连接件。此外,木结构中常用的榫、螺栓、销钉等都是起连接作用的连接件。

为了保证连接后的杆件或构件不发生强度失效,除杆件或构件整体必须满足强度要求外,连接件本身也应具有足够的强度。

铆钉、键等连接件的主要受力和变形特点如图 11-1(c)所示。作用在连接件两侧面上的外力的一对合力大小相等,均为 F,而方向相反,作用线相距很近,并使各自作用的部分沿着与合力作用线平行的截面 $m—m$ 发生相对错动,即发生**剪切变形**。

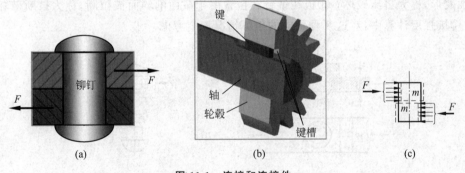

图 11-1 连接和连接件

连接件的实际受力和变形情况很复杂,其本身又不是细长直杆,因而要精确地分析其内力和应力很困难。工程中对连接件通常根据其实际破坏的主要形式,对其内力和相应的应力分布作一些简化,计算出相应的名义应力,作为强度计算中的工作应力;材料的容许应力,则是通过对连接件进行破坏试验,并用相同的方法由破坏荷载计算出各种极限应力,再除以安全因数而获得。实践证明,只要简化得当,并有充分的试验依据,按这种**实用计算法**得到的工作应力和容许应力建立起来的强度条件在工程中应用就是可靠的。

此外,工程中还有一些杆件或构件的连接采用焊接、胶接形式,如图 11-2 所示。虽然其中没有明确的连接件,但在这些连接中接头部位的应力计算和强度计算也采用与上述连接件相同的实用计算方法。

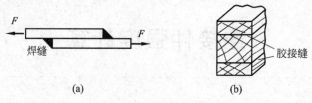

图 11-2 焊接和胶接

11.2 铆接的强度计算

铆接、螺栓连接、销钉连接等都是工程中常用的连接形式。这一类连接通常是在被连接杆件上用冲、钻等方法加工成孔,孔中穿以铆钉、螺栓或销钉而将各杆件连成整体。对这类连接件,不仅要计算其各种强度,通常还要对被连接杆件的接头部位进行强度计算。下面以铆接作为这一类连接的典型形式,进行强度计算分析。

11.2.1 简单铆接接头

1. 搭接接头

图 11-3(a)所示的铆接接头,用一个铆钉将两块钢板以搭接形式连接成一拉杆。两块钢板通过铆钉相互传递作用力。这种接头可能有 3 种破坏形式:①铆钉沿横截面剪断,称为剪切破坏;②铆钉与板中孔壁相互挤压而在铆钉柱表面或孔壁柱面的局部范围内发生显著的塑性变形,称为挤压破坏;③板在铆钉孔位置由于截面削弱而被拉断,称为拉断破坏。因此,在铆接强度计算中,对这 3 种可能的破坏情况均应考虑。

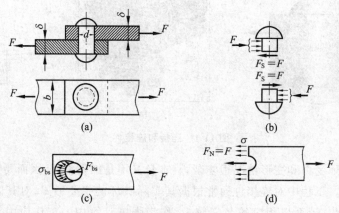

图 11-3 搭接铆接接头

(1) 剪切强度计算。在图 11-3(a)所示的连接情况下,铆钉的受力情况如图 11-3(b)所示。应用截面法,可知铆钉中间横截面的内力只有剪力 F_S。这个横截面称为**剪切面**。铆钉将可能沿这个横截面发生剪切破坏。由铆钉上半部或下半部的平衡方程可求得

$$F_S = F \tag{11-1}$$

在连接件的实用计算中,假定剪切面上的切应力均匀分布,因此,剪切面上的**名义切应力**为

$$\tau = \frac{F_S}{A_S} \qquad (11-2)$$

式中 A_S 为剪切面面积。若铆钉直径为 d,则 $A_S = \pi d^2/4$。

为使铆钉不发生剪切破坏,要求

$$\tau = \frac{F_S}{A_S} \leqslant [\tau] \qquad (11-3)$$

此为铆钉的剪切强度条件,式中 $[\tau]$ 为铆钉的容许切应力。如将铆钉按上述实际受力情况进行剪切破坏试验,量测出铆钉在剪断时的极限荷载 F_u,并由式(11-1)和式(11-2)计算出铆钉剪切破坏的极限切应力 τ_u,再除以安全因数 n,就可得到 $[\tau]$。对于钢材,通常取 $[\tau] = (0.6 \sim 0.8)[\sigma]$。在这种搭接连接中铆钉的剪切面只有一个,故称为**单剪**。

(2) 挤压强度计算。在如图 11-3(a)所示的连接情况下,铆钉柱面和板的孔壁面上将因相互压紧而产生挤压力 F_{bs},从而在相互压紧的范围内引起**挤压应力** σ_{bs}。

挤压力 F_{bs} 也可由铆钉上半部或下半部或一块钢板的平衡方程求得

$$F_{bs} = F \qquad (11-4)$$

挤压应力的实际分布情况比较复杂。根据理论和试验分析结果,半个铆钉圆柱面与孔壁柱面间挤压应力的分布大致如图 11-3(c)所示,最大挤压应力很难精确分析。将铆钉直径与板厚相乘所得面积用 A_{bs} 表示(称名义挤压面积),再将挤压力 F_{bs} 除以 A_{bs} 得**名义挤压应力**,即

$$\sigma_{bs} = \frac{F_{bs}}{A_{bs}} \qquad (11-5)$$

分析结果也表明它与实际挤压面上的最大挤压应力在数值上相近。若铆钉的直径为 d,板的厚度为 δ,则式(11-5)中的 $A_{bs} = d\delta$。为使铆钉或孔壁不发生挤压破坏,要求

$$\sigma_{bs} = \frac{F_{bs}}{A_{bs}} \leqslant [\sigma_{bs}] \qquad (11-6)$$

此为铆接的挤压强度条件,式中 $[\sigma_{bs}]$ 为容许挤压应力。$[\sigma_{bs}]$ 也可由通过挤压破坏试验得到的极限名义挤压应力 σ_{bsu} 除以安全因数 n 得到。对于钢材而言,通常取 $[\sigma_{bs}]$ 为容许正应力的 $1.7 \sim 2.0$ 倍。当铆钉与板的材料不相同时,应对 $[\sigma_{bs}]$ 较小者进行挤压强度计算。

(3) 拉伸强度计算。在图 11-3(a)所示的连接情况下,板中有一铆钉孔,板的横截面面积在铆钉孔处受到削弱,并以铆钉孔中心处的横截面面积为最小,故该横截面为板的危险截面。假想将板在该截面处截开,则板的受力情况如图 11-3(d)所示。根据平衡方程,可以求出该截面的轴力为

$$F_N = F \qquad (11-7)$$

在实用计算中,假定该截面的拉应力是均匀分布的,因此可计算出该截面的**名义拉应力**为

$$\sigma_t = \frac{F_N}{A_t} \qquad (11-8)$$

式中 A_t 为板的拉断面面积。若铆钉直径为 d,板的厚度为 δ,宽度为 b,则 $A_t = (b-d)\delta$。

为使板在该截面不发生拉断破坏,要求

$$\sigma_t = \frac{F_N}{A_t} \leqslant [\sigma_t] \qquad (11\text{-}9)$$

此为铆接的拉伸强度条件,式中$[\sigma_t]$为板的容许拉应力。需注意实际横截面上的正应力并不是均匀分布,且有应力集中的情况。这些因素在容许拉应力的取值中应适当考虑。

铆接接头的强度应同时满足强度条件式(11-3)、式(11-6)和式(11-9)。根据这3个强度条件可校核铆接接头的强度,设计铆钉直径和计算容许荷载。

2. 对接接头

图11-4(a)所示的铆接接头是在主板上、下各加一块盖板,左、右各用一个铆钉将对置的两块主板连接起来的,此种连接方式称为对接。对接接头中两主板通过铆钉及盖板相互传递作用力。

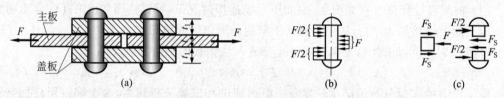

图 11-4 对接铆接接头

接头中铆钉的受力情况如图 11-4(b)所示。它有两个剪切面,称为**双剪**。由于上下对称,在实用计算中,假定两个剪切面上的剪力相等,均为 $F_S = F/2$,则左边一个铆钉的受力情况如图 11-4(c)所示。每一剪切面上的名义切应力也假定相等,均为

$$\tau = \frac{F_S}{A_S} = \frac{F}{2A_S} \qquad (11\text{-}10)$$

式中 A_S 为一个剪切面的面积。

在这种对接连接中,主板的厚度 t 通常小于两盖板厚度之和,即 $t < 2t_1$,因而需要校核铆钉中段圆柱面与主板孔壁间的相互挤压强度。铆钉中段柱面与主板孔壁间的相互挤压力为 $F_{bs} = F$。因此,相应的名义挤压应力为

$$\sigma_{bs} = \frac{F_{bs}}{A_{bs}} = \frac{F}{A_{bs}} \qquad (11\text{-}11)$$

式中 A_{bs} 为名义挤压面积。同样地,由于 $t < 2t_1$,故只需计算主板的拉伸强度。主板被铆钉孔削弱后,过铆钉孔中心的横截面为危险截面,该截面上的轴力为 $F_N = F$,名义拉应力为

$$\sigma_t = \frac{F_N}{A_t} = \frac{F}{A_t} \qquad (11\text{-}12)$$

式中 A_t 为主板铆钉中心处受拉面的面积。相应的剪切强度、挤压强度和拉伸强度仍可按强度条件式(11-3)、式(11-6)和式(11-9)进行计算。

11.2.2 铆钉群接头

如果搭接接头或对接接头的每块主板中的铆钉超过一个,那么这种接头称为铆钉群接头。在铆钉群接头中,各铆钉的直径通常相等,材料也相同,并按一定的规律排列。其受力

可分为两种情况进行分析。

1. 外力通过铆钉群中心

图 11-5(a)所示的铆钉群接头,用 4 个铆钉将两块板以搭接形式连接,外力 F 通过铆钉群中心。对这种接头,通常假定外力均匀分配在每个铆钉上,即每个铆钉所受的外力均为 $F/4$,则各铆钉剪切面上名义切应力相等,各铆钉柱面或板孔壁面上的名义挤压应力也相等。因此,可取任一铆钉进行剪切强度和挤压强度计算。具体方法可参照上节单个铆接情况进行。

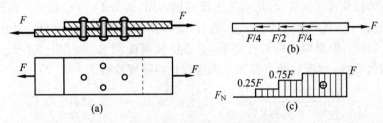

图 11-5　外力过铆钉群中心的接头

但对这种接头进行板的拉伸强度计算时,要注意铆钉的实际排列情况。图 11-5(a)所示的接头,上面一块板的受力图和轴力图分别如图 11-5(b)、(c)所示。对该板的危险截面要综合考虑铆钉孔削弱后的截面面积和轴力大小两个因素。只要确定了危险截面并计算出板的最大名义拉应力,则板的拉伸强度计算也可参照简单铆接情况进行。

例 11-1　图 11-6(a)所示为一对接铆钉群接头。每边有 3 个铆钉,受轴向拉力 $F = 130\mathrm{kN}$ 作用。已知主板及盖板宽 $b = 110\mathrm{mm}$,主板厚 $t = 10\mathrm{mm}$,盖板厚 $t_1 = 7\mathrm{mm}$,铆钉直径 $d = 17\mathrm{mm}$。材料的容许应力分别为 $[\tau] = 120\mathrm{MPa}$,$[\sigma_t] = 160\mathrm{MPa}$,$[\sigma_{bs}] = 300\mathrm{MPa}$。试校核铆钉群接头的强度。

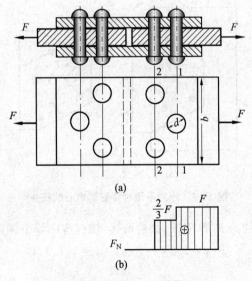

图 11-6　例 11-1 附图

解　由于主板所受外力 F 通过铆钉群中心,故每个铆钉受力相等,均为 $F/3$。

由于对接,铆钉为双剪形式,则由式(11-10)计算铆钉的剪切强度:

$$\tau = \frac{F/3}{2 \times \pi d^2/4} = \frac{130 \times 10^3/3}{2\pi \times 0.017^2/4} \text{Pa} = 95.5 \times 10^6 \text{Pa} = 95.5 \text{MPa} < [\tau] = 120 \text{MPa}$$

可见铆钉满足剪切强度要求。由于 $t < 2t_1$,故只需校核主板(或铆钉中间段)的挤压强度,由式(11-11)计算挤压强度:

$$\sigma_{bs} = \frac{F/3}{td} = \frac{130 \times 10^3/3}{0.01 \times 0.017} \text{Pa} = 254.9 \times 10^6 \text{Pa} = 254.9 \text{MPa} < [\sigma_{bs}] = 300 \text{MPa}$$

可见铆钉满足挤压强度要求。

校核主板的拉伸强度条件,作出右边主板的轴力图,如图 11-6(b)所示。由图可见:1—1 截面上轴力 $F_{N1} = F$,并只被一个铆钉孔削弱,有效横截面面积 $A_{t1} = (b-d)t$;2—2 截面上轴力 $F_{N2} = 2F/3$,但被两个铆钉孔削弱,有效横截面面积 $A_{t2} = (b-2d)t$。无法直接判断哪一个是危险截面,故应对两个截面分别进行拉伸强度校核。

$$\sigma_{t1} = \frac{F_{N1}}{A_{t1}} = \frac{130 \times 10^3}{(0.11-0.017) \times 0.01} \text{Pa} = 139.8 \times 10^6 \text{Pa} = 139.8 \text{MPa} < [\sigma_t] = 160 \text{MPa}$$

$$\sigma_{t2} = \frac{F_{N2}}{A_{t2}} = \frac{2 \times 130 \times 10^3/3}{(0.11-2 \times 0.017) \times 0.01} \text{Pa} = 114.0 \times 10^6 \text{Pa} = 114.0 \text{MPa} < [\sigma_t] = 160 \text{MPa}$$

所以主板的拉伸强度也满足要求。

2. 外力不通过铆钉群中心

图 11-7(a)所示的铆钉群接头,用 4 个铆钉将两块板以搭接形式连接,所受外力 F 不通过铆钉群中心,为偏心受载铆钉群。对这种接头进行分析计算时,首先将外力 F 向铆钉群中心 C 点简化,得到一个作用在 C 点处并与原外力平行的力 F' 和一个力偶矩 $M_e = Fe$,式中 e 为偏心距。现分别对铆钉群受力 F' 及力偶矩 M_e 作用的情况进行分析。

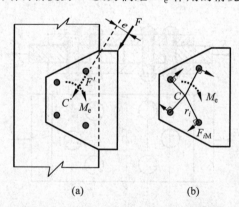

(a)　　　　　　(b)

图 11-7　外力不通过铆钉群中心的接头

在通过中心 C 点处的力 F' 作用下,如前所述,铆钉群中每个铆钉所受的力均为

$$F_{iP} = F'/4 = F/4, \quad i = 1, 2, 3, 4 \tag{11-13}$$

各 F_{iP} 的方向与 F 平行。

在力偶矩 M_e 作用下,各铆钉所受的力 F_{iM} 的大小与该铆钉至铆钉群中心 C 点的距离 r_i 成正比,且垂直于 r_i,见图 11-7(b)。由力系的等效有

$$M_e = \sum_{i=1}^{4} F_{iM} r_i \tag{11-14}$$

将此式与式

$$\frac{F_{1M}}{r_1} = \frac{F_{2M}}{r_2} = \frac{F_{3M}}{r_3} = \frac{F_{4M}}{r_4} \tag{11-15}$$

联立解得 $F_{iM}(i=1,2,3,4)$。从而，在 F' 和 M_e 共同作用下，即在原偏心的外力 F 作用下，铆钉群中每一铆钉所受的力应为作用在铆钉上的力 F_{iP} 和 F_{iM} 的矢量和。各铆钉的受力明确后，即可按照前述方法对单铆钉进行强度分析。

如果铆钉群接头仅受力矩 M_e 作用，则只需按上述对与力矩 M_e 有关的部分进行分析计算。如果这种铆接接头是对接形式，铆钉将受双剪作用，则可参照前述双剪铆钉的情况进行分析计算。

请读者仔细分析式(11-13)和式(11-15)假设的合理性。

例 11-2   直径 $D=100$mm 的轴，由两段连接而成，连接处加凸缘，并在 $D_0=200$mm 的圆周上布置 8 个螺栓紧固，如图 11-8 所示。已知轴在扭转时的最大切应力为 70MPa，螺栓的容许切应力 $[\tau]=60$MPa。试求螺栓所需直径 d。

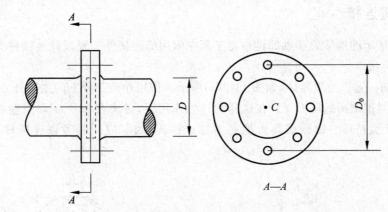

图 11-8 例 11-2 附图

解   此螺栓群接头仅受外力偶矩 T 作用，螺栓均为单剪。设每个螺栓所受的力为 F_i，至螺栓群中心 C 的距离为 r_i，则有

$$T = \sum_{i=1}^{8} F_i r_i$$

由于 8 个螺栓布置在同一圆周上，各 r_i 相等，均为 $D_0/2$，因而各螺栓所受的力必相等，均为

$$F_i = \frac{T}{8D_0/2} = \frac{T}{4D_0}$$

T 可由轴的最大切应力求得

$$T = \tau_{max} W_p = \tau_{max} \frac{\pi D^3}{16}$$

由于各螺栓均为单剪，所以每个螺栓剪切面上的剪力为

$$F_S = F_i = \frac{T}{4D_0} = \frac{\tau_{max} \pi D^3}{64 D_0}$$

将已知数据代入得

$$F_S = \frac{70 \times 10^6 \times \pi \times 0.1^3}{64 \times 0.2} \mathrm{N} = 17.1 \times 10^3 \mathrm{N} = 17.1 \mathrm{kN}$$

每个螺栓剪切面上的名义切应力为

$$\tau = \frac{F_S}{A_S} = \frac{4F_S}{\pi d^2}$$

再由式(11-3)给出的剪切强度条件,可得螺栓所需直径

$$d \geqslant \sqrt{\frac{4F_S}{\pi [\tau]}} = \sqrt{\frac{4 \times 17.1 \times 10^3}{\pi \times 60 \times 10^6}} \mathrm{m} = 1.91 \times 10^{-2} \mathrm{m} = 19.1 \mathrm{mm}$$

最后螺栓的直径可取 $d = 20 \mathrm{mm}$。

11.3　其他连接件的强度计算

11.3.1　键连接

图 11-9 所示的连接轮和轴的键也是工程中常用的连接件。现以此连接件为例,说明键的强度计算方法。

将键和轴一起作为脱离体,如图 11-9(a)所示。作用在该部分上的主要外力有轴上的力偶矩 T 和轮对键侧面的压力 F。在这样的外力作用下,键将在 $m-m$ 面受剪切,并在半个侧面 $m-n$ 上受挤压。键的破坏可能是剪切或挤压,因而应同时考虑这两种可能的破坏情况。

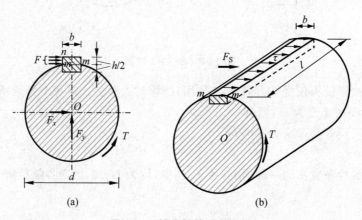

图 11-9　键连接的受力分析

1. 剪切强度计算

假想沿 $m-m$ 面将键截开,并将键的下半部与轴一起取出,如图 11-9(b)所示。这时剪切面 $m-m$ 上将有剪力 F_S。根据力矩平衡方程,可得

$$F_S = \frac{T}{d/2} = \frac{2T}{d} \tag{11-16}$$

式中 d 为轴的直径。

假定剪切面上的切应力是均匀分布的,得名义切应力为

$$\tau = \frac{F_S}{A_S} = \frac{F_S}{bl} \tag{11-17}$$

式中 A_S 为剪切面面积。若键的长度为 l,宽度为 b,则 $A_S = bl$。键的剪切强度条件为

$$\tau = \frac{F_S}{A_S} \leqslant [\tau] \tag{11-18}$$

式中 $[\tau]$ 为键的容许切应力。

2. 挤压强度计算

键挤压面 m—n 上的挤压力 F_{bs} 可由键 m—m 面以上部分的平衡方程求得

$$F_{bs} = F = F_S = \frac{2T}{d} \tag{11-19}$$

假定挤压面上的挤压应力是均匀分布的,则可以计算名义挤压应力并建立起挤压强度条件:

$$\sigma_{bs} = \frac{F_{bs}}{A_{bs}} \leqslant [\sigma_{bs}] \tag{11-20}$$

式中 A_{bs} 为挤压面面积,即实际受到挤压的半个键的侧面积。若键的高度为 h,则 $A_{bs} = hl/2$。$[\sigma_{bs}]$ 为键的容许挤压应力。

例 11-3　两根直径 $d = 80\text{mm}$ 的轴段通过轴套对接,如图 11-10 所示。轴与轴套间用 $h = 14\text{mm}$,$b = 24\text{mm}$,$l = 140\text{mm}$ 的键连接。已知键的材料为钢材,$[\tau] = 70\text{MPa}$,$[\sigma_{bs}] = 200\text{MPa}$。试由键的强度求此轴所能传递的最大力偶矩。

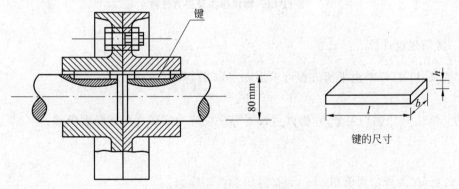

图 11-10　例 11-3 附图

解　设轴所能传递的最大力偶矩为 T。由键的剪切强度条件式(11-18)得

$$T = \frac{1}{2}bld[\tau] = \frac{1}{2} \times 0.024 \times 0.14 \times 0.08 \times 70 \times 10^6 \text{N} \cdot \text{m}$$

$$= 9.41 \times 10^3 \text{N} \cdot \text{m} = 9.41\text{kN} \cdot \text{m}$$

由键的挤压强度条件式(11-20)得

$$T = \frac{1}{4}hld[\sigma_{\mathrm{bs}}] = \frac{1}{4} \times 0.014 \times 0.14 \times 0.08 \times 200 \times 10^6 \mathrm{N \cdot m}$$

$$= 7.84 \times 10^3 \mathrm{N \cdot m} = 7.84 \mathrm{kN \cdot m}$$

比较二者可得该轴所能传递的最大力偶矩为 7.84kN·m。

11.3.2 榫连接

榫接是木结构或钢木混合结构中常用的接头形式。如图 11-11(a)所示的榫接接头,在外力 F 作用下,左、右两部分接头通过接触面 m—n 相互压紧而传递作用力。

取其中一块板作为考察对象,如图 11-11(b)所示。由于该部分在右端受外力 F,因而 m—n 面上受的压力也必为 F。在两个力作用下,m—m 面是剪切面,m—n 面是挤压面。此外,榫槽 mq 段内由于截面削弱,可能在该段任一横截面发生拉断破坏。因此,在进行强度计算时,应同时考虑这 3 种可能的破坏情况。

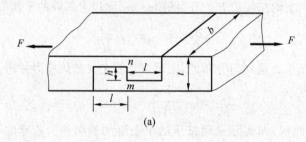

(a)

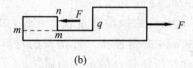

(b)

图 11-11　榫接接头及受力分析

1. 剪切强度计算

参考图 11-11(b),由平衡方程可求出 m—m 剪切面上的剪力为

$$F_{\mathrm{S}} = F \tag{11-21}$$

假设剪切面上切应力均匀分布,据此可计算名义切应力并建立剪切强度条件:

$$\tau = \frac{F_{\mathrm{S}}}{A_{\mathrm{S}}} \leqslant [\tau] \tag{11-22}$$

式中,$A_{\mathrm{S}} = bl$,为剪切面面积;$[\tau]$ 为材料的容许切应力。

2. 挤压强度计算

挤压面 m—n 上的挤压力为

$$F_{\mathrm{bs}} = F \tag{11-23}$$

假设挤压面上正应力均匀分布,据此可计算名义挤压应力并建立挤压强度条件:

$$\sigma_{\mathrm{bs}} = \frac{F_{\mathrm{bs}}}{A_{\mathrm{bs}}} \leqslant [\sigma_{\mathrm{bs}}] \tag{11-24}$$

式中，$A_{bs}=hb$，为挤压面面积；$[\sigma_{bs}]$ 为材料的容许挤压应力。

3．拉伸强度计算

榫槽 mq 段内任一横截面上的轴力为

$$F_N=F \tag{11-25}$$

假设横截面上正应力均匀分布，据此可计算名义拉应力并建立抗拉强度条件：

$$\sigma_t=\frac{F_N}{A_t}\leqslant[\sigma_t] \tag{11-26}$$

式中，$A_t=b(t-h)/2$，为横截面面积；$[\sigma_t]$ 为材料容许拉应力。严格来说，mq 段横截面上的拉应力并不均匀分布，应按偏心拉伸来分析（具体参考第 17 章）。这是拉伸强度的一种近似计算方法，或者说仅适用于偏心较小的情况。

例 11-4　图 11-12 所示为一木屋架榫接节点。斜杆和水平杆间的夹角为 30°，两杆均为高 $(h)\times$ 宽 $(b)=180\text{mm}\times140\text{mm}$ 的矩形截面；材料均为松木，材料的顺纹容许切应力 $[\tau_{顺}]=1\text{MPa}$，30° 斜纹容许挤压应力 $[\sigma_{bs30°}]=6.2\text{MPa}$。已知斜杆上传来的压力 $F_1=50\text{kN}$。试确定图中榫槽 t 和 a 的最小尺寸。

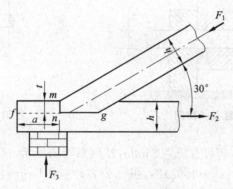

图 11-12　例 11-4 附图

解　设水平杆拉力为 F_2，砖柱压力为 F_3，则由该节点的平衡方程可求得

$$F_2=F_1\cos30°=43.3\text{kN}$$

由图 11-12 可见，水平杆中的 fn 面为顺纹剪切面，其面积为 $A_S=ab$。该剪切面上的剪力为

$$F_S=F_2=43.3\text{kN}$$

按剪切强度条件，可求得 a 的最小尺寸为

$$a=\frac{F_S}{b[\tau_{顺}]}=\frac{43.3\times10^3}{0.14\times10^6}\text{m}=0.31\text{m}$$

此外，水平杆和斜杆的交界面 $m-n$ 为主要挤压面（次要挤压面为 $n-g$），其面积为 $A_{bs}=tb$。该挤压面上的挤压力为

$$F_{bs}=F_2=43.3\text{kN}$$

按挤压强度条件可以求得 t 的最小尺寸。但要注意的是，挤压面 $m-n$ 上的挤压力是水平向的，因此，对水平杆是顺纹挤压，对斜杆却是斜纹挤压。两者的 $[\sigma_{bs}]$ 是不相同的。通常，木材的 $[\sigma_{bs顺}]$ 远大于 $[\sigma_{bs横}]$，而 $[\sigma_{bs斜}]$ 应介于二者之间。如何计算斜纹面的容许应力将在

专业课程中介绍。t 的最小尺寸应由斜杆的挤压强度条件确定,即

$$t = \frac{F_{bs}}{b[\tau_{bs30°}]} = \frac{43.3 \times 10^3}{0.14 \times 6.2 \times 10^6} \text{m} = 0.05\text{m}$$

习题

11-1 测定材料剪切强度的剪切器的示意图如附图所示。设圆试件的直径 $d=15\text{mm}$。当压力 $F=31.5\text{kN}$ 时,圆试件被剪断,试求材料的名义极限切应力。若容许切应力 $[\tau]=80\text{MPa}$,试问安全因数有多大?

11-2 试校核附图所示销钉的剪切强度。已知 $F=120\text{kN}$,销钉直径 $d=30\text{mm}$,材料的容许切应力 $[\tau]=70\text{MPa}$。若强度不够,应改用多大直径的销钉?

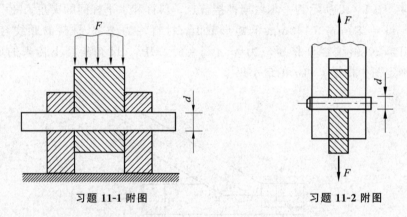

习题 11-1 附图　　　　　　习题 11-2 附图

11-3 两块钢板搭接,铆钉直径为 25mm,排列如附图所示。已知 $[\tau]=100\text{MPa}$,$[\sigma_{bs}]=280\text{MPa}$,板①的容许应力 $[\sigma]=160\text{MPa}$,板②的容许应力 $[\sigma]=140\text{MPa}$,求拉力 F 的容许值。如果铆钉排列次序相反,上排为两个铆钉,下排为 3 个铆钉,则 F 的容许值又为多少?

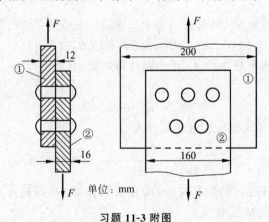

习题 11-3 附图

习题 11-4(a)
讲解

11-4 附图(a)、(b)所示托架,受力 $F=40\text{kN}$,铆钉直径 $d=20\text{mm}$,铆钉为单剪,求最危险铆钉上的切应力的大小及方向。

11-5 正方形截面的混凝土柱,横截面边长为 200mm,基底为边长 $a=1\text{m}$ 的正方形混

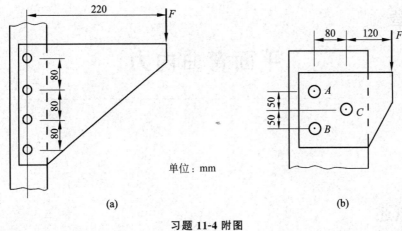

单位：mm

(a)　　　　　　　　　　　　　　(b)

习题 11-4 附图

凝土板。柱受轴向压力 $F = 120\text{kN}$ 作用，如附图所示。假设地基对混凝土板的支反力均匀分布，混凝土的容许切应力 $[\tau] = 1.5\text{MPa}$，求使柱不致穿过混凝土基底板，所需板的最小厚度 t。

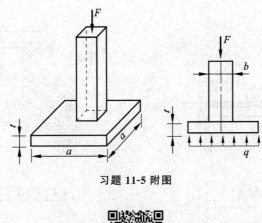

习题 11-5 附图

本章习题参考解答

第**12**章

平面弯曲内力

12. 1　概述

工程中有许多直杆,主要受横向荷载作用,变形后轴线成为曲线,杆件的这种变形称为**弯曲变形**。以弯曲为主要变形的杆通常称为**梁**。如图 12-1(a)中大桥的大梁、图 12-1(b)中闸门的挡水板(图示为其左半部分)、图 12-1(c)中的车轴以及图 12-1(d)中的挡水结构的木桩等。

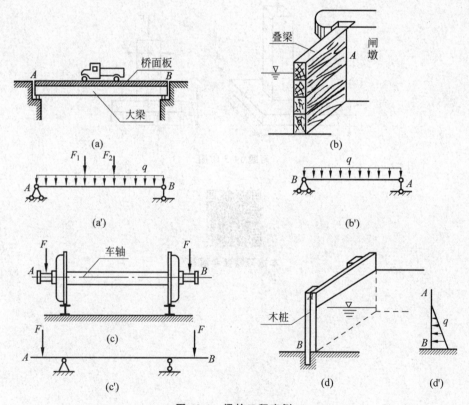

图 12-1　梁的工程实例

梁的变形较复杂。工程中常用的梁大多有一个纵向对称面(各横截面的纵向对称轴所组成的平面),且梁所受的力(包括约束力)都作用在对称面内。由变形的对称性可知,梁的轴线将在此平面内弯成一条平面曲线,这种弯曲变形称为**对称弯曲**,如图 12-2 所示。梁变形后,如轴线是一条平面曲线,且所在平面与外力所在的平面平行,则这种变形称为**平面弯曲**。显然对称弯曲属于平面弯曲。如梁没有纵向对称面,要发生平面弯曲需满足某些条件,具体将在后续内容中讨论。平面弯曲是梁最简单和最基本的一种弯曲变形。本书主要讨论平面弯曲时梁的内力、应力和变形的计算。

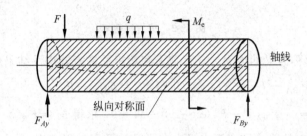

图 12-2 弯曲杆件

在对梁进行力学分析之前,常先对梁上所受荷载和梁的约束情况进行合理简化,得到梁的**力学计算简图**。通常,梁用其轴线表示;梁上的荷载可简化为集中荷载、分布荷载和集中力偶;根据不同支承情况,梁的支座可简化为固定铰支座、活动铰支座和固定端等。依据支座的简化情况,常把梁分为三类。

(1) **简支梁**。例如,图 12-1(a)所示的大梁和图 12-1(b)所示的一块挡水板,可将支承情况简化为一端是固定铰支座,另一端是可动铰支座,称为简支梁,如图 12-1(a′)和图 12-1(b′)所示。

(2) **外伸梁**。例如,图 12-1(c)所示的车轴,可将支承情况简化为一边是固定铰支座,另一边是可动铰支座,且梁具有外伸部分,称为外伸梁,如图 12-1(c′)所示。

(3) **悬臂梁**。例如,图 12-1(d)所示的木桩,上端自由,下端埋入地基,地基限制了下端的移动和转动,可简化为固定端,称为悬壁梁,如图 12-1(d′)所示。

在实际问题中,梁的约束简化需根据具体情况进行分析。以上三种梁,其支座反力均可由静力平衡方程求出,称为**静定梁**。仅用静力平衡方程不能求出全部支座反力的梁称为**超静定梁**。本章只讨论静定梁的内力计算。

梁的两支座间的距离称为**跨度**或**跨长**。常见的静定梁大多是单跨的。

12.2 剪力和弯矩

现进行平面弯曲时梁横截面上的内力分析。平面弯曲时梁所受的荷载及约束力组成一平衡的平面力系,可以通过截面法,用平面力系的平衡方程来计算梁横截面上的内力。现以图 12-3(a)所示的简支梁为例,假设梁上作用有荷载 F_1 和 F_2,根据平衡方程,可求得支座反力 F_{RA} 和 F_{RB},然后再用截面法取脱离体分析。

设任一横截面 m—m 至左端支座的距离为 x,沿该截面将梁截开,取左段梁(或右段梁)为研究对象,进行受力分析并作示力图,如图 12-3(b)或(c)所示。由脱离体在 y 方向力的投影平衡方程及对任意点的力矩平衡方程可知,横截面 m—m 上必定存在一与该截面平行的力和一力偶,该力用 F_S 表示,称为**剪力**;该力偶用 M 表示,称为**弯矩**。剪力和弯矩作用

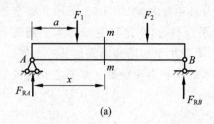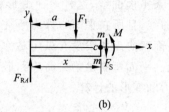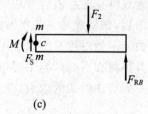

图 12-3　剪力和弯矩

在梁的横截面上,都称为梁的内力。计算剪力和弯矩的平衡方程及结果分别为

$$\sum F_{iy}=0:F_{RA}-F_1-F_S=0,\ 求得\ F_S=F_{RA}-F_1$$

$$\sum M_C(\boldsymbol{F}_i)=0:F_{RA}x-F_1(x-a)-M=0,\ 求得\ M=F_{RA}x-F_1(x-a)$$

横截面 $m—m$ 上的剪力和弯矩也可由右段梁的平衡方程求出,其大小与由左段梁求得的相同,但方向相反,如图 12-3(c)所示。计算弯矩时常用以截面形心 C 为矩心的力矩平衡方程,请读者思考采用此方程的优点。

为了使用方便,结合常见梁的变形情况,对剪力和弯矩的正、负号(即方向)作如下规定:分析微段梁,左侧截面上的剪力向上、右侧截面上的剪力向下为正,如图 12-4(a)所示;反之为负,如图 12-4(b)所示。也就是说,剪力使微段梁产生顺时针转动为正,反之为负;微段梁左侧截面上的弯矩顺时针转向、右侧截面上的弯矩逆时针转向为正,如图 12-5(a)所示,反之为负,如图 12-5(b)所示。从变形看,梁段下侧外凸、上侧内凹时(梁段下侧轴向受拉)弯矩为正,反之为负。

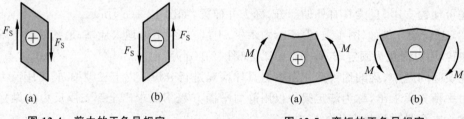

图 12-4　剪力的正负号规定　　　　图 12-5　弯矩的正负号规定

规定内力正负后,通过剪力和弯矩的正、负号就可知道其方向,不必再参考示力图;进一步,在求解内力时也不必具体列出平衡方程,而可以直接进行计算。如剪力的计算:任一横截面上的剪力,在数值上等于该截面左侧所有外力(以向上为正)的代数和;任一横截面上的弯矩,在数值上等于该截面左侧所有外力对该截面形心的矩(以顺时针转为正)的代数和(取右侧梁段的外力同样可以计算,但方向相反)。因此,熟练掌握了剪力和弯矩的计算方法和正负号规定后,一般并不必将梁假想地截开,而可直接用横截面的任意一侧梁上的外力计算该横截面上的剪力和弯矩,望读者细心体察并应用。

例 12-1　一悬臂梁,受力情况如图 12-6 所示,试求 1—1,2—2 和 3—3 截面上的内力。(1—1 截面表示固定端 A 点右侧非常靠近 A 点的截面。)

解　(1)先求支座反力

由

$$\sum F_{iy} = 0 : \quad F_{RA} - 2q = 0$$

求得 $F_{RA} = 2q = 4\text{kN}$。

由

$$\sum M_A(\boldsymbol{F}_i) = 0 : \quad M_A - 2q \times 3 = 0$$

求得 $M_A = 6q = 12\text{kN} \cdot \text{m}$。

(2) 求各指定截面上的内力

1—1 截面：由截面左侧的外力求得

$$F_{S1} = F_{RA} = 4\text{kN}, \quad M_1 = -M_A = -12\text{kN} \cdot \text{m}$$

2—2 截面：由截面左侧的外力求得

$$F_{S2} = F_{RA} = 4\text{kN}, \quad M_2 = F_{RA} \times 2 - M_A = -4\text{kN} \cdot \text{m}$$

3—3 截面：由截面右侧的外力求得

$$F_{S3} = q \times 1 = 2\text{kN}, \quad M_3 = -q \times 1 \times 0.5 = -1\text{kN} \cdot \text{m}$$

本题为悬臂梁,故也可不计算支座反力,各截面的内力均由截面右侧的外力计算,如上述 3—3 截面内力的计算。

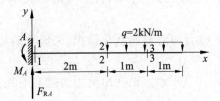

图 12-6 例 12-1 附图

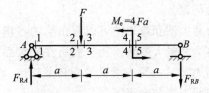

图 12-7 例 12-2 附图

例 12-2 一简支梁及其受力情况如图 12-7 所示。2—2 截面表示力 F 作用点的左侧非常靠近 F 作用点的截面,3—3、4—4、5—5 截面类推。求 1—1,2—2,3—3,4—4 及 5—5 截面上的内力。

解 (1) 求支座反力

由

$$\sum M_B(\boldsymbol{F}_i) = 0 : \quad F_{RA} \times 3a - F \times 2a - M_e = 0$$

求得 $F_{RA} = 2F$。

由

$$\sum M_A(\boldsymbol{F}_i) = 0 : \quad F_{RB} \times 3a + F \times a - M_e = 0$$

求得 $F_{RB} = F$。

(2) 求各指定截面上的内力

都取截面的左侧部分分析,直接给出计算式：

1—1 截面：$F_{S1} = F_{RA} = 2F, M_1 = 0$

2—2 截面：$F_{S2} = F_{RA} = 2F, M_2 = F_{RA} \times a = 2Fa$

3—3 截面：$F_{S3} = F_{RA} - F = F, M_3 = F_{RA} \times a = 2Fa$

4—4 截面：$F_{S4} = F_{RA} - F = F, M_4 = F_{RA} \times 2a - Fa = 3Fa$

5—5 截面：$F_{S5} = F_{RA} - F = F, M_5 = F_{RA} \times 2a - Fa - M_e = -Fa$

由计算结果可知,在集中力 F 作用点左侧和右侧截面的剪力有一突变,突变幅度为该集中力 F 的值,但弯矩连续;在集中力偶 M_e 作用点左侧和右侧截面的弯矩有一突变,突变幅度为该集中力偶矩 M_e 的值,但剪力连续。

12.3 剪力方程和弯矩方程 剪力图和弯矩图

为了表示梁的各横截面上剪力和弯矩的变化规律,可将横截面的位置用坐标 x 表示,将横截面上的剪力和弯矩表示为 x 的函数,即

$$F_S = F_S(x), \quad M = M(x)$$

分别称为**剪力方程**和**弯矩方程**。

根据剪力方程和弯矩方程可以绘出剪力图和弯矩图:以平行于梁轴线的坐标轴为横坐标轴,其上各点表示横截面的位置,以垂直于梁轴线的纵坐标表示横截面上的剪力或弯矩,画出的平面图形即为**剪力图**或**弯矩图**。正的剪力画在横坐标轴的上方;正的弯矩画在横坐标轴的下方(即弯矩图画在梁的受拉一侧)。由于内力图上一般不绘出坐标轴的方向,故须在图上标出内力的正负,并辅以纵向线段,标出最大值和最小值等,便于查阅。具体示例见下面的例题。

由剪力图和弯矩图可以看出梁的各横截面上剪力和弯矩的变化情况,同时可确定梁的最大剪力和最大弯矩以及它们所在的截面。

例 12-3 一简支梁受均布荷载作用,如图 12-8(a)所示。试列出剪力方程和弯矩方程,并绘制剪力图和弯矩图。

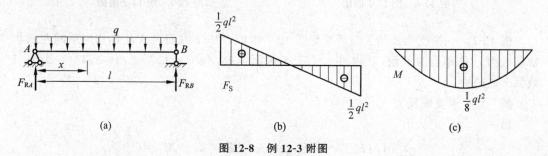

图 12-8 例 12-3 附图

解 (1)求支座反力。由平衡方程或对称性条件可得

$$F_{RA} = F_{RB} = \frac{1}{2}ql$$

(2)列剪力方程和弯矩方程。将坐标原点取在梁的左端 A 点,取距 A 点为 x 的任一横截面,考虑截面左侧梁段的平衡,可列出该横截面上的剪力和弯矩,即为梁的剪力方程和弯矩方程:

$$F_S(x) = \frac{1}{2}ql - qx, \quad 0 < x < l \qquad (a)$$

$$M(x) = \frac{1}{2}qlx - \frac{1}{2}qx^2, \quad 0 \leqslant x \leqslant l \qquad (b)$$

(3)绘制剪力图和弯矩图。由式(a)可知,剪力随 x 呈线性变化,即剪力图是斜直线。只需

确定其上的两个点,如该梁左右端两个截面的剪力$\left(x=0 \text{ 处 } F_S=\frac{1}{2}ql, x=l \text{ 处 } F_S=-\frac{1}{2}ql \right)$,即可画出剪力图,如图 12-8(b)所示。

由式(b)可见,弯矩是 x 的二次函数,即弯矩图是二次抛物线。梁左右端两个截面的弯矩为零($x=0$ 处 $M=0$,$x=l$ 处 $M=0$)。抛物线的顶点满足 $\mathrm{d}M(x)/\mathrm{d}x=0$,据此可得顶点位置为 $x=l/2$,从而求得该截面的弯矩为 $M=\frac{1}{8}ql^2$。由这三点即可大致绘出弯矩图,如图 12-8(c)所示。再强调一下,正的弯矩画在轴线的下侧,负的弯矩画在轴线的上侧。

由图可见,最大弯矩值发生在梁的跨中截面,其值为 $M_{\max}=\frac{1}{8}ql^2$,但该截面上剪力为零;在支座 A 的右侧截面上和支座 B 的左侧截面上剪力值最大,其绝对值为 $F_{S\max}=\frac{1}{2}ql$。

例 12-4　一简支梁受一集中荷载作用,如图 12-9(a)所示。试列出剪力方程和弯矩方程,并绘制剪力图和弯矩图。

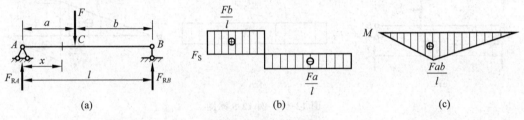

图 12-9　例 12-4 附图

解　(1) 求支座反力。由平衡方程 $\sum M_B(\boldsymbol{F}_i)=0$ 和 $\sum M_A(\boldsymbol{F}_i)=0$,求得

$$F_{RA}=\frac{Fb}{l}, \quad F_{RB}=\frac{Fa}{l}$$

(2) 列剪力方程和弯矩方程。显然,梁受集中荷载作用后,集中荷载作用点两侧梁段的剪力方程和弯矩方程不同,故应分段列出。

AC 段:

$$F_S(x)=\frac{Fb}{l}, \quad 0<x<a \tag{a}$$

$$M(x)=\frac{Fb}{l}x, \quad 0\leqslant x\leqslant a \tag{b}$$

CB 段:

$$F_S(x)=\frac{Fb}{l}-F=-\frac{Fa}{l}, \quad a<x<l \tag{c}$$

$$M(x)=\frac{Fb}{l}x-F(x-a)=\frac{Fa}{l}(l-x), \quad a\leqslant x\leqslant l \tag{d}$$

(3) 绘制剪力图和弯矩图。由式(a)和式(c)画出剪力图如图 12-9(b)所示;由式(b)和式(d)画出弯矩图如图 12-9(c)所示。

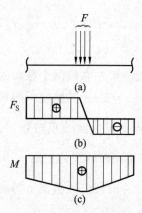

图 12-10　集中力作用处的
剪力图和弯矩图

由图 12-9 可见,当 $b>a$ 时,AC 段各截面上剪力值最大,其值为 Fb/l;在集中荷载作用的截面上弯矩值最大,其值为 Fab/l,在集中荷载作用处左、右两侧截面上的剪力值有突变。实际上,集中荷载 F 是作用在很短一段梁上分布力的简化,若将分布力看作均匀分布的(图 12-10(a)),其剪力图是按直线规律变化的(图 12-10(b)),相应弯矩图大致形状如图 12-10(c)所示。由图可见,在力 F 作用的微小段内,各截面的剪力值均在两侧截面的剪力值之间,而弯矩的最大值略小。因此,将集中荷载 F 看成作用在一点,不影响剪力的最大值,对弯矩的最大值虽略有影响,但偏于安全。

例 12-5　一简支梁如图 12-11(a)所示,在 C 处受一矩为 M_e 的集中力偶作用。试列出梁的剪力方程和弯矩方程,并绘制剪力图和弯矩图。

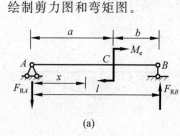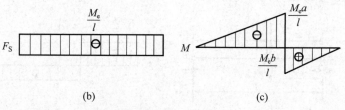

图 12-11　例 12-5 附图

解　(1) 求支座反力。由平衡方程 $\sum M_B(\boldsymbol{F}_i)=0$ 和 $\sum M_A(\boldsymbol{F}_i)=0$,求出

$$F_{RA}=\frac{M_e}{l}, \quad F_{RB}=\frac{M_e}{l}$$

(2) 列剪力方程和弯矩方程,具体如下:

AC 段:

$$F_S(x)=-\frac{M_e}{l}, \quad 0<x\leqslant a \tag{a}$$

$$M(x)=-\frac{M_e}{l}x, \quad 0\leqslant x<a \tag{b}$$

CB 段:

$$F_S(x)=-\frac{M_e}{l}, \quad a\leqslant x<l \tag{c}$$

$$M(x)=-\frac{M_e}{l}x+M_e=\frac{M_e}{l}(l-x), \quad a<x\leqslant l \tag{d}$$

(3) 绘制剪力图和弯矩图。利用式(a)~式(d),可画出剪力图和弯矩图如图 12-11(b)、(c)所示。由图可见,全梁各截面上的剪力值均相等;在集中力偶作用处左、右两侧截面上的弯矩值有突变。当 $a>b$ 时,集中力偶作用处的左侧截面上弯矩值最大,其绝对值为 M_ea/l。实际上,集中力偶也是一种受力简化的结果,弯矩的变化规律与实际的受力情况有关。

12.4 剪力、弯矩和荷载集度间的关系

剪力和弯矩是根据作用的荷载,由平衡方程所求得,这决定了剪力、弯矩和荷载之间的关系。掌握这些具体关系对分析内力,尤其是对绘制内力图有很大的帮助。

设一梁及其所受荷载如图 12-12(a)所示。在分布荷载作用的范围内,截出梁中一长为 $\mathrm{d}x$ 的微段。假定在 $\mathrm{d}x$ 长度上分布荷载集度为常量,并设集度 $q(x)$ 向上作用为正。在梁段左、右横截面上存在剪力和弯矩,并设它们均为正值,如图 12-12(b)所示。

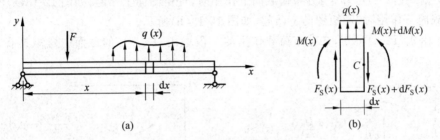

图 12-12 微段梁的受力分析

在坐标为 x 的截面上剪力和弯矩分别设为 $F_S(x)$ 和 $M(x)$,则在坐标为 $x+\mathrm{d}x$ 的截面上剪力和弯矩分别为 $F_S(x)+\mathrm{d}F_S(x)$ 和 $M(x)+\mathrm{d}M(x)$。即右边横截面上的剪力和弯矩比左边横截面上的多一个增量。建立微段在 y 轴向的投影平衡方程

$$\sum F_{iy}=0: F_S(x)+q(x)\mathrm{d}x-[F_S(x)+\mathrm{d}F_S(x)]=0$$

得

$$\frac{\mathrm{d}F_S(x)}{\mathrm{d}x}=q(x) \tag{12-1}$$

即横截面上的剪力对 x 的一阶导数等于同一横截面上分布荷载的集度。此式的几何意义是:剪力图上某点的切线斜率等于梁上该点处的荷载集度。再建立微段的力矩平衡方程

$$\sum M_C(\boldsymbol{F}_i)=0: M(x)+F_S(x)\mathrm{d}x+q(x)\mathrm{d}x\,\frac{\mathrm{d}x}{2}-[M(x)+\mathrm{d}M(x)]=0$$

略去高阶微量得

$$\frac{\mathrm{d}M(x)}{\mathrm{d}x}=F_S(x) \tag{12-2}$$

即横截面上的弯矩对 x 的一阶导数等于同一横截面上的剪力。此式的几何意义是:弯矩图上某点的切线斜率等于梁上该点处横截面上的剪力。

由式(12-1)及式(12-2)可得

$$\frac{\mathrm{d}^2 M(x)}{\mathrm{d}x^2}=q(x) \tag{12-3}$$

即横截面上的弯矩对 x 的二阶导数等于同一横截面处分布荷载的集度。此式可用来判断弯矩图的凹凸方向。

式(12-1)~式(12-3)即为剪力、弯矩和荷载集度之间的关系式,由这些关系式,可以得到剪力图和弯矩图的一些规律。

(1) 梁的某段上如无分布荷载作用,即 $q(x)=0$,则在该段内 $F_S(x)=$ 常量,而 $M(x)$ 为 x 的线性函数。故剪力图为水平直线,弯矩图为斜直线。弯矩图的倾斜方向由剪力的正负决定。

(2) 梁的某段上如有均布荷载作用,即 $q(x)=$ 常量,则在该段内 $F_S(x)$ 为 x 的线性函数,而 $M(x)$ 为 x 的二次函数。故该段内的剪力图为斜直线,其倾斜方向由 $q(x)$ 的正负决定;该段的弯矩图为二次抛物线。

(3) 由式(12-3)可知,当分布荷载向上作用时,弯矩图向上凸起,如图 12-13(a)所示;当分布荷载向下作用时,弯矩图向下凸起,如图 12-13(b)所示。

(4) 由式(12-2)可知,在分布荷载作用的一段梁内,$F_S=0$ 的截面上弯矩具有极值,见例 12-3。

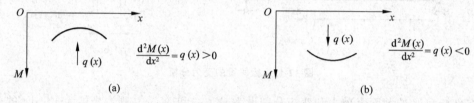

图 12-13 分布荷载方向与弯矩图凸向的关系

在常见荷载作用下,只需求出梁中若干截面(常称为控制截面)上的剪力和弯矩,再利用上述关系确定控制截面之间剪力和弯矩的变化规律,就可以绘制出剪力图和弯矩图。这种绘制内力图的方法称为**控制截面法**。控制截面法不需列出剪力方程和弯矩方程,方法比较简便,因此经常使用。控制截面一般取在集中力、集中力偶作用处左、右截面,分布荷载起始和终止作用处的截面及内力极值处的截面。请读者注意总结以下例题绘制剪力图和弯矩图的过程。

例 12-6 讲解

例 12-6 画图 12-14(a)所示外伸梁的剪力图和弯矩图。

解 (1) 求支座反力。由平衡方程 $\sum M_B(\boldsymbol{F}_i)=0$ 和 $\sum M_A(\boldsymbol{F}_i)=0$,求得

$$F_{RA}=72\text{kN}, \quad F_{RB}=148\text{kN}$$

(2) 绘制剪力图。根据梁上的受力情况,将全梁分为三段,即 AC 段、CB 段和 BD 段,取 6 个控制截面如图 12-14(a)所示。按前面介绍的方法先计算各控制截面的剪力如下:

$$F_{S1}=F_{S2}=F_{S3}=F_{RA}=72\text{kN}, \quad F_{S4}=F_{RA}-8\times20\text{kN}=-88\text{kN}$$

$$F_{S5}=F_{RA}-8\times20\text{kN}+F_{RB}=60\text{kN}, \quad F_{S6}=F_{RA}-10\times20\text{kN}+F_{RB}=20\text{kN}$$

然后,按 AC 段剪力为常量,CB、BD 段剪力为线性变化的规律绘制剪力图,如图 12-14(b)所示。

(3) 绘制弯矩图。先计算各控制截面的弯矩如下:

$$M_1=0, \quad M_2=72\times2\text{kN}\cdot\text{m}=144\text{kN}\cdot\text{m}, \quad M_3=(72\times2-160)\text{kN}\cdot\text{m}=-16\text{kN}\cdot\text{m}$$

$$M_4=M_5=(72\times10-160-8\times20\times4)\text{kN}\cdot\text{m}=-80\text{kN}\cdot\text{m}, \quad M_6=0$$

在 CB 段内有一截面上的剪力 $F_S=0$,在此截面上的弯矩取极值。令 $F_S(x)=0$,即

$$F_S(x)=72-20x=0,$$

求得 $x=3.6\text{m}$,再计算此截面上的弯矩(截面法)为

$$M_{max}=[72\times(2+3.6)-160-20\times3.6\times3.6/2]\text{kN}\cdot\text{m}=113.6\text{kN}\cdot\text{m}$$

BD 段弯矩无极值。

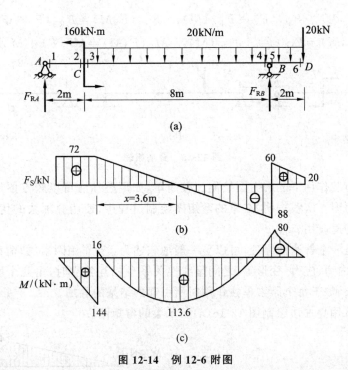

图 12-14　例 12-6 附图

AC 段弯矩线性变化；CB、BD 段弯矩呈抛物线形变化，由于分布荷载作用方向向下，所以弯矩图下凸。最后，依据控制截面的弯矩及极值点弯矩绘制弯矩图，如图 12-14(c) 所示。由内力图可见，全梁的最大剪力产生在截面 4 处，最大弯矩产生在截面 2 处，其值分别为

$$|F_S|_{max} = 88 \text{kN}, \quad M_{max} = 144 \text{kN} \cdot \text{m}$$

用控制截面法作剪力和弯矩图时，建议剪力和弯矩分别单独计算和绘制，这样步骤清晰，剪力和弯矩的计算互不干扰，不宜搞错。另外，在熟练的基础上，由于已经统一规定了剪力和弯矩的方向，不必画出脱离体的示力图和列出具体平衡方程，从而使求解过程简洁；为避免出错，始终选截面某一侧的脱离体来计算剪力和弯矩，另一侧的脱离体可以用来校核。

12.5　用叠加法作弯矩图

在小变形、线弹性的假设前提下，梁的支座约束力、内力（剪力和弯矩）满足**叠加原理**。即梁在多个荷载共同作用下产生的外约束力、内力分别等于各个荷载单独作用下产生的外约束力、内力的代数和。采用叠加原理分析计算的方法称为叠加法。

如图 12-15(a) 所示，简支梁 AB 受集中荷载 F 和力偶荷载 M 共同作用，在 A、B 支座引起的约束力分别用 $F_{RA}(F, M)$ 和 $F_{RB}(F, M)$ 表示，在任一截面 C 产生的剪力和弯矩分别用 $F_{SC}(F, M)$ 和 $M_C(F, M)$ 表示。图 12-15(b)、(c) 所示分别为 F 和 M 单独作用的情形，对应产生的约束力和内力分别表示为 $F_{RA}(F)$、$F_{RB}(F)$、$F_{SC}(F)$、$M_C(F)$ 和 $F_{RA}(M)$、$F_{RB}(M)$、$F_{SC}(M)$、$M_C(M)$。依据叠加原理，它们之间满足如下关系：

$$F_{RA}(F,M)=F_{RA}(F)+F_{RA}(M), \quad F_{RB}(F,M)=F_{RB}(F)+F_{RB}(M)$$
$$F_{SC}(F,M)=F_{SC}(F)+F_{SC}(M), \quad M_C(F,M)=M_C(F)+M_C(M)$$

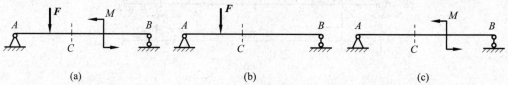

(a)   (b)   (c)

图 12-15　叠加原理

由于简单荷载作用下的内力图绘制比较简单,如用叠加法可以较方便地绘制出复杂荷载作用下的内力图。实践表明,在梁的弯矩图绘制过程中,使用叠加法的优点最为明显,因而该法得到了普遍应用。

叠加原理是一个普遍性原理,可以更一般地叙述为:当作用因素(如荷载、变温等)和所引起的结果(如内力、应力、变形等)之间呈线性关系且相互独立时,由几个因素共同作用所引起的某一结果,等于每个因素单独作用时所引起的结果的叠加。

例 12-7　试用叠加法绘制图 12-16(a)所示梁的弯矩图。

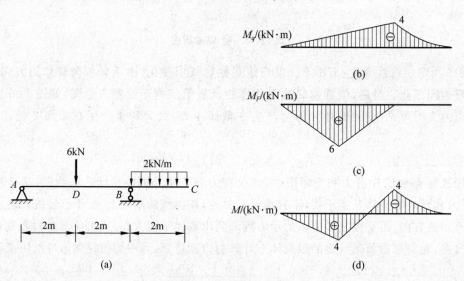

(a)   (d)

图 12-16　例 12-7 附图

解　首先绘制分布荷载单独作用下的弯矩图。可以使用控制截面法:AB 段内弯矩线性变化,CB 段弯矩呈抛物线变化,弯矩图下凸,极值点在 C 截面。A、C 截面处弯矩均为零,B 截面弯矩为 $M_B=-2\times2\times1\mathrm{kN\cdot m}=-4\mathrm{kN\cdot m}$。现可绘制出弯矩图如图 12-16(b)所示。

然后绘制集中力单独作用下的弯矩图。仍使用控制截面法(或可以直接用前面例题的结果):AD、DB 段弯矩线性变化,BC 段无弯矩。D 截面的弯矩为 $M_D=6\times2\times2/4\mathrm{kN\cdot m}=6\mathrm{kN\cdot m}$。$A$、$B$ 截面处弯矩均为零。现可绘制出弯矩图如图 12-16(c)所示。

最后用叠加法求弯矩。由图可见,只需叠加 A、D、B、C 截面的弯矩即可,因为叠加后 AD、DB 段弯矩仍为线性变化,BC 段弯矩仍呈抛物线变化,叠加后这四个截面的弯矩为

$$M_A = M_C = 0, \quad M_D = 4\text{kN} \cdot \text{m}, \quad M_B = -4\text{kN} \cdot \text{m}$$

对应的弯矩图如图 12-16(d)所示。

剪力图也可用叠加法画出,但并不太方便,所以通常只用叠加法画弯矩图。

习题

12-1 求图中各梁指定截面上的剪力和弯矩。

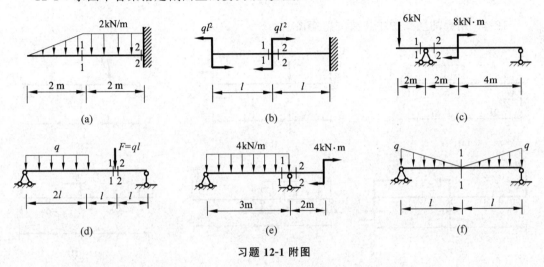

习题 **12-1** 附图

12-2 写出图中各梁的剪力方程、弯矩方程,并作剪力图和弯矩图。

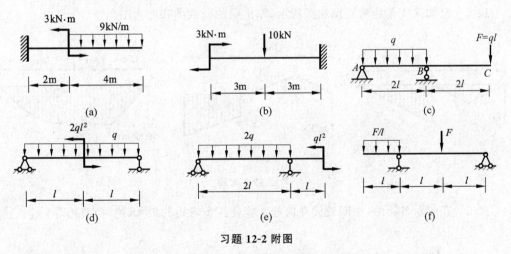

习题 **12-2** 附图

12-3 应用剪力、弯矩和荷载集度的关系作出图中各梁的剪力图和弯矩图。

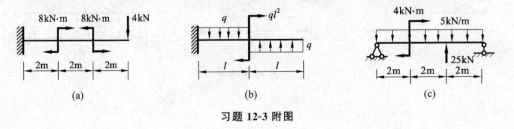

习题 **12-3** 附图

习题 12-3(e) 讲解

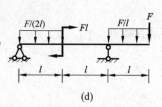

(d)

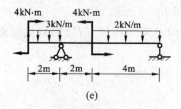

(e)

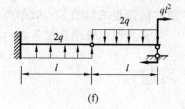

(f)

习题 **12-3** 附图(续)

习题 12-4(f) 讲解

12-4　用叠加法作图中各梁的弯矩图。

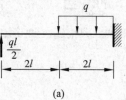

(a)

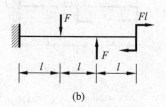

(b)

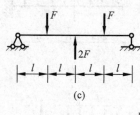

(c)

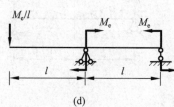

(d)

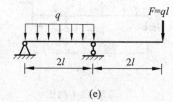

(e)

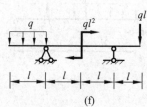

(f)

习题 **12-4** 附图

12-5　已知简支梁的弯矩图如图所示,作出梁的荷载图和剪力图。

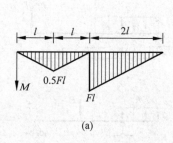

(a)

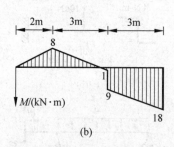

(b)

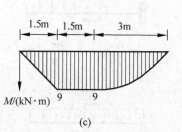

(c)

习题 **12-5** 附图

12-6　在图示各梁中,中间铰放在何处才能使正负弯矩的最大(绝对)值相等?

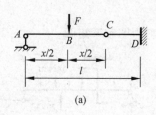

(a)

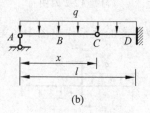

(b)

(c)

习题 **12-6** 附图

12-7　图为行车梁。梁上作用着可移动荷载 F。试确定梁上最大弯矩位置,并求最大弯矩值。

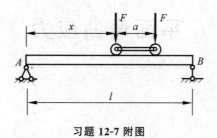

习题 12-7 附图

本章习题参考解答

第13章

平面弯曲应力

13.1 概述

在平面弯曲下,梁的横截面上一般同时存在剪力和弯矩。剪力是由横截面内切应力简化而来;而弯矩则由横截面内的正应力简化而来。因此,一般情况下,梁的横截面上同时存在着正应力和切应力。

若梁段内各横截面上的剪力为零,弯矩为常量,则该梁段的变形称为**纯弯曲**。例如图 13-1(a)所示的梁,由其剪力图 13-1(b)和弯矩图 13-1(c)可知,梁段 CD 的变形为纯弯曲。纯弯曲情况下梁横截面上只有弯矩,也只有正应力。

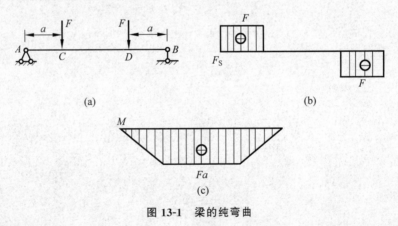

(a)

(b)

(c)

图 13-1 梁的纯弯曲

若梁(梁段)横截面上既有弯矩又有剪力,则其弯曲变形称为**横力弯曲**或**剪切弯曲**。在横力弯曲情况下,梁的横截面上不仅有正应力,还有切应力。下面先分析纯弯曲情况下梁横截面上的正应力。

13.2 梁横截面上的正应力

13.2.1 纯弯曲梁横截面上的正应力

以矩形截面梁产生平面弯曲(也是对称弯曲)为例来分析梁横截面上的正应力分布规律。与分析轴向拉压或扭转杆件横截面上应力的方法相同,也需从梁变形的几何关系、材料的物理关系和静力学关系三个方面来研究。

1. 变形几何关系

为便于观察梁的变形规律,试验前在矩形截面梁表面画上横向线和纵向线,如图 13-2(a)所示。观察梁产生纯弯曲后这些线条的变化现象来推测梁的变形规律。梁的变形参见图 13-2(b)。仔细观察可以发现:①梁中所有纵向线成为弧线,且曲率中心位置相同。上部的纵向线缩短,下部的纵向线伸长。②梁中所有横向线仍呈直线,同一横截面内的周线(由水平横线和竖向横线组成)仍保持为平面周线。横截面上部的水平横向线长度略增加,下部的略减小。竖向横向线虽仍为直线,但不再处于竖直方位而旋转了一个角度,并与弯曲后的纵向线正交。

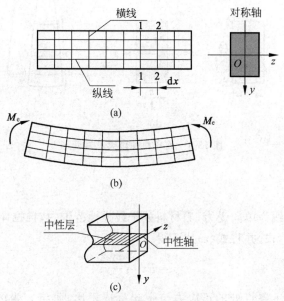

图 13-2　纯弯曲梁的变形现象

根据上述变形规律做出如下假设。

(1)**平面假设**。横截面在变形后仍为平面,并和弯曲后的纵向线正交。所有横截面都绕与对称面垂直的轴转过一个微小的角度。

(2)**单向受力假设**。假设梁由纵向线组成,各纵向线之间互不挤压,即每一纵向线只受单向拉伸或单向压缩。

由变形规律已知梁的上部纵向线缩短,下部纵向线伸长。由于变形是连续的,可推知在梁的中间必有一层纵向线既不伸长也不缩短的纵向层,这一层称为**中性层**。中性层与横截面的交线称为**中性轴**,如图 13-2(c)所示。梁纵向线长度的改变是由各横截面之间的相对转角而导致的,由于中性层中的纵线长度不变,所以各横截面都是绕中性轴作相对转动的。又由于是平面弯曲,所有横截面的中性轴互相平行且与横截面的对称轴正交,此时横截面上各点纵向线应变仅随高度(即图 13-2(c)中的 y 坐标)发生变化。下面分析其变化规律。

取长为 $\mathrm{d}x$ 的一微段梁,1—1,2—2 分别为其左、右截面,O_1O_2 为中性层(位置尚待确定），如图 13-3（a）所示。梁的轴向取为 x 轴，横截面的纵向对称轴取为 y 轴（向下），中性轴取为 z 轴，其横截面如图 13-3（b）所示。该微段梁变形后如图 13-3（c）所示。现研究距中性层为 y 处的纵向层中任一纵向线 ab 的变形（图 13-3（a））。设图 13-3（c）中的 $\mathrm{d}\theta$ 为 1—1 和 2—2 截面的相对转角，ρ 为中性层的**曲率半径**。由于线段 O_1O_2 和弧段 $O_1'O_2'$ 长度相同，即 $ab=O_1O_2=O_1'O_2'=\rho\mathrm{d}\theta$，微段变形后，$ab$ 弯成弧段 $a'b'$，其长度 $a'b'=(\rho+y)\mathrm{d}\theta$，从而 ab 线段的线应变为

$$\varepsilon=\frac{a'b'-ab}{ab}=\frac{(\rho+y)\mathrm{d}\theta-\rho\mathrm{d}\theta}{\rho\mathrm{d}\theta}=\frac{y}{\rho} \tag{a}$$

此式表明，横截面上任一点处的纵向线应变与该点到中性轴的距离 y 成正比。

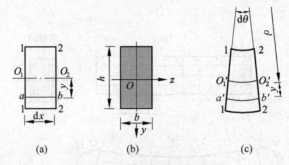

图 13-3　纯弯曲微段梁及其变形

2. 物理关系

因假设每一纵向线为单向受力，当材料处于线弹性范围内，且拉伸和压缩弹性模量相同时，利用胡克定律表达式，并将式（a）代入得

$$\sigma=E\varepsilon=\frac{E}{\rho}y \tag{b}$$

由式（b）可见，横截面上各点处的正应力与 y 坐标成正比，而与 z 坐标无关，即正应力沿高度方向呈线性分布，沿宽度方向均匀分布，如图 13-4（a）所示。通常也可简单地用图 13-4（b）或图 13-4（c）表示。

由于曲率半径 ρ 和中性轴的位置均为未知，因此利用式（b）还不能确定横截面上各点正应力的大小。

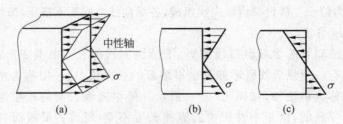

图 13-4　梁横截面正应力分布

3. 静力学关系

横截面上的正应力 σ（分布力）向截面形心简化后一般得到一个主矢量和一个主矩，主

矢量沿 x 轴线,称为**轴力**,用 F_N 表示;主矩在 y、z 轴上的分量分别用 M_y、M_z 表示。由于纯弯曲时横截面上只有绕 z 轴转动的弯矩 M,故正应力的简化结果需满足 $F_N=0$,$M_y=0$,$M_z=M$。下面具体分析这三个条件,结合图 13-5 分析,得

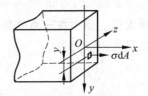

$$F_N = \int_A \sigma \mathrm{d}A = 0 \qquad (\text{c})$$

将式(b)代入式(c),并注意到对横截面积分时 E/ρ 为常量,得

图 13-5 静力等效关系

$$\int_A y \mathrm{d}A = 0$$

即横截面对中性轴(即 z 轴)的面积矩等于零。因此,**中性轴 z 必定通过横截面的形心**,从而确定了中性轴的位置。

$$M_y = \int_A z\sigma \mathrm{d}A = 0 \qquad (\text{d})$$

将式(b)代入上式得

$$\frac{E}{\rho} \int_A yz \mathrm{d}A = 0$$

式中的积分即为横截面对 y、z 轴的惯性积 I_{yz}(见附录 A)。因为 E/ρ 不为零,故得 $I_{yz}=0$。对矩形截面梁,y 轴为对称轴,有 $I_{yz}=0$,故满足 $M_y=0$ 这一条件,也就是式(d)。后继还将分析,这一条件是产生平面弯曲的必要条件。

$$M_z = \int_A y\sigma \mathrm{d}A = M \qquad (\text{e})$$

将式(b)代入式(e),得

$$\frac{E}{\rho} \int_A y^2 \mathrm{d}A = M$$

式中 $\int_A y^2 \mathrm{d}A$ 即为横截面对中性轴 z 的惯性矩 I_z(见附录 A)。故上式可写为

$$\frac{1}{\rho} = \frac{M}{EI_z} \qquad (13\text{-}1)$$

式(13-1)表明,梁弯曲变形后,其中性层的曲率与弯矩 M 成正比,与 EI_z 成反比。EI_z 称为梁的**弯曲刚度**,反映梁抵抗弯曲变形的能力。梁的弯曲刚度越大,则其曲率越小,即梁的弯曲程度越小;反之,梁的弯曲刚度越小,则其曲率越大,即梁的弯曲程度越大。式(13-1)确定了梁弯曲变形后中性层的曲率半径。

将式(13-1)代入式(b),即得到梁横截面上任一点处正应力的计算公式

$$\sigma = \frac{M}{I_z} y \qquad (13\text{-}2)$$

式中,M 为横截面上的弯矩;I_z 为截面对中性轴 z 的惯性矩;y 为所求正应力点的纵坐标。

由式(13-2)可见,此时梁弯曲时横截面被中性轴分为两个区域,一个轴向为拉应力区,另一个轴向为压应力区。将坐标 y 及弯矩 M 的数值连同正负号一并代入式(13-2),如果求出的应力为正值,则为拉应力,如果为负值,则为压应力。另外,根据梁的弯曲形态也可以判断梁的受拉侧和受压侧:梁变形后凸的一侧为受拉侧,凹的一侧为受压侧。即产生正弯矩

的梁下侧受拉，上侧受压；负弯矩则反之。

由式(13-2)可知，当 $y=y_{max}$ 时，即**在横截面上离中性轴最远的边缘上各点处，正应力达最大值**。当中性轴为横截面的对称轴时，最大拉应力和最大压应力的数值相等。横截面上的最大正应力为

$$\sigma_{max}=\frac{M}{I_z}y_{max} \tag{13-3}$$

令 $W_z=\dfrac{I_z}{y_{max}}$，则

$$\sigma_{max}=\frac{M}{W_z} \tag{13-4}$$

式中 W_z 称为**弯曲截面系数**，其值与截面的形状和尺寸有关，它也是一种截面几何性质。其量纲为 L^3，单位为 m^3。

对于中性轴不是对称轴的横截面，其上拉应力和压应力的最大值不相等，这时应分别用横截面上受拉和受压部分距中性轴最远的距离 y_{tmax} 和 y_{cmax} 直接代入式(13-2)，才可求得相应的最大应力。

13.2.2 正应力公式的适用性

式(13-1)、式(13-2)和式(13-4)是在平面纯弯曲情况下，根据平面假设和纵向线之间互不挤压的假设导出的，已为纯弯曲实验所证实。图 13-6 所示为针对矩形截面梁（梁的跨高比为 5），用弹性理论数值模拟得到的变形及竖向位移的云图（变形已放大若干倍）。图 13-6(a)中在梁端截面施加线性分布荷载来模拟力偶荷载，图 13-6(b)为对应的变形图。由变形图可见，横截面都保持平面，符合上述纯弯曲梁的变形假设，横截面上的正应力确实沿高度线性变化。图 13-6(c)中在梁端截面施加两个大小相等、方向相反的力来模拟力偶荷载，图 13-6(d)为对应的变形图。由变形图可见，在梁端部附近横截面不再保持平截面，稍远处仍保持平面，说明稍远处横截面上的正应力仍沿高度线性变化，这再一次验证了圣维南原理。图 13-6(e)中的梁为横力弯曲，图 13-6(f)为对应的变形图。由变形图可见，横截面上有剪力时平截面假设不再成立，尤其在梁两端，由于剪力大，截面翘曲明显，但中间大部分区间内的截面翘曲并不明显，说明横截面上的正应力还是接近线性分布的。图 13-6(g)所示为一短梁（跨高比为 2，称为深梁）在横向分布荷载作用下发生横力弯曲，图 13-6(h)为对应的变形图。由变形图可见，梁的所有横截面都有明显的翘曲，不再保持平截面，此时横截面上的正应力分布与线性变化相差很大，由纯弯曲导出的公式不再适用。所以在实际工程中，对于跨高比大于 5 的梁，仍用式(13-2)近似计算横截面上的正应力，进一步研究发现最大正应力的结果比实际略小，但足以满足工程上的精度要求，此时横截面上的弯矩是截面位置 x 的函数，因此式(13-1)、式(13-2)和式(13-4)应分别改写为

$$\frac{1}{\rho(x)}=\frac{M(x)}{EI_z}, \quad \sigma=\frac{M(x)}{I_z}y, \quad \sigma_{max}=\frac{M_{max}}{W_z} \tag{13-5}$$

对于等截面梁，最大正应力仍发生在最大弯矩横截面距中性轴最远处。

例 13-1 一简支钢梁及其所受荷载如图 13-7 所示。若分别采用截面面积相等的矩形截面、圆形截面和工字形截面，求这三种截面梁的横截面上最大拉应力。设矩形截面高为

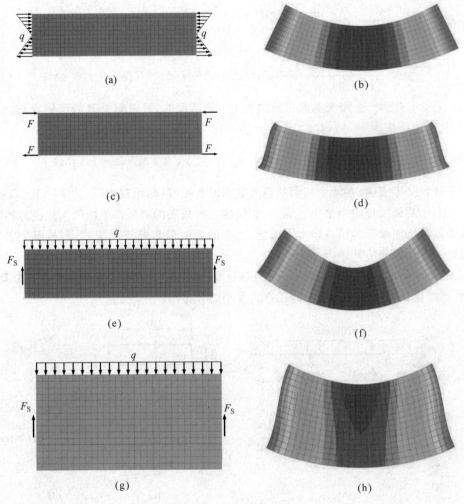

图 13-6 矩形截面梁变形图

140mm、宽为 100mm。

解 该梁为横力弯曲梁,中性轴关于横截面对称,C 截面的弯矩最大,$M_{max} = 30kN \cdot m$,故全梁的最大拉应力发生在 C 截面的最下边缘处。

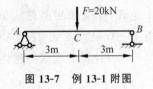

图 13-7 例 13-1 附图

(1)矩形截面。弯曲截面系数为

$$W_z = \frac{1}{6}bh^2 = \frac{1}{6} \times 0.1 \times 0.14^2 \, m^3 = 32.67 \times 10^{-5} \, m^3$$

最大拉应力为

$$\sigma_{max} = \frac{M_{max}}{W_z} = \frac{30 \times 10^3}{32.67 \times 10^{-5}} \, N/m^2 = 91.8 \times 10^6 \, N/m^2 = 91.8 MPa$$

(2)圆形截面。当圆形截面的面积和矩形截面面积相同时,圆形截面的直径为

$$d = 133.5 \times 10^{-3} \, m$$

弯曲截面系数为

$$W_z = \frac{1}{32}\pi d^3 = 23.36 \times 10^{-5}\,\mathrm{m}^3$$

最大拉应力为

$$\sigma_{max} = \frac{M_{max}}{W_z} = \frac{30 \times 10^3}{23.36 \times 10^{-5}}\,\mathrm{N/m}^2 = 128.4 \times 10^6\,\mathrm{N/m}^2 = 128.4\,\mathrm{MPa}$$

（3）工字形截面。采用截面面积相同的工字形截面时,可查附录 B 的型钢表,选用 50C 工字钢,其截面面积为 $13.9 \times 10^{-3}\,\mathrm{m}^2$,$W_z = 2080 \times 10^{-6}\,\mathrm{m}^3$。最大拉应力为

$$\sigma_{max} = \frac{M_{max}}{W_z} = \frac{30 \times 10^3}{2080 \times 10^{-6}}\,\mathrm{N/m}^2 = 14.4 \times 10^6\,\mathrm{N/m}^2 = 14.4\,\mathrm{MPa}$$

以上计算结果表明,在承受相同荷载和截面面积相等(即用料相同)的条件下,工字形截面钢梁所产生的最大拉应力最小。可见,如果使三种截面的梁所产生的最大拉应力相同,工字形截面钢梁所能承受的荷载最大。因此,工字形截面最为经济合理,矩形截面次之,圆形截面最差。请读者分析其原因。

例 13-2 外伸梁及其所受荷载如图 13-8(a)所示。试求梁横截面上最大拉应力及最大压应力,并画出最大拉应力截面上的正应力大小的分布图。

例 13-2
讲解

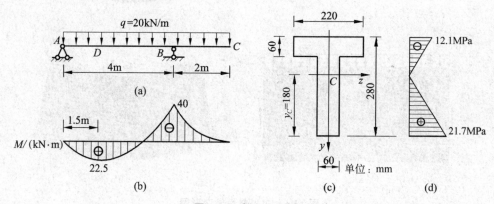

图 13-8 例 13-2 附图

解 （1）确定横截面形心的位置。将 T 形截面分为两个矩形,求出形心 C 的位置如图 13-8(c)所示。中性轴为通过形心 C 的 z 轴。

（2）计算横截面的惯性矩 I_z。利用附录 A 中的平行移轴公式求得

$$I_z = \left[\frac{1}{12} \times 60 \times 10^{-3} \times (220 \times 10^{-3})^3 + 60 \times 10^{-3} \times 220 \times 10^{-3} \times (70 \times 10^{-3})^2 + \right.$$

$$\left. \frac{1}{12} \times 220 \times 10^{-3} \times (60 \times 10^{-3})^3 + 60 \times 10^{-3} \times 220 \times 10^{-3} \times (70 \times 10^{-3})^2 \right]\,\mathrm{m}^4$$

$$= 186.6 \times 10^{-6}\,\mathrm{m}^4$$

（3）绘制梁的弯矩图如图 13-8(b)所示,具体绘制过程不再给出。可见,最大正弯矩发生在 D 截面,最大负弯矩发生在 B 截面。

（4）计算最大拉应力和最大压应力。由于该梁的截面不关于中性轴对称,且 B、D 截面的弯矩正负号不同,所以需要比较该两个截面上的最大拉应力和最大压应力,才可确定全梁的最大拉应力和最大压应力。

B 截面为负弯矩，上边缘各点处产生最大拉应力，下边缘各点处产生最大压应力。其值分别为

$$\sigma_{tmax} = \frac{40 \times 10^3 \times 100 \times 10^{-3}}{186.6 \times 10^{-6}} N/m^2 = 21.4 \times 10^6 N/m^2 = 21.4 MPa$$

$$\sigma_{cmax} = \frac{-40 \times 10^3 \times 180 \times 10^{-3}}{186.6 \times 10^{-6}} N/m^2 = -38.6 \times 10^6 N/m^2 = -38.6 MPa$$

D 截面为正弯矩，下边缘各点处产生最大拉应力，上边缘各点处产生最大压应力。其值分别为

$$\sigma_{tmax} = \frac{22.5 \times 10^3 \times 180 \times 10^{-3}}{186.6 \times 10^{-6}} N/m^2 = 21.7 \times 10^6 N/m^2 = 21.7 MPa$$

$$\sigma_{cmax} = \frac{22.5 \times 10^3 \times (-100) \times 10^{-3}}{186.6 \times 10^{-6}} N/m^2 = -12.1 \times 10^6 N/m^2 = -12.1 MPa$$

由计算可知，全梁最大拉应力为 21.7MPa，发生在 D 截面的下边缘各点处；最大压应力为 38.6MPa，发生在 B 截面的下边缘各点处。最大拉应力截面（D 截面）上的正应力分布如图 13-8(d) 所示。

13.3　梁横截面上的切应力

横力弯曲时梁横截面上存在切应力。切应力的分布与截面形状有关。只有少数简单截面形状的梁，在对其切应力分布规律作一定假设后才能进行分析。分析的前提仍是平面弯曲，且横截面上正应力的计算采用式(13-5)。由第 12 章知识可知弯矩和剪力存在一定的关系，所以我们可以通过理论来分析切应力的分布。另外需说明，切应力的分析很难仿照正应力分析的方法，因为在有剪力的情况下平面假设不再成立。

13.3.1　矩形截面梁

对于矩形截面梁横截面上切应力的分布作以下两个假设：

（1）**横截面上各点处的切应力平行于侧边**。根据切应力互等定理可知，横截面两侧边上的切应力必平行于侧边。

（2）**切应力沿横截面宽度方向均匀分布**。图 13-9 示出了横截面上切应力沿宽度方向均匀分布的情况。

对于宽高比越小的横截面，上述两个假设越接近实际情况。根据以上假设可知，切应力在横截面上的分布仅随截面高度（y 坐标）发生变化。下面根据静力平衡条件导出切应力与 y 坐标的关系。

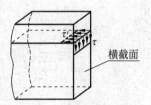

图 13-9　矩形截面梁横截面上的切应力

由切应力互等定理可知，如果横截面上某一高度处有竖向的切应力，则在同一高度处，梁的平行于中性层的纵截面上靠近横截面处必有与之大小相等的切应力 τ'，如图 13-9 所示。如果求得 τ'，也即求得 τ。

在如图 13-10(a) 所示的梁中，假想沿 $m—m$ 和 $n—n$ 截面取长为 dx 的一微段，并设 $m—m$ 截面上的剪力为 F_S，弯矩为 M，$n—n$ 截面上的剪力也为 F_S，弯矩为 $M+dM$，如图 13-10(b) 所

示。再在距中性轴 z 为 y 处用纵截面将微段梁截开,取微长方体 $abnmcedf$ 部分进行分析,如图 13-10(c)、(d)所示。假设距中性轴 z 为 y 处横截面上的切应力为 τ,由切应力互等定理可知在纵截面 $abec$ 上也存在切应力 τ',$\tau'=\tau$ 且与 be 线段垂直。由于截面 m—m 和 n—n 上的剪力相等,所以纵截面 $abec$ 上的切应力 τ' 均匀分布。$amdc$ 和 $bnfe$ 两截面上正应力合成的内力分别用 F_{N1} 和 F_{N2} 表示,由于对应截面上的弯矩不同,因而内力 F_{N1} 和 F_{N2} 也不相等。故由此脱离体在轴向的平衡条件也可知在 $abec$ 截面上必存在切应力,设其合力为 dF。由平衡方程得

$$F_{N2} - F_{N1} = dF \tag{a}$$

其中

$$F_{N1} = \int_{A^*} \sigma' dA = \int_{A^*} \frac{M}{I_z} y' dA = \frac{M}{I_z} \int_{A^*} y' dA$$

式中,A^* 为矩形 $amdc$ 的面积;积分 $\int_{A^*} y' dA$ 为该面积对中性轴 z 的面积矩,用 S_z^* 表示。因此,上式可写为

$$F_{N1} = \frac{M}{I_z} S_z^* \tag{b}$$

同理可得

$$F_{N2} = \frac{M + dM}{I_z} S_z^* \tag{c}$$

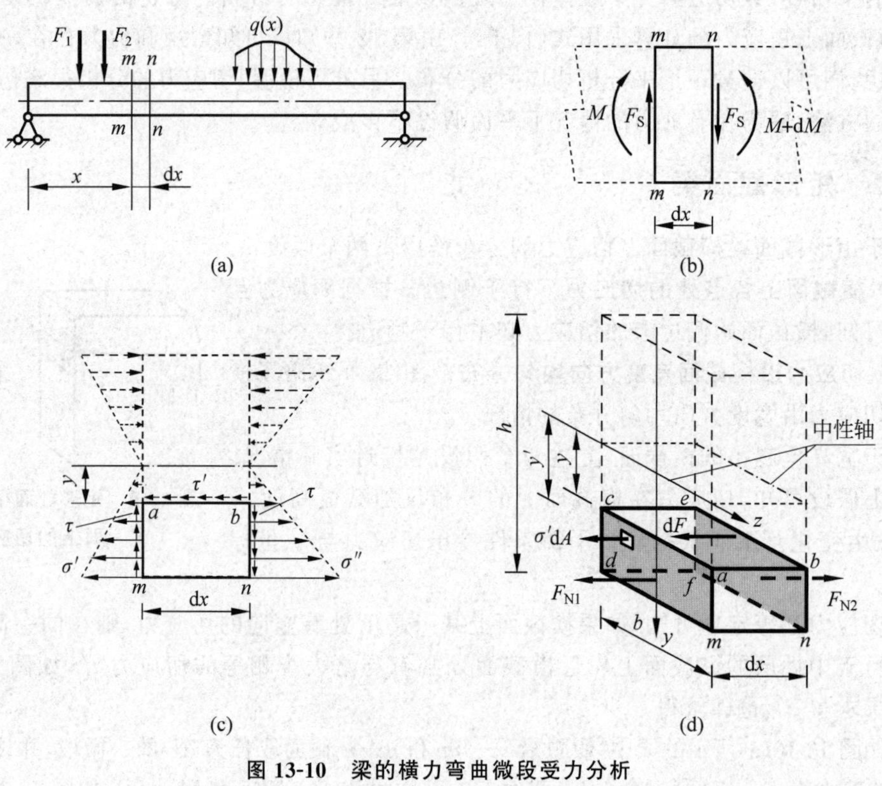

(a)

(b)

(c)

(d)

图 13-10 梁的横力弯曲微段受力分析

τ' 在截面 $abec$ 上均匀分布,故

$$dF = \tau' b\, dx \qquad\qquad (d)$$

将式(b)、(c)、(d)代入式(a)得

$$\tau' = \frac{dM}{dx}\frac{S_z^*}{I_z b}$$

引用微分关系式 $\dfrac{dM}{dx} = F_S$ 和切应力互等定理 $\tau = \tau'$,最后得

$$\tau = \frac{F_S S_z^*}{I_z b} \qquad\qquad (13\text{-}6)$$

式中,F_S 为横截面上的剪力;I_z 为整个横截面对中性轴的惯性矩;b 为横截面的宽度;S_z^* 为横截面上距中性轴为 y 的横线以外部分的面积(图 13-10(d)中阴影面积)对中性轴的面积矩,是 y 的函数,它确定了切应力沿横截面高度的分布规律。尽管式(13-6)是在剪力为常量的微段上推导而得,其实即使剪力发生变化此式也成立。注意,切应力的正负号规定与横截面上剪力的正负号规定是一致的。

如图 13-11(a)所示矩形截面,阴影部分对中性轴 z 的面积矩为

$$S_z^* = b\left(\frac{h}{2} - y\right) \times \frac{1}{2} \times \left(\frac{h}{2} + y\right) = \frac{b}{2}\left(\frac{h^2}{4} - y^2\right)$$

故由式(13-6),得到距中性轴 z 为 y 的各点处的切应力为

$$\tau = \frac{6F_S}{bh^3}\left(\frac{h^2}{4} - y^2\right)$$

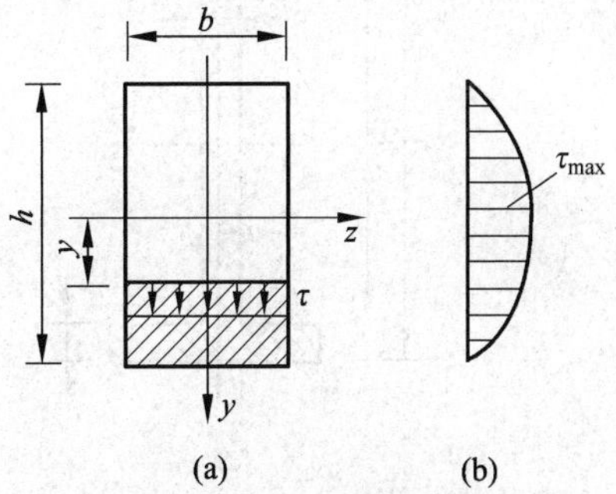

上式表明,矩形截面梁的横截面上,切应力沿

图 13-11 矩形截面梁横截面切应力分布

横截面高度按二次抛物线规律变化(图 13-11(b))。当 $y = \pm\dfrac{h}{2}$ 时,$\tau = 0$;当 $y = 0$ 时,有

$$\tau = \tau_{max} = \frac{3}{2} \cdot \frac{F_S}{bh} = \frac{3}{2} \cdot \frac{F_S}{A} \qquad\qquad (13\text{-}7)$$

式中 $A = bh$,为矩形截面的面积。此式表明,矩形截面中性轴上各点处的切应力最大,其值等于横截面上平均切应力的 1.5 倍。

13.2 节中曾指出,当梁的横截面上有剪力存在时,平面假设已不再成立,现简要加以分析。图 13-12(a)所示一悬臂梁在自由端受集中荷载作用,由于横截面(如截面 m—m)上存在剪力,梁内各点存在切应力,相应地会产生切应变 γ。由切应力分布规律可知,在梁的上、下边缘,因 $\tau = 0$,故 $\gamma = 0$;在中性轴上切应力最大,故 γ 也最大。因此,截面 m—m 将变成 m'—m',即横截面不再是平面而发生翘曲,如图 13-12(b)所示。如各截面上剪力相同,则各截面的翘曲程度相同,因而纵向线的线应变不会受到影响(固定端附近除外)。因此,由纯弯曲得到的正应力公式仍可应用。但当梁上受分布荷载时,由于各截面上的剪力不同,各截面翘曲程度也不同,这时纵向线的线应变则受到影响,严格说来,正应力公式已不再适用。但对跨高比大于 5 的梁,这种影响很小,可忽略不计。在 13.2.2 中对此结论也进行了验证。

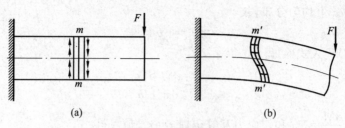

图 13-12　横截面翘曲

13.3.2　工字形截面梁

工字形截面可看作由三块矩形截面组成,如图 13-13(a)所示。上、下两块称为**翼缘**,中间一块称为**腹板**。现研究工字形截面梁横截面上的切应力。

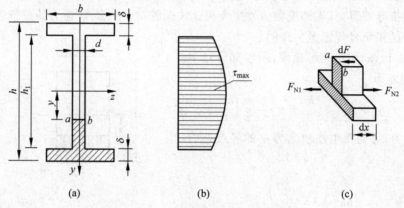

图 13-13　工字形截面梁横截面的切应力

(1) **腹板**。腹板是一狭长矩形,用与 13.3.1 节相同的分析方法(分析脱离体 13-13(c)的平衡),可导出离中性轴 y 处竖向切应力计算公式为

$$\tau = \frac{F_S S_z^*}{I_z d} \tag{13-8}$$

式中,d 为腹板宽度;I_z 为整个工字形截面对中性轴 z 的惯性矩;S_z^* 为横截面上距中性轴为 y 的横线以外部分的面积(图 13-13(a)和(c)中阴影面积)对中性轴 z 的面积矩。将求得的 S_z^* 代入式(13-8)得

$$\tau = \frac{F_S}{2 I_z d} \left[b \left(\frac{h^2}{4} - \frac{h_1^2}{4} \right) + d \left(\frac{h_1^2}{4} - y^2 \right) \right]$$

由此可见,切应力沿腹板高度按二次抛物线规律变化,如图 13-13(b)所示。最大切应力发生在中性轴上各点处。但在腹板顶、底,即与翼缘交界各点处切应力并不为零。

对于工字形型钢,计算最大切应力时,可直接利用附录 B 的型钢表中给出的 I_z/S_z(型钢表中用 $I_x:S_x$ 表示)计算。这里的 S_z 为中性轴任一侧的半个截面面积对中性轴的面积矩,即最大面积矩 $S_{z\max}$。

(2) **翼缘**。根据计算,腹板中竖向切应力所合成的剪力占横截面的总剪力 95% 左右,通常近似地认为腹板上的剪力 $F_S' \approx F_S$。因而翼缘上的竖向切应力很小,可不必计算。实际上,由于翼缘宽度 b 很大,对矩形截面梁的切应力所作的两个假设在此不适用,所以也不能用式(13-6)计算翼缘上的竖向切应力。但是,在翼缘上存在着水平切应力 τ_1,现分析如下:

在工字形截面梁取长为 dx 的微段,如图 13-14(a)所示。假设微段左、右截面上的剪力和弯矩分别为 F_S、M 和 F_S、$M+dM$。在翼缘上,可认为水平切应力 τ_1 平行于水平边界并沿翼缘厚度均匀分布。为了证明水平切应力 τ_1 的存在并导出 τ_1 的计算公式,假想在下翼缘上用垂直于 z 轴的截面截出一段长方体 A(长方体 $ijklefgn$),如图 13-14(b)所示。图中 u 为截面到翼缘端部的距离。该段的 $ijfe$ 面和 $lkgn$ 面分别作用法向内力 F'_{N1} 及 F'_{N2},由于两截面上的弯矩不同,因此正应力也不同,从而由其简化而来的内力 F'_{N1} 和 F'_{N2} 也不同(如剪力为正则有 $F'_{N2}>F'_{N1}$)。由平衡条件可知,在截开的截面 $lnei$ 上必定存在着切应力 τ'_1,设其合力为 dF,假设指向与 F'_{N1} 相同。由切应力互等定理可知,该段的翼缘 $ijfe$ 面上有水平切应力存在,指向由 f 到 e(设 ie 处的切应力为 τ_1)。由该段(见图 13-14(b))轴向的平衡方程得

$$F'_{N2} - F'_{N1} = dF$$

式中:

$$F'_{N1} = \int_A \sigma' dA = \frac{M}{I_z}\int_{A^*} y' dA = \frac{M}{I_z}S_z^*$$

$$F'_{N2} = \int_A \sigma'' dA = \frac{M+dM}{I_z}\int_{A^*} y'' dA = \frac{M+dM}{I_z}S_z^*$$

$$dF = \tau'_1 \delta dx$$

因为 $\tau'_1 = \tau_1$,故由此得到翼缘截面上水平切应力的计算公式

$$\tau_1 = \frac{F_S S_z^*}{I_z \delta} \tag{13-9}$$

式(13-9)和式(13-6)的形式相同,但式(13-9)中的 S_z^* 为矩形 $ijfe$ 的面积对中性轴 z 的面积矩,即

$$S_z^* = \delta u \cdot \frac{1}{2}(h-\delta)$$

将 S_z^* 代入式(13-9)后可以看出,水平切应力 τ_1 与 u 呈线性关系。

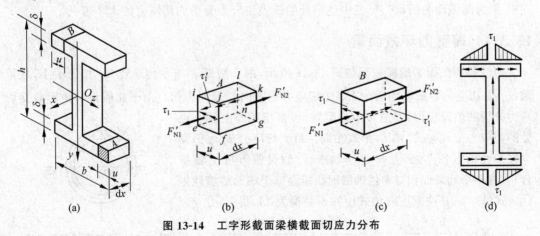

图 13-14 工字形截面梁横截面切应力分布

用同样的方法可对上翼缘的 B 段进行分析(脱离体图见图 13-14(c))。分析表明,该段翼缘的水平切应力 τ_1 与下翼缘对应位置的切应力方向相反,其大小仍按式(13-9)计算。

以上分析是在假设剪力为常量的条件下进行的,其实即使剪力有变化同样可以推导出

以上结论,请读者不妨进行思考。

图 13-14(d)绘出了整个工字形截面上的切应力方向。为便于记忆,习惯称此图为梁剪力产生的"**切应力流**"。图中同时画出翼缘上水平切应力 τ_1 大小的分布情况;腹板上的切应力大小按抛物线变化,如图 13-13(b)所示。

工字形截面梁横截面上的切应力分析的方法同样适用于 T 形、槽形和箱形等截面梁。

13.3.3 圆形截面梁

对于圆形截面梁,由切应力互等定理可知,横截面周线上的切应力方向必与周线相切。因为,如有垂直于周线的切应力,则在梁的侧面内也将存在垂直于周线的切应力,梁的侧面不受切向外力作用,所以垂直于周线的切应力只能等于零。另外,y 轴是截面的对称轴,产

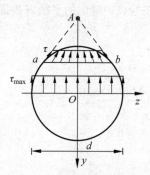

图 13-15 圆形截面梁横截面切应力分布

生平面弯曲时剪力必沿 y 轴作用,又由于材料性质均匀且对称于 y 轴,所以对称轴 y 处的切应力方向也必沿 y 轴。设某弦线 ab 两端处的切应力作用线与 y 轴交于 A 点,并进一步假设弦线上各点切应力的作用线都过 A 点,且在 y 轴上的投影也都相等,如图 13-15 所示。此时可以用式(13-6)计算 ab 线段上各点切应力在 y 轴上的投影,然后再依据各点切应力的方向计算其大小。计算发现,最大切应力仍发生在中性轴 z 处。显然中性轴上各点切应力大小相等,方向平行于 y 轴,如图 13-15 所示。上述是一种近似的方法,在计算实心圆截面梁的切应力时有良好的精度,与精确弹性理论解的结果比较误差在 10% 以内。

将半个圆截面的面积矩及整个截面的惯性矩代入式(13-6)得

$$\tau_{max} = \frac{F_S S_{z\,max}^*}{I_z b} = \frac{F_S \cdot \frac{1}{8}\pi d^2 \cdot \frac{2}{3}d/\pi}{\frac{1}{64}\pi d^4 \cdot d} = \frac{4}{3} \cdot \frac{F_S}{A} \qquad (13\text{-}10)$$

式中 A 为圆截面的面积。可见中性轴处的最大切应力为平均切应力的 4/3 倍。

13.3.4 薄壁圆环截面梁

薄壁圆环截面梁的横截面如图 13-16 所示,由于壁厚 δ 与平均半径 R_0 相比很小,故可假设:①切应力沿壁厚均匀分布;②切应力的方向与圆周相切。由于此假设与矩形截面切应力分析的假设相似,通过类似的推导,可得横截面上任一点处的切应力公式与式(13-6)形式相同。最大切应力 τ_{max} 仍发生在中性轴上各点处,方向与 y 轴平行(假设剪力与 y 轴平行)。将半个圆环面积对中性轴的面积矩及整个截面的惯性矩代入式(13-6),并注意应将该式中的 b 替换为 2δ,得到

$$\tau_{max} = \frac{F_S S_{z\,max}^*}{I_z \cdot 2\delta} = \frac{F_S \cdot 2R_0^2 \delta}{\pi R_0^3 \delta \cdot 2\delta} = \frac{F_S}{\pi R_0 \delta} = 2 \frac{F_S}{A}$$

(13-11)

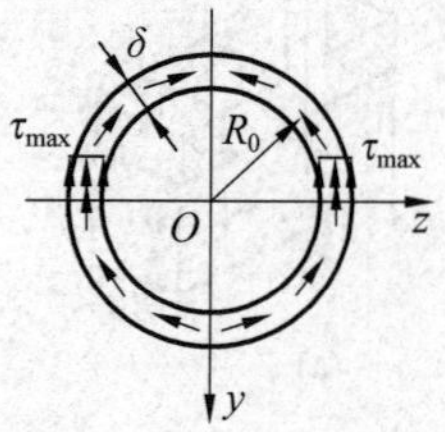

图 13-16 薄壁圆环截面梁横截面切应力分布

式中 A 为圆环面积。可见中性轴处的最大切应力为平均切应力的 2 倍。

对于等截面梁,其最大切应力 $\tau_{\max}$ 发生在最大剪力 $F_{S\max}$ 所在的横截面上,而且一般位于该截面的中性轴处。因此,全梁最大切应力 $\tau_{\max}$ 可统一表达为

$$\tau_{\max} = \frac{F_{S\max} S^*_{z\max}}{I_z b} \tag{13-12}$$

式中,$F_{S\max}$ 为全梁的最大剪力;$S^*_{z\max}$ 为横截面中性轴一侧的面积对中性轴的面积矩;I_z 为整个横截面对中性轴的惯性矩;b 为横截面在中性轴处的宽度。须注意,当无法假设中性轴处切应力的方向和分布情况时,切不可用此公式来计算切应力。

例 13-3　图 13-17(a)所示为一 T 形截面梁的横截面,已知截面对中性轴 z 的惯性矩 $I_z = 186.6 \times 10^{-6}\ \text{m}^4$。如截面上的剪力 $F_S = 50\text{kN}$,与 y 轴重合,试画出腹板上的切应力分布图,并求腹板上的最大切应力。

解　T 形截面腹板上的切应力方向与剪力 F_S 的方向相同,其大小沿腹板高度按抛物线规律变化。腹板截面下边缘各点处 $\tau = 0$;中性轴 z 上各点处的切应力最大,可由式(13-12)求得:

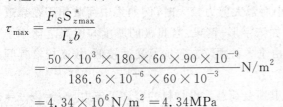

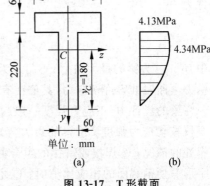

图 13-17　T 形截面

$$
\begin{aligned}
\tau_{\max} &= \frac{F_S S^*_{z\max}}{I_z b}\\
&= \frac{50 \times 10^3 \times 180 \times 60 \times 90 \times 10^{-9}}{186.6 \times 10^{-6} \times 60 \times 10^{-3}}\text{N/m}^2\\
&= 4.34 \times 10^6\,\text{N/m}^2 = 4.34\text{MPa}
\end{aligned}
$$

腹板与翼缘交界处各点的切应力由式(13-8)求得

$$\tau = \frac{50 \times 10^3 \times 220 \times 60 \times 70 \times 10^{-9}}{186.6 \times 10^{-6} \times 60 \times 10^{-3}}\text{N/m}^2 = 4.13 \times 10^6\,\text{N/m}^2 = 4.13\text{MPa}$$

腹板上的切应力分布如图 13-17(b)所示。

13.4　梁的强度计算和合理设计

13.4.1　梁的强度计算

一般来说,梁的横截面上同时存在弯矩和剪力,因此也同时有正应力和切应力。对等直梁,最大弯矩截面是危险截面,其顶、底处各点为正应力危险点,由于该处的切应力等于零或与该点处的正应力相比很小,而且纵截面上由横向力引起的挤压应力可略去不计,因此可将横截面上最大正应力所在各点看作单向受力情况,于是可按轴向拉压下强度条件的形式建立梁的正应力强度条件。因此,等直梁的正应力强度条件为

$$\sigma_{\max} = \frac{M_{\max}}{W_z} \leqslant [\sigma] \tag{13-13}$$

式中,$M_{\max}$ 为梁的最大弯矩;$[\sigma]$ 为弯曲容许正应力,可取材料在轴向拉压时的容许正应力。但实际上,由于弯曲和轴向拉压时杆横截面上正应力分布规律不同及材料的不均匀性,材料在弯曲时的强度略高于轴向拉伸时的强度,所以有些手册上所规定的弯曲容许正应力

略高于轴向拉伸时的容许正应力。

须指出,若材料的容许拉应力等于容许压应力,而中性轴又是截面的对称轴,则只需对绝对值最大的正应力作强度计算;对于用铸铁等脆性材料制成的梁,由于材料的容许拉应力和容许压应力不相等,而中性轴往往也不是截面的对称轴,因此需分别对最大拉应力和最大压应力(注意两者通常并不发生在同一横截面上)作强度计算。

利用式(13-13),可对梁作强度计算:校核强度、设计截面或求容许荷载。

等直梁的最大切应力一般发生在最大剪力截面中性轴各点处,这些点处的正应力等于零,在略去纵截面上由横向力引起的挤压应力后,最大切应力所在点处于纯剪切状态,于是可按纯剪切状态下的强度条件形式建立梁的切应力强度条件。因此,等直梁的切应力强度条件为

$$\tau_{max} = \frac{F_{Smax} S_{zmax}^{*}}{I_z b} \leqslant [\tau] \tag{13-14}$$

式中,F_{Smax} 为梁的最大剪力;S_{zmax}^{*} 为截面中性轴一侧面积对中性轴的面积矩;$[\tau]$ 为材料在横力弯曲时的容许切应力,其值在有关设计规范中有具体规定。

在梁的设计中,正应力强度一般起控制作用,而不必校核切应力强度。但在下列情况下需要校核切应力强度:①梁的最大弯矩较小而最大剪力较大时,例如集中荷载作用在靠近支座处的情况;②焊接或铆接的组合截面(如工字形)钢梁,当腹板的厚度与梁高之比小于工字形等型钢截面的相应比值时;③木梁,由于木材顺纹方向抗剪强度较低,故需校核其顺纹方向的切应力强度。

例 13-4 图 13-18 所示为一简支木梁及其所受荷载。设材料的容许正应力 $[\sigma_t]=[\sigma_c]=[\sigma]=10MPa$,容许切应力 $[\tau]=2MPa$,梁的截面为矩形,宽度 $b=80mm$,求所需的截面高度。

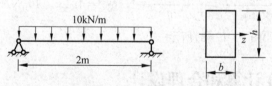

图 13-18 例 13-4 图

解 先由正应力强度条件确定截面高度,再校核切应力强度。

(1)正应力强度计算。该梁的最大弯矩为

$$M_{max} = \frac{1}{8}ql^2 = \frac{1}{8} \times 10 \times 10^3 \times 2^2 N \cdot m = 5 \times 10^3 N \cdot m$$

由正应力强度条件

$$W_z \geqslant \frac{M_{max}}{[\sigma]} = \frac{5 \times 10^3}{10 \times 10^6} m^3 = 5 \times 10^{-4} m^3$$

对于矩形截面,

$$W_z = \frac{1}{6}bh^2 = \frac{1}{6} \times 0.08h^2$$

由此得到

$$h \geqslant \sqrt{\frac{6 \times 5 \times 10^{-4}}{0.08}} = 0.194\text{m} = 194\text{mm}$$

可取 $h = 200\text{mm}$。

（2）切应力强度校核。该梁的最大剪力为

$$F_{\text{Smax}} = \frac{1}{2}ql = \frac{1}{2} \times 10 \times 10^{3} \times 2\text{N} = 1.0 \times 10^{4}\text{N}$$

由矩形截面梁的最大切应力公式(13-7)得

$$\tau_{\max} = \frac{3}{2} \cdot \frac{F_{\text{Smax}}}{bh} = \frac{3 \times 1.0 \times 10^{4}}{2 \times 0.08 \times 0.2}\text{N/m}^{2} = 0.94 \times 10^{6}\text{N/m}^{2} = 0.94\text{MPa} < [\tau]$$

可见由正应力强度条件所确定的截面尺寸能满足切应力强度要求。

例 13-5　图 13-19(a)所示为一外伸梁及其所受荷载。截面形状如图 13-19(c)所示。若材料为铸铁,容许应力为$[\sigma_t] = 35\text{MPa}$,$[\sigma_c] = 150\text{MPa}$,试根据梁的正应力强度条件求 F 的容许值。

例 13-5
讲解

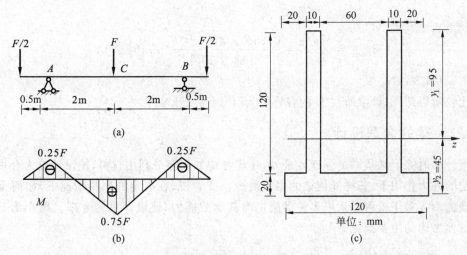

图 13-19　例 13-5 图

解　（1）确定截面的形心位置和惯性矩。由附录 A 中的公式求得截面的形心位置后,即可确定中性轴 z 的位置,如图 13-19(c)所示。截面对中性轴的惯性矩为

$$I_z = \left[\left(\frac{1}{12} \times 120 \times 20^3 + 20 \times 120 \times 35^2 \right) + 2 \times \right.$$

$$\left. \left(\frac{1}{12} \times 10 \times 120^3 + 10 \times 120 \times 35^2 \right) \right] \text{mm}^4$$

$$= 884 \times 10^4 \text{mm}^4 = 8.84 \times 10^{-6}\text{m}^4$$

（2）判断危险截面和危险点。因中性轴不是截面的对称轴,最大正负弯矩所在截面都是可能的危险截面,由弯矩图(图 13-19(b))可见,A、B 截面的弯矩相等,为最大负弯矩截面,C 截面为最大正弯矩截面,即 A、B 和 C 三个截面都可能是危险截面,需分别计算,以求得 F 的容许值。

（3）求 F 的容许值。C 截面的下边缘各点处产生最大拉应力,上边缘各点处产生最大压应力。

由

$$\sigma_{\text{tmax}} = \frac{M_C y_2}{I_z} = \frac{0.75F \times 45 \times 10^{-3}}{8.84 \times 10^{-6}} \leqslant 35 \times 10^{6}$$

求得 $F \leqslant 9.17\text{kN}$。

由

$$\sigma_{\text{cmax}} = \frac{M_C y_1}{I_z} = \frac{0.75F \times 95 \times 10^{-3}}{8.84 \times 10^{-6}} \leqslant 150 \times 10^{6}$$

求得 $F \leqslant 18.61\text{kN}$。

A、B 截面的上边缘各点处产生最大拉应力,下边缘各点处产生最大压应力。

由

$$\sigma_{\text{tmax}} = \frac{M_B y_1}{I_z} = \frac{0.25F \times 95 \times 10^{-3}}{8.84 \times 10^{-6}} \leqslant 35 \times 10^{6}$$

求得 $F \leqslant 13.03\text{kN}$。

由

$$\sigma_{\text{cmax}} = \frac{M_B y_2}{I_z} = \frac{0.25F \times 45 \times 10^{-3}}{8.84 \times 10^{-6}} \leqslant 150 \times 10^{6}$$

求得 $F \leqslant 117.87\text{kN}$。

比较所得结果,该梁所受 F 的容许值为 $[F] = 9.17\text{kN}$。

13.4.2 梁的合理设计

设计梁时除了必须满足强度要求外,还应考虑如何充分利用材料,使设计更为合理。即在一定的外力作用下,怎样能使梁的用料最少。或者说,在一定的用料情况下,如何提高梁的承载能力。对于梁可以采取多种措施提高其承载能力,使设计更为合理。现介绍一些从强度方面考虑的主要措施。

1. 选择合理的截面形式

由正应力强度条件得

$$M_{\max} \leqslant W_z [\sigma]$$

可见梁所能承受的最大弯矩与弯曲截面系数成正比。所以在截面面积相同的情况下,W_z 越大的截面形式越合理。例如矩形截面,$W_z = bh^2/6$,在面积相同的条件下,增加高度可以增加 W_z 的数值。但梁的高宽比也不能太大,否则梁受力后会发生侧向失稳。

对各种不同形状的截面,可用 W_z/A 的值来比较它们的合理性。现比较圆形、矩形和工字形 3 种截面。为了便于比较,设 3 种截面的高度均为 h。对圆形截面,$W_z/A = \frac{1}{32}\pi d^3 \big/$ $\left(\frac{1}{4}\pi d^2\right) = 0.125h$;对矩形截面,$W_z/A = \frac{1}{6}bh^2/(bh) = 0.167h$;对工字形截面,$W_z/A = (0.27 \sim 0.34)h$。由此可见,矩形截面比圆形截面合理,工字形截面比矩形截面合理。

由梁横截面上的正应力分布规律看,离中性轴越远的点正应力越大,在中性轴附近的点正应力很小。因此,为了充分利用材料,应尽可能将材料移至离中性轴较远的地方。上述 3

种截面中,工字形截面最好,圆形截面最差,原因就在于此。

在选择截面形式时还要考虑材料的性能。例如由塑性材料制成的梁,因拉伸和压缩的容许应力相同,宜采用中性轴为对称轴的截面。由脆性材料制成的梁,因容许拉应力远小于容许压应力,宜采用 T 形或Ⅱ形等中性轴为非对称轴的截面,并将翼缘部分置于受拉侧。

2. 采用变截面梁

梁的截面尺寸一般按最大弯矩设计并做成等截面。但是,等截面梁并不经济,因为在其他弯矩较小处不需要这样大的截面。因此,为了节约材料和减轻重量可采用变截面梁。

理想的变截面梁是**等强度梁**。所谓等强度梁,就是每个截面上的最大正应力都达到材料容许应力的梁。例如对图 13-20(a)所示的简支梁,现按等强度梁进行设计。设截面为矩形,并且高度 h =常量,求宽度 $b(x)$ 的变化规律。由正应力强度条件

$$\sigma_{\max} = \frac{M(x)}{W_z(x)} \leqslant [\sigma]$$

式中 $M(x) = \frac{1}{2}Fx$, $W_z(x) = \frac{1}{6}b(x)h^2$,代入得

$$b(x) = \frac{3F}{[\sigma]h^2}x$$

即截面的宽度 $b(x)$ 与 x 成正比,如图 13-20(b)所示。此外,还应由切应力强度条件设计梁的最小宽度 $b_{\min}$ 。由切应力强度条件

$$\tau_{\max} = \frac{3}{2}\frac{F/2}{hb_{\min}} \leqslant [\tau]$$

得

$$b_{\min} \geqslant \frac{3F}{4h[\tau]}$$

截面宽度的变化规律如图 13-20(c)所示。这种等高变宽度的梁在工程中并不常用,更多的是采用等宽变高度的梁。

如设图 13-20(a)中简支梁的宽度 b =常量,用同样的方法可以求得梁高 $h(x)$ 的方程及最小高度分别为

$$h(x) = \sqrt{\frac{3Fx}{b[\sigma]}}, \quad h_{\min} = \frac{3F}{4b[\tau]}$$

截面高度沿梁长变化的形状如图 13-21(a)所示。一般变高度时梁顶面保持为平面,如图 13-21(b)所示的鱼腹梁。图 13-21(c)所示叠板弹簧梁在工程中经常使用(可以看成是等高变宽度梁的一种等效),例如在汽车底座下放置这种梁,可以减小汽车的振动。

在此需要提醒,严格意义上讲,本章推导所得的应力计算公式不再适用于变宽度或变高度的梁,当变化比较缓慢时可以作为近似公式计算。

图 13-22 所示为三个梁的合理截面应用的工程实例。图 13-22(a)所示为变高度、等宽截面的连续梁,在高架桥中应用很普遍;图 13-22(b)所示也是变高度、等宽截面的悬臂梁,作为支撑结构的构件在桥梁、房屋建筑中经常使用;图 13-22(c)所示为箱形截面梁,既可减轻梁的自重,又可增加截面对中性轴的惯性矩,在跨度较大的桥梁、渡槽、钢结构等工程中普遍使用。另外,还可以利用梁中间的空间,如布线、通水管、检测等。

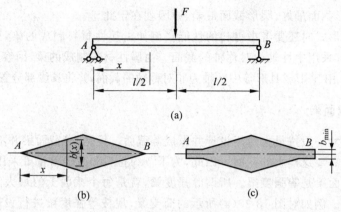

图 13-20　等强度梁

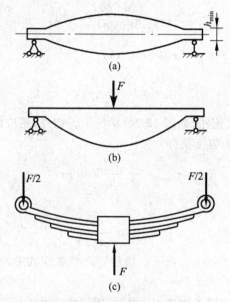

图 13-21　鱼腹梁及叠板弹簧梁

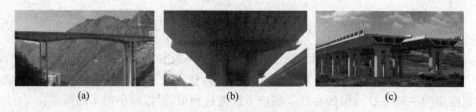

图 13-22　合理截面梁工程实例

（a）连续梁；（b）悬臂梁；（c）箱形截面梁

3. 改善梁的受力状况

图 13-23（a）所示的简支梁受均布荷载作用时，各截面均产生正弯矩，最大弯矩为

$$M_{\max} = \frac{1}{8}ql^2$$

如将两端支座分别向内移动 $0.2l$,如图 13-23(b)所示,则最大弯矩为

$$M_{\max} = \frac{1}{40}ql^2$$

最大弯矩仅为原来的 $1/5$,故截面的尺寸可以减小很多。理想的情况是调整支座位置,使最大正弯矩和最大负弯矩的数值相等。

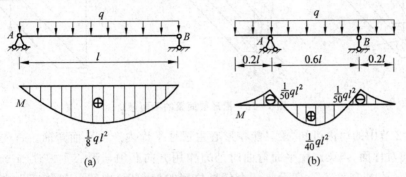

图 13-23　不同支座位置的简支梁

图 13-24(a)所示的简支梁 AB 在跨中受一集中荷载作用,若加一辅助梁 CD,如图 13-24(b)所示,则简支梁的最大弯矩可减小一半。

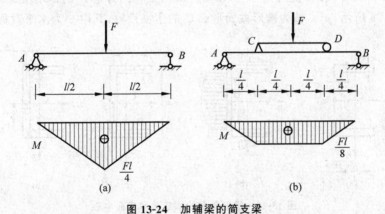

图 13-24　加辅梁的简支梁

13.5　开口薄壁截面梁的切应力　弯曲中心

没有纵向对称面的梁在横力弯曲时是否也会产生平面弯曲?或者说此时梁需满足什么条件才能产生平面弯曲?首先可以做一个试验,图 13-25 所示一无纵向对称面的槽形截面悬臂梁,当横向外力 F 作用在形心主惯性平面 xy 内时,可以发现梁除弯曲外,还会扭转(见图 13-25(a));若外力 F 向 z 轴负向平移某一距离 e,则会发现梁只产生平面弯曲(见图 13-25(b)),即梁轴线在形心主惯性平面内弯曲成曲线,且外力 F 的作用方向与此主惯性平面 xy 平行。这一试验告诉我们梁产生平面弯曲不仅对外力作用方向有限制条件,而且对其作用线位置也有限制条件。

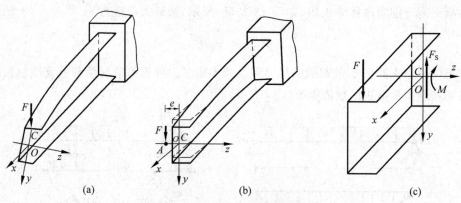

图 13-25　槽形截面梁的平面弯曲

由 13.2 节中的讨论可知,梁只能在形心主惯性平面内产生平面弯曲。首先,不管梁是否具有纵向对称面,当梁产生平面弯曲时外力作用方向必须与形心主惯性轴 y 平行,否则其对横截面(见图 13-25(c),假设是一个任意位置的横截面)内的 y 轴将产生力矩,而横截面内的正应力和切应力对 y 轴的矩为零(或剪力 F_S 和弯矩 M 对 y 轴的矩为零),可见由此横截面截取的梁段无法满足对 y 轴的力矩平衡方程。其次,梁段所受的力对轴 x 的力矩平衡方程决定了外力作用线的位置。下面以槽形截面梁为例讨论 F 的作用位置。

如图 13-26 所示,y、z 轴为槽形截面形心 C 的主惯性轴,其中 z 为水平对称轴。

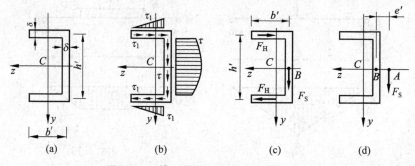

图 13-26　槽形截面的切应力和弯曲中心

采用 13.3 节分析工字形截面梁切应力的方法,可以确定槽形截面的腹板和翼缘上切应力的分布规律和切应力流情况,如图 13-26(b)所示。腹板上的竖向切应力 τ 由式(13-8)计算,翼缘上的水平切应力 τ_1 由式(13-9)计算。

腹板上的切应力合成的剪力近似等于截面上的总剪力 F_S。上、下翼缘的水平切应力分别合成的水平剪力大小相等、方向相反,假设为 F_H,如图 13-26(c)所示。现将 F_S 和两个 F_H 合成为大小等于 F_S 且与之平行的合力,设合力作用在距 B 点为 e' 的位置 A。由合力矩定理,合力作用位置应满足

$$F_S e' = F_H h'$$

式中

$$F_H = \int_0^{b'} \tau_1 \delta \, \mathrm{d}u = \int_0^{b'} \frac{F_S \delta^2 u h'}{2 I_z \delta} \mathrm{d}u = \frac{F_S h' b'^2 \delta}{4 I_z}$$

式中，δ 为翼缘和腹板的厚度；h' 为两翼缘中心之间的距离；b' 为翼缘的宽度。由此可得

$$e' = \frac{h'^2 b'^2 \delta}{4I_z}$$

合力 F_S 的位置如图 13-26(d)所示。

　　显然，当外力 F 的作用线也向剪力合力侧平移距离 $e = e' + \overline{BC}$ 时，梁段就能满足对 x 轴的力矩平衡方程，横截面上就不会产生扭矩，梁也不会产生扭转变形。

　　如果梁在 Cxz 平面内产生平面弯曲，由于 z 轴是对称轴，因此横截面上切应力的合力必与 z 轴重合。在两个互相垂直的形心主惯性平面内分别产生平面弯曲时，对应剪力合力作用线的交点称为**弯曲中心**或**剪切中心**，简称弯心，如图 13-26(d)中的 A 点。过弯心 A，与形心主惯性轴 y、z 平行的两个平面 xAy 和 xAz 称为**弯心平面**。

　　可以通过试验验证，对于任意截面形状的梁，当外力作用在弯心平面内时，梁只发生平面弯曲而无扭转。所以这一条件可以作为梁产生平面弯曲的充分条件。

　　确定弯曲中心位置的关键是要确定横截面内剪力合力作用线的位置，它与截面的几何形状有关。但有些结论可以直接使用，如横截面有两个对称轴，则两个对称轴的交点即为弯曲中心，即弯曲中心和截面的形心重合；如横截面只有一个对称轴，则弯曲中心必在此对称轴上。

　　开口薄壁截面梁的切应力分析相对比较容易，从而其弯曲中心位置的确定也较方便。常用开口薄壁截面弯曲中心 A 的大致位置如图 13-27 所示。图中 y、z 轴为截面的形心主轴。

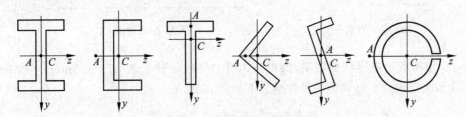

图 13-27　开口薄壁截面弯曲中心

　　非对称截面的实体梁和闭口薄壁截面梁横截面的弯曲中心通常在形心附近，且杆件的扭转刚度较大，因此当外力作用在形心主惯性平面内时，引起的扭转变形可忽略不计，梁的正应力和切应力仍可以近似按平面弯曲来计算。

习题

　　13-1　一矩形截面梁，横截面高 120mm、宽 60mm。若在梁纯弯曲时测得梁最外层纤维的轴向线应变 $\varepsilon = 7 \times 10^{-4}$，试求该梁弯曲后轴线的曲率半径。

　　13-2　附图所示横截面的梁受绕水平中性轴的弯矩作用，其值为 54kN·m，试确定截面上 A、B、C 三点处的正应力。

　　13-3　求图示梁中截面 a—a 上指定点 D 处的正应力，并求梁横截面上的最大拉应力 σ_{tmax} 和最大压应力 σ_{cmax}。

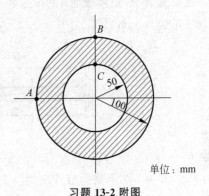

单位：mm

习题 13-2 附图

13-4 图示为工字形横截梁的横截面,其上受绕水平中性轴转动的弯矩。试求腹板和翼缘上所承受的弯矩与总弯矩的比例。附图中尺寸单位为 mm。

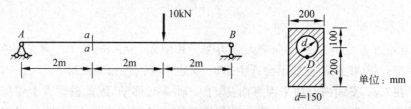

习题 13-3 附图

13-5 图示截面为 45a 号工字钢的简支梁,测得梁底面 A、B 两点间的伸长为 0.012mm。试问梁上的力 F 多大? 钢的弹性模量 $E=200$GPa。图中截面尺寸单位为 mm。

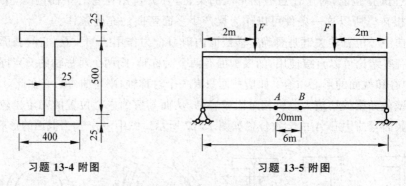

习题 13-4 附图　　　　　　　习题 13-5 附图

13-6 附图所示矩形截面钢梁,测得下边缘 AB 段的伸长量 $\Delta l=1.3$mm,求均布荷载集度 q 和最大正应力。已知钢的弹性模量 $E=200$GPa。

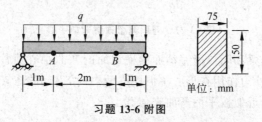

习题 13-6 附图

13-7 一槽形截面悬臂梁,长 6m,受 $q=5$kN/m 的均布荷载作用,求距固定端为 0.5m 处的截面上,距梁顶面 100mm 处 b—b 线处的切应力及 a—a 线处的切应力。图中截面尺寸单位为 mm。

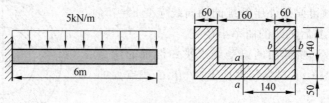

习题 13-7 附图

习题 13-8
讲解

13-8 图示梁的容许应力 $[\sigma]=8.5$MPa,若单独作用 30kN 的荷载时,梁横截面上的最大应力就超过容许应力。求使梁内应力不超过容许值的 F 的最小值。

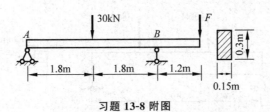

习题 13-8 附图

13-9　图示铸铁梁,若$[\sigma_t]=30$MPa,$[\sigma_c]=60$MPa,试校核此梁的强度。梁横截面对中性轴 z 的惯性矩 $I_z=764\times10^{-8}\mathrm{m}^4$。图中截面尺寸单位为 mm。

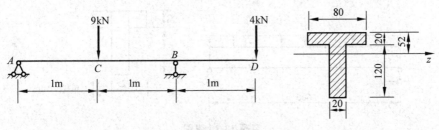

习题 13-9 附图

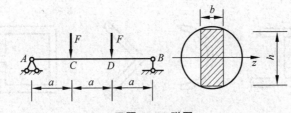

习题 13-10 附图

13-10　图示矩形截面简支梁,由圆柱形木料锯成。已知 $F=8$kN,$a=1.5$m,$[\sigma]=$ 10MPa。试确定弯曲截面系数为最大时的矩形截面的高宽比 h/b,以及锯成此梁所需要木料的最小直径 d。

13-11　截面为 10 号工字钢的 AB 梁,B 点由 $d=20$mm 的圆钢杆 BC 支承,梁及杆的容许应力$[\sigma]=160$MPa。试求容许均布荷载 q。

习题 13-11
讲解

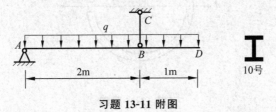

习题 13-11 附图

13-12　图示叠合梁 AB 由若干层 25mm×100mm 的木板胶粘制成。已知木材容许应力$[\sigma]=13$MPa,胶结处的容许切应力$[\tau]=0.35$MPa,试确定所需叠合梁的层数。

13-13　图示梁材料的容许正应力为 3.5MPa,容许切应力为 0.7MPa,胶结处的容许切应力为 0.35MPa。试求梁的容许荷载 q。

13-14　试画出图示各截面的弯曲中心的大致位置,并画出切应力流的流向,设截面上

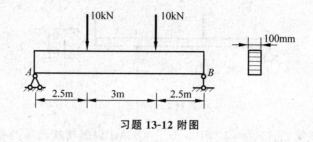

习题 13-12 附图

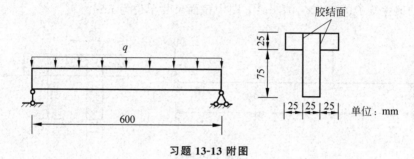

习题 13-13 附图

剪力 F_S 的方向竖直向下。

习题 13-14 附图

13-15 图示圆形开口薄壁截面梁,圆环内半径为 40mm,壁厚为 10mm。试确定弯曲中心 A 的位置;假如截面上的剪力竖直向下,试画出切应力流的流向。

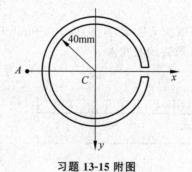

习题 13-15 附图

本章习题参考解答

第14章

平面弯曲变形

14.1 梁的挠度和转角

梁受横向外力作用后将产生弯曲变形。在平面弯曲情况下,梁的轴线在形心主惯性平面内弯成一条平面曲线,如图 14-1 所示(图中 xAy 平面为形心主惯性平面,弯曲后的梁轴线用虚线表示)。此曲线称为梁的**挠曲线**。当材料变形在弹性范围时,挠曲线也称**弹性曲线**。一般情况下,挠曲线是一条光滑连续的曲线。梁的变形可用以下两个量量度。

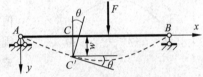

图 14-1 梁的挠度和转角

(1) **挠度**。梁的轴线上任一点,即梁任一横截面形心 C 在垂直于轴线方向上的位移 $\overline{CC'}$,称为该点的挠度,其大小用 w 表示(见图 14-1)。实际上,轴线上任一点除有垂直于 x 轴的位移外,还有 x 轴方向的位移。但在小变形情况下,后者是二阶微量,可略去不计。

(2) **转角**。根据平面假设,梁变形后,其任一横截面将绕中性轴转过一个角度,这一角度称为该截面的转角,用 θ 表示(见图 14-1)。若忽略剪力对变形的影响,则可认为横截面转动后仍与挠曲线垂直。所以角 θ 的大小也等于挠曲线上点的切线与 x 轴的夹角。

在图 14-1 所示坐标系中,挠曲线可用下式表示:

$$w = f(x)$$

式中,x 为梁变形前轴线上任一点的横坐标;w 为该点的挠度。

上式称为**挠曲线方程**或**挠度方程**。挠曲线上任一点的斜率为 $w' = \tan\theta$,在小变形情况下,$\tan\theta \approx \theta$,所以

$$\theta = w' = f'(x)$$

即挠曲线上任一点的斜率 w' 等于该处横截面的转角。该式称为**转角方程**。由此可见,只要确定了挠曲线方程,梁上任一截面形心的挠度和任一横截面的转角均可确定,梁的变形随之确定。

挠度和转角的正负号与所取坐标系有关。在图 14-1 所示的坐标系中(本章规定 y 坐标轴向下),**向下的挠度为正,向上的挠度为负;顺时针转向的转角为正,逆时针转向的转角为负**。

14.2 梁的挠曲线近似微分方程

梁的挠度和转角与梁变形后轴线的曲率有关。在横力弯曲的情况下,曲率既和梁的刚度相关,也和梁的剪力与弯矩相关。对于一般跨高比较大的梁,可以忽略剪力对梁变形的影响,只考虑弯矩对梁变形的作用。由式(13-5),得到梁轴线弯曲后的曲率为

$$\frac{1}{\rho(x)} = \frac{M(x)}{EI_z} \qquad \text{(a)}$$

另由高等数学知识可知,平面曲线的曲率为

$$\frac{1}{\rho(x)} = \pm \frac{w''}{(1+w'^2)^{3/2}} \qquad \text{(b)}$$

由式(a)、式(b)得

$$\pm \frac{w''}{(1+w'^2)^{3/2}} = \frac{M(x)}{EI_z} \qquad \text{(c)}$$

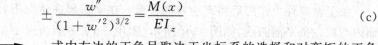

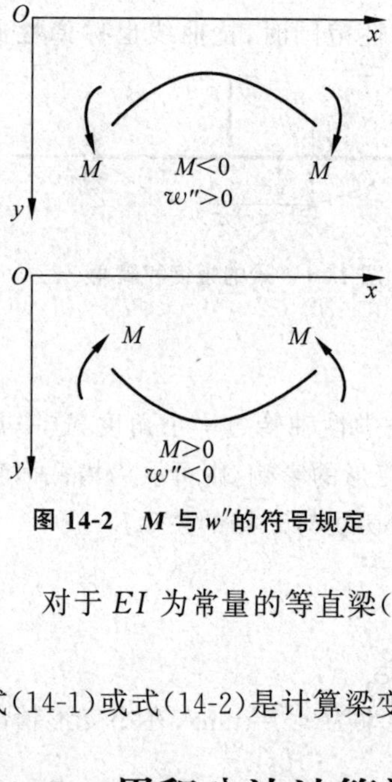

式中左边的正负号取决于坐标系的选择和对弯矩的正负号规定。在本章所取的坐标系中,上凸的曲线 w'' 为正值,下凸的曲线为负值,如图14-2所示;按弯矩正负号的规定,正弯矩对应着负的 w'',负弯矩对应着正的 w''。故式(c)左边应取负号,即

$$- \frac{w''}{(1+w'^2)^{3/2}} = \frac{M(x)}{EI_z} \qquad \text{(d)}$$

在小变形情况下,w' 是一小量,则 w'^2 更小,可略去不计,故式(d)简化为

$$w'' = -\frac{M(x)}{EI_z} \qquad (14\text{-}1)$$

图 14-2 M 与 w'' 的符号规定

此为**梁的挠曲线的近似微分方程**,适用于小挠度梁。

对于 EI 为常量的等直梁(将 I_z 简写为 I),上式可写为

$$EIw'' = -M(x) \qquad (14\text{-}2)$$

式(14-1)或式(14-2)是计算梁变形的基本方程。

14.3 用积分法计算梁的变形

对于等直梁,可以通过对式(14-2)的直接积分计算梁的挠度和转角。当全梁各截面上的弯矩可用一方程表示时,梁的挠曲线近似微分方程仅有一个,将式(14-2)积分一次,得

$$EIw' = EI\theta = -\int M(x)\mathrm{d}x + C \qquad (14\text{-}3)$$

再积分一次得

$$EIw = -\int \left[\int M(x)\mathrm{d}x \right] \mathrm{d}x + Cx + D \qquad (14\text{-}4)$$

式(14-3)和式(14-4)中的积分常数 C 和 D 可由梁支座处的**边界条件**确定。图14-3(a)所示

的简支梁,边界条件是左、右两支座处的挠度 w_A 和 w_B 均为零;图 14-3(b)所示的悬臂梁,边界条件是固定端处的挠度 w_A 和转角 θ_A 均为零。

积分常数 C、D 确定后,就可由式(14-3)和式(14-4)得到梁的转角方程和挠度方程,并可计算任一横截面的转角和梁轴线上任一点的挠度。这种求梁变形的方法称为**积分法**。

例 14-1　一悬臂梁在自由端受集中力 **F** 作用,如图 14-4 所示。试求梁的转角方程和挠度方程,并求最大转角和最大挠度。设梁的弯曲刚度为 EI。

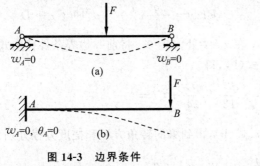

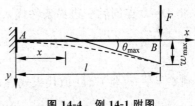

图 14-3　边界条件　　　　图 14-4　例 14-1 附图

解　取坐标系如图 14-4 所示,首先列出梁的弯矩方程。取 x 处横截面右侧梁段,由荷载 F 直接求出弯矩

$$M(x) = -F(l-x)$$

梁的挠曲线近似微分方程为

$$EIw'' = -M(x) = Fl - Fx$$

进行两次积分,分别得

$$EIw' = EI\theta = Flx - \frac{F}{2}x^2 + C \tag{a}$$

$$EIw = \frac{Fl}{2}x^2 - \frac{F}{6}x^3 + Cx + D \tag{b}$$

悬臂梁的边界条件为:在 $x=0$ 处,$w=0$;在 $x=0$ 处,$w'=\theta=0$。将边界条件代入式(a)、式(b),得到 $C=0$ 和 $D=0$,从而得该梁的转角方程和挠度方程分别为

$$w' = \theta = \frac{Fl}{EI}x - \frac{F}{2EI}x^2 \tag{c}$$

$$w = \frac{Fl}{2EI}x^2 - \frac{F}{6EI}x^3 \tag{d}$$

梁的挠曲线大致形状如图 14-4 中的虚线所示。可见,挠度及转角的最大值均在自由端 B 处,将 $x=l$ 代入式(c)、式(d),分别得

$$\theta_{max} = \frac{Fl^2}{2EI}, \quad w_{max} = \frac{Fl^3}{3EI}$$

以上结果中 θ_{max} 为正值,表明梁变形后 B 截面顺时针转动;w_{max} 为正值,表明 B 点向下移动。

例 14-2　一简支梁受均布荷载 q 作用,如图 14-5 所示。试求梁的转角方程和挠度方程,并确定最大挠度和 A、B 截面的转角。设梁的弯曲刚度为 EI。

解　取坐标系如图 14-5 所示。由对称关系求得支座反力 $F_{Ay} = F_{By} = ql/2$。梁的弯矩

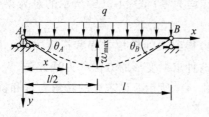

图14-5 例14-2附图

方程为

$$M(x) = \frac{ql}{2}x - \frac{q}{2}x^2$$

代入式(14-2)并积分两次,分别得

$$EIw' = EI\theta = -\frac{ql}{4}x^2 + \frac{q}{6}x^3 + C \qquad \text{(a)}$$

$$EIw = -\frac{ql}{12}x^3 + \frac{q}{24}x^4 + Cx + D \qquad \text{(b)}$$

简支梁的边界条件为:在 $x=0$ 处,$w=0$;在 $x=l$ 处,$w=0$。将前一边界条件代入式(b)得 $D=0$。将 $D=0$ 连同后一边界条件代入式(b),得

$$EIw\mid_{x=l} = -\frac{ql^4}{12} + \frac{ql^4}{24} + Cl = 0$$

由此得到 $C=\dfrac{ql^3}{24}$。将 C、D 值代入式(a)、式(b),得到梁的转角方程和挠度方程分别为

$$w' = \theta = \frac{ql^3}{24EI} - \frac{ql}{4EI}x^2 + \frac{q}{6EI}x^3 \qquad \text{(c)}$$

$$w = \frac{ql^3}{24EI}x - \frac{ql}{12EI}x^3 + \frac{q}{24EI}x^4 \qquad \text{(d)}$$

挠曲线大致形状如图14-5中的虚线所示,显然梁跨中点的挠度最大(也可通过转角为零来确定产生最大挠度的位置)。将 $x=l/2$ 代入式(d)得到

$$w_{\max} = \frac{5ql^4}{384EI}$$

将 $x=0$ 和 $x=l$ 分别代入式(c),得到 A、B 截面的转角分别为

$$\theta_A = \frac{ql^3}{24EI}, \qquad \theta_B = -\frac{ql^3}{24EI}$$

A、B 两截面的转角绝对值相同,且均为最大值。

例14-3 一简支梁 AB 在 D 点受集中力 $\boldsymbol{F}$ 作用,如图14-6所示。试求梁的转角方程和挠度方程,并求最大挠度。设梁的弯曲刚度为 EI,图中假设 $a > b$。

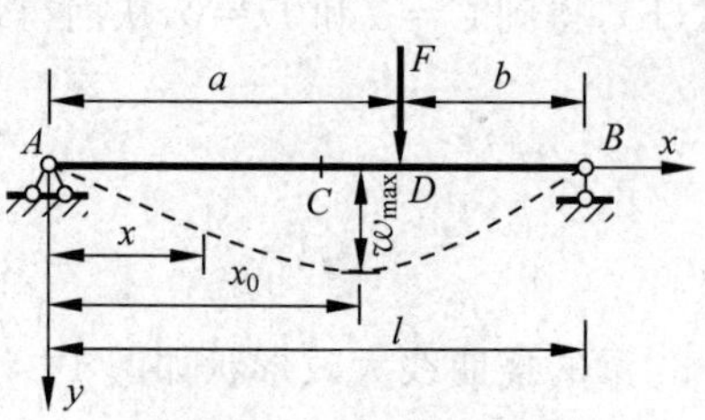

解 首先由平衡方程求出梁的支座反力为

$$F_{Ay} = \frac{Fb}{l}, \qquad F_{By} = \frac{Fa}{l}$$

方向竖直向上。由于集中力的作用,弯矩方程需分段列出。即

图14-6 例14-3附图

AD 段($0 \leqslant x \leqslant a$): $M_1(x) = \dfrac{Fb}{l}x$

DB 段($a \leqslant x \leqslant l$): $M_2(x) = \dfrac{Fb}{l}x - F(x-a)$

现将两段的弯矩方程分别代入式(14-2),并分别积分,得

AD 段:

$$EIw'_1 = EI\theta_1 = -\frac{Fb}{2l}x^2 + C_1 \tag{a}$$

$$EIw_1 = -\frac{Fb}{6l}x^3 + C_1 x + D_1 \tag{b}$$

DB 段：

$$EIw'_2 = EI\theta_2 = -\frac{Fb}{2l}x^2 + \frac{F}{2}(x-a)^2 + C_2 \tag{c}$$

$$EIw_2 = -\frac{Fb}{6l}x^3 + \frac{F}{6}(x-a)^3 + C_2 x + D_2 \tag{d}$$

式(a)～式(d)中有 4 个积分常数,需要 4 个条件才能确定。梁的挠曲线在两段梁的交界处(集中力作用的 D 点处)应光滑连续,即由式(a)、式(b)求出的 D 截面的转角和挠度和由式(c)、式(d)求出的 D 截面的转角和挠度应分别相等(称为**连续条件**)。

$x = a$ 时,由 $w'_1 = w'_2$ 求得 $C_1 = C_2$；由 $w_1 = w_2$ 求得 $D_1 = D_2$。利用边界条件 $w_1|_{x=0} = 0$ 和 $w_2|_{x=l} = 0$ 求得 $D_1 = D_2 = 0$, $C_1 = C_2 = \frac{Fb}{6l}(l^2 - b^2)$。将求得的积分常数代入式(a)～式(d),得到两段梁的转角方程和挠度方程为

AD 段：

$$w'_1 = \theta_1 = \frac{Fb(l^2 - b^2)}{6EIl} - \frac{Fb}{2EIl}x^2 \tag{a'}$$

$$w_1 = \frac{Fb(l^2 - b^2)}{6EIl}x - \frac{Fb}{6EIl}x^3 \tag{b'}$$

DB 段：

$$w'_2 = \theta_2 = \frac{Fb(l^2 - b^2)}{6EIl} - \frac{Fb}{2EIl}x^2 + \frac{F}{2EI}(x-a)^2 \tag{c'}$$

$$w_2 = \frac{Fb(l^2 - b^2)}{6EIl}x - \frac{Fb}{6EIl}x^3 + \frac{F}{6EI}(x-a)^3 \tag{d'}$$

挠曲线大致形状如图 14-6 中的虚线所示。简支梁的最大挠度应发生在 $w'_1 = 0$ 处(因为 $a > b$),先研究 AD 段梁。由式(a'),令 $w'_1 = 0$,得

$$x_0 = \sqrt{\frac{l^2 - b^2}{3}} = \sqrt{\frac{a(a+2b)}{3}} \tag{e}$$

可见,当 $a > b$ 时,x_0 将小于 a,即梁的最大挠度发生在 AD 段内。将式(e)代入式(b')得到梁的最大挠度为

$$w_{\max} = w_1|_{x=x_0} = \frac{Fb(l^2 - b^2)^{3/2}}{9\sqrt{3}EIl}$$

此外,将 $x = l/2$ 代入式(b')得到梁中点的挠度为

$$w_C = \frac{Fb}{48EI}(3l^2 - 4b^2)$$

下面说明 $w_{\max}$ 和 w_C 相差极小。由式(e)可知,b 值越小,则 x_0 值越大,即荷载越靠近右支座,梁的最大挠度点距离梁跨中点就越远,而且梁的最大挠度与梁跨中点挠度的差也随之增加。在极端情况下,当 F 较靠近右端支座,即 $b \approx 0$ 时,由式(e)得 $x_0 = 0.577l$,即最大

挠度发生的位置距梁中点仅 $0.077l$。在此极端情况下,上述 w_{max} 和 w_C 式中的 b^2 和 l^2 相比可以略去不计,故令 $b^2=0$,即得

$$w_{max} = \frac{Fbl^2}{9\sqrt{3}EI} = 0.0642\frac{Fbl^2}{EI}, \quad w_C = \frac{Fbl^2}{16EI} = 0.0625\frac{Fbl^2}{EI}$$

可见 w_{max} 和 w_C 仅相差约 3%。因此,受任意荷载的简支梁,只要荷载同向作用,均可近似地将梁中点的挠度作为最大挠度,其精度可满足工程计算的要求。

当集中荷载 F 作用在简支梁中点处,即 $a=b=l/2$ 时,则 A、B 两端的转角均为最大值,梁中点的挠度也为最大值。它们分别为

$$\theta_A = \frac{Fl^2}{16EI}, \quad \theta_B = -\frac{Fl^2}{16EI}, \quad w_C = \frac{Fl^3}{48EI}$$

14.4 用叠加法计算梁的变形

在小变形和线弹性假设的前提下,梁的变形和外荷载呈线性关系,从而也可用**叠加法**计算梁的变形。即**梁在多个荷载作用下某一横截面的转角和挠度,分别等于各个荷载单独作用下该截面的转角和挠度的叠加**。

简单荷载作用下梁的转角和挠度可以使用积分法计算,并将其结果列于表 14-1 中。复杂荷载作用下,往往可以利用这些结果,通过叠加法来分析梁的转角和挠度,从而大大简化计算。

表 14-1 简单荷载作用下梁的转角和挠度

序号	梁上荷载及弯矩图	挠曲线方程	转角和挠度
1		$w = \dfrac{M_e x^2}{2EI}$	$\theta_B = +\dfrac{M_e l}{EI}, w_B = +\dfrac{M_e l^2}{2EI}$
2		$w = \dfrac{Fx^2}{6EI}(3l-x)$	$\theta_B = +\dfrac{Fl^2}{2EI}$ $w_B = +\dfrac{Fl^3}{3EI}$
3		$w = \dfrac{qx^2}{24EI}(6l^2-4lx+x^2)$	$\theta_B = +\dfrac{ql^3}{6EI}$ $w_B = +\dfrac{ql^4}{8EI}$
4		$w = \dfrac{qx}{24EI}(l^3-2lx^2+x^3)$	$\theta_A = +\dfrac{ql^3}{24EI}, \theta_B = -\dfrac{ql^3}{24EI}$ $w_C = +\dfrac{5ql^4}{384EI}$

续表

序号	梁上荷载及弯矩图	挠曲线方程	转角和挠度
5		$w = \dfrac{Fx}{48EI}(3l^2 - 4x^2)$ $(0 \leqslant x \leqslant 0.5l)$	$\theta_A = \dfrac{Fl^2}{16EI},\ \theta_B = -\dfrac{Fl^2}{16EI}$ $w_C = +\dfrac{Fl^3}{48EI}$
6		$w = \dfrac{M_B x}{6lEI}(l^2 - x^2)$	$\theta_A = \dfrac{M_B l}{6EI},\ \theta_B = -\dfrac{M_B l}{3EI}$ $w_C = \dfrac{M_B l^2}{16EI}$

例 14-4　一简支梁及其所受荷载如图 14-7(a)所示,试用叠加法求梁中点的挠度 w_C 和梁左端截面的转角 θ_A。设梁的弯曲刚度为 EI。

解　先分别求出均布荷载和集中荷载单独作用下梁的变形(图 14-7(b)和(c)),然后二者叠加,即得两种荷载共同作用下梁的变形。

由表 14-1 查得简支梁在 q 和 F 分别作用下的变形,叠加后得

$$w_C = w_C(q) + w_C(F) = \frac{5ql^4}{384EI} + \frac{Fl^3}{48EI}$$

$$= \frac{5ql^4 + 8Fl^3}{384EI}$$

$$\theta_A = \theta_A(q) + \theta_A(F) = \frac{ql^3}{24EI} + \frac{Fl^2}{16EI}$$

$$= \frac{2ql^3 + 3Fl^2}{48EI}$$

例 14-5　图示外伸梁受集中力 F 和均布荷载 q 作用,如图 14-8(a)所示,梁的抗弯刚度为 EI。试求右端 C 截面的转角和挠度。

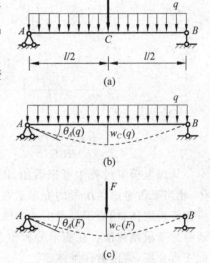

图 14-7　例 14-4 附图

例 14-5
讲解

解　首先将荷载作用分解成图 14-8(b)和(c)两种情况。图 14-8(b)中 C 截面的挠度可以通过 B 截面的转角来计算,而 C 截面的转角就等于 B 截面的转角。图 14-8(c)中的变形还可以分解为图 14-8(d)和(e)两种情况。图 14-8(d)中力偶 M_e 的大小等于图 14-8(c)中 B 截面的弯矩,C 截面的挠度和转角分析同上。图 14-8(e)中 C 截面的挠度和转角就是悬臂梁在均布荷载作用下悬臂端的挠度和转角。图 14-8(b)、(d)、(e)中的各转角和挠度都可以通过查表 14-1 得到。依据叠加原理,在荷载 F 和 q 共同作用下 C 截面的转角和挠度分别为

$$\theta_C = -\theta_{B1} + \theta_{B2} + \theta_{C1}, \quad w_C = -w_1 + w_2 + w_3 = -\theta_{B1}a + \theta_{B2}a + w_3$$

其具体值为

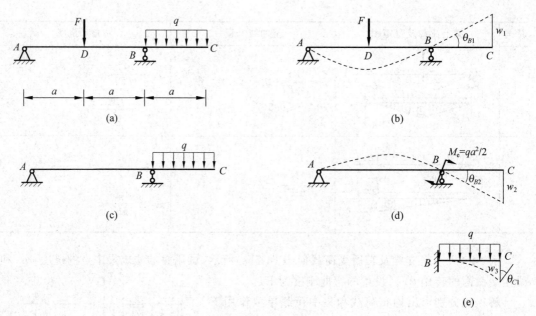

图 14-8 例 14-5 附图

$$\theta_C = -\frac{F \cdot (2a)^2}{16EI} + \frac{\frac{1}{2}qa^2 \cdot 2a}{3EI} + \frac{qa^3}{6EI} = \frac{2qa^3 - Fa^2}{4EI}$$

$$w_C = -\frac{F \cdot (2a)^2}{16EI} \cdot a + \frac{\frac{1}{2}qa^2 \cdot 2a}{3EI} \cdot a + \frac{qa^4}{8EI} = \frac{11qa^4 - 6Fa^3}{24EI}$$

从以上求解过程中可以看出,图 14-8(b)、(d)中只有 AB 段产生变形,BC 段保持为刚体,相当于仅考虑 AB 段的变形对 C 截面的影响;而图 14-8(e)中只有 BC 段产生变形,AB 段保持为刚体,相当于仅考虑 BC 段的变形对 C 截面的影响。利用这种思想的叠加法有时还称为**逐段刚化法**。在变形分析中它具有一般性,能演变成程式化的方法,如初参数法,在此不再介绍,请读者仔细体察。

14.5 梁的刚度计算

14.5.1 梁的刚度计算方法

梁不仅要满足强度条件,而且变形不能过大。例如吊车梁若变形过大,行车时会产生较大的振动,使吊车行驶很不平稳;楼板的横梁若变形过大,会使涂于楼板的灰粉开裂脱落。又如机床主轴的挠度过大,将影响其加工精度;传动轴在轴承处若转角过大,会使轴承的滚珠产生不均匀磨损,缩短轴承的使用寿命。在这些情况下,梁的变形需限制在某一容许的范围内,即满足刚度条件。梁的刚度条件为

$$w_{\max} \leqslant [w] \tag{14-5}$$

$$\theta_{\max} \leqslant [\theta] \tag{14-6}$$

式中,$w_{\max}$ 为梁的最大挠度;$\theta_{\max}$ 为梁横截面的最大转角;$[w]$ 和 $[\theta]$ 分别为规定的容许挠

度和转角,在设计手册中可查到,例如:

吊车梁 $\qquad [w]=\dfrac{l}{600}\sim\dfrac{l}{500}$,$l$ 为梁的长度

屋梁和楼板梁 $\qquad [w]=\dfrac{l}{400}\sim\dfrac{l}{200}$,$l$ 为梁的长度

钢闸门主梁 $\qquad [w]=\dfrac{l}{750}\sim\dfrac{l}{500}$,$l$ 为梁的长度

普通机床主轴 $\qquad [w]=\dfrac{l}{10000}\sim\dfrac{l}{5000}$,$l$ 为轴的长度

$$[\theta]=0.001\sim0.005\mathrm{rad}$$

利用式(14-5)和式(14-6)可对梁进行刚度计算,包括校核刚度、设计截面或求容许荷载。应当指出,一般土建工程中的构件如强度满足要求,则刚度条件一般也能满足。因此,在设计工作中,刚度要求常处于从属地位。但当对构件的位移限制很严,或按强度条件所选用的构件截面过于单薄时,刚度条件也可能起控制作用。

例 14-6 图 14-9(a)所示一简支梁受 4 个集中力作用,分别为 $F_1=120\mathrm{kN}$,$F_2=30\mathrm{kN}$,$F_3=40\mathrm{kN}$,$F_4=12\mathrm{kN}$。该梁的横截面由两个槽钢组成。设钢的容许正应力 $[\sigma]=170\mathrm{MPa}$,容许切应力 $[\tau]=100\mathrm{MPa}$;弹性模量 $E=2.1\times10^5\mathrm{MPa}$;梁的容许挠度 $[w]=l/400$。试由强度条件和刚度条件选择槽钢型号。

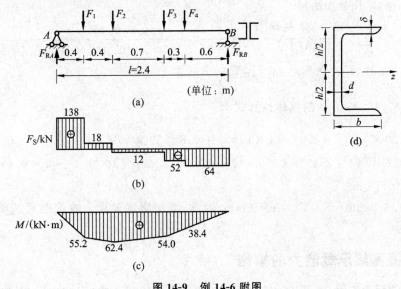

图 14-9　例 14-6 附图

解 (1)计算支座反力。由平衡方程求得

$$F_{RA}=138\mathrm{kN},\qquad F_{RB}=64\mathrm{kN}$$

(2)绘制剪力图和弯矩图。梁的剪力图和弯矩图如图 14-9(b)、(c)所示。由图可知

$$F_{S\max}=138\mathrm{kN},\qquad M_{\max}=62.4\mathrm{kN\cdot m}$$

(3)由正应力强度条件选择槽钢型号。由式(13-13)得

$$W_z\geqslant\dfrac{M_{\max}}{[\sigma]}=\dfrac{62.4\times10^3}{170\times10^6}\mathrm{m}^3=367\times10^{-6}\mathrm{m}^3=367\mathrm{cm}^3$$

查型钢表,选两个 20a 号槽钢,其弯曲截面系数 $W_z = 178 \times 2\text{cm}^3 = 356\text{cm}^3$。由于所选型钢的 W_z 略小,故需再对正应力强度进行校核。梁的最大工作正应力为

$$\sigma_{max} = \frac{M_{max}}{W_z} = \frac{62.4 \times 10^3}{356 \times 10^{-6}}\text{N/m}^2 = 175 \times 10^6 \text{N/m}^2 = 175\text{MPa}$$

此值仅超过容许正应力约 3%,所以可以认为满足正应力强度要求。

(4) 校核切应力强度。由型钢表查得 20a 号槽钢的截面几何性质及尺寸为:$I_z = 1780.4\text{cm}^4$,$h = 200\text{mm}$,$b = 73\text{mm}$,$d = 7\text{mm}$,$\delta = 11\text{mm}$(参考图 14-9(d))。梁的最大工作切应力为

$$\tau_{max} = \frac{F_{Smax}S_{z\,max}^*}{I_z d}$$

$$= \frac{138 \times 10^3 \times 2 \times \left[73 \times 11 \times \left(100 - \frac{11}{2}\right) + 7 \times \frac{(100 - 11)^2}{2}\right] \times 10^{-9}}{2 \times 1780.4 \times 10^{-8} \times 2 \times 7 \times 10^{-3}}\text{N/m}^2$$

$$= 57.4 \times 10^6 \text{N/m}^2 = 57.4\text{MPa} < [\tau]$$

满足切应力强度要求。式中,$S_{z\,max}^*$ 是槽钢中性轴一侧截面对中性轴的面积矩,可近似用两个矩形来计算。

(5) 校核刚度。因为梁上荷载同方向作用,故可以中点的挠度作为最大挠度。利用例 14-3 的结果,应用叠加法得

$$w_{max} = \sum_{i=1}^{4} \frac{F_i b_i (3l^2 - 4b_i^2)}{48EI} = \frac{1.77 \times 10^6}{48 \times 2.1 \times 10^5 \times 10^6 \times 2 \times 1780 \times 10^{-8}}\text{m}$$

$$= 4.94 \times 10^{-3} \text{m} = 4.94\text{mm}$$

式中,$\sum_{i=1}^{4} F_i b_i (3l^2 - 4b_i^2)$ 的具体计算式为

$[0.4 \times 120 \times 10^3 (3 \times 2.4^2 - 4 \times 0.4^2) + 0.8 \times 30 \times 10^3 (3 \times 2.4^2 - 4 \times 0.8^2) +$

$0.9 \times 40 \times 10^3 (3 \times 2.4^2 - 4 \times 0.9^2) + 0.6 \times 12 \times 10^3 (3 \times 2.4^2 - 4 \times 0.6^2)]\text{N} \cdot \text{m}^3$

$= 1.77 \times 10^6 \text{N} \cdot \text{m}^3$

已知 $[w] = 2.4/400\text{m} = 6 \times 10^{-3} \text{m} = 6\text{mm}$,因此,满足刚度要求。故该梁可选两个 20a 号槽钢。

14.5.2 提高梁承载能力的措施

提高梁的承载能力,也可从刚度方面加以考虑。由于梁的变形与其弯曲刚度成反比,因此为了减小梁的变形,可以设法增加其弯曲刚度。一种方法是采用弹性模量 E 高的材料,例如钢梁就比铝梁的变形小。但对于钢梁来说,用高强度钢代替普通低碳钢并不能有效减小梁的变形,因为两者的弹性模量相差不多。另一种方法是增大截面的惯性矩 I,即在截面积相同的条件下,采用工字形截面、空心截面等,以增大截面的惯性矩。

调整支座位置以减小跨长,如图 13-23 所示,或增加辅助梁,如图 13-24 所示,都可以减小梁的变形。增加梁的支座也可以减小梁的变形,并可减小梁的最大弯矩。例如在悬臂梁的自由端或简支梁的跨中增加支座都可以减小梁的变形,并减小梁的最大弯矩。但增加支

座后,原来的静定梁就变成了超静定梁。

14.6 超静定梁分析

14.5 节所讨论的梁,其所有未知支座反力均可由静力平衡方程唯一确定,称为**静定梁**。在工程中,为了减小梁的应力和变形,常在静定梁上增加一些约束,例如图 14-10(a)所示的梁在悬臂梁自由端上增加一个活动铰支座。该梁共 3 个支座反力,但只有两个独立的静力平衡方程,所以仅用静力平衡方程不能求出全部支座反力。这样的梁称为**超静定梁**。在超静定梁中,相对于维持梁的平衡来说,有**多余约束**或**多余支座反力**。

求解超静定梁除应用静力平衡方程外,还需根据多余约束对梁的变形的特定限制,建立**变形协调条件**作为**补充方程**,方能解出多余支座反力。现以图 14-10(a)所示的超静定梁为例说明求解方法。

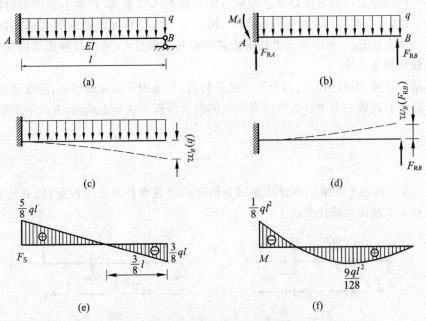

图 14-10 超静定梁及其求解

首先将 B 支座解除,代之以约束力 F_{RB},得到一静定悬臂梁,如图 14-10(b)所示,称为**基本静定梁**。基本静定梁在 B 点的挠度应和原超静定梁 B 点的挠度相同。由梁原 B 点的约束可知 B 点的挠度应等于零,这就是变形协调条件。由叠加法可知,基本静定梁上 B 点的挠度等于由均布荷载 q 及反力 F_{RB} 分别引起(图 14-10(c)、(d))的挠度之和。由变形协调条件得到的补充方程为

$$w_B = w_B(q) + w_B(F_{RB}) = 0 \tag{a}$$

由表 14-1 及式(a)得

$$\frac{ql^4}{8EI} - \frac{F_{RB}l^3}{3EI} = 0 \tag{b}$$

式(b)即为补充方程。由式(b)解得

$$F_{RB} = \frac{3ql}{8} \tag{c}$$

再由平衡方程求得

$$F_{RA} = \frac{5ql}{8}, \quad M_A = \frac{ql^2}{8} \tag{d}$$

这样可以绘制梁的剪力和弯矩图如图 14-10(e)、(f)所示。图中剪力为零处是弯矩取极值的位置，具体计算过程不再给出，读者不妨自行分析。

对同一个超静定梁，可以选取不同的基本静定梁。例如图 14-10(a)所示的超静定梁，也可将左端阻止转动的约束视为多余约束，予以解除，得到的基本静定梁是简支梁。原来的超静定梁就相当于基本静定梁上受均布荷载 q 和多余支座反力矩 M_A 作用。相应的变形协调条件是基本静定梁上 A 截面的转角为零。此外，还可取 A 端的竖向约束作为多余约束，同样可求解上述超静定梁。

上述求解超静定梁的方法以多余约束力作为基本未知量，以解除多余约束的静定梁作为基本静定系，根据解除约束处的位移条件，再引入力与位移间的物理关系建立补充方程，求出多余约束力；进而，再由平衡方程求出其他未知支座反力，使该超静定梁得以求解。这一求解过程常称为**力法**。

对于超静定梁，引起内力的因素不一定是荷载，其他因素如支座移动、温度变化、支座安装误差等都会引起梁的内力。这些因素引起的内力分析方法与上相同，在此不再赘述。

习题

14-1 写出对图中各梁用积分法求梁变形时的边界条件及连续性条件，并依据梁的弯矩图和约束大致画出梁的挠曲线。

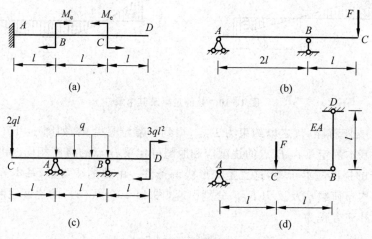

习题 14-1 附图

14-2 用积分法求图示各梁指定截面处的转角和挠度。设梁的抗弯刚度为 EI。

14-3 用叠加法求图示各梁指定截面上的转角和挠度。

14-4 一梁的抗弯刚度 EI 为常数，该梁的挠曲线方程为 $EIw(x) = M_e(x^3 - lx^2)/(4l)$。

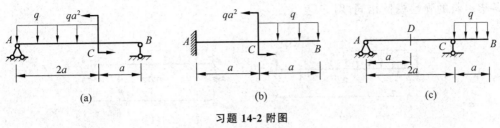

习题 14-2 附图

(a) θ_C, w_C; (b) θ_B, w_C; (c) θ_B, w_D

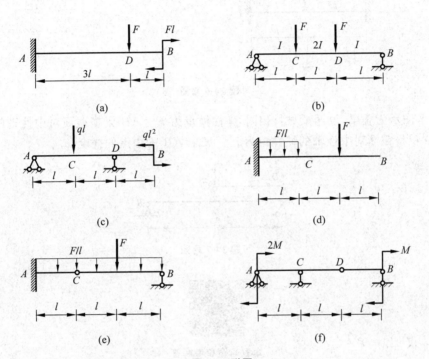

习题 14-3 附图

(a) w_D, w_B; (b) θ_C; (c) w_C, θ_B; (d) w_C, w_B; (e) w_C, $\theta_{C左}$, $\theta_{C右}$; (f) w_D, θ_C

试确定该梁所受的荷载及约束条件,并画出梁的剪力图和弯矩图。

14-5 图示悬臂梁,梁材料的容许应力$[\sigma]=160\mathrm{MPa}$,容许挠度$[w]=l/400$,截面由两个槽钢组成,试选择槽钢的型号。设钢的弹性模量$E=200\mathrm{GPa}$。

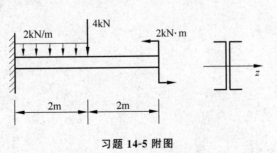

习题 14-5 附图

14-6 求图中各梁的支座反力,并作弯矩图。图中 I 为梁横截面对中性轴的惯性矩,假设各梁材料的弹性模量相同,用 E 表示。

习题 14-6(b)
讲解

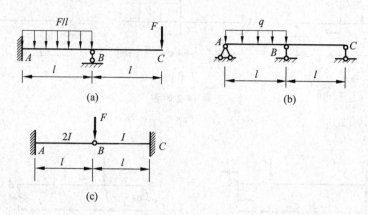

(a)

(b)

(c)

习题 14-6 附图

14-7 图示为叠梁,设两梁材料相同,弹性模量为 E。AB 梁横截面对中性轴的惯性矩为 I_1,CD 梁横截面对中性轴的惯性矩为 I_2。试求 AB 梁中点的挠度 w_C。

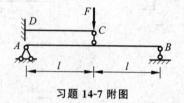

习题 14-7 附图

本章习题参考解答

第15章

应力应变状态分析

15.1 应力状态的概念

在第 9、10、13 章中,分析了拉压、扭转和弯曲杆件横截面上各点处的正应力或切应力,统称为横截面上的应力。如在杆件内某一点取一斜截面将杆件截开,由脱离体的平衡条件可知,此点在斜截面上也存在应力(可用正应力和切应力表示),并且还可以发现其与横截面上的应力一般不同。一点处各方向面上应力情况的集合称为该点的**应力状态**。研究点的应力状态,有助于全面了解受力杆件的应力全貌,以及进行材料的破坏机理和强度分析。

为了研究受力杆件中一点处的应力状态,通常围绕该点取一无限小的长方体,称为单元体或微元体。由于选取的长方体无限小,故可认为其每个面上的应力都是均匀分布的,都是该点在相应面上的应力;相互平行的一对面上的应力大小相等、指向相反。即取一点处的单元体可以表示该点的应力状态。由后面的分析可知,只要已知单元体各面上的应力,就可以求得该单元体其他所有方向面上的应力,该点的应力状态也就完全确定。

可以证明,受力杆件中一点处的所有方向面中一定存在三个互相垂直的方向面,这些方向面上只有正应力而没有切应力,这些方向面称为**主平面**;主平面上的正应力称为**主应力**。一点处的三个主应力分别记为 σ_1、σ_2 和 σ_3,习惯用 σ_1 表示代数值最大的主应力,用 σ_3 表示代数值最小的主应力。例如某点处的三个主应力分别为 50MPa、-80MPa 和 0,则 $\sigma_1 = 50$MPa,$\sigma_2 = 0$,$\sigma_3 = -80$MPa。

一点处的三个主应力中,若一个不为零,其余两个为零,则这种情况称为**单向应力状态**;有两个主应力不为零,仅一个为零的情况称为**二向应力状态**;三个都不为零的情况称为**三向应力状态**。单向和二向应力状态还称为**平面应力状态**;三向应力状态还称为**空间应力状态**;二向及三向应力状态又统称为**复杂应力状态**。

15.2 平面应力状态分析

15.2.1 任意方向面上的应力

图 15-1(a)所示杆件内某点所取的单元体上,左右两个方向面上作用有正应力 σ_x 和切应力 τ_x;上下两个方向面上作用有正应力 σ_y 和切应力 τ_y;前后两个方向面上没有应力。这是平面应力状态的一般情况。为了简便起见,现用图 15-1(b)所示的平面图形表示该单

元体。截面外法线和 x 轴重合的方向面称为 x 面,x 面上的正应力和切应力均加下标"x";外法线和 y 轴重合的方向面称为 y 面,y 面上的正应力和切应力均加下标"y"。应力正负号的规定与本书前述一致。如果已知这些应力的大小,则可求出与 z 轴平行的任意方向面上的应力。

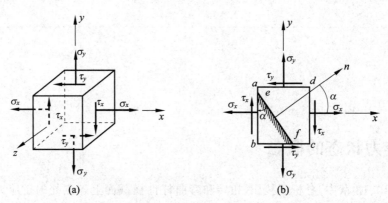

图 15-1　应力单元体

设 ef 为任一方向面,其外法线 n 和 x 轴的夹角为 α,称为 α 面,如图 15-1(b)所示,并规定:从 x 轴到外法线 n 逆时针转向的 α 角为正,反之为负。假设沿 ef 面将单元体截开,取下半部分进行研究,如图 15-2 所示。用 σ_α 及 τ_α 表示 ef 面上的正应力和切应力,并假设为正。设 ef 面的面积为 $\mathrm{d}A$,则 eb 和 bf 面的面积分别是 $\mathrm{d}A\cos\alpha$ 和 $\mathrm{d}A\sin\alpha$。取 n 轴和 t 轴为投影轴,建立平衡方程:

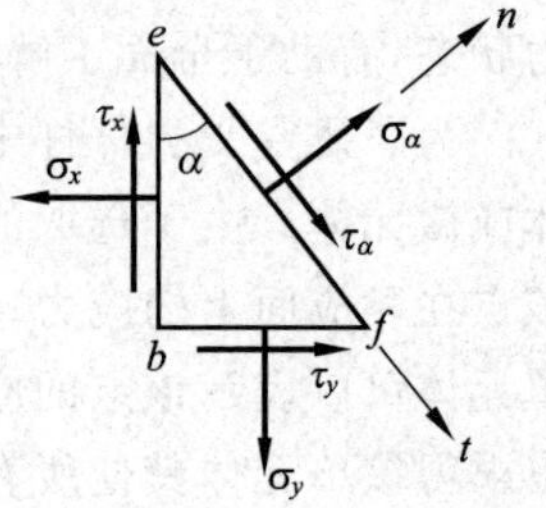

图 15-2　任意方向面的应力

$$\sum F_n(\boldsymbol{F}_i)=0: \sigma_\alpha \mathrm{d}A + (\tau_x \mathrm{d}A\cos\alpha)\sin\alpha - (\sigma_x \mathrm{d}A\cos\alpha)\cos\alpha +$$
$$(\tau_y \mathrm{d}A\sin\alpha)\cos\alpha - (\sigma_y \mathrm{d}A\sin\alpha)\sin\alpha = 0$$

$$\sum F_t(\boldsymbol{F}_i)=0: \tau_\alpha \mathrm{d}A - (\tau_x \mathrm{d}A\cos\alpha)\cos\alpha - (\sigma_x \mathrm{d}A\cos\alpha)\sin\alpha +$$
$$(\tau_y \mathrm{d}A\sin\alpha)\sin\alpha + (\sigma_y \mathrm{d}A\sin\alpha)\cos\alpha = 0$$

由切应力互等定理可知 τ_x 和 τ_y 的大小相等(方向关系已在图上表明)。通过上述平衡方程可以求得 σ_α 和 τ_α,进行三角变换简化可得

$$\sigma_\alpha = \frac{\sigma_x + \sigma_y}{2} + \frac{\sigma_x - \sigma_y}{2}\cos2\alpha - \tau_x \sin2\alpha \tag{15-1}$$

$$\tau_\alpha = \frac{\sigma_x - \sigma_y}{2}\sin2\alpha + \tau_x \cos2\alpha \tag{15-2}$$

此为平面应力状态下任意方向面上正应力和切应力的计算公式。

需说明的是,单元体尽管微小,但是有几何尺寸的。截面上的应力仍与单元体内一点的应力略有差异,由于脱离体 efb 趋向于一个点,即 $\mathrm{d}A\to0$,也就是上述的平衡方程是取极限的,所以单元体趋于一个点时,截面上的应力就是该点的应力,即使杆件内应力不是常量或有体积力结果也是如此,它反映的是该点的应力大小满足平衡的条件。此条件可以用来分析各截面上应力大小之间的关系,但不能用来分析应力随位置变化的规律。如要研究应力分布的规律,需在单元体上考虑应力变化的微小量,由此时的平衡方程将导出该点的应力变

化满足平衡的条件,即平衡的微分方程,方程中将出现体积力,对此将在弹性力学中介绍。

15.2.2 应力圆

将式(15-1)改写为

$$\sigma_\alpha - \frac{\sigma_x + \sigma_y}{2} = \frac{\sigma_x - \sigma_y}{2}\cos 2\alpha - \tau_x \sin 2\alpha \tag{15-3}$$

将上式与式(15-2)两边分别平方后相加,可消去参变量 2α,得

$$\left(\sigma_\alpha - \frac{\sigma_x + \sigma_y}{2}\right)^2 + \tau_\alpha^2 = \left(\frac{\sigma_x - \sigma_y}{2}\right)^2 + \tau_x^2 \tag{15-4}$$

这是一个以 σ_α 和 τ_α 为变量的圆的方程。若以正应力 σ 轴为直角坐标系的横轴,切应力 τ 轴为纵轴,则上式所表示圆的圆心坐标为 $\left[\frac{1}{2}(\sigma_x + \sigma_y), 0\right]$,半径为 $\sqrt{\left[\frac{1}{2}(\sigma_x - \sigma_y)\right]^2 + \tau_x^2}$。该圆称为一点应力状态的**应力圆**,是德国工程师莫尔(Mohr)于 1895 年提出的,故又称**莫尔圆**。

具体作应力圆时不一定通过圆心位置和半径来绘制,可按如下方法完成:见图 15-3(a) 所示的应力状态对应的应力圆(图 15-3(b)),建立 $O\sigma\tau$ 直角坐标系,在 σ 轴上依据 σ_x 的大小确定 B_1 点,再在 τ 轴上依据 τ_x 的大小确定 D_1 点。由于 D_1 点的横坐标和纵坐标代表了 x 面上的正应力和切应力,因此 D_1 点对应于 x 面;然后,同样依据 σ_y 和 τ_y 确定 B_2 点和 D_2 点(注意 $\tau_x = -\tau_y$,是切应力互等的代数关系),D_2 点对应于 y 面。作直线连接 D_1 和 D_2 点,并与 σ 轴相交于 C 点;以 C 点为圆心、CD_1 或 CD_2 为半径作圆,即为莫尔圆。该圆圆心 C 的横坐标为

$$OC = \frac{1}{2}(OB_1 + OB_2) = \frac{\sigma_x + \sigma_y}{2}$$

纵坐标为零,圆的半径为

$$CD_1 = \sqrt{(CB_1)^2 + (B_1 D_1)^2} = \sqrt{\left(\frac{\sigma_x - \sigma_y}{2}\right)^2 + \tau_x^2}$$

与式(15-4)比较可知,该圆就是图 15-3(a)所示单元体应力状态的应力圆,如图 15-3(b) 所示。

应力圆上的每一点坐标都对应某斜截面上的应力。对应关系为:由于 α 角是从 x 面的外法线量度的,并且 σ_α 和 τ_α 的参变量是 2α,所以以 CD_1 为起始半径,按 α 的转动方向转动 2α 角,得到半径 CE,E 点的横坐标和纵坐标就分别代表 α 方向面上的正应力和切应力。读者不妨证明之。

在作应力圆及利用应力圆进行应力状态分析时,需要注意几点:①点面对应关系:应力圆上的一点对应于单元体中的一个方向面。②起始半径与坐标轴的对应关系:在应力圆上选择哪个半径作为起始半径,需视单元体 α 角从哪个坐标轴量度。若 α 角自 x 轴(x 面的外法线)量度,则以 CD_1 为起始半径;若 α 角自 y 轴(y 面的外法线)量度,则以 CD_2 为起始半径。③两倍角对应关系:在单元体上方向面的角度为 α 时,在应力圆上应自起始半径量度 2α 角,并且它们的转向应一致。

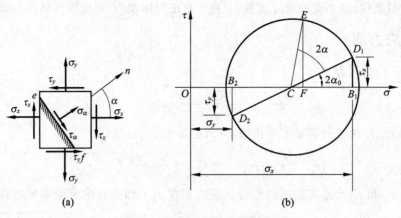

图 15-3 平面应力状态的应力圆

例 15-1 如图 15-4(a)所示为一单元体,试用解析公式法和应力圆法确定 $\alpha_1 = 30°$ 和 $\alpha_2 = -40°$ 两方向面上的应力。已知 $\sigma_x = -30\text{MPa}$,$\sigma_y = 60\text{MPa}$,$\tau_x = -40\text{MPa}$。

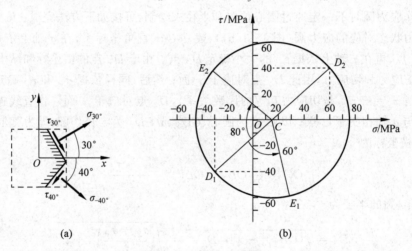

图 15-4 例 15-1 附图

解 (1)解析公式法

由式(15-1)和式(15-2),求得

$$\sigma_{30°} = \left[\frac{-30+60}{2} + \frac{-30-60}{2}\cos 60° - (-40)\sin 60°\right]\text{MPa} = 27.14\text{MPa}$$

$$\tau_{30°} = \left[\frac{-30-60}{2}\sin 60° + (-40)\cos 60°\right]\text{MPa} = -58.97\text{MPa}$$

$$\sigma_{-40°} = \left[\frac{-30+60}{2} + \frac{-30-60}{2}\cos(-80°) - (-40)\sin(-80°)\right]\text{MPa} = -32.2\text{MPa}$$

$$\tau_{-40°} = \left[\frac{-30-60}{2}\sin(-80°) + (-40)\cos(-80°)\right]\text{MPa} = 37.3\text{MPa}$$

计算结果显示 $\tau_{30°}$ 和 $\sigma_{-40°}$ 为负值,说明其方向与图 15-4(a)所示方向相反。

(2)应力圆法

① 作应力圆(坐标轴上的刻度为 10MPa)。在 $O\sigma\tau$ 坐标系中,由坐标(σ_x,τ_x)确定 D_1

点,具体为 $D_1(-30,-40)$;再由坐标 (σ_y,τ_y) 确定 D_2 点,具体为 $D_2(60,40)$。连接 D_1 和 D_2 点,线段 D_1D_2 交 σ 轴于 C 点。以 C 点为圆心、CD_1 或 CD_2 为半径作圆即得应力圆,如图 15-4(b)所示。

② 求 $\alpha=30°$ 方向面上的应力。因单元体上的 α 是由 x 轴逆时针量度得到的,故在应力圆上以 CD_1 为起始半径,逆时针转 $2\alpha=60°$,在应力圆上得到 E_1 点,E_1 点对应于 $\alpha=30°$ 的方向面。量取 E_1 点的横坐标及纵坐标,即为 $\alpha=30°$ 方向面上的正应力和切应力,分别约为 $\sigma_{30°}=27\text{MPa},\tau_{30°}=-59\text{MPa}$。

③ 求 $\alpha=-40°$ 方向面上的应力。仍以 CD_1 为起始半径,顺时针旋转 $2\alpha=80°$,在应力圆上得到 E_2 点。量取 E_2 点的横坐标和纵坐标,即为 $\alpha=-40°$ 方向面上的正应力和切应力,分别约为 $\sigma_{-40°}=-32\text{MPa},\tau_{-40°}=37\text{MPa}$。

例 15-2　图 15-5(a)所示单元体,在 x、y 面上只有主应力,试用应力圆法确定 $\alpha=-30°$ 方向面上的正应力和切应力。

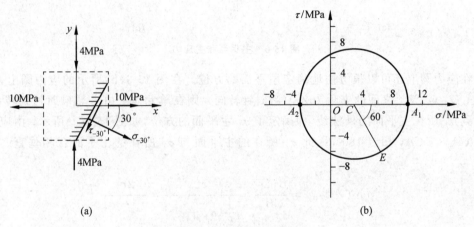

图 15-5　例 15-2 附图

解　(1) 作应力圆(坐标轴上的刻度为 2MPa)。由坐标 $(10,0)$ 和 $(-4,0)$ 分别确定 A_1 和 A_2 点,再以 A_1A_2 为直径作圆,即得应力圆,如图 15-5(b)所示,A_1、A_2 的中点 C 即为圆心。

(2) 求 $\alpha=-30°$ 方向面上的应力。以 CA_1 为起始半径,顺时针旋转 $60°$ 得到 E 点。量取 E 点的横坐标和纵坐标,即得 $\alpha=-30°$ 方向面上的正应力和切应力,分别约为

$$\sigma_{-30°}=6.5\text{MPa},\quad \tau_{-30°}=-6\text{MPa}$$

计算结果显示 $\tau_{-30°}$ 为负值,说明其方向与图 15-5(a)所示方向相反。读者可利用式(15-1)和式(15-2)检查以上结果的正确性。

15.2.3　主平面和主应力

作图 15-6(a)单元体应力的应力圆如图 15-6(b)所示。从图 15-6(b)所示的应力圆上可以方便地看到存在两个主平面 A_1 和 A_2,它们与 z 轴平行。第三个主平面就是 xy 平面。由应力圆可以直接求出 A_1 和 A_2 主平面上的主应力大小,分别为

$$\begin{cases}\sigma_1\\\sigma_2\end{cases}=OC\pm CA_1=\frac{\sigma_x+\sigma_y}{2}\pm\sqrt{\left(\frac{\sigma_x-\sigma_y}{2}\right)^2+\tau_x^2} \tag{15-5}$$

而 xy 主平面上的主应力为零($\sigma_3 = 0$)。由于前文规定 σ_1、σ_2、σ_3 从大到小排列,故如由式(15-5)计算所得主应力的值为负值,则需将其向后排列。

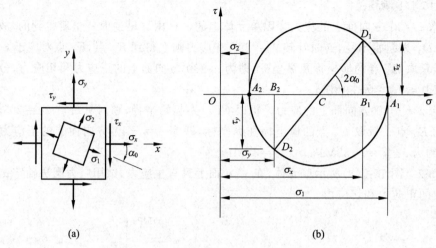

图 15-6 主平面和主应力

在应力圆上还可以很方便地确定主平面的方位。在图 15-6(b)所示的应力圆上,假设半径 CD_1 至 CA_1 之间的夹角为 $2\alpha_0$(顺时针转向),则在单元体上由 x 轴顺时针旋转 α_0 角就得到 σ_1 所在主平面的外法线,即确定了 σ_1 主平面的方位,如图 15-6(a)所示;由应力圆可知 CA_2 与 CA_1 相差 $180°$,因此 σ_2 所在的主平面与 σ_1 所在的主平面互相垂直。由图可知

$$\tan(-2\alpha_0) = \frac{B_1 D_1}{CB_1} = \frac{\tau_x}{\frac{1}{2}(\sigma_x - \sigma_y)} = \frac{2\tau_x}{\sigma_x - \sigma_y}$$

即

$$\tan(2\alpha_0) = \frac{-2\tau_x}{\sigma_x - \sigma_y} \tag{15-6}$$

由此式求出 α_0 后,即得 σ_1 所在的主平面位置。图 15-6(a)中给出了主平面表示的单元体。

也可由解析式(15-1)和式(15-2)导出式(15-5)和式(15-6),并可证明 σ_1 及 σ_2 为所有斜截面上正应力中的极值。

例 15-3 图 15-7(a)所示单元体上,$\sigma_x = -6\text{MPa}$,$\tau_x = -3\text{MPa}$。试求主应力的大小和主平面的位置。

解 (1)应力圆法

先作出该单元体应力状态的应力圆(坐标轴上的刻度为 1MPa)。参见图 15-7(b),在 $O\sigma\tau$ 坐标系中由坐标$(-6,-3)$确定 D_1 点,再由坐标$(0,3)$确定 D_2 点,然后以 $D_1 D_2$ 连线为直径作一圆,即为应力圆。

在应力圆上读取 A_1、A_2 两点的 σ 坐标即为两个主应力的大小。它们的值约为 $\sigma_1 = 1.3\text{MPa}$,$\sigma_3 = -7.2\text{MPa}$($A_2$ 点的主应力为负值,故标以 σ_3),该单元体的 $\sigma_2 = 0$。在应力圆上可量得 $\angle D_1 C A_1 = 135°$,即 σ_1 主平面的法线由 x 轴逆时针转 $\alpha_0 = 67.5°$ 得到,而 x 轴顺时针转过 $22.5°$ 即为 σ_3 主平面的法线方向。主应力单元体如图 15-7(a)所示,所示

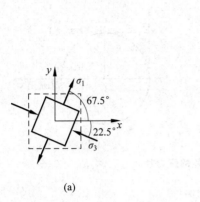

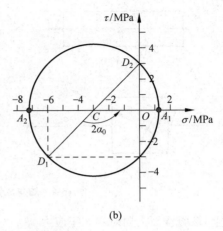

(a)   (b)

图 15-7　例 15-3 附图

主应力的方向是实际的指向。

（2）解析公式法

由式（15-5）得

$$\left\{\begin{matrix}\sigma_1\\\sigma_3\end{matrix}\right. = \frac{\sigma_x+\sigma_y}{2} \pm \sqrt{\left(\frac{\sigma_x-\sigma_y}{2}\right)^2+\tau_x^2} = \frac{-6}{2} \pm \sqrt{\left(\frac{-6}{2}\right)^2+(-3)^2} = \begin{matrix}1.24\\-7.24\end{matrix}\text{MPa}$$

由式（15-6）得

$$\tan(2\alpha_0) = \frac{-2\tau_x}{\sigma_x-\sigma_y} = \frac{-2\times(-3)}{-6} = -1.0$$

故得 $2\alpha_0=135°$，即 $\alpha_0=67.5°$，也即 σ_1 所在主平面的外法线和 x 轴的夹角为 $67.5°$。

15.3　基本变形杆件的应力状态分析

15.3.1　轴向拉压杆件的应力状态分析

在图 15-8(a)所示杆件内某点 A 以横截面和纵截面取一单元体，如图 15-8(b)所示。由于该单元体只在左右横截面上有拉应力 σ，此为单向应力状态。假设任意 α 方向面上的正应力为 σ_α，切应力为 τ_α，可由式（15-1）和式（15-2）求得。其中 $\sigma_x=\sigma$，$\sigma_y=0$，$\tau_x=0$，则得

$$\sigma_\alpha = \sigma\cos^2\alpha, \quad \tau_\alpha = \frac{\sigma}{2}\sin2\alpha \tag{15-7}$$

图 15-8(c)为对应的应力圆，式（15-7）也很容易由应力圆导出。该单元体的横截面和纵截面就是主平面，对应主应力为

$$\sigma_1=\sigma, \quad \sigma_2=0, \quad \sigma_3=0$$

由式（15-7）可知：

（1）当 $\alpha=0°$ 时，$\sigma_{0°}=\sigma=\sigma_{\max}$，$\tau_{0°}=0$，表明轴向拉压杆件的最大正应力发生在横截面上，该截面上不存在切应力。

（2）当 $\alpha=45°$ 时，$\sigma_{45°}=\frac{\sigma}{2}$，$\tau_{45°}=\frac{\sigma}{2}=\tau_{\max}$，表明轴向拉压杆件的最大切应力发生在 $45°$

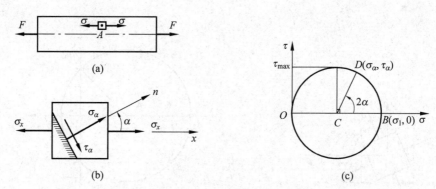

图 15-8　轴向拉伸杆件的应力状态

斜截面上,该斜截面上同时存在正应力。

（3）当 $\alpha = 90°$ 时,$\sigma_{90°} = 0$,$\tau_{90°} = 0$,表明轴向拉压杆件纵截面上不存在任何应力。

15.3.2　扭转杆件的应力状态分析

在图 15-9（a）所示扭转圆杆表面上某一点,以横截面和纵截面取一单元体。该单元体左右横截面上有大小相等的切应力 τ,由切应力互等可知,上下纵截面上也存在切应力 τ,方向如图 15-9（b）所示,这是纯切应力状态。

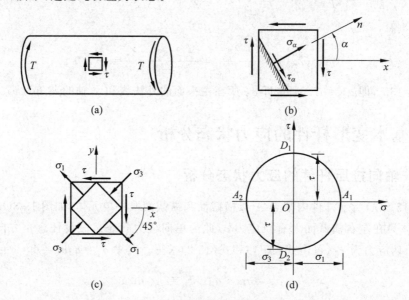

图 15-9　扭转圆杆的应力状态

图 15-9（b）中,任意 α 方向面上的正应力 σ_α 和切应力 τ_α 可由式（15-1）和式（15-2）得到。这里 $\sigma_x = 0$,$\sigma_y = 0$,$\tau_x = \tau$,则得

$$\sigma_\alpha = -\tau \sin 2\alpha, \quad \tau_\alpha = \tau \cos 2\alpha \tag{15-8}$$

图 15-9（d）为对应单元体应力状态的应力圆,从应力圆中可以方便地看出主平面方位及主应力的大小,如图 15-9（c）所示。第一主应力 $\sigma_1 = \tau$,对应主平面法线与 x 轴夹角为 $-45°$;第三主应力 $\sigma_3 = -\tau$,对应主平面法线与 x 轴夹角为 $45°$。主应力表示的单元体见图 15-9（c）。

由式(15-8)可知,当 $\alpha = 0°$ 时,$\sigma_{0°} = 0$,$\tau_{0°} = \tau = \tau_{\max}$,表明扭转圆杆的最大切应力发生在横截面上,该截面上不存在正应力。

15.3.3 梁的应力状态分析

图 15-10(a)所示为一受均布荷载的矩形截面简支梁,在梁的某一横截面 m—m 上,从梁顶到梁底各点处的应力状态不同。现在截面 m—m 上的 a、b、c、d、e 五个点处以横截面和纵截面分别取单元体,如图 15-10(b)所示。梁顶 a 点处的单元体只在左右横截面上存在压应力(纵截面上的应力较小,忽略不考虑),同样梁底 e 点处的单元体左右横截面只存在拉应力,均处于单向应力状态。中性层 c 点处的单元体左右截面只存在切应力,依据切应力互等定理可知,纵截面也存在切应力,如图 15-10(b)所示。c 点处于纯切应力状态。b、d 点处的单元体左右截面上同时存在正应力和切应力,依据切应力互等定理可知,纵截面也存在切应力,如图 15-10(b)所示。b、d 点的应力状态均为二向应力状态,主应力及主平面位置可由式(15-5)和式(15-6)求得。图 15-10(b)中(大致)绘制了五个点处的主应力方向及主应力单元体。

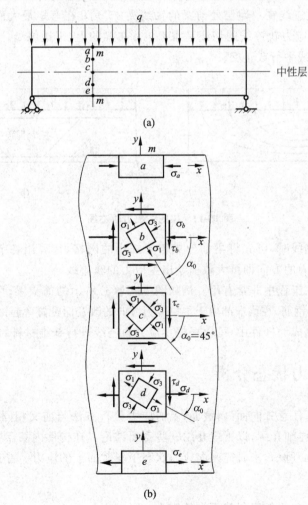

图 15-10 梁的应力状态

15.3.4 主应力轨迹线的概念

在工程结构的设计中,往往需要知道杆件内各点主应力方向的变化规律。例如钢筋混凝土结构,由于混凝土的抗拉能力很差,因此,设计时需知道混凝土杆件内各点主拉应力方向的变化情况,以便配置钢筋。为此我们可以在构件内画出这样的曲线:曲线上每点的切线方向恰好是主应力方向,此曲线称为**主应力轨迹线**。显然,由于每点存在三个主应力,故可以画出三组曲线。每组曲线的切线方向就是对应主应力的方向。由于主应力相互正交,所以三组主应力轨迹线也是两两相互正交的。通常将对应 σ_1 的主应力轨迹线称为主拉应力轨迹线,对应 σ_3 的主应力轨迹线称为主压应力轨迹线。

对于如图 15-11(a)所示全跨受均布荷载的矩形截面简支梁,先计算梁内各点横截面上的正应力和切应力,再计算各点主应力及主应力方向,最后根据梁内各点处的主应力方向可绘制出梁的主应力轨迹线如图 15-11(a)所示。图中实线为主拉应力轨迹线,虚线为主压应力轨迹线。梁的主应力轨迹线具有如下特点:主拉应力轨迹线和主压应力轨迹线相互正交;所有的主应力轨迹线在中性层处与梁的轴线夹 45°角;在弯矩最大而剪力等于零的截面上(跨中截面),主应力轨迹线的切线是水平的;在梁的上、下边缘处,主应力轨迹线的切线与梁的上、下边界线平行或正交。

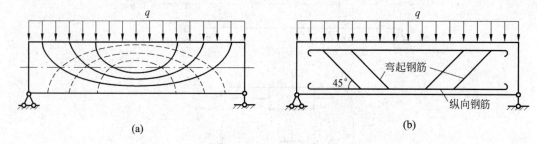

图 15-11　梁的主应力轨迹线

绘制主应力轨迹线时,可先将梁划分成若干细小的网格,计算出各节点处的主应力方向,再根据各点主应力的方向即可大致描绘出主应力的轨迹线。

主应力轨迹线在工程中非常有用。例如图 15-11(a)所示的简支梁,可根据主拉应力轨迹线在下部配置纵向钢筋,在梁端部由于主拉应力方向的改变而配置弯起钢筋,如图 15-11(b)所示。在复合材料制成的杆件中,可以根据主应力轨迹线进行纤维材料的布置。

15.4　三向应力状态分析

三向应力状态下任意方向面(斜截面)上的应力分析方法与前文相同,只是数学运算复杂些,本书对此不作详细介绍,以下仅介绍一些重要结论。在构件内某点用三个主平面取出单元体,如图 15-12(a)所示,来研究三向应力状态下斜截面上的应力。首先分析三组特殊斜截面上的应力。

1. 平行于 σ_3 方向的任意斜截面上的应力

为分析此斜截面(图 15-12(a)中的阴影面)上的应力,可截取一五面体,如图 15-12(b)

所示。由该图可见,前后两个三角形面上,应力 σ_3 的合力相互平衡,不影响斜截面上的应力。因此,斜截面上的应力仅与 σ_1 和 σ_2 有关,其关系可以由在 σ-τ 直角坐标系中绘制出的应力圆给出,如图 15-12(c) 中的 AE 圆。

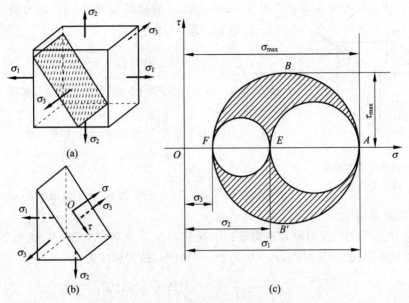

图 15-12　三向应力状态及其应力圆

2. 平行于 σ_2 方向的任意斜截面上的应力

同理,这些斜截面上的应力仅与 σ_1 和 σ_3 有关,其关系可以用根据 σ_1 和 σ_3 绘制出的应力圆给出,如图 15-12(c) 中的 AF 圆。

3. 平行于 σ_1 方向的任意斜截面上的应力

再同理,这些斜截面上的应力仅与 σ_2 和 σ_3 有关,其关系可以用根据 σ_2 和 σ_3 绘制出的应力圆给出,如图 15-12(c) 中的 EF 圆。

上述三个二向应力圆构成的图形称为三向应力圆,如图 15-12(c) 所示。

可以证明,任意斜截面 ABC(图 15-13(a))上的正应力 σ_n 和切应力 τ_n(图 15-13(b))所确定的点 (σ_n, τ_n) 必位于图 15-12(c) 所示的三向应力圆的阴影部分。证明从略。

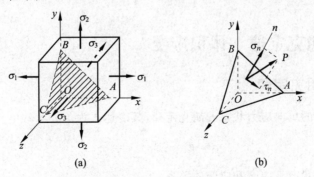

图 15-13　三向应力状态任意斜截面上的应力

从三向应力圆中可以看到,第一主应力 σ_1 和第三主应力 σ_3 分别是一点处所有方向面上的最大正应力和最小正应力,即

$$\sigma_{\max}=\sigma_1, \quad \sigma_{\min}=\sigma_3 \tag{15-9}$$

还可以看出,该点处的最大切应力出现在由 σ_1 和 σ_3 确定的应力圆(AF 应力圆)上,大小为(用 $\tau_{\max}$ 或 τ_{13} 表示)

$$\tau_{\max}=\tau_{13}=\frac{\sigma_1-\sigma_3}{2} \tag{15-10}$$

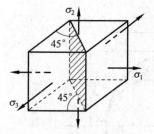

图 15-14 三向应力状态的最大切应力平面

产生在与 σ_1 和 σ_3 主平面成 45°角的斜面上,如图 15-14 所示的阴影面。

在应力圆 EA、FE 上的最大切应力分别为

$$\tau_{12}=\frac{\sigma_1-\sigma_2}{2}, \quad \tau_{23}=\frac{\sigma_2-\sigma_3}{2}$$

分别产生在与 σ_1 和 σ_2 主平面成 45°角,以及与 σ_2 和 σ_3 主平面成 45°角的斜截面上。

τ_{12}、τ_{23}、τ_{13} 三个切应力称为**主切应力**。显然,τ_{13} 是三者中最大的。例如图 15-15(a)所示的应力状态下,$\sigma_1=40\text{MPa}$,$\sigma_2=0$,$\sigma_3=-60\text{MPa}$,最大切应力为

$$\tau_{\max}=\frac{40-(-60)}{2}\text{MPa}=50\text{MPa}$$

而图 15-15(b)所示的应力状态下,$\sigma_1=60\text{MPa}$,$\sigma_2=40\text{MPa}$,$\sigma_3=0$,故最大切应力为

$$\tau_{\max}=\frac{60-0}{2}\text{MPa}=30\text{MPa}$$

请读者标出图 15-15 中两种应力状态下最大切应力所在方向面的位置。

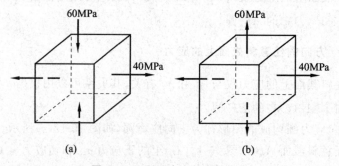

图 15-15 平面应力状态单元体

15.5 广义胡克定律 体积应变

15.5.1 广义胡克定律

第 9 章中介绍的单向应力状态的胡克定律,其表达式为

$$\sigma=E\varepsilon \quad \text{或} \quad \varepsilon=\frac{\sigma}{E}$$

现在分析三向应力状态下应力和应变的关系。

图 15-16 所示为从受力构件中某点处以主平面取出的单元体,三个方向的主应力分别为 σ_1、σ_2、σ_3。在三个主应力作用下,单元体在每个主应力方向都会产生线应变。主应力方向的线应变称为**主应变**。假设材料是线弹性和各向同性的,现应用叠加原理来求三个主应力方向的主应变。

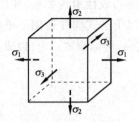

图 15-16　三向主应力单元体

首先求 σ_1 方向的主应变。三个主应力都会使单元体在 σ_1 方向产生线应变,由 σ_1 引起的是纵向线应变,其值为

$$\varepsilon' = \frac{\sigma_1}{E} \qquad (a)$$

由 σ_2、σ_3 引起的是横向线应变,分别为

$$\varepsilon'' = -\nu\frac{\sigma_2}{E}, \quad \varepsilon''' = -\nu\frac{\sigma_3}{E} \qquad (b)$$

将式(a)、式(b)三项相加,即得 σ_1 方向的主应变为

$$\varepsilon_1 = \varepsilon' + \varepsilon'' + \varepsilon''' = \frac{\sigma_1}{E} - \nu\frac{\sigma_2}{E} - \nu\frac{\sigma_3}{E} = \frac{1}{E}[\sigma_1 - \nu(\sigma_2 + \sigma_3)]$$

同理可求出 σ_2 和 σ_3 方向的主应变。合并写为

$$\begin{cases} \varepsilon_1 = \dfrac{1}{E}[\sigma_1 - \nu(\sigma_2 + \sigma_3)] \\[2mm] \varepsilon_2 = \dfrac{1}{E}[\sigma_2 - \nu(\sigma_3 + \sigma_1)] \\[2mm] \varepsilon_3 = \dfrac{1}{E}[\sigma_3 - \nu(\sigma_1 + \sigma_2)] \end{cases} \qquad (15\text{-}11)$$

若单元体的各面不是主平面,则各面上不仅有正应力,还有切应力,则为三向应力状态的一般情况,如图 15-17 所示,图中切应力 τ_{xy} 的下标 xy 表示 x 面上 y 方向,其他以此类推。可以证明,在小变形条件下切应力引起的线应变相对于正应力引起的线应变而言是高阶微量,可以忽略。因此线应变和正应力之间的关系也可表示为与式(15-11)相同的形式:

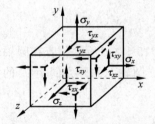

图 15-17　三向应力状态单元体
各面上的应力分量

$$\begin{cases} \varepsilon_x = \dfrac{1}{E}[\sigma_x - \nu(\sigma_y + \sigma_z)] \\[2mm] \varepsilon_y = \dfrac{1}{E}[\sigma_y - \nu(\sigma_z + \sigma_x)] \\[2mm] \varepsilon_z = \dfrac{1}{E}[\sigma_z - \nu(\sigma_x + \sigma_y)] \end{cases} \qquad (15\text{-}12\text{a})$$

同样在小变形的情况下,可以忽略正应力对切应变的影响,以及切应变相互之间的影响,故有

$$\gamma_{xy} = \frac{\tau_{xy}}{G}, \quad \gamma_{yz} = \frac{\tau_{yz}}{G}, \quad \gamma_{zx} = \frac{\tau_{zx}}{G} \qquad (15\text{-}12\text{b})$$

式(15-11)和式(15-12)表示在三向应力状态下,主应变和主应力或应变分量与应力分量之间的关系,统称为**广义胡克定律**,式中 γ_{xy} 的下标 xy 表示 x、y 方向之间的切应变,其他类推。式(15-11)与式(15-12)是等效的,它表明各向同性材料在线弹性范围内应力和应

变之间的线性本构关系,在固体力学中被广泛应用。

以上公式同样适用于单向和二向应力状态。例如对于主应力为 σ_1 和 σ_2 的二向应力状态,令 $\sigma_3=0$,则式(15-11)成为

$$\begin{cases} \varepsilon_1 = \dfrac{1}{E}(\sigma_1 - \nu\sigma_2) \\ \varepsilon_2 = \dfrac{1}{E}(\sigma_2 - \nu\sigma_1) \\ \varepsilon_3 = -\dfrac{\nu}{E}(\sigma_2 + \sigma_1) \end{cases} \tag{15-13}$$

若用主应变表示主应力,则由上式得

$$\begin{cases} \sigma_1 = \dfrac{E}{1-\nu^2}(\varepsilon_1 + \nu\varepsilon_2) \\ \sigma_2 = \dfrac{E}{1-\nu^2}(\varepsilon_2 + \nu\varepsilon_1) \end{cases} \tag{15-14}$$

若此单元体上既有正应力,又有切应力,即为一般二向应力状态。在这种情况下,正应力和线应变或切应力和切应变之间的关系可由式(15-12a)及式(15-12b)简化得到。

例 15-4 已知一受力构件中某点处于 $\sigma_2=0$ 的二向应力状态,并测得两个主应变为 $\varepsilon_1=240\mu\varepsilon$,$\varepsilon_3=-160\mu\varepsilon$。若构件的材料为 Q235 钢,弹性模量 $E=2.1\times10^5$MPa,泊松比 $\nu=0.3$,试求该点处的主应力,并求主应变 ε_2。

解 因该点处 $\sigma_2=0$,故由式(15-14)(计算时公式中的下标 2 应改为 3),得

$$\sigma_1 = \frac{E}{1-\nu^2}(\varepsilon_1 + \nu\varepsilon_3) = \frac{2.1\times10^5}{1-0.3^2}\times(240-0.3\times160)\times10^{-6}\text{MPa} = 44.3\text{MPa}$$

$$\sigma_3 = \frac{E}{1-\nu^2}(\varepsilon_3 + \nu\varepsilon_1) = \frac{2.1\times10^5}{1-0.3^2}\times(-160+0.3\times240)\times10^{-6}\text{MPa} = -20.3\text{MPa}$$

再由式(15-11)得

$$\varepsilon_2 = -\frac{\nu}{E}(\sigma_1 + \sigma_3) = -\frac{0.3}{2.1\times10^5}\times(44.3-20.3) = -34.3\times10^{-6}$$

例 15-5
讲解

例 15-5 直径 $d=80$mm 的圆轴受外力偶矩 T 作用,如图 15-18(a)所示。若在圆轴表面沿与母线成 $-45°$ 方向测得正应变 $\varepsilon_{-45°}=260\mu\varepsilon$。试求作用在圆轴上的外力偶矩 T 的大小。已知材料弹性模量 $E=2.0\times10^5$MPa,泊松比 $\nu=0.3$。

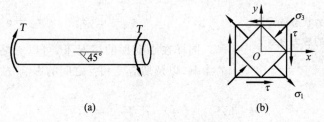

(a)　　　　　(b)

图 15-18　例 15-5 附图

解 在圆轴表面取一单元体(见图 15-18(b))进行分析,该单元体处于纯切应力状态。作用在该单元体 x 面(横截面)和 y 面(纵截面)上的切应力为

$$\tau = \frac{M_x}{W_p} = \frac{16T}{\pi d^3} \qquad\qquad (a)$$

与母线夹角为 $-45°$ 方向的正应变与单元体 $-45°$ 和 $45°$ 这两个相互正交的截面上的正应力都有关。这两个相互正交的截面恰为主平面,且 $\sigma_{-45°} = \sigma_1 = \tau$,$\sigma_{45°} = \sigma_3 = -\tau$。故由广义胡克定律得

$$\varepsilon_{-45°} = \frac{1}{E}(\sigma_{-45°} - \nu\sigma_{45°}) = \frac{1+\nu}{E}\tau \qquad\qquad (b)$$

将式(a)代入式(b)可得

$$T = \frac{\pi d^3}{16} \cdot \frac{E}{1+\nu}\varepsilon_{-45°}$$

代入已知的 $\varepsilon_{-45°}$、E 和 ν 的值,求得作用在圆轴上的外力偶矩为

$$T = 4.02 \text{kN} \cdot \text{m}$$

15.5.2 体积应变

图 15-19 所示单元体,原始边长为 dx、dy 和 dz。在 3 个主应力作用下,边长将发生变化,现求其体积的改变。

单元体原来的体积为 $V_0 = dx\,dy\,dz$。受力变形后,设单元体的体积为 V,则单元体的体积改变为

$$\Delta V = V - V_0$$
$$= (dx + \varepsilon_1 dx)(dy + \varepsilon_2 dy)(dz + \varepsilon_3 dz) - dx\,dy\,dz$$
$$= (1 + \varepsilon_1)(1 + \varepsilon_2)(1 + \varepsilon_3)dx\,dy\,dz - dx\,dy\,dz$$

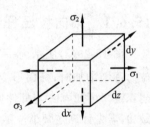

图 15-19 三向应力状态单元体

略去应变的高阶微量得

$$\Delta V = (\varepsilon_1 + \varepsilon_2 + \varepsilon_3)dx\,dy\,dz$$

单位体积的改变称为**体积应变**,用 θ 表示,则有

$$\theta = \frac{\Delta V}{V_0} = \varepsilon_1 + \varepsilon_2 + \varepsilon_3 \qquad\qquad (15\text{-}15)$$

将式(15-11)代入,体积应变可用主应力表示为

$$\theta = \frac{1-2\nu}{E}(\sigma_1 + \sigma_2 + \sigma_3) \qquad\qquad (15\text{-}16)$$

由式(15-16)可见,体积应变和三个主应力之和成正比。如果三个主应力之和为零,则 θ 等于零,即体积不变。例如对平面纯切应力状态有 $\sigma_1 = \tau$,$\sigma_2 = 0$,$\sigma_3 = -\tau$,故有 $\sigma_1 + \sigma_2 + \sigma_3 = 0$,可见体积不改变。这说明切应力不引起体积改变,因此当单元体各面上既有正应力又有切应力时,体积应变仅与正应力有关,可将式(15-16)直接表示为

$$\theta = \frac{1-2\nu}{E}(\sigma_x + \sigma_y + \sigma_z)$$

如果物体内任一点处的单元体上受到压强为 p 的静水压力作用,即 $\sigma_1 = \sigma_2 = \sigma_3 = -p$,则由式(15-16)得

$$\theta = -\frac{3(1-2\nu)}{E}p \qquad\qquad (15\text{-}17)$$

定义一材料的力学参数

$$K = \frac{-P}{\theta} = \frac{E}{3(1-2\nu)} \tag{15-18}$$

K 称为材料的**体积模量或压缩模量**,它反映材料抵抗体积变化的能力。

15.6 应变能和应变能密度

杆件在受力后将发生变形,变形恢复时又能对外界物体做功。可以认为这部分能量是由于固体弹性变形而积蓄在杆件内部的能量,并称之为**应变能**。

如何确定杆件内的应变能呢?我们可以对杆件缓慢加载,忽略杆件的动能及其他能量的损失,则按能量守恒定律,此时外力做功将全部转化为杆件的应变能而积蓄在固体内部。如外力做功用 W 表示,应变能用 V_ε 表示,则能量守恒可表示为

$$V_\varepsilon = W \tag{15-19}$$

在国际单位制中,应变能的单位是焦耳(J),1J=1N・m。

15.6.1 轴向拉压杆件的应变能和应变能密度

图 15-20(a)所示为一受轴向拉伸的直杆,拉力由零缓慢增加至 F_1,现计算外力功。当拉力逐渐增加时,杆因形变也随之逐渐伸长,杆的伸长就等于加力点沿加力方向的位移。由胡克定律可知力 F 与杆件伸长量 Δl 呈线性关系,如图 15-20(b)中的 OA 直线。F 做功属变力做功,需先计算在微小位移 $\mathrm{d}(\Delta l)$ 上所做的微小功,然后再累加。微小的功 δW 为 $F\mathrm{d}(\Delta l)$,累加后就等于图中△OAB 的面积,即

$$W = \int_0^{\Delta l_1} F\mathrm{d}(\Delta l) = \frac{1}{2}F_1 \Delta l_1$$

一般地,应变能和外力功可写为

$$V_\varepsilon = W = \frac{1}{2}F \Delta l$$

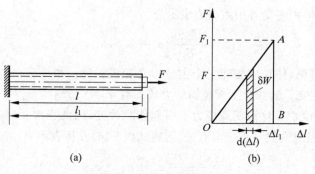

(a)　　　　　　　　　(b)

图 15-20　拉杆应变能

由于拉杆的轴力 $F_N = F$,伸长量 $\Delta l = \dfrac{F_N l}{EA}$,故上式可写为

$$V_\varepsilon = \frac{1}{2}F_N \Delta l = \frac{F_N^2 l}{2EA} \tag{15-20}$$

单位体积内的应变能称为**应变能密度**,用 υ_ε 表示。由于轴向拉伸杆件内各点应力状态相同,所以其应变能密度可以用应变能除以杆的体积得到:

$$\upsilon_\varepsilon = \frac{V_\varepsilon}{V} = \frac{\frac{1}{2}F_N \Delta l}{Al} = \frac{1}{2}\sigma\varepsilon \tag{15-21}$$

应变能密度的单位是 J/m^3。式(15-21)为单向应力状态下应变能密度的计算公式,也适用于杆单向受压的情况,及 σ 是变量的情况。

15.6.2　三向应力状态的应变能密度

在线弹性范围内、小变形条件下受力的物体,其所积蓄的应变能只取决于外力的终值,而与加力过程无关。下面利用式(15-21)计算三向应力状态的应变能密度。图 15-21(a)所示为一由主平面截取的三向应力状态下的单元体,设主应力 σ_1,σ_2 和 σ_3 按同一比例由零逐渐增加到终值。此时各主应力只在自己作用方向的主应变上做功。因此,将每一个主应力所引起的应变能密度相加,即可得到单元体的总应变能密度为

$$\upsilon_\varepsilon = \frac{1}{2}\sigma_1\varepsilon_1 + \frac{1}{2}\sigma_2\varepsilon_2 + \frac{1}{2}\sigma_3\varepsilon_3$$

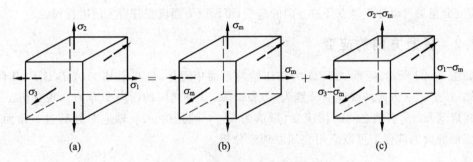

图 15-21　单元体应力状态的分解

将广义胡克定律式(15-11)代入上式,再化简,则总应变能密度可用主应力表示为

$$\upsilon_\varepsilon = \frac{1}{2E}[\sigma_1^2 + \sigma_2^2 + \sigma_3^2 - 2\nu(\sigma_1\sigma_2 + \sigma_3\sigma_2 + \sigma_1\sigma_3)] \tag{15-22}$$

任意应力状态下单元体的变形可以分解为两部分:**体积改变**(单元体变形后边长比例保持不变且仍相互垂直,形状不变但体积改变了)和**形状改变**(单元体变形后体积保持不变,但形状发生了变化),因此总应变能密度也可分为与之相应的**体积改变能密度** υ_v 和**形状改变能密度** υ_d。为了求得这两部分应变能密度,可将图 15-21(a)所示的应力状态分解成图 15-21(b)和(c)所示的两种应力状态。在图 15-21(b)所示的单元体上,各面上作用有相等的主应力 $\sigma_m = \frac{1}{3}(\sigma_1 + \sigma_2 + \sigma_3)$,显然,该单元体只发生体积改变而无形状变化。由式(15-16)可知,其体积应变和图 15-21(a)所示单元体的体积应变相同。因此,可求得图 15-21(a)所示单元体的体积改变能密度

$$\upsilon_v = 3 \times \frac{1}{2}\sigma_m\varepsilon_m$$

式中 ε_m 为图 15-21(b)所示单元体的主应变。由式(15-11)得

$$\varepsilon_{\mathrm{m}} = \frac{1}{E}\left[\sigma_{\mathrm{m}} - \nu(\sigma_{\mathrm{m}} + \sigma_{\mathrm{m}})\right] = \frac{1 - 2\nu}{E}\sigma_{\mathrm{m}}$$

将此式代入上式,得体积改变能密度为

$$\upsilon_{\mathrm{v}} = 3 \times \frac{1}{2}\sigma_{\mathrm{m}} \cdot \frac{1 - 2\nu}{E}\sigma_{\mathrm{m}} = \frac{1 - 2\nu}{6E}(\sigma_1 + \sigma_2 + \sigma_3)^2 \tag{15-23}$$

在图 15-21(c)所示的单元体上,3 个主应力之和为零,由式(15-16)可知,其体积应变 $\theta = 0$,即该单元体只发生形状改变。这一单元体的应变能密度即为形状改变能密度 υ_{d},它等于单元体的总应变能密度减去体积改变能密度。由式(15-22)式(15-23)得

$$\upsilon_{\mathrm{d}} = \upsilon_{\varepsilon} - \upsilon_{\mathrm{v}} = \frac{1 + \nu}{6E}\left[(\sigma_1 - \sigma_2)^2 + (\sigma_2 - \sigma_3)^2 + (\sigma_3 - \sigma_1)^2\right] \tag{15-24}$$

15.7 平面应变状态分析

15.7.1 应变状态的概念

与应力状态的概念相似,受力杆件中一点处各个方向的应变的集合称为该点的**应变状态**。一般情况下,一点处的应变可以用 ε_x、ε_y、ε_z 和 γ_{xy}、γ_{yz}、γ_{zx} 这 6 个应变分量来描述。已知这 6 个应变分量后可以计算该点任意方向的应变,下面以平面应变分析为例进行讨论。

15.7.2 任意方向的应变

如图 15-22 所示,矩形 $ABCD$ 为一初始的平面单元体,变形后成为 $A'B'C'D'$ 几何体。若已知 A 点 x、y 方向的线应变分别为 ε_x 和 ε_y,x、y 轴之间的切应变为 γ_{xy},现分析 x' 轴方向的线应变及 x'、y' 轴之间的切应变(可认为 x'、y' 轴是由 x、y 轴逆时针转过 α 角而得)。在小变形假设的前提下可以应用叠加原理来分析。

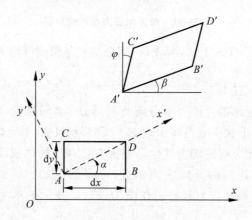

图 15-22 单元体应变

设 AB、AC 的原始长度分别为 $\mathrm{d}x$ 和 $\mathrm{d}y$,变形后 ε_x 引起 B、D 点 x 向的位移为 $\varepsilon_x \mathrm{d}x$,$\varepsilon_y$ 引起 C、D 点 y 向的位移为 $\varepsilon_y \mathrm{d}y$,$\beta$ 角引起 B、D 点 y 向的位移为 $\beta \mathrm{d}x$,φ 角引起 C、D 点 x 向的位移为 $\varphi \mathrm{d}y$。叠加后 D 点微小的位移用矢量可表示为

$$\mathrm{d}\boldsymbol{r} = (\varepsilon_x \mathrm{d}x + \varphi \mathrm{d}y)\boldsymbol{i} + (\varepsilon_y \mathrm{d}y + \beta \mathrm{d}x)\boldsymbol{j}$$

式中 $\boldsymbol{i}$、$\boldsymbol{j}$ 分别为沿 x、y 轴正向的单位矢量。x' 轴正向的单位矢量 $\boldsymbol{n}$ 可表示为

$$n = \cos\alpha \boldsymbol{i} + \sin\alpha \boldsymbol{j}$$

D 点微小位移 $\mathrm{d}\boldsymbol{r}$ 引起线段 AD 的伸长为

$$\mathrm{d}l_{AD} = \mathrm{d}\boldsymbol{r} \cdot \boldsymbol{n} = (\varepsilon_x \mathrm{d}x + \varphi \mathrm{d}y)\cos\alpha + (\varepsilon_y \mathrm{d}y + \beta \mathrm{d}x)\sin\alpha$$

再将几何关系 $\mathrm{d}x = AD\cos\alpha, \mathrm{d}y = AD\sin\alpha$ 代入上式得

$$\mathrm{d}l_{AD} = AD[\varepsilon_x \cos^2\alpha + \varepsilon_y \sin^2\alpha + (\varphi + \beta)\sin\alpha\cos\alpha]$$
$$= AD[\varepsilon_x \cos^2\alpha + \varepsilon_y \sin^2\alpha + \gamma_{xy}\sin\alpha\cos\alpha]$$

注意式中 $\varphi + \beta = \gamma_{xy}$，则 A 点沿 AD 方向（x' 轴方向）的线应变为

$$\varepsilon_\alpha = \frac{\mathrm{d}l_{AD}}{AD} = \varepsilon_x \cos^2\alpha + \varepsilon_y \sin^2\alpha + \gamma_{xy}\sin\alpha\cos\alpha$$

三角变换后可表示为

$$\varepsilon_\alpha = \frac{\varepsilon_x + \varepsilon_y}{2} + \frac{\varepsilon_x - \varepsilon_y}{2}\cos2\alpha + \frac{\gamma_{xy}}{2}\sin2\alpha \tag{15-25}$$

y' 轴方向的线应变只需将上式中 α 用 $\alpha + 90°$ 替代即可得到。

下面分析 x'、y' 轴之间的切应变 γ_α。y' 轴方向的单位矢量 $\boldsymbol{k}$ 可表示为

$$\boldsymbol{k} = -\sin\alpha \boldsymbol{i} + \cos\alpha \boldsymbol{j}$$

D 点微小位移 $\mathrm{d}\boldsymbol{r}$ 在 y' 轴上的投影为

$$\mathrm{d}r_{y'} = \mathrm{d}\boldsymbol{r} \cdot \boldsymbol{k} = -(\varepsilon_x \mathrm{d}x + \varphi \mathrm{d}y)\sin\alpha + (\varepsilon_y \mathrm{d}y + \beta \mathrm{d}x)\cos\alpha$$
$$= AD(-\varepsilon_x \sin\alpha\cos\alpha + \varepsilon_y \sin\alpha\cos\alpha - \varphi\sin^2\alpha + \beta\cos^2\alpha)$$

$\mathrm{d}r_{y'}$ 引起 AD 线段的转角为（逆时针为正）

$$\Delta\delta_{x'} = \frac{\mathrm{d}r_{y'}}{AD} = -\varepsilon_x \sin\alpha\cos\alpha + \varepsilon_y \sin\alpha\cos\alpha - \varphi\sin^2\alpha + \beta\cos^2\alpha$$

将上式中的 α 用 $\alpha + 90°$ 替代就可得到 y' 轴的转角

$$\Delta\delta_{y'} = \varepsilon_x \cos\alpha\sin\alpha - \varepsilon_y \cos\alpha\sin\alpha - \varphi\cos^2\alpha + \beta\sin^2\alpha$$

x'、y' 轴之间夹角的变化，即切应变 γ_α 为

$$\gamma_\alpha = \Delta\delta_{x'} - \Delta\delta_{y'} = -2\varepsilon_x \sin\alpha\cos\alpha + 2\varepsilon_y \sin\alpha\cos\alpha + (\varphi + \beta)(\cos^2\alpha - \sin^2\alpha)$$

注意 $\varphi + \beta = \gamma_{xy}$，并进行三角函数变换后上式简化为

$$\gamma_\alpha = -\varepsilon_x \sin2\alpha + \varepsilon_y \sin2\alpha + \gamma_{xy}\cos2\alpha \tag{15-26}$$

或

$$-\frac{\gamma_\alpha}{2} = \frac{\varepsilon_x - \varepsilon_y}{2}\sin2\alpha - \frac{\gamma_{xy}}{2}\cos2\alpha$$

以上推导过程中并未把微小位移和转角用几何方法表示出来。为便于理解，读者在学习时不妨将之绘出，细心体察。

15.7.3　主应变的大小和方向

在式(15-26)中令 $\gamma_\alpha = 0$ 可以求得 α_0：

$$\tan2\alpha_0 = \frac{\gamma_{xy}}{\varepsilon_x - \varepsilon_y} \tag{15-27}$$

这是产生主应变的方向。此时 x'、y' 轴向的主应变 ε_1 和 ε_2 为

$$\begin{cases} \varepsilon_1 \\ \varepsilon_2 \end{cases} = \frac{\varepsilon_x + \varepsilon_y}{2} \pm \sqrt{\left(\frac{\varepsilon_x - \varepsilon_y}{2}\right)^2 + \left(\frac{\gamma_{xy}}{2}\right)^2} \tag{15-28}$$

需注意,一点处有三个主应变和主应力排列方式相同,3个主应变 ε_1、ε_2、ε_3 也从大到小排列。3个主应变 ε_1、ε_2 和 ε_3 与该点的 3 个主应力 σ_1、σ_2 和 σ_3 满足广义胡克定律(式(15-11))的关系。

15.7.4 应变的量测

在应力分析实验的电测法中,利用电阻片作为变形感应器,可测出一点处的应变,然后利用广义胡克定律可求出该点处的主应力。

当测点处的两个主应力方向已知时,可以测出这两个方向的主应变,再由式(15-14)求出这两个主应力。

若测点处的主应力方向未知,可在该点处测出任意三个方向的线应变,分别代入式(15-25),求出 ε_x、ε_y 和 γ_{xy}。将所得的 ε_x、ε_y 和 γ_{xy} 代入式(15-28)即可求出主应变 ε_1 和 ε_2,代入式(15-27)即可求出主应变的方向。再将 ε_1 和 ε_2 代入式(15-14),即可求出主应力的大小。

在实际量测应变时,通常采用直角应变花和等边三角形应变花两种方法。

1. 直角应变花

在测点处,沿 $\alpha = 0°,45°,90°$ 三个方向粘贴电阻片,组成直角应变花,如图 15-23(a)所示。将所测得的三个方向的应变 $\varepsilon_{0°}$、$\varepsilon_{45°}$ 和 $\varepsilon_{90°}$ 代入式(15-25)得

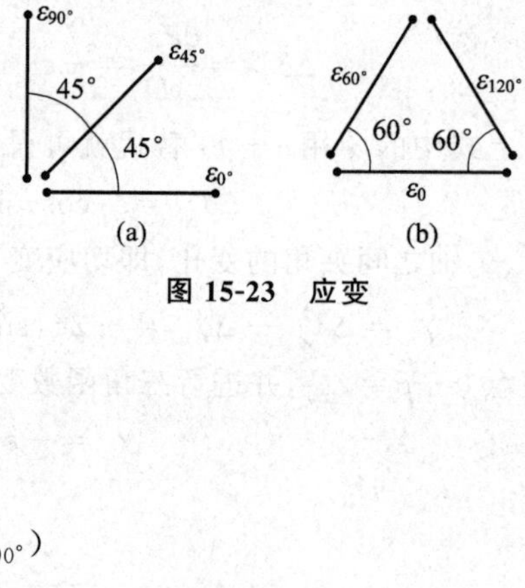

$$\begin{cases} \varepsilon_{0°} = \varepsilon_x \\ \varepsilon_{45°} = \frac{\varepsilon_x + \varepsilon_y}{2} + \frac{\gamma_{xy}}{2} \\ \varepsilon_{90°} = \varepsilon_y \end{cases}$$

图 15-23 应变

联立求解得

$$\begin{cases} \varepsilon_x = \varepsilon_{0°} \\ \varepsilon_y = \varepsilon_{90°} \\ \gamma_{xy} = 2\varepsilon_{45°} - (\varepsilon_{0°} + \varepsilon_{90°}) \end{cases}$$

再将 ε_x、ε_y 和 γ_{xy} 代入式(15-28)和式(15-27)得

$$\begin{cases} \varepsilon_1 \\ \varepsilon_2 \end{cases} = \frac{\varepsilon_{0°} + \varepsilon_{90°}}{2} \pm \sqrt{\frac{1}{2}\left[(\varepsilon_{0°} - \varepsilon_{45°})^2 + (\varepsilon_{45°} - \varepsilon_{90°})^2\right]} \tag{15-29}$$

$$\tan 2\alpha_0 = \frac{2\varepsilon_{45°} - (\varepsilon_{0°} + \varepsilon_{90°})}{\varepsilon_{0°} - \varepsilon_{90°}} \tag{15-30}$$

2. 等边三角形应变花

在测点处,沿 $\alpha = 0°,60°,120°$ 三个方向粘贴三个电阻片,组成等边三角形应变花,如图 15-23(b)所示。将所测得的三个方向的应变 $\varepsilon_{0°}$、$\varepsilon_{60°}$ 和 $\varepsilon_{120°}$ 代入式(15-25),联立求得

$$\begin{cases} \varepsilon_x = \varepsilon_{0°} \\ \varepsilon_y = \dfrac{2(\varepsilon_{60°} + \varepsilon_{120°}) - \varepsilon_{0°}}{3} \\ \gamma_{xy} = \dfrac{2(\varepsilon_{60°} - \varepsilon_{120°})}{\sqrt{3}} \end{cases}$$

再将 ε_x、ε_y 和 γ_{xy} 代入式(15-28)及式(15-27)得

$$\begin{cases} \varepsilon_1 \\ \varepsilon_2 \end{cases} = \frac{\varepsilon_{0°} + \varepsilon_{60°} + \varepsilon_{120°}}{3} \pm \frac{\sqrt{2}}{3} \sqrt{(\varepsilon_{0°} - \varepsilon_{60°})^2 + (\varepsilon_{60°} - \varepsilon_{120°})^2 + (\varepsilon_{0°} - \varepsilon_{120°})^2} \quad (15\text{-}31)$$

$$\tan 2\alpha_0 = \frac{\sqrt{3}(\varepsilon_{60°} - \varepsilon_{120°})}{2\varepsilon_{0°} - (\varepsilon_{60°} + \varepsilon_{120°})} \quad (15\text{-}32)$$

式(15-29)～式(15-32)在实验力学中经常用到。

习题

15-1　试确定图示各杆中 A、B 点处的应力状态,并画出各点的单元体应力图。

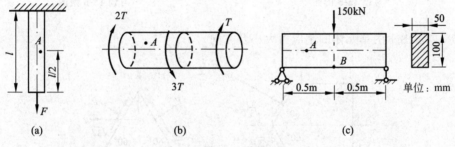

习题 15-1 附图

15-2　各单元体上的应力如图所示。试用解析公式求指定斜截面上的应力。

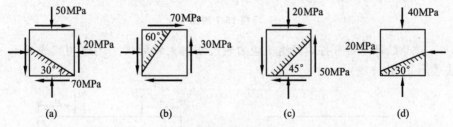

习题 15-2 附图

15-3　宽 0.1m、高 0.5m 的矩形截面木梁受力如图所示。木纹与梁轴线成 20°角,试求截面 $a—a$ 上 A、B 两点处木纹面上的应力。

15-4　各单元体上的应力如图所示。试用应力圆求各单元体的主应力大小和方位,并绘出主应力作用的单元体。

15-5　试确定图示梁中 A 点处的主应力大小和方

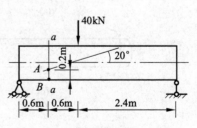

习题 15-3 附图

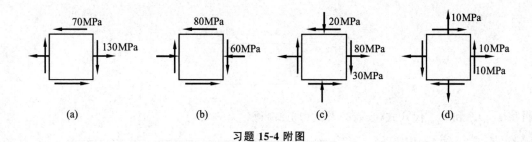

习题 15-4 附图

向,并绘出主应力单元体。

15-6 若已知图示悬臂梁侧面 A 点处的最大切应力为 0.9MPa,试确定荷载 F 的大小。

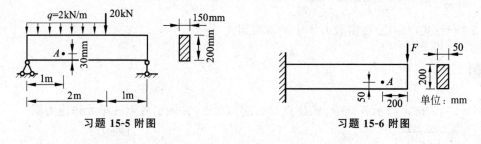

习题 15-5 附图 习题 15-6 附图

习题 15-7(a)
讲解

15-7 求图示两单元体的主应力大小及方向。

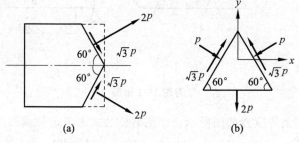

(a) (b)

习题 15-7 附图

15-8 试草绘图示各杆件内两组主应力轨迹线的大致形状。(注:用实线表示 σ_1 轨迹线,虚线表示 σ_3 轨迹线)

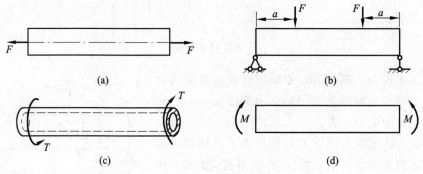

习题 15-8 附图

15-9 在一体积较大的钢块上开一个立方体槽,其各边尺寸都是 10mm,在槽内嵌入一铝质立方块,它的尺寸是 9.5mm×9.5mm×10mm(长×宽×高)。铝块顶面受均布压力作用,压力的合力大小 $F=6$kN。假设钢块不变形,铝的弹性模量 $E=7.0\times10^4$MPa,泊松比 $\nu=0.33$,试求铝块的 3 个主应力和相应的变形。

15-10 一处于二向拉伸状态下的单元体($\sigma_1\neq0,\sigma_2\neq0,\sigma_3=0$),其主应变 $\varepsilon_1=7\times10^{-5},\varepsilon_2=4\times10^{-5}$。已知 $\nu=0.3$,试求主应变 ε_3。该主应变是否为 $\varepsilon_3=-\nu(\varepsilon_1+\varepsilon_2)=-3.3\times10^{-5}$,为什么?

15-11 在图示工字钢梁的中性层上某点 K 处,沿与轴线成 45°方向上贴有电阻片,测得其应变 $\varepsilon=-2.6\times10^{-5}$,试求梁上的荷载 F。已知钢的 $E=2.1\times10^5$MPa,$\nu=0.28$。

习题 15-11 讲解

15-12 图示一钢质圆杆,直径 $D=20$mm,弹性模量 $E=2.1\times10^5$MPa,泊松比 $\nu=0.28$。若测得杆表面 A 点处与水平面成 70°方向上的线应变 $\varepsilon=4.1\times10^{-4}$,试求荷载 F。

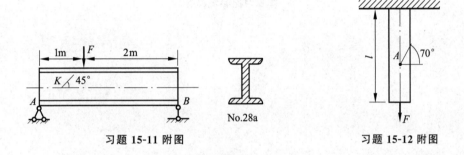

习题 15-11 附图 No.28a 习题 15-12 附图

15-13 用电阻应变仪测得空心圆轴表面上某点处与母线成 45°方向上的正应变 $\varepsilon=2.0\times10^{-4}$,如附图所示。已知轴材料的 $E=2.0\times10^5$MPa,$\nu=0.3$,试求轴所传递的扭矩。图中尺寸单位为 mm。

15-14 两根杆 A_1B_1 和 A_2B_2 材料相同,长度和横截面面积也相同。A_1B_1 杆下端受集中力 F,A_2B_2 杆受沿长度均匀分布的荷载,其集度 $q=F/l$,如附图所示,试求此两杆内的应变能。

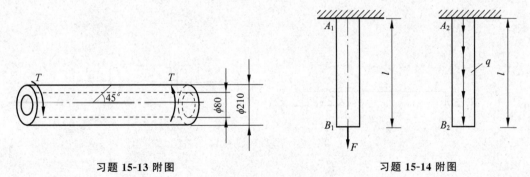

习题 15-13 附图 习题 15-14 附图

15-15 某物体内一点处的应力状态如图所示,试求单元体的体积改变能密度和形状改变能密度。设此物体材料的泊松比 $\nu=0.3$,弹性模量 $E=2.0\times10^5$MPa。

15-16 用直角应变花测得构件表面上某点处 $\varepsilon_{0°}=400\times10^{-6}$,$\varepsilon_{45°}=260\times10^{-6}$,$\varepsilon_{90°}=-80\times10^{-6}$。试求该点处主应变的数值和方向。

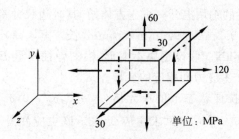

习题 15-15 附图

本章习题参考解答

第16章

强度理论

16.1　强度理论的概念

在杆件的轴向拉压、扭转及梁的弯曲变形中我们已讨论了有关强度的问题。拉压杆件横截面上只有正应力；扭转轴的横截面上只有切应力；梁横截面上最大正应力处无切应力，最大切应力处无正应力。这些应力状态都属简单应力状态，建立其强度条件只需控制正应力（或切应力），无须了解材料破坏的因素，至于容许正应力$[\sigma]$和容许切应力$[\tau]$，都可直接由相应简单应力状态试验所得的极限应力除以安全因数而得到，强度条件也相对简单，如用$\sigma_{max} \leqslant [\sigma]$或$\tau_{max} \leqslant [\tau]$来表示。对于复杂应力状态（二向或三向应力状态），由于存在多个应力分量，它们满足什么样的关系时材料会发生破坏，即破坏条件是什么，强度条件又如何建立，等等，这些问题的解决并非易事。

研究此问题的一种方法是通过一定量的复杂应力状态下的破坏试验结果，观察和分析材料破坏的规律，找出使材料破坏的共同原因（因素），然后再利用简单应力状态的破坏试验结果建立复杂应力状态下的强度条件，如下文介绍的第一至第四强度理论。另一种方法是通过大量复杂应力状态下的破坏试验结果，直接建立复杂应力状态下的强度条件，如下文介绍的莫尔强度理论。依据试验结果，对材料破坏因素的各种假说及由此建立的破坏条件和强度条件通常称为**强度理论**。

每种强度理论的提出都是以一定的试验现象为依据的。实际材料的破坏形式可分两大类。一类是**脆性断裂破坏**，例如铸铁试件在拉伸时最后在横截面上被拉断，在扭转时最后在与杆轴线成 45°的方向被拉断。脆性断裂破坏时材料没有显著的残余变形。另一类是**塑性屈服破坏**，例如低碳钢试件在拉伸和压缩破坏以及扭转破坏试验时都会发生显著的塑性变形。与破坏形态对应，目前的强度理论大体也可分为两类：一类是关于脆性断裂的强度理论；另一类是关于屈服破坏的强度理论。下面将介绍若干比较简单且在实际工程中应用较广的强度理论。

16.2　四种经典的强度理论

16.2.1　关于脆性断裂的强度理论

1. 最大拉应力理论（第一强度理论）

这一理论认为最大拉应力是引起材料断裂破坏的原因。不论在什么样的应力状态下，当构件内某点处的最大拉应力即 σ_1 达到材料的极限应力 σ_b 时,材料便开始在此点发生脆性断裂破坏。**破坏条件**为

$$\sigma_1 = \sigma_b$$

极限应力 σ_b 可通过单轴拉伸试件发生脆性断裂破坏的试验确定。将 σ_b 除以安全因数得到材料的容许拉应力 $[\sigma]$,故**强度条件**为

$$\sigma_1 \leqslant [\sigma] \tag{16-1}$$

这一理论是由英国学者兰金(W. J. Rankine)于 1859 年提出的,是最早的强度理论。试验表明,对于铸铁、砖、岩石、混凝土和陶瓷等脆性材料,在单向、二向或三向受拉断裂时(如铸铁的单向拉伸、扭转破坏等),此强度理论较为适合,而且因为其计算简单,所以应用较广。但该理论无法解释混凝土、石料等脆性材料在单向受压时断裂面平行于最大压应力的原因。

2. 最大拉应变理论(第二强度理论)

这一理论认为,最大拉应变是引起材料断裂破坏的原因。不论在什么样的应力状态下,当构件内某一点处的最大拉应变即 ε_1 达到材料的极限值 ε_u 时,材料便发生脆性断裂破坏。**破坏条件**为

$$\varepsilon_1 = \varepsilon_u$$

极限应变 ε_u 可通过单轴拉伸试件发生脆性断裂破坏的试验确定。若材料直至破坏都可近似看作处于线弹性范围,则在复杂应力状态下,由广义胡克定律式(15-11),并注意 $\varepsilon_u = \sigma_b/E$,破坏条件还可用主应力表示为

$$\sigma_1 - \nu(\sigma_2 + \sigma_3) = \sigma_b$$

将 σ_b 除以安全因数得到容许拉应力 $[\sigma]$,故**强度条件**为

$$\sigma_1 - \nu(\sigma_2 + \sigma_3) \leqslant [\sigma] \tag{16-2}$$

这一理论是由圣维南于 19 世纪中叶提出的。试验表明,对于石料、混凝土等脆性材料,应力状态以压为主(σ_3 的绝对值最大,且为压)时,本理论适用性较好。例如第 9 章中介绍的混凝土试件,当试件端部无摩擦时,受压后将产生纵向裂缝而破坏,这可以认为是试件的横向应变超过了极限值的结果。以受拉为主时,本理论与实际相差太大(单向拉伸除外)。

16.2.2 关于屈服的强度理论

1. 最大切应力理论(第三强度理论)

这一理论认为,最大切应力是引起材料屈服破坏的原因。不论在什么样的应力状态下,当构件内某一点处的最大切应力 τ_{max} 达到材料的极限值 τ_s 时,该点处的材料便会发生屈服破坏。**破坏(屈服)条件**为

$$\tau_{max} = \tau_s$$

极限值 τ_s 同样可通过试件单向拉伸屈服破坏的试验确定。单向拉伸时最大切应力发生在与杆轴线成 45° 角的斜截面上,其大小为横截面上正应力的一半,故剪切屈服极限等于横截面上正应力屈服极限的一半,即 $\tau_s = \sigma_s/2$。在复杂应力状态下,$\tau_{max} = (\sigma_1 - \sigma_3)/2$,因此屈服条件还可用主应力表示为

$$\sigma_1 - \sigma_3 = \sigma_s$$

将 σ_s 除以安全因数得到容许拉应力 $[\sigma]$,故强度条件为

$$\sigma_1 - \sigma_3 \leqslant [\sigma] \tag{16-3}$$

这一理论首先由库仑(C. A. Coulomb)于 1773 年针对剪断的情况提出,后来屈雷斯卡 (H. Tresca)将其引用到材料屈服的情况,故这一理论的屈服条件又称为屈雷斯卡屈服条件。该理论与金属材料的试验结果较吻合(如低碳钢单向拉伸时沿 45° 角斜截面产生屈服,扭转时横截面产生屈服,而在三向等值拉、压时不易屈服)。本理论没有考虑中间主应力 σ_2 对屈服破坏的影响,且只适用于拉、压屈服强度相等的材料。由于这一强度理论计算简单,计算结果偏于安全,故在工程中应用较广。

2. 形状改变能密度理论(第四强度理论)

这一理论认为,形状改变能密度是引起材料屈服破坏的原因。不论在什么样的应力状态下,当构件内某一点处的形状改变能密度 υ_d 达到材料的极限值 υ_{du} 时,该点处的材料便发生屈服破坏。**屈服条件**为

$$\upsilon_d = \upsilon_{du}$$

极限值 υ_{du} 同样可通过试件单向拉伸屈服破坏的试验确定。在复杂应力状态下形状改变能密度 υ_d 用主应力可表示为

$$\upsilon_d = \frac{1+\nu}{6E}[(\sigma_1-\sigma_2)^2 + (\sigma_2-\sigma_3)^2 + (\sigma_3-\sigma_1)^2]$$

单向拉伸时,测得材料的拉伸屈服极限 σ_s 后,令上式中的 $\sigma_1 = \sigma_s$,$\sigma_2 = \sigma_3 = 0$,便得到材料形状改变能密度的极限值 υ_{du} 为

$$\upsilon_{du} = \frac{1+\nu}{3E}\sigma_s^2$$

故本理论的屈服条件也可用主应力表示为

$$\sqrt{\frac{1}{2}[(\sigma_1-\sigma_2)^2 + (\sigma_2-\sigma_3)^2 + (\sigma_3-\sigma_1)^2]} = \sigma_s$$

将 σ_s 除以安全因数得到容许拉应力 $[\sigma]$,故**强度条件**为

$$\sqrt{\frac{1}{2}[(\sigma_1-\sigma_2)^2 + (\sigma_2-\sigma_3)^2 + (\sigma_3-\sigma_1)^2]} \leqslant [\sigma] \tag{16-4}$$

意大利学者贝尔特拉密(E. Beltrami)首先以总应变能密度作为判断材料是否发生屈服破坏的依据,但是在三向等值压缩下,无法解释材料很难达到屈服的现象。因此波兰学者胡伯(M. T. Huber)于 1904 年提出了形状改变能密度理论,后来由德国的密赛斯(R. Von Mises)做出进一步的解释和发展。故这一理论的屈服条件又称为密赛斯屈服条件。本理论与金属塑性材料的试验结果符合程度比最大切应力理论还要好,但仍只适合拉、压屈服强度相等的材料。

16.3　莫尔强度理论

铸铁材料单向压缩破坏试验表明,虽然试件发生剪断破坏,但剪断面并不是最大切应力的作用面,剪断面的法线与轴线夹角超过了 45°。库仑认为,这是由于正应力在剪断面内产

生摩擦影响的结果。也就是说发生剪断破坏的条件与剪断面上的正应力和切应力都有关系。

在不同的应力状态下，破坏面上的正应力 σ 与切应力 τ 在 σ-τ 坐标系中确定了一条曲线，称为**极限曲线**（也称**临界线**）。具体极限曲线的方程就是此材料的破坏条件，它可以通过大量的破坏试验而近似得到。以下介绍莫尔确定极限曲线的过程。

在三向应力状态下，一点处的应力状态可用三个二向应力圆表示。一点处应力状态中最大正应力和最大切应力的点均在外圆上（最大应力圆）。材料破坏时的最大应力圆称为**极限应力圆**。莫尔假设：材料在各种不同的应力状态下发生破坏时的所有极限应力圆的**包络线**即为材料的极限曲线，如图16-1所示。故破坏条件可表述为：构件内某一点应力状态的最大应力圆如与极限曲线相切，在该点材料就发生剪断破坏，切点对应该破坏面，此为**莫尔强度理论**。这一理论的思想是依据试验将 σ-τ 应力空间分为两部分，如某截面上 σ、τ 对应的点 (σ,τ) 位于包络线内则该截面未发生破坏，位于包络线上或在包络线以外则该截面将发生破坏。同样，也可以通过作最大应力圆来判断某应力状态是否会发生破坏：如最大应力圆在包络线内，表示该点未发生剪断破坏；如最大应力圆与包络线相切，表示该点处于剪断破坏临界状态，应力圆与包络线的切点对应于该点处的剪断破坏面；如最大应力圆超出包络线，表示该点已发生剪断破坏。

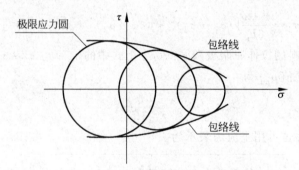

图16-1 极限应力圆的包络线

要精确作出某一材料的包络线是比较困难的，需要大量的试验数据。最简单的包络线是直线型包络线，只需作出单向拉伸和单向压缩的极限应力圆，这两个圆的公切线就是包络线，如图16-2所示。图中 σ_{bt}、σ_{bc} 分别为单向拉伸和压缩时的强度极限。

为了导出用主应力表示的破坏条件，设构件内某点处于剪断破坏临界状态，由该点处的主应力 σ_1 和 σ_3 作一应力圆与包络线相切，如图16-2中间的应力圆。作公切线 MKL 的平行线 PNO_1，由 $\triangle O_1NO_3 \backsim \triangle O_1PO_2$ 得

$$\frac{O_3N}{O_2P} = \frac{O_3O_1}{O_2O_1}$$

式中：

$$O_3N = O_3K - O_1L = \frac{1}{2}(\sigma_1 - \sigma_3) - \frac{1}{2}\sigma_{bt}, O_2P = O_2M - O_1L = \frac{1}{2}\sigma_{bc} - \frac{1}{2}\sigma_{bt}$$

$$O_3O_1 = OO_1 - OO_3 = \frac{1}{2}\sigma_{bt} - \frac{1}{2}(\sigma_1 + \sigma_3), O_2O_1 = OO_1 + OO_2 = \frac{1}{2}\sigma_{bt} + \frac{1}{2}\sigma_{bc}$$

由此可得**破坏条件**（式中 σ_{bt} 和 σ_{bc} 都取数值大小的绝对值）

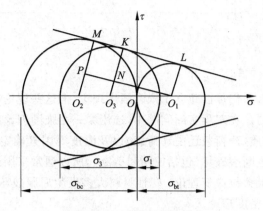

图 16-2　直线型包络线

$$\sigma_1 - \frac{\sigma_{bt}}{\sigma_{bc}}\sigma_3 = \sigma_{bt}$$

将 σ_{bt} 和 σ_{bc} 除以安全因数得到材料的容许拉应力 $[\sigma_t]$ 和容许压应力 $[\sigma_c]$，故**强度条件**为

$$\sigma_1 - \frac{[\sigma_t]}{[\sigma_c]}\sigma_3 \leqslant [\sigma_t] \qquad (16\text{-}5)$$

由上式可见：当 $\sigma_3 = 0$ 时，莫尔强度理论即为最大拉应力理论；当 $\sigma_1 = 0$ 时，即为单向压缩强度条件；若 $[\sigma_t] = [\sigma_c] = [\sigma]$，即为最大切应力理论。

试验表明，对于拉、压强度不同的脆性材料，如铸铁、岩石等，在以压为主的应力状态下，该理论较符合实际。此理论能解释某些材料在静水压的应力状态下不易破坏，而在三向等拉应力状态会发生破坏的现象。由于没有考虑中间主应力的影响，有时误差可能会达 15%。

该理论在岩土力学中是一个基本的强度理论。由于在岩土力学中习惯以压应力为正，其直线型包络线（图 16-3 所示）通常表示为

$$\tau = c + \sigma\tan\varphi \qquad (16\text{-}6)$$

式中 c、φ 分别为岩土材料的**黏聚力**和**内摩擦角**，是岩土材料的两个基本强度指标。这一形式的强度条件又称为**莫尔-库仑强度条件**。它也常用于混凝土材料。

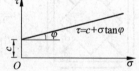

图 16-3　土体、岩石的包络线

16.4　强度理论的应用

上述 5 种强度理论可以写成统一的形式：

$$\sigma_r \leqslant [\sigma] \qquad (16\text{-}7)$$

式中 σ_r 称为**相当应力**，对应上述 5 种强度理论的具体表达式分别如下：

第一强度理论：$\sigma_{r1} = \sigma_1$

第二强度理论：$\sigma_{r2} = \sigma_1 - \nu(\sigma_2 + \sigma_3)$

第三强度理论：$\sigma_{r3} = \sigma_1 - \sigma_3$

第四强度理论：$\sigma_{r4} = \sqrt{\dfrac{1}{2}\left[(\sigma_1-\sigma_2)^2+(\sigma_2-\sigma_3)^2+(\sigma_3-\sigma_1)^2\right]}$

莫尔强度理论：$\sigma_{rM} = \sigma_1 - \dfrac{[\sigma_t]}{[\sigma_c]}\sigma_3$

强度问题极为复杂，人们虽已建立了众多强度理论，但这些理论都只能被某些试验所证实，其适用范围是有限的。在工程实际问题中，选用哪一个强度理论需要根据杆件的材料种类、受力情况、荷载的性质（静荷载还是动荷载）以及温度等因素确定。一般来说，在常温静载下，脆性材料大多发生断裂破坏（包括拉断和剪断），所以通常采用最大拉应力理论或莫尔强度理论，有时也采用最大拉应变理论；塑性材料大多发生屈服破坏，所以通常采用最大切应力理论或形状改变能密度理论。

但是材料的破坏形式还受应力状态的影响，因此，即使同一种材料，在不同的应力状态下也不能采用同一种强度理论。例如，低碳钢在单向拉伸时呈现屈服破坏，可用最大切应力理论或形状改变能密度理论，但在三向拉伸状态下低碳钢呈现脆性断裂破坏，就需要用最大拉应力理论或最大拉应变理论。对于脆性材料，在单向拉伸状态下，应采用最大拉应力理论；但在二向或三向应力状态，且最大和最小主应力分别为拉应力和压应力的情况下，如主压应力的绝对值较大于主拉应力时，则应采用最大拉应变理论或莫尔强度理论。在三向压应力状态下，不论塑性材料还是脆性材料，通常都发生屈服破坏，故一般可用最大切应力理论或形状改变能密度理论。

简单应力状态下（如单向拉伸、扭转等），用最大应力表示的强度条件与复杂应力状态的强度条件是等价的，不必按强度理论来分析。

总之，强度理论的研究虽然有了很大发展，并且在工程中也得到广泛的应用，但至今所提出的强度理论都有不够完善的地方，还有许多需要研究的问题。

例 16-1 对于某种材料，试用强度理论导出$[\tau]$和$[\sigma]$之间的关系式（即τ_u与σ_u之间的关系）。

解 取一处于纯切应力状态的单元体，如图 16-4 所示。在该单元体中，主应力$\sigma_1=\tau$，$\sigma_2=0$，$\sigma_3=-\tau$。现首先用第四强度理论导出$[\tau]$和$[\sigma]$的关系式。

将主应力代入式(16-4)得

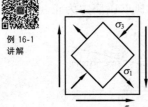

图 16-4 例 16-1 附图

例 16-1
讲解

$$\sqrt{\dfrac{1}{2}\left[(\tau-0)^2+(0+\tau)^2+(-\tau-\tau)^2\right]} \leqslant [\sigma]$$

即

$$\tau \leqslant [\sigma]/\sqrt{3}$$

将上式与纯切应力状态的强度条件$\tau_{max} \leqslant [\tau]$相比较可知，如第四强度理论适用此材料，即最大形状改变能密度是此材料屈服破坏的因素，则必有

$$[\tau] = \dfrac{[\sigma]}{\sqrt{3}} = 0.577[\sigma]$$

同理可导出对应其他强度理论时$[\tau]$和$[\sigma]$的关系，具体结果为：第三强度理论为$[\tau]=0.5[\sigma]$；第一强度理论为$[\tau]=[\sigma]$；第二强度理论为$[\tau]=[\sigma]/(1+\nu)$。

由于第一、第二强度理论适用于脆性材料，故通常有$[\tau]=(0.8\sim1.0)[\sigma]$（$\nu$约取0.2）；

第三、第四强度理论适用于塑性材料,故通常有$[\tau]=(0.5\sim0.6)[\sigma]$。

例 16-2　已知一锅炉的平均直径$D_0=1000\text{mm}$,壁厚$\delta=10\text{mm}$,如图 16-5(a)所示。锅炉材料为低碳钢,其容许应力$[\sigma]=170\text{MPa}$。设锅炉内蒸汽的压强$p=3.6\text{MPa}$。试用第四强度理论校核锅炉壁的强度。

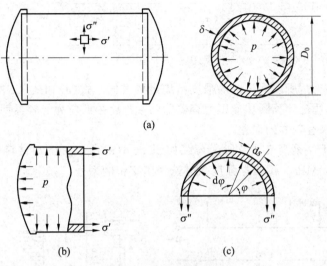

(a)

(b)　　　　　　　　(c)

图 16-5　例 16-2 附图

解　(1)锅炉壁的应力分析。由于蒸汽压力对锅炉端部的作用,锅炉壁横截面上会产生轴向应力,用σ'表示;同时,蒸汽压力使锅炉壁均匀扩张,壁的切线方向会产生周向应力,用σ''表示,见图 16-5(a)。由于锅炉是轴对称的薄壁结构,在仅考虑均匀内压情况下,σ'在横截面上、σ''沿周向均匀分布(锅炉两端应力较复杂)。

假想将锅炉沿横截面截开,取截面左边部分,如图 16-5(b)所示。此脱离体在轴向需满足平衡方程,即内压引起的轴向合力等于横截面上的轴向应力σ'的合力。平衡方程为(方程中将D_0近似为锅炉的内径,计算结果略大,偏安全)

$$p\frac{\pi D_0^2}{4}=\sigma'\left[\frac{\pi(D_0+2\delta)^2}{4}-\frac{\pi D_0^2}{4}\right]=\sigma'\frac{\pi}{4}(4D_0\delta+4\delta^2)$$

由于δ远小于D_0,故可略去上式中的δ^2项,由此得到

$$\sigma'=\frac{pD_0}{4\delta} \tag{a}$$

将p、D_0和δ的数据代入上式得$\sigma'=90\text{MPa}$。

假想将锅炉壁沿纵向直径平面截开,取上部分分析,并沿轴向取单位长度,如图 16-5(c)所示。在脱离体上,除蒸汽压力外,还有纵截面上的正应力σ''。蒸汽压力在竖直方向的合力为pD_0(读者不妨分析之)。由竖向的平衡方程$\sigma''\times2\delta\times1=pD_0$得

$$\sigma''=\frac{pD_0}{2\delta} \tag{b}$$

将已知数据代入,得$\sigma''=180\text{MPa}$。

如在锅炉的筒壁内表面处取一单元体(见图 16-5(a)),该单元体上除了有σ'和σ''外,还有蒸汽压力作用,所以为三向应力状态。但是,蒸汽压力的值远小于σ'和σ''的大小,通常不

予考虑；如在锅炉筒壁外表面处取一单元体，由于外表面是自由表面，故为二向应力状态，从而认为锅炉筒壁上任一点处都为二向应力状态。因此，主应力为 $\sigma_1 = \sigma'' = 180\text{MPa}$，$\sigma_2 = \sigma' = 90\text{MPa}$，$\sigma_3 = 0$。

（2）强度校核。由第四强度理论，相当应力为

$$\sigma_{r4} = \sqrt{\frac{1}{2}\left[(\sigma_1 - \sigma_2)^2 + (\sigma_2 - \sigma_3)^2 + (\sigma_3 - \sigma_1)^2\right]}$$

$$= \sqrt{\frac{1}{2}\left[(180-90)^2 + (90-0)^2 + (0-180)^2\right]}\text{MPa} = 155.6\text{MPa}$$

小于材料的容许应力，所以锅炉壁的强度是满足要求的。式（a）和式（b）在压力容器规范中常称为锅炉公式，适合计算圆柱形压力容器除两端外壁中的应力。容器两端应力较复杂，与此公式计算的结果有较大的误差。

例 16-3
讲解

例 16-3　一工字钢简支梁及所受荷载如图 16-6（a）所示。已知材料的容许应力$[\sigma] = 170\text{MPa}$，$[\tau] = 100\text{MPa}$。试根据强度条件选择工字钢的型号。

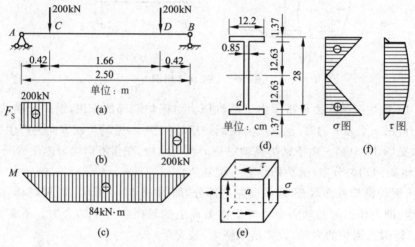

图 16-6　例 16-3 附图

解　首先绘制梁的剪力图和弯矩图，如图 16-6（b）、（c）所示，可知最大剪力和弯矩分别为

$$F_{S\max} = 200\text{kN}, \quad M_{\max} = 84\text{kN} \cdot \text{m}$$

（1）最大正应力强度设计。由梁的正应力强度条件式（13-13），可得所需的工字钢梁弯曲截面系数为

$$W_z \geqslant \frac{M_{\max}}{[\sigma]} = \frac{84 \times 10^3}{170 \times 10^6}\text{m}^3 = 494 \times 10^{-6}\text{m}^3 = 494\text{cm}^3$$

查型钢表，选用 28a 号工字钢，$W_z = 508.15\text{cm}^3$，$I_z = 7114.14\text{cm}^4$（W_z，I_z 在型钢表中对应 W_x，I_x）。

（2）最大切应力强度校核。由剪力图可见，AC 梁段和 DB 梁段内各横截面的剪力相同（仅正负号不同），均为危险截面。由梁的切应力强度条件式（13-14）校核切应力强度。查型钢表，28a 号工字钢的 $I_x/S_x = 24.62\text{cm}$（就是计算最大切应力时式（13-14）中的 $I_z/S_{z\max}^*$），腹板宽度 $d = 0.85\text{cm}$，所以

$$\tau_{max} = \frac{F_{Smax}}{(I_x/S_x) \times d} = \frac{200 \times 10^3}{24.62 \times 0.85 \times 10^{-4}} Pa = 95.6 \times 10^6 Pa = 95.6 MPa < [\tau]$$

可见选用 28a 号工字钢可满足切应力强度要求。

（3）主应力强度校核。由剪力图和弯矩图可见，C 点稍左横截面上和 D 点稍右横截面上同时存在最大剪力和最大弯矩。又由这两个横截面上的应力分布图（图 16-6(f)）可见，在工字钢腹板和翼缘的交界点处同时存在正应力和切应力，并且两者的数值都较大。这些点是否危险，也需要进行复杂应力状态下的强度校核。强度校核时需先求出主应力，再代入合适的强度理论计算公式，所以称为主应力强度校核。现在对 C 点稍左横截面腹板与下翼缘的交界点处，即图 16-6(d) 中的 a 点作强度校核（也可对该截面腹板与上翼缘的交界点处作强度校核，结果相同）。从 a 点处取出一单元体，如图 16-6(e) 所示（左右面为横截面）。单元体上的 σ 和 τ 分别为 a 点处横截面上的正应力和切应力，可由简化的截面尺寸（图 16-6(d)）分别求得

$$\sigma = \frac{M_{max}y}{I_z} = \frac{84 \times 10^3 \times 12.63 \times 10^{-2}}{7114.14 \times 10^{-8}} Pa = 149.1 \times 10^6 Pa = 149.1 MPa$$

$$\tau = \frac{F_{Smax}S_z^*}{I_z b} = \frac{200 \times 10^3 \times 222.5 \times 10^{-6}}{7114.14 \times 10^{-8} \times 0.85 \times 10^{-2}} Pa = 73.6 \times 10^6 Pa = 73.6 MPa$$

式中 S_z^* 为下翼缘的面积对中性轴的面积矩，其值为

$$S_z^* = 12.2 \times 1.37 \times \left(12.63 + \frac{1}{2} \times 1.37\right) cm^3 = 222.5 cm^3$$

因为该梁是钢梁，可用第三或第四强度理论校核强度。a 点处的主应力为

$$\sigma_1 = \frac{\sigma}{2} + \sqrt{\left(\frac{\sigma}{2}\right)^2 + \tau^2}, \quad \sigma_2 = 0, \quad \sigma_3 = \frac{\sigma}{2} - \sqrt{\left(\frac{\sigma}{2}\right)^2 + \tau^2}$$

利用主应力可求得第三和第四强度理论的相当应力为

$$\sigma_{r3} = \sigma_1 - \sigma_3 = \sqrt{\sigma^2 + 4\tau^2}$$

$$\sigma_{r4} = \sqrt{\frac{1}{2}\left[(\sigma_1 - \sigma_2)^2 + (\sigma_2 - \sigma_3)^2 + (\sigma_3 - \sigma_1)^2\right]} = \sqrt{\sigma^2 + 3\tau^2}$$

将 a 点处 σ 和 τ 的数值代入，得

$$\sigma_{r3} = \sqrt{149.1^2 + 4 \times 73.6^2} MPa = 209.5 MPa > [\sigma]$$

$$\sigma_{r4} = \sqrt{149.1^2 + 3 \times 73.6^2} MPa = 196.2 MPa > [\sigma]$$

可见 28a 号工字钢不能满足主应力强度要求，需加大截面，重新选择工字钢。改选 32a 号工字钢，并计算 a 点处的正应力和切应力，得

$$\sigma = \frac{84 \times 10^3 \times 14.5 \times 10^{-2}}{11075.5 \times 10^{-8}} Pa = 110.0 \times 10^6 Pa = 110.0 MPa$$

$$\tau = \frac{200 \times 10^3 \times 297.4 \times 10^{-6}}{11075.5 \times 10^{-8} \times 0.95 \times 10^{-2}} Pa = 56.5 \times 10^6 Pa = 56.5 MPa$$

此时相当应力分别为 $\sigma_{r3} = 157.7 MPa < 170 MPa$，$\sigma_{r4} = 147.2 MPa < 170 MPa$。可见 32a 号工字钢能满足主应力强度要求。显然，该梁最大正应力和最大切应力也能满足强度要求。

由这一例题可知，为了全面校核梁的强度，除了需要作横截面上最大正应力和切应力强度计算外，有时还需要作其他点处的主应力强度校核。一般来说，在下列情况下，需作主应力强度校核：

（1）弯矩和剪力都是最大值或者接近最大值的横截面。

（2）梁的横截面宽度有突然变化的点处，例如工字形和槽形截面翼缘和腹板的交界点处。但是，对于型钢，由于在腹板和翼缘的交界点处做成圆弧状，因而增加了该处的横截面宽度，所以，主应力强度是足够的。只有对那些由三块钢板焊接起来的工字钢梁或槽形钢梁才需作主应力强度校核。

例 16-4 对某种岩石试样进行了一组三向受压破坏试验,结果如表 16-1 所示。设某工程的岩基中两个危险点的应力情况已知,分别为

$$A \text{ 点：} \sigma_1 = \sigma_2 = -10\text{MPa}, \sigma_3 = -140\text{MPa}$$
$$B \text{ 点：} \sigma_1 = \sigma_2 = -120\text{MPa}, \sigma_3 = -200\text{MPa}$$

试用莫尔强度理论校核 A、B 点的强度。

表 16-1 某种岩石试验结果　　　　单位：MPa

试件号	①	②	③
σ_1	0	-23	-64
σ_2	0	-23	-191
σ_3	-74	-133	-191

解 因为已知三向受压破坏试验的数据,所以不宜用简化的直线包络线,而应直接作包络线,然后校核 A、B 两点的强度。

利用表中的数据,由 σ_1 和 σ_3 作出 3 个极限应力圆,作其包络线,如图 16-7 所示。再分别由 A、B 点的主应力 σ_1 和 σ_3 作出两个应力圆,如图中虚线所示的圆。A 点对应的应力圆为 A 圆,B 点对应的应力圆为 B 圆。由图可见,A 圆已超出包络线,故 A 点已发生剪断破坏;B 圆在包络线以内,故 B 点不会发生剪断破坏。

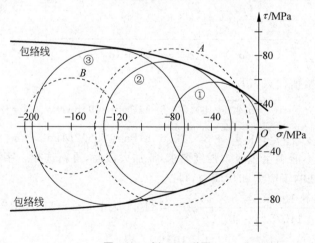

图 16-7　例 16-4 附图

习题

16-1 某构件内一点的主应力为 $\sigma_1 = 60\text{MPa}$, $\sigma_2 = 40\text{MPa}$, $\sigma_3 = -35\text{MPa}$。试按第三强度理论和第四强度理论计算其相当应力。

16-2 某构件内的危险点处于平面应力状态,各应力分量如图所示。若已知构件材料的泊松比 $\nu=0.25$,容许拉应力 $[\sigma_t]=30$MPa,试按第一强度理论和第二强度理论校核其强度。

16-3 某构件内一点的应力状态如图所示,若已知材料的容许拉应力 $[\sigma_t]=50$MPa,容许压应力 $[\sigma_c]=170$MPa,试按莫尔强度理论校核此点强度。

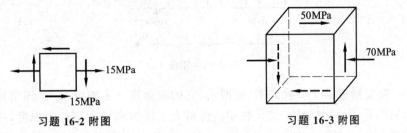

习题 16-2 附图   习题 16-3 附图

16-4 在圆截面薄壁钢压力容器的表面一点 A 处测得轴向线应变 $\varepsilon_x=1.88\times10^{-4}$,周向线应变 $\varepsilon_y=7.37\times10^{-4}$。已知钢材的弹性模量 $E=2.1\times10^5$MPa,泊松比 $\nu=0.3$,容许应力 $[\sigma]=170$MPa。试用第三强度理论对 A 点作强度校核。

16-5 图示两端封闭的薄壁圆筒,内压 $p=4$MPa,圆筒单位长度自重 $q=60$kN/m。圆筒平均直径 $D=1$m,壁厚 $\delta=30$mm,容许应力 $[\sigma]=120$MPa。试用第三强度理论校核圆筒的强度。

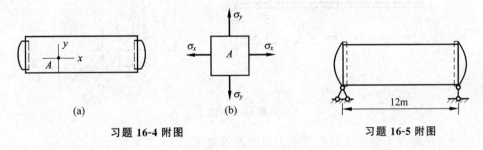

(a)   (b)

习题 16-4 附图   习题 16-5 附图

16-6 附图(a)、(b)所示为两种应力状态。试按第三强度理论分别计算其相当应力,并用第四强度理论比较两者的强度。

16-7 岩体中某点处于平面应力状态,如图所示。岩体呈层状结构,图中 A—A 面为结构面方位。层内岩体的容许拉应力 $[\sigma_t]=1.5$MPa,容许压应力 $[\sigma_c]=14$MPa;结构面为抗剪薄弱面,其容许切应力 $[\tau]=2.3$MPa。试校核此点岩体的强度。

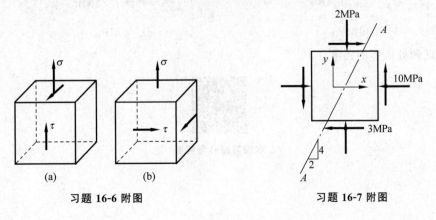

(a)   (b)

习题 16-6 附图   习题 16-7 附图

16-8　图示外伸梁的容许应力$[\sigma]=160\text{MPa}$，所受荷载如图所示。试选定该梁的工字钢型号，并作主应力校核。

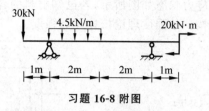

习题 16-8 附图

习题 16-9
讲解

16-9　一简支钢板梁受荷载如图(a)所示，它的截面尺寸见图(b)。已知钢材的容许应力$[\sigma]=170\text{MPa}$，$[\tau]=100\text{MPa}$，试校核梁内的最大正应力和最大切应力强度，并按第四强度理论对截面上的 a 点作主应力强度校核。(注：通常在计算 a 点处的应力时近似地按 a' 点的位置计算。)

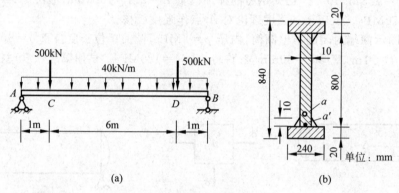

(a)　　　　　　　　　(b)

习题 16-9 附图

16-10　现测得土壤在下列两组应力值时开始破坏：

A 组：$\begin{cases}\sigma_1=\sigma_2=-0.15\text{MPa}\\\sigma_3=-0.55\text{MPa}\end{cases}$　　B 组：$\begin{cases}\sigma_1=\sigma_2=-0.05\text{MPa}\\\sigma_3=-0.22\text{MPa}\end{cases}$

(1)试由此两组破坏应力作出莫尔强度理论的直线包络线；(2)当地基内有两点的应力状态为

(a)$\begin{cases}\sigma_1=\sigma_2=-0.1\text{MPa}\\\sigma_3=-0.39\text{MPa}\end{cases}$　　(b)$\begin{cases}\sigma_1=\sigma_2=-0.31\text{MPa}\\\sigma_3=-0.77\text{MPa}\end{cases}$

时，校核此两处土体的强度。

本章习题参考解答

第17章

组 合 变 形

17.1 概述

实际工程中的构件在荷载作用下产生的变形较复杂,但往往可以将其分解为两种或两种以上的基本变形。例如:图 17-1(a)所示的烟囱在自重和水平风荷载作用下将产生压缩和弯曲变形;图 17-1(b)所示的厂房柱子在竖向荷载 F 作用下将产生偏心压缩变形(压缩和弯曲);图 17-1(c)所示的传动轴在皮带拉力作用下将产生弯曲和扭转变形。由若干基本变形组合而成的变形称为**组合变形**。若组合变形中有一种基本变形是主要的,其余变形所引起的应力(或变形)很小,则对构件仍可按主要的基本变形进行计算。若几种基本变形所对应的应力(或变形)属于同一数量级,则对构件需按组合变形进行计算。如构件属小变形,且材料处于线弹性范围内,可应用叠加原理来计算组合变形下的构件应力和变形。即先将作用在构件上的荷载分解或简化成几组荷载,使构件在每组荷载作用下只产生一种基本变形,然后计算出每一种基本变形下的应力和变形,再叠加(线性相加)就可得到构件在组合变形下的应力和变形。

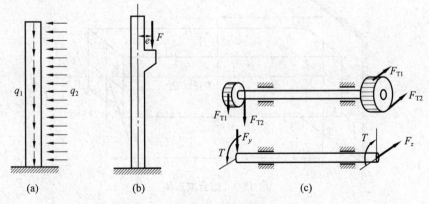

图 17-1 组合变形

本章主要介绍构件在斜弯曲、拉伸(压缩)和弯曲、偏心压缩(偏心拉伸)以及弯曲和扭转组合变形下的应力和强度计算。

17.2 双向弯曲 斜弯曲

前面讨论的弯曲变形都属于**平面弯曲**。梁产生平面弯曲的条件是外力作用线过弯曲中心且与形心主惯性平面平行,如图 17-2(a)、(b)所示(图中 O 为截面的形心,A 为弯曲中心)。但工程中常有些梁所受的外力虽然经过弯曲中心,但其作用面与形心主惯性平面既不重合也不平行,如图 17-2(c)、(d)所示。如在弯曲中心将外力 F 分解为两个分别与形心主惯性平面平行的力,则可见梁在两个分力单独作用下分别在两个互相垂直的平面内产生平面弯曲。按叠加原理,这两个平面弯曲的结果相加就是原荷载作用下的结果。

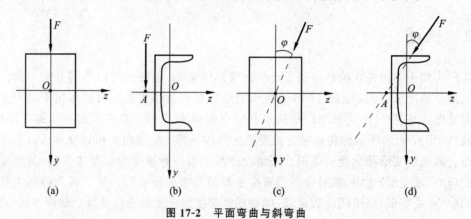

图 17-2 平面弯曲与斜弯曲

现以图 17-3 所示矩形截面悬臂梁为例,研究具有两个相互垂直的对称面的梁在外力 F 作用下的应力、变形和强度计算。

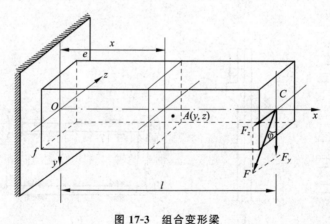

图 17-3 组合变形梁

17.2.1 正应力计算

设力 F 作用在梁自由端截面的形心,与竖向形心主轴的夹角为 φ。现将力 F 沿两形心主轴分解,得

$$F_y = F\cos\varphi, \quad F_z = F\sin\varphi$$

梁在 F_y 和 F_z 单独作用下,将分别在 xy 平面和 xz 平面内产生平面弯曲。

在距固定端为 x 的横截面上,由 F_y 和 F_z 引起的弯矩大小分别为

$$M_z = F_y(l-x) = F(l-x)\cos\varphi = M\cos\varphi$$

$$M_y = F_z(l-x) = F(l-x)\sin\varphi = M\sin\varphi$$

式中 $M = F(l-x)$,为力 $\boldsymbol{F}$ 在该截面引起的弯矩大小。

现分析 x 截面上任一点 $A(y,z)$ 处的正应力。由 F_y 和 F_z 在 A 点处引起的正应力分别为

$$\sigma' = -\frac{M_z y}{I_z} = -\frac{M\cos\varphi}{I_z}y, \quad \sigma'' = \frac{M_y z}{I_y} = \frac{M\sin\varphi}{I_y}z$$

在 F_z 作用下,横截面上竖向形心主轴以右的各点处产生拉应力,以左的各点处产生压应力;在 F_y 作用下,横截面上水平形心主轴以上的各点处产生拉应力,以下的各点处产生压应力。由叠加原理得 A 点处的正应力为

$$\sigma = \sigma' + \sigma'' = -\frac{M_z}{I_z}y + \frac{M_y}{I_y}z = M\left(-\frac{\cos\varphi}{I_z}y + \frac{\sin\varphi}{I_y}z\right) \tag{17-1}$$

对于实体截面梁,横截面上的切应力数值较小,可不必考虑,故也不再计算。

17.2.2　中性轴的位置、最大正应力和强度条件

由式(17-1)可见,横截面上的正应力是 y 和 z 的线性函数,即在横截面上正应力为平面(线性)分布,如图 17-4(b)所示。横截面内存在中性轴,设中性轴上任一点的坐标为 y_0 和 z_0,因中性轴上各点处的正应力为零,所以将 y_0 和 z_0 代入式(17-1)得

$$\sigma = M\left(-\frac{\cos\varphi}{I_z}y_0 + \frac{\sin\varphi}{I_y}z_0\right) = 0$$

因 $M \neq 0$,故

$$-\frac{\cos\varphi}{I_z}y_0 + \frac{\sin\varphi}{I_y}z_0 = 0 \tag{17-2}$$

这就是中性轴的方程,它是一条通过横截面形心的直线。设中性轴与 z 轴的夹角为 α,则由式(17-2)得

$$\tan\alpha = \frac{y_0}{z_0} = \frac{I_z}{I_y}\tan\varphi \tag{17-3}$$

此式表明,中性轴和外力作用线在相邻的象限内,如图 17-4(a)所示。

由式(17-3)可见,如果 $I_y \neq I_z$,则 $\alpha \neq \varphi$,即中性轴与 $\boldsymbol{F}$ 力作用方向不垂直。但对于圆、正方形等截面,由于任意一对形心轴都是主轴,且截面对任一形心轴的惯性矩都相等,所以 $\alpha = \varphi$,即中性轴与 $\boldsymbol{F}$ 力作用方向垂直,这与平面弯曲的结果一致。

横截面上中性轴的位置确定以后,即可画出横截面上的正应力分布图,如图 17-4(b)所示。由应力分布图可见,中性轴将横截面分为两部分,一部分受拉,另一部分受压。横截面上的最大正应力发生在离中性轴最远的点处。对于有凸角的截面,最大正应力必然发生在角点处。对于如图 17-4(a)所示的矩形截面,由应力分布图可见,角点 b 产生最大拉应力,角点 d 产生最大压应力,由式(17-1),它们分别为

$$\sigma_{\text{tmax}} = \frac{M_z}{W_z} + \frac{M_y}{W_y}, \quad \sigma_{\text{cmax}} = -\left(\frac{M_z}{W_z} + \frac{M_y}{W_y}\right) \tag{17-4}$$

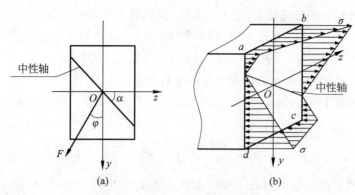

图 17-4　中性轴位置与应力分布

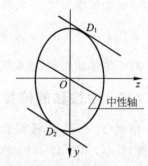

对于没有凸角的截面,可用作图法确定发生最大正应力的点。例如图 17-5 所示的椭圆形截面,当确定了中性轴位置后,作平行于中性轴并切于截面周边的两条直线,切点 D_1 和 D_2 即为发生最大正应力的点。将该点的坐标代入式(17-1),即可求得最大拉应力和最大压应力。

图 17-3 所示的悬臂梁,在固定端截面上弯矩最大,为危险截面;该截面上的角点 e 和 f 为危险点。由于角点处切应力为零(固定端截面的应力分布较复杂,此处仍按梁的方法作近似分析),故危险点处于单向应力状态。因此,强度条件为

图 17-5　无凸角截面的中性轴与最大正应力点

$$\sigma_{\mathrm{tmax}} \leqslant [\sigma_{\mathrm{t}}], \quad \sigma_{\mathrm{cmax}} \leqslant [\sigma_{\mathrm{c}}] \tag{17-5}$$

据此可以进行梁的强度计算。

17.2.3　变形计算

现在求图 17-3 所示悬臂梁的挠度。该梁在 F_y 和 F_z 作用下,坐标为 x 的截面形心 C 在 xy 平面和 xz 平面内的挠度分别为

$$w_y = \frac{F_y x^2}{6EI_z}(3l - x), \quad w_z = \frac{F_z x^2}{6EI_y}(3l - x)$$

C 点的合挠度为

$$w = \sqrt{w_y^2 + w_z^2}$$

设合挠度方向与 y 轴的夹角为 β,则有

$$\tan\beta = \frac{w_z}{w_y} = \frac{I_z}{I_y}\tan\varphi \tag{17-6}$$

对矩形截面,$I_y \neq I_z$,故 $\beta \neq \varphi$,即 C 点的合挠度方向和 $\boldsymbol{F}$ 力作用方向不重合,见图 17-6。由式(17-6)和式(17-3)可得 $\alpha = \beta$,即 C 点挠度方向垂直于中性轴。对于圆、正方形等截面,$\beta = \varphi$,即挠度方向和 $\boldsymbol{F}$ 力作用方向重合,均垂直于中性轴。

由式(17-3)可知各横截面的中性轴方位与截面位置无关,互相平行;又由式(17-6)可知各截面形心位移(挠度)方向与横截面位置无关,且与中性轴互相垂直,由此可见梁弯曲后的

轴线为一条平面曲线。挠曲线所在平面与中性轴垂直,但与力 F 的方向不平行。此时悬臂梁的弯曲变形常称为**斜弯曲**。它是两个形心主惯性平面内平面弯曲叠加时的一种特殊情形。就此悬臂梁而言,横截面如有 $I_y=I_z$,则完全满足平面弯曲的情形,这就是平面弯曲。

一般情况下,两个形心主惯性平面内的平面弯曲叠加后的轴线不一定是平面曲线。如当梁在通过弯曲中心(或形心)的互相垂直的两个主惯性平面内分别受不同横向荷载作用时,变形后轴线大多不是平面曲线,此时梁的变形常称为**双向弯曲**。双向弯曲时梁的应力和变形分析方法与上相同。

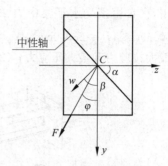

图 17-6 斜弯曲梁的变形

例 17-1 图 17-7(a)所示屋架上的檩条可简化为两端铰支的简支梁,如图 17-7(b)所示。檩条的跨度 $l=4\mathrm{m}$,屋面传来的竖直荷载可简化为通过轴线的均布荷载 $q=4\mathrm{kN/m}$,屋面与水平面的夹角 $\varphi=25°$。檩条的截面为 $h=28\mathrm{cm}$,$b=14\mathrm{cm}$ 的矩形,如图 17-7(c)所示。设檩条材料的容许拉应力和容许压应力相同,均为 $[\sigma]=10\mathrm{MPa}$,试校核其强度。

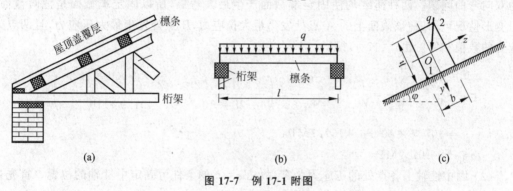

(a)   (b)   (c)

图 17-7 例 17-1 附图

解 檩条发生的变形属于斜弯曲。将均布荷载 q 沿 y 轴和 z 轴分解为

$$q_y=q\cos\varphi, \quad q_z=q\sin\varphi$$

它们分别使梁在 xy 平面和 xz 平面内产生平面弯曲。显然,危险截面为跨中截面。这一截面上的角点 1 和 2 是危险点,它们分别发生最大拉应力和最大压应力,且数值相等。由于材料的容许拉应力和容许压应力相等,故可校核 1 点或 2 点中的任一点。现校核 1 点。由式(17-4)得

$$\sigma_{\mathrm{tmax}}=\frac{M_y}{W_y}+\frac{M_z}{W_z}=\frac{q_z l^2/8}{hb^2/6}+\frac{q_y l^2/8}{bh^2/6}$$

将已知数据代入得

$$\sigma_{\mathrm{tmax}}=\left(\frac{\dfrac{1}{8}\times4\times10^3\times\sin25°\times4^2}{\dfrac{1}{6}\times28\times10^{-2}\times14^2\times10^{-4}}+\frac{\dfrac{1}{8}\times4\times10^3\times\cos25°\times4^2}{\dfrac{1}{6}\times14\times10^{-2}\times28^2\times10^{-4}}\right)\mathrm{N/m^2}$$

$$=7.66\times10^6\mathrm{N/m^2}=7.66\mathrm{MPa}<[\sigma]=10\mathrm{MPa}$$

故檩条满足强度要求。

例 17-2 图 17-8(a)所示悬臂梁采用 25a 号工字钢,在竖直方向受均布荷载 $q=5\mathrm{kN/m}$ 作

用,在自由端受水平集中力 $F = 2\text{kN}$ 作用。截面的几何性质为：$I_z = 5023.54\text{cm}^4$，$W_z = 401.9\text{cm}^3$，$I_y = 280.0\text{cm}^4$，$W_y = 48.28\text{cm}^3$。材料的弹性模量 $E = 2 \times 10^5\text{MPa}$。试求：(1)梁的最大拉应力和最大压应力；(2)固定端截面和 $l/2$ 截面上的中性轴位置；(3)自由端的挠度。

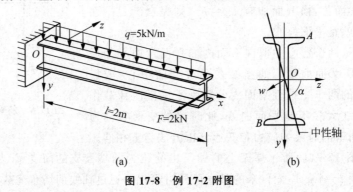

图 17-8　例 17-2 附图

解　(1)均布荷载 q 使梁在 Oxy 平面内弯曲,集中力 $\boldsymbol{F}$ 使梁在 Oxz 平面内弯曲,此题为双向弯曲问题。两种荷载均使固定端截面产生最大弯矩,所以固定端截面是危险截面。由变形情况可知,在该截面上的 A 点处发生最大拉应力,B 点处发生最大压应力,且两点处应力的数值相等。由式(17-4)得

$$\sigma_A = \frac{M_y}{W_y} + \frac{M_z}{W_z} = \frac{Fl}{W_y} + \frac{\frac{1}{2}ql^2}{W_z} = \left(\frac{2 \times 10^3 \times 2}{48.28 \times 10^{-6}} + \frac{\frac{1}{2} \times 5 \times 10^3 \times 2^2}{401.9 \times 10^{-6}} \right)\text{Pa}$$

$$= 107.7 \times 10^6\text{Pa} = 107.7\text{MPa}$$

$$\sigma_B = -107.7\text{MPa}$$

(2)因中性轴上各点处的正应力为零,故由 $\sigma = 0$ 的条件可确定中性轴的位置。首先列出任一横截面上第一象限内任一点处的应力表达式,即

$$\sigma = \frac{M_y}{I_y}z - \frac{M_z}{I_z}y$$

令中性轴上各点的坐标为 y_0 和 z_0,则

$$\sigma = \frac{M_y}{I_y}z_0 - \frac{M_z}{I_z}y_0 = 0$$

设中性轴与 z 轴的夹角为 α(见图 17-8(b)),则由上式得

$$\tan\alpha = \frac{y_0}{z_0} = \frac{M_y}{M_z} \cdot \frac{I_z}{I_y}$$

由上式可见,因各截面上 M_y/M_z 不是常量,故不同截面上的中性轴与 z 轴的夹角不同。

固定端截面：$\tan\alpha_1 = \dfrac{2 \times 10^3 \times 2}{\frac{1}{2} \times 5 \times 10^3 \times 2^2} \times \dfrac{5023.54 \times 10^{-8}}{280 \times 10^{-8}} = 7.18$，$\alpha_1 = 82.1°$

跨中截面：$\tan\alpha_2 = \dfrac{2 \times 10^3 \times 1}{\frac{1}{2} \times 5 \times 10^3 \times 1^2} \times \dfrac{5023.54 \times 10^{-8}}{280 \times 10^{-8}} = 14.35$，$\alpha_2 = 86.0°$

(3)自由端的总挠度等于自由端在 xy 平面内和 xz 平面内的挠度 w_y 和 w_z 的矢量和。

$$w_y = \frac{ql^4}{8EI_z} = \frac{5 \times 10^3 \times 2^4}{8 \times 2 \times 10^{11} \times 5023.54 \times 10^{-8}} \text{m} = 0.995 \times 10^{-3} \text{m}$$

$$w_z = \frac{Fl^3}{3EI_y} = \frac{2 \times 10^3 \times 2^3}{3 \times 2 \times 10^{11} \times 280 \times 10^{-8}} \text{m} = 9.52 \times 10^{-3} \text{m}$$

总挠度为

$$w = \sqrt{w_y^2 + w_z^2} = 9.57 \times 10^{-3} \text{m} = 9.57 \text{mm}$$

17.3　轴向拉伸(压缩)与弯曲的组合变形

　　当杆受轴向和横向荷载共同作用时,将产生拉伸(压缩)和弯曲组合变形。图 17-1(a)中的烟囱就是一个实例。

　　如果杆所产生的弯曲变形是小变形,则由轴向力所引起的附加弯矩很小,可以略去不计。因此,可分别计算由轴向力引起的拉压正应力和由横向力引起的弯曲正应力,然后用叠加原理即可求得两种荷载共同作用下引起的正应力。现以图 17-9(a)所示的杆受轴向拉力及横向均布荷载的情况为例,说明拉伸(压缩)与弯曲组合变形下的正应力及强度计算方法。

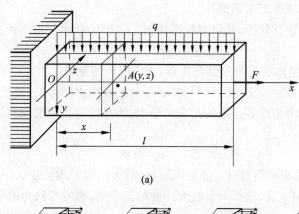

(a)

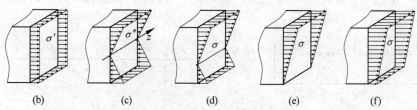

(b)　　　　(c)　　　　(d)　　　　(e)　　　　(f)

图 17-9　拉伸与弯曲组合变形杆

　　该杆受轴向力 F 拉伸时,任一横截面上的正应力均为

$$\sigma' = \frac{F_N}{A} = \frac{F}{A}$$

杆受横向均布荷载作用时,距固定端为 x 的横截面上的弯曲正应力为

$$\sigma'' = -\frac{M(x)}{I_z}y$$

这里弯矩 $M(x)$ 绕 z 轴正向为正。由叠加原理,x 截面上一点 $A(y,z)$ 处的正应力为

$$\sigma = \sigma' + \sigma'' = \frac{F}{A} - \frac{M(x)}{I_z}y$$

横截面上正应力 σ' 和 σ'' 的分布分别如图 17-9(b)和(c)所示。当 $\sigma''_{max} > \sigma'$ 时,该横截面上的正应力分布如图 17-9(d)所示;当 $\sigma''_{max} = \sigma'$ 时,该横截面上的应力分布如图 17-9(e)所示;当 $\sigma''_{max} < \sigma'$ 时,该横截面上的正应力分布如图 17-9(f)所示。在这三种情况下,横截面的中性轴分别在横截面内、横截面边缘和横截面以外。

显然,固定端截面为危险截面,该横截面的上边缘处各点是危险点。这些点处的正应力(拉应力)为

$$\sigma_{tmax} = \frac{F}{A} + \frac{M_{max}}{W_z} \tag{17-7}$$

由于危险点处的应力状态近似为单向应力状态,则其强度条件为

$$\sigma_{tmax} \leqslant [\sigma_t] \tag{17-8}$$

压缩与弯曲组合时常进行抗压强度计算,即须满足 $\sigma_{cmax} \leqslant [\sigma_c]$。注意:当截面上下不对称或拉压强度不同时,拉压强度都要分析。

例 17-3　图 17-10(a)所示托架受荷载 $F = 45\text{kN}$ 作用。设 AC 杆为工字钢,容许应力 $[\sigma] = 160\text{MPa}$。试选择工字钢型号。

解　取 AC 杆进行分析,其受力情况如图 17-10(b)所示。由平衡方程求得

$$F_{Ax} = 104\text{kN}, \quad F_{Ay} = 15\text{kN}$$

AB 段杆的变形为拉伸和弯曲的组合变形;BC 段杆的变形仅为弯曲变形。AB 杆的轴力图和 AC 杆的弯矩图分别如图 17-10(c)和(d)所示。由内力图可见,B 点左侧的横截面是危险截面。该横截面的上边缘各点处的拉应力最大,为危险点。强度条件为

$$\sigma_{tmax} = \frac{F_N}{A} + \frac{M_{max}}{W_z} \leqslant [\sigma]$$

因为面积 A 和弯曲截面系数 W_z 都是未知量,故无法由上式直接选择工字钢型号。通常先只考虑弯曲,求出 W_z 后,选择 W_z 略大一些的工字钢,再考虑轴力的作用进行强度校核。

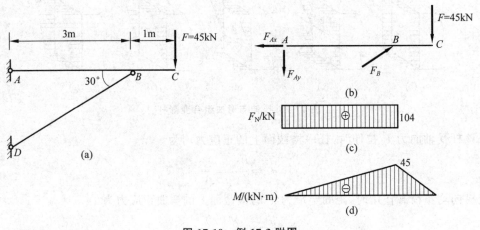

图 17-10　例 17-3 附图

由弯曲正应力强度条件,求出

$$W_z \geqslant \frac{M_{\max}}{[\sigma]} = \frac{45 \times 10^3}{160 \times 10^6} \mathrm{m}^3 = 2.81 \times 10^{-4} \mathrm{m}^3 = 281.0 \mathrm{cm}^3$$

查型钢表,选 22a 号工字钢,$W_z = 309 \mathrm{cm}^3$,$A = 42.0 \mathrm{cm}^2$。考虑轴力后,最大拉应力为

$$\sigma_{\mathrm{tmax}} = \frac{F_{\mathrm{N}}}{A} + \frac{M_{\max}}{W_z} = \left(\frac{104 \times 10^3}{42.0 \times 10^{-4}} + \frac{45 \times 10^3}{309 \times 10^{-6}} \right) \mathrm{Pa} = 170.4 \times 10^6 \mathrm{Pa} = 170.4 \mathrm{MPa} > [\sigma]$$

可见 22a 号工字钢截面还不够大。

现重新选择 22b 号工字钢,$W_z = 325 \mathrm{cm}^3$,$A = 46.4 \mathrm{cm}^2$,最大拉应力为

$$\sigma_{\mathrm{tmax}} = \left(\frac{104 \times 10^3}{46.4 \times 10^{-4}} + \frac{45 \times 10^3}{325 \times 10^{-6}} \right) \mathrm{Pa} = 160.9 \times 10^6 \mathrm{Pa} = 160.9 \mathrm{MPa}$$

最大拉应力超过容许应力,但超过不到 5%,工程中认为能满足强度要求。

17.4　偏心压缩(拉伸)

17.4.1　偏心压缩(拉伸)杆件的应力和强度计算

当杆受到与其轴线平行但不重合的外力作用时,杆产生的变形常称为**偏心压缩**(拉伸)。图 17-1(b)所示的柱子就是偏心压缩的一个实例。现研究杆在偏心压缩(拉伸)时,横截面上的正应力和强度计算方法。

图 17-11(a)所示为一下端固定的矩形截面杆,xy 平面和 xz 平面为两个形心主惯性平面。设在杆的上端截面的 $A(y_F, z_F)$ 点处作用一平行于杆轴线的力 F。A 点到截面形心 C 的距离 e 称为**偏心距**。

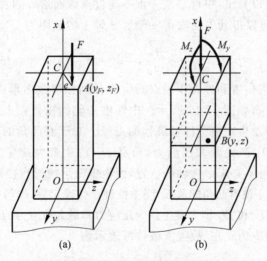

(a)　　　　　(b)

图 17-11　偏心压缩柱

将力 F 平移至形心 C 点,得到通过杆轴线的压力 F 和力偶矩 $M = Fe$。再将此力偶矩矢量沿 y 轴和 z 轴分解,可分别得到作用于 xz 平面内的力偶矩 $M_y = Fz_F$ 和作用于 xy 平面内的力偶矩 $M_z = Fy_F$,如图 17-11(b)所示。根据圣维南原理,此静力等效仅影响杆端局部区域的应力和变形。由图 17-11(b)可知,杆将产生轴向压缩变形和在 xz 平面及 xy 平面内的平面弯曲变形(纯弯曲)。杆各横截面上的内力有轴力和两个弯矩分量,其大小分

别为

$$F_N = -F, \quad M_y = Fz_F, \quad M_z = Fy_F$$

现考察任意横截面上任意点 $B(y,z)$ 处的应力。对应于上述三个内力，B 点处的正应力分别为

$$\sigma' = \frac{F_N}{A} = -\frac{F}{A}, \quad \sigma'' = -\frac{M_z y}{I_z} = -\frac{Fy_F y}{I_z}, \quad \sigma''' = -\frac{M_y z}{I_y} = -\frac{Fz_F z}{I_y}$$

由叠加原理得 B 点处的总应力为

$$\sigma = \sigma' + \sigma'' + \sigma''' = \sigma = -\left(\frac{F}{A} + \frac{Fy_F y}{I_z} + \frac{Fz_F z}{I_y}\right) \tag{17-9}$$

将 $I_y = Ai_y^2$，$I_z = Ai_z^2$ 代入式(17-9)得

$$\sigma = -\frac{F}{A}\left(1 + \frac{y_F y}{i_z^2} + \frac{z_F z}{i_y^2}\right) \tag{17-10}$$

式中 i_y、i_z 分别为截面对 y、z 轴的惯性半径。

由式(17-9)或式(17-10)可见，横截面上的正应力为平面(线性)分布。设 y_0 和 z_0 为中性轴上任一点的坐标，将 y_0 和 z_0 代入式(17-10)得

$$\sigma = -\frac{F}{A}\left(1 + \frac{y_F y_0}{i_z^2} + \frac{z_F z_0}{i_y^2}\right) = 0$$

即

$$1 + \frac{y_F y_0}{i_z^2} + \frac{z_F z_0}{i_y^2} = 0 \tag{17-11}$$

这就是中性轴方程。可以看出，中性轴是一条不通过横截面形心的直线。分别令式(17-11)中的 $z_0 = 0$ 和 $y_0 = 0$，可以得到中性轴在 y 轴和 z 轴上的截距为

$$a_y = y_0 \mid_{z_0=0} = -\frac{i_z^2}{y_F}, \quad a_z = z_0 \mid_{y_0=0} = -\frac{i_y^2}{z_F} \tag{17-12}$$

式中负号表明，中性轴的位置和外力作用点的位置分别在横截面形心的两侧。横截面上中性轴的位置及正应力分布如图 17-12 所示。中性轴一侧的横截面上产生拉应力，另一侧产生压应力。最大正应力发生在离中性轴最远的点处。对于有凸角的截面，最大正应力一定发生在角点处。角点 D_1 产生最大压应力，角点 D_2 产生最大拉应力(见图 17-12)。实际上，对于有凸角的截面可不必求中性轴的位置，而根据变形情况直接确定发生最大拉应力和最大压应力的角点。对于没有凸角的截面，当中性轴位置确定后，作与中性轴平行并切于截面周边的两条直线，切点 D_1 和 D_2 即为发生最大压应力和最大拉应力的点，如图 17-13 所示。

由于危险点为单向应力状态，故强度条件可表示为

$$\sigma_{tmax} \leqslant [\sigma_t], \quad \sigma_{cmax} \leqslant [\sigma_c] \tag{17-13}$$

据此就可进行偏心压缩(拉伸)杆件的强度计算。

例 17-4 一钻床如图 17-14(a)所示。在零件上钻孔时，钻床所受荷载 $F = 15\text{kN}$。已知力 F 与钻床立柱 AB 的轴线的距离 $e = 0.4\text{m}$，立柱为铸铁圆杆，容许拉应力 $[\sigma_t] = 35\text{MPa}$，试求所需的立柱直径 d。

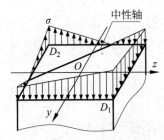

图 17-12 截面的中性轴与应力分布

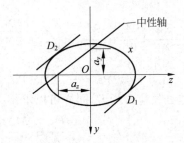

图 17-13 无凸角截面的中性轴与最大应力点

解 对于立柱 AB 而言 F 是偏心拉力,将使立柱产生偏心拉伸。

假想在截面 $c—c$ 处将立柱截开,取上部进行脱离体研究,如图 17-14(b)所示。由上部的平衡方程,求得立柱 $c—c$ 截面上的轴力和弯矩分别为

$$F_N = F = 15\text{kN}, \quad M = Fe = 15 \times 0.4\text{kN} \cdot \text{m} = 6\text{kN} \cdot \text{m}$$

立柱 AB 内侧边缘的点是危险点,产生的拉应力最大。由强度条件(17-13)得

$$\sigma_{t\max} = \frac{F_N}{A} + \frac{M}{W_z} = \frac{15 \times 10^3}{\frac{1}{4}\pi d^2} + \frac{6 \times 10^3}{\frac{1}{32}\pi d^3} \leqslant [\sigma_t]$$

采用与例 17-3 相似的方法,或采用试算的方法,由上式可求得所需的立柱直径为 $d \geqslant 122\text{mm}$。

例 17-5 一端固定并有切槽的杆在自由端左上角点处受与轴线平行的压力 F 作用,如图 17-15 所示。试求杆的最大正应力。

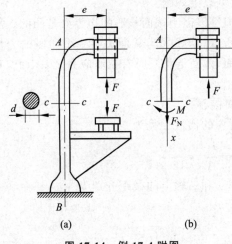

图 17-14 例 17-4 附图

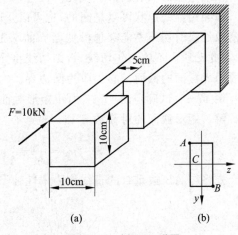

图 17-15 例 17-5 附图

解 分析可知切槽处杆的横截面是危险截面。如图 17-15(b)所示,对于该截面,力 F 是偏心压力。现将力 F 对该截面的形心 C 静力等效,得到截面上的轴力和弯矩分别为

$$F_N = F = 10\text{kN}(\text{压力})$$

$$M_y = F \times 0.025 = 0.25\text{kN} \cdot \text{m}(\text{绕 } y \text{ 轴正向})$$

$$M_z = F \times 0.05 = 0.5\text{kN} \cdot \text{m}(\text{绕 } z \text{ 轴负向})$$

A 点处压应力最大,为

$$\sigma_{\text{cmax}} = -\frac{F_N}{A} - \frac{M_y}{W_y} - \frac{M_z}{W_z} = \left(-\frac{10 \times 10^3}{0.1 \times 0.05} - \frac{0.25 \times 10^3}{\frac{1}{6} \times 0.1 \times 0.05^2} - \frac{0.5 \times 10^3}{\frac{1}{6} \times 0.05 \times 0.1^2} \right) \text{Pa}$$

$$= -14.0 \times 10^6 \text{Pa} = -14.0 \text{MPa}$$

B 点处拉应力最大，同样可以求得

$$\sigma_{\text{tmax}} = -\frac{F_N}{A} + \frac{M_y}{W_y} + \frac{M_z}{W_z} = 10 \times 10^6 \text{N/m}^2 = 10 \text{MPa}$$

17.4.2 截面核心

由上述分析可以看出，偏心压缩时中性轴在横截面的两个形心主轴上的截距 a_y 和 a_z 随压力作用点的坐标(y_F, z_F) 而变化。压力作用点离横截面形心越近，中性轴离横截面形心越远；反之，压力作用点离横截面形心越远，中性轴离横截面形心越近。随着压力作用点位置的变化，中性轴可能过横截面，或与横截面边界相切，或在横截面以外。在后两种情况下，横截面上只产生压应力（对偏心受压情况）。工程中有些材料，例如混凝土、砖、石等，其抗拉强度很小，因此由这类材料制成的杆主要用于承受压力，当用于承受偏心压力时，要求杆的横截面上不产生拉应力。为了满足这一要求，偏心压力必须作用在横截面形心周围的某一区域内，使中性轴与横截面周边相切或在横截面以外。这一区域称为**截面核心**。由截面核心的力学意义可知，截面核心区域边界上的点如作为偏心力的作用点，则对应的中性轴必与截面边界相切。由此，我们只要取无数多条截面边界的切线作为中性轴来确定偏心力的作用点，这些点的连线所围区域就是截面核心。对于有规则的截面形状，只需取若干切线就可以确定截面核心的形状及几何尺寸，具体可以见以下例题。

截面边界的形状可以是凸的，也可以是凹的，但可以证明截面核心的边界必是凸的。需注意取切线时切线不能穿越横截面。如图 17-16 所示，切线③为截面边界一个凹段的公切线，在此凹段内不应再作切线，否则切线将穿越截面，截面上将同时有拉压应力区。因此，有凹段边界截面的截面核心仍应为凸边界。

例 17-6 试确定图 17-17 所示矩形截面的截面核心。

解 矩形截面的对称轴 y 和 z 是形心主轴，对应的惯性半径为

$$i_y^2 = \frac{I_y}{A} = \frac{b^2}{12}, \quad i_z^2 = \frac{I_z}{A} = \frac{h^2}{12}$$

先将与 AB 边重合的直线作为中性轴①，它在 y 和 z 轴上的截距分别为

$$a_{y1} = \infty, \quad a_{z1} = -\frac{b}{2}$$

由式(17-12)得与之对应的偏心力作用点 1 的坐标为

$$y_{F1} = -\frac{i_z^2}{a_{y1}} = -\frac{h^2/12}{\infty} = 0$$

$$z_{F1} = -\frac{i_y^2}{a_{z1}} = -\frac{b^2/12}{-b/2} = \frac{b}{6}$$

同理可求得当中性轴②与 BC 边重合时，与之对应的偏心力作用点 2 的坐标为

$$y_{F2} = -\frac{h}{6}, \quad z_{F2} = 0$$

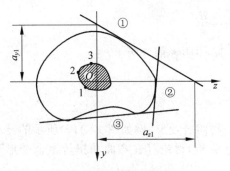

图 17-16 截面核心

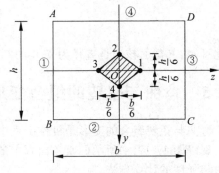

图 17-17 例 17-6 附图

中性轴③与 CD 边重合时,与之对应的偏心力作用点 3 的坐标为

$$y_{F3} = 0, \quad z_{F3} = -\frac{b}{6}$$

中性轴④与 DA 边重合时,与之对应的偏心力作用点 4 的坐标为

$$y_{F4} = \frac{h}{6}, \quad z_{F4} = 0$$

确定了截面核心边界上的 4 个点后,还要确定这 4 个点之间截面核心边界的形状。为了解决这一问题,现在分析中性轴从与一个周边相切转到与另一个周边相切时,外力作用点的位置变化情况。例如,当外力作用点由 1 点沿截面核心边界移动到 2 点的过程中,与外力作用点对应的一系列中性轴将绕 B 点旋转,B 点是这一系列中性轴共有的点。因此,将 B 点的坐标 y_B 和 z_B 代入中性轴方程式(17-11),即得

$$1 + \frac{y_F y_B}{i_z^2} + \frac{z_F z_B}{i_y^2} = 0$$

由此方程可知外力作用点坐标 y_F 和 z_F 的变化规律满足一直线方程。它表明,当中性轴绕 B 点旋转时,外力作用点沿直线移动。因此,连接 1 点和 2 点的直线就是截面核心的边界。同理,2 点和 3 点、3 点和 4 点、4 点和 1 点的连线也都是直线。最后得到矩形截面的截面核心是一个菱形,其对角线的长度分别为 $h/3$ 和 $b/3$。

由此例可以看出,对于矩形截面杆,当压力作用在对称轴上,并在"中间三分点"以内时,截面上只产生压应力。这一结论在土建工程中经常用到。

例 17-7 试确定图 17-18 所示圆形截面的截面核心。

解 由于圆形截面对于圆心是极对称的,所以截面核心的边界也是一个圆。只要确定了截面核心边界上的一个点,就可以确定截面核心。

设过 A 点的切线①是中性轴,它在 y、z 轴上的截距为

图 17-18 例 17-7 附图

$$a_y = \infty, \quad a_z = \frac{d}{2}$$

圆截面的 $i_y^2 = i_z^2 = \dfrac{\pi d^4/64}{\pi d^2/4} = \dfrac{d^2}{16}$。由式(17-12),求得与之对应的外力作用点 1 的坐标为

$$y_F = 0, \quad z_F = -\frac{d}{8}$$

由此可知,其截面核心是直径为 $d/4$ 的圆,如图 17-18 中阴影部分所示。

17.5　弯曲与扭转的组合变形

弯曲与扭转组合的变形是机械工程中常见的一种组合变形,例如图 17-1(c)所示的传动轴。现以图 17-19(a)所示的直角曲拐中的圆杆 AB 为例,讨论杆在弯曲和扭转组合变形下应力和强度的计算方法。

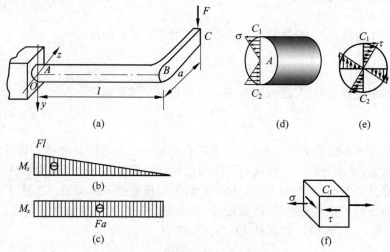

(a)　　(d)　　(e)

(b)

(c)　　(f)

图 17-19　弯曲与扭转组合变形杆

由截面法可知 AB 段杆横截面上的内力有扭矩、弯矩和剪力,其变形是扭转和弯曲组合的变形。由于剪力引起的切应力相对较小,所以一般在弯扭组合变形中忽略不计。AB 杆的弯矩图和扭矩图分别如图 17-19(b)、(c)所示。由内力图可见,固定端截面是危险截面。其弯矩和扭矩的绝对值分别为

$$M_z = Fl, \quad M_x = Fa$$

在该截面上,弯曲正应力和扭转切应力的分布分别如图 17-19(d)、(e)所示。由应力分布图可见,横截面的上、下两点 C_1 和 C_2 是危险点。现对 C_1 点进行分析,在该点处取出一单元体(左、右截面为横截面),其各面上的应力如图 17-19(f)所示。由于该点处于二向应力状态,故用强度理论建立强度条件。该点处的弯曲正应力和扭转切应力分别为

$$\sigma = \frac{M_z}{W_z}, \quad \tau = \frac{M_x}{W_p} \tag{a}$$

该点处的主应力为

$$\begin{cases} \sigma_1 \\ \sigma_3 \end{cases} = \frac{\sigma}{2} \pm \sqrt{\left(\frac{\sigma}{2}\right)^2 + \tau^2}, \quad \sigma_2 = 0 \tag{b}$$

对于钢制杆件可采用第三强度理论或第四强度理论校核强度,其强度条件分别为

$$\sigma_{r3} = \sigma_1 - \sigma_3 = \sqrt{\sigma^2 + 4\tau^2} \leqslant [\sigma] \tag{17-14}$$

$$\sigma_{r4} = \sqrt{\frac{1}{2}\left[(\sigma_1 - \sigma_2)^2 + (\sigma_1 - \sigma_3)^2 + (\sigma_3 - \sigma_2)^2\right]} = \sqrt{\sigma^2 + 3\tau^2} \leqslant [\sigma] \tag{17-15}$$

在机械工程中,对产生弯曲和扭转组合变形的圆截面杆,常用弯矩和扭矩表示强度条件。将式(a)代入式(b)后再代入式(17-14)和式(17-15),并注意到圆截面的 $W_p = 2W_z$,则第三强度理论和第四强度理论的强度条件又可分别表示为

$$\sigma_{r3} = \sqrt{\left(\frac{M_z}{W_z}\right)^2 + 4\left(\frac{M_x}{W_p}\right)^2} = \frac{\sqrt{M_z^2 + M_x^2}}{W_z} \leqslant [\sigma] \qquad (17\text{-}16)$$

$$\sigma_{r4} = \sqrt{\left(\frac{M_z}{W_z}\right)^2 + 3\left(\frac{M_x}{W_p}\right)^2} = \frac{\sqrt{M_z^2 + 0.75M_x^2}}{W_z} \leqslant [\sigma] \qquad (17\text{-}17)$$

C_2 点的强度可用同样的方法进行校核。

当圆杆同时产生拉伸(压缩)和扭转两种变形时,上述结论(式(17-14)和式(17-15))仍然适用,只是弯曲正应力需用拉伸(压缩)时的正应力代替。此时危险截面上的周边各点均为危险点。

在最一般的情况下,当圆杆同时产生弯曲、扭转和拉伸(压缩)变形时,上述结论(式(17-14)和式(17-15))同样适用,此时正应力是由弯曲和拉伸(压缩)产生的正应力两部分叠加,其危险点的分析与弯扭组合变形相类似。

非圆截面杆如同时产生弯曲和扭转变形,甚至还有拉伸(压缩)变形时,仍可用上述方法分析。但扭转切应力需用非圆截面杆扭转的切应力公式计算。

需注意的是:式(17-14)和式(17-15)适用于如图 17-19(f)所示的平面应力状态;式(17-16)和式(17-17)仅适用于扭转与弯曲组合变形下的圆截面杆。

例 17-8　一钢质圆轴,直径 $d = 8$cm,其上装有直径 $D = 1$m、重为 5kN 的两个皮带轮,如图 17-20(a)所示。已知 A 处轮上的皮带拉力为水平方向,C 处轮上的皮带拉力为竖直方向。设钢的 $[\sigma] = 160$MPa,试按第三强度理论校核轴的强度。

例 17-8 讲解

解　将轮上的皮带拉力向轮心简化后,得到作用在圆轴上的集中力和力偶,此外,圆轴还受到轮重作用。简化后的荷载如图 17-20(b)所示。

在力偶作用下,圆轴的 AC 段产生扭转,扭矩图如图 17-20(c)所示。在横向力作用下,

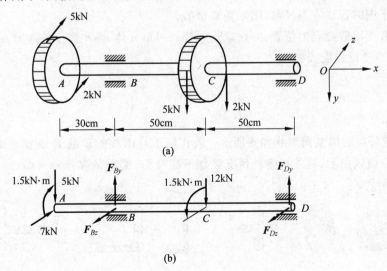

图 17-20　例 17-8 图

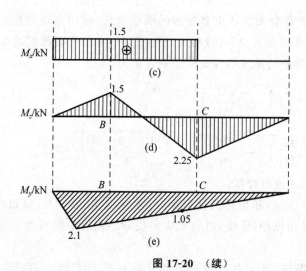

图 17-20 （续）

圆轴在 xy 和 xz 平面内分别产生弯曲，两个平面内的弯矩图如图 17-20(d)、(e)所示（弯矩图中未标明正负值，遵循弯矩画在杆的受拉一侧的原则）。因为轴的横截面是圆形，因此只需用横截面上的合弯矩计算正应力。由弯矩图可见，可能的危险截面是 B 截面和 C 截面。现分别求出这两个截面上的合成弯矩为

$$M_B = \sqrt{M_{By}^2 + M_{Bz}^2} = \sqrt{2.1^2 + 1.5^2}\,\text{kN}\cdot\text{m} = 2.58\,\text{kN}\cdot\text{m}$$

$$M_C = \sqrt{M_{Cy}^2 + M_{Cz}^2} = \sqrt{1.05^2 + 2.25^2}\,\text{kN}\cdot\text{m} = 2.48\,\text{kN}\cdot\text{m}$$

因为 $M_B > M_C$，且 B、C 截面的扭矩相同，故 B 截面为危险截面。将 B 截面上的弯矩和扭矩值代入式(17-16)，得到第三强度理论的相当应力为

$$\sigma_{r3} = \frac{\sqrt{M_z^2 + M_x^2}}{W_z} = \frac{\sqrt{2.58^2 \times 10^6 + 1.5^2 \times 10^6}}{\frac{1}{32}\pi \times 8^3 \times 10^{-6}}\,\text{N/m}^2 = 59.3 \times 10^6\,\text{N/m}^2 = 59.3\,\text{MPa}$$

这一数值小于钢的容许应力，所以圆轴是安全的。

建议读者找出危险点的位置，并在危险点处取一单元体，画出其上的应力，并求主应力，再按式(17-14)进行强度校核。

习题

17-1 悬臂梁的横截面形状如图所示。若作用于自由端的荷载 F 垂直于梁的轴线，作用方向如图中虚线所示，试指出哪种情况梁作平面弯曲，哪种情况作斜弯曲。（小圆点为弯曲中心的位置。）

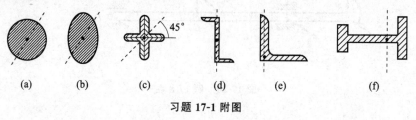

（a）　　　（b）　　　（c）　　　（d）　　　（e）　　　　　（f）

习题 17-1 附图

17-2　矩形截面梁简支在倾斜面上,跨度 $l=4$m,受通过梁轴线的竖向均布荷载作用,截面尺寸如图所示。设梁材料为杉木,容许应力 $[\sigma]=10$MPa,试校核该梁的强度。

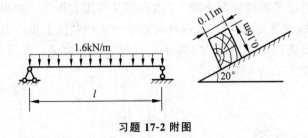

习题 **17-2** 附图

17-3　图示工字形截面钢简支梁受荷载 **F** 作用。已知 $F=65$kN,其作用方向与 y 轴的夹角为 $5°$。钢的弹性模量 $E=2.0\times10^5$MPa,容许应力 $[\sigma]=160$MPa,梁的容许挠度为 $l/500$(其中 l 为梁的跨度)。试选择工字钢的型号。

17-4　图示为正方形截面悬臂梁,在悬臂端截面受力 **F** 和力偶 **M** 作用,在梁一半长度处侧面的上下两点 A、B 沿轴向测得应变值分别为 ε_A、ε_B。设截面边长为 a,梁材料的弹性模量为 E,泊松比为 ν,试求 **F** 和 **M** 的大小。

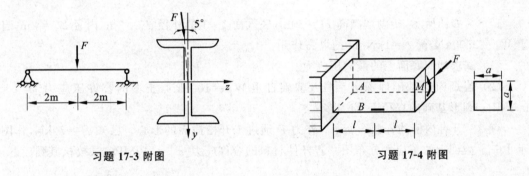

习题 **17-3** 附图　　　　　　　　习题 **17-4** 附图

17-5　图示悬臂梁在两个不同截面上分别受到水平力 F_1 和竖直力 F_2 作用。若 $F_1=800$N,$F_2=1600$N,$l=1$m,试求以下两种情况下梁内最大正应力并指出其所处位置:

(1)宽 $b=90$mm、高 $h=180$mm 的矩形截面,如图(a)所示;

(2)直径 $d=130$mm 的圆截面,如图(b)所示。

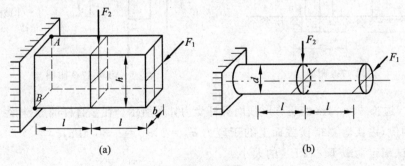

(a)　　　　　　　　　　(b)

习题 **17-5** 附图

17-6 图示为一楼梯的梁，长度 $l=4$m，截面为矩形，高 $h=0.2$m，宽 $b=0.1$m，均布荷载 $q=2$kN/m。试作此梁的轴力图和弯矩图，并求梁横截面上的最大拉应力和最大压应力。

习题17-7
讲解

17-7 图(a)和(b)所示的混凝土坝，右边一侧受水压力作用。如假设坝体底面上的正应力沿上下游方向线性变化，即可以采用材料力学中梁横截面上正应力的计算方法进行计算，试求当底面不出现拉的正应力时（即 $\sigma \leqslant 0$）所需的宽度 b。设混凝土的重力密度为 24kN/m^3；水的重力密度为 10kN/m^3。

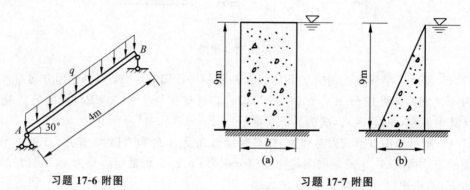

习题 17-6 附图　　　　　　　　　习题 17-7 附图

17-8 如图所示，砖砌烟囱高 $H=30$m，底截面 1—1 的外径 $d_1=3$m，内径 $d_2=2$m，自重 $W_1=2000$kN，受 $q=1$kN/m 的风力作用。

(1) 试求烟囱底面上的最大压应力。

(2) 若烟囱的基础埋深 $h=4$m，基础自重 $W_2=1000$kN，土壤的容许压应力$[\sigma_c]=0.3$MPa，圆形基础的直径 D 应为多大？

17-9 开有内槽的杆如图所示，外力 F 通过未开槽截面的形心。已知 $F=70$kN，作图示 I—I 截面上的正应力分布图。若杆件材料的容许应力$[\sigma]=140$MPa，试校核其强度。

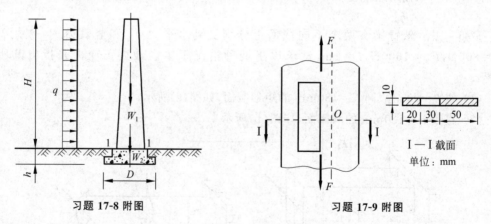

习题 17-8 附图　　　　　　　　　习题 17-9 附图

17-10 边长 $a=0.1$m 的正方形截面折杆受力如图所示。在竖直杆部分，相距为 0.2m 的二截面的两侧，由实验测得横截面上的正应力 $\sigma_A=0$，$\sigma_B=-30$MPa，$\sigma_C=-24$MPa，$\sigma_D=-6$MPa。试确定荷载 F_x 和 F_y 的大小。

17-11 短柱承载如图所示，现测得 A 点的轴向正应变 $\varepsilon_A=500\times10^{-6}$，试求力 F 的大小。设柱材料的弹性模量 $E=1.0\times10^4$MPa。

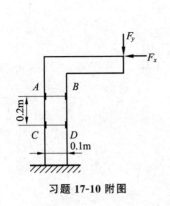

习题 **17-10** 附图

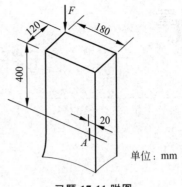

习题 **17-11** 附图

17-12 试确定附图所示各截面图形的截面核心大致形状。

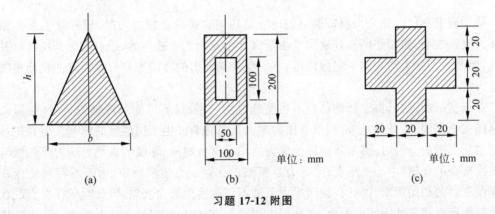

习题 **17-12** 附图

17-13 如图所示,用 Q235 钢制成的等直圆杆受轴向力 F 和扭转力偶 T 共同作用,且 $T = \dfrac{1}{10} Fd$。测得该杆表面与母线成 30°方向的线应变 $\varepsilon_{30°} = 143.3 \times 10^{-6}$,$d = 10\text{mm}$,$E = 200\text{GPa}$,$\nu = 0.3$。试求外荷载 F 和 T。若容许应力 $[\sigma] = 160\text{MPa}$,试按第四强度理论校核杆的强度。

习题 17-13
讲解

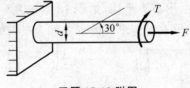

习题 **17-13** 附图

本章习题参考解答

第**18**章

压杆的稳定性

18.1　压杆稳定性的概念

前文研究压杆时认为当横截面上的正应力达到材料的极限应力时,压杆就会发生强度破坏。实践表明,粗而短的压杆确实是由于强度不足而发生破坏的,但对于细长的压杆并非如此,而是由于压力增大到一定数值后,不能保持其原有的直线平衡形式而弯曲从而丧失承载能力的。

对于实际的压杆,由于杆的材料不可能绝对均匀、轴线不可能是理想的直线、各横截面不可能完全相同、荷载偏心等,故不管压力多大其都将会发生不同程度的压弯。但在进行压杆承载能力理论分析时,通常将压杆抽象为由均质材料制成、轴线为直线且压力作用线与压杆轴线重合的理想"中心受压直杆"的力学模型。在这一力学模型中,由于不存在使压杆产生弯曲变形的初始因素,因此在轴向压力下就不可能发生弯曲现象,但此时压杆在直线状态下的平衡存在稳定性问题。为此,在分析中心受压直杆时,假想地在杆上施加一微小的横向力,使杆发生弯曲变形,然后撤去横向力来研究压杆平衡的稳定性。

图 18-1(a)所示为一两端铰支的细长压杆。当轴向压力 F 较小时,杆在力 F 作用下将保持其原有的直线平衡形式。即使在微小侧向干扰力作用下使其微弯,如图 18-1(b)所示,当干扰力撤除后杆也会回复到原来的直线形式的平衡状态,如图 18-1(c)所示。可见,原有的直线平衡形式是**稳定**的。但当压力超过某一数值 F_{cr} 时,在干扰力撤除后,杆不能回复到原来的直线形式,并在一个曲线形态下平衡,如图 18-1(d)所示。可见这时杆原有的直线平衡形式是**不稳定**的。这种丧失原有平衡形式的现象称为丧失稳定性,简称**失稳**。

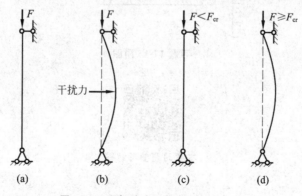

图 18-1　压杆稳定平衡与不稳定平衡

某一压杆的平衡稳定与否取决于压力 F 的大小。压杆从稳定平衡过渡到不稳定平衡时所需的最小轴向压力称为**临界力**或**临界荷载**，用 F_{cr} 表示。显然，如 $F < F_{cr}$，压杆将保持稳定平衡；如 $F \geqslant F_{cr}$，压杆将失稳。因此，分析压杆稳定性问题的关键是研究压杆的临界力。

　　必须指出，本章所说的压杆的稳定性是对中心受压直杆的力学模型而言的。对于实际的压杆，考虑到存在前述几种导致压杆受压时弯曲的因素，通常可用偏心受压直杆作为其力学模型。实际压杆的平衡稳定性问题是在偏心压力作用下，杆的弯曲变形是否会出现急剧增大而丧失正常的承载能力的问题。压杆失稳的概念在中心受压直杆的力学模型和实际压杆失稳的模型中是不同的。

　　构件的失稳现象不仅在压杆中存在，在其他一些构件，尤其是一些薄壁构件中也存在。例如：图 18-2(a) 所示为一薄而高的悬臂梁因受力过大而发生侧向失稳；图 18-2(b) 所示为一薄壁圆环因受外压力过大而失稳；图 18-2(c) 所示为一薄拱受过大的均布压力而失稳。工程结构中的压杆如果失稳，往往会引起严重的事故（如图 18-2(d) 所示为某风机塔柱管壁的失稳破坏），且构件的失稳破坏常呈突发性，必须防范在先。

　　本章主要以中心受压直杆这一力学模型为对象研究压杆平衡稳定性的问题及进行临界力 F_{cr} 的计算。

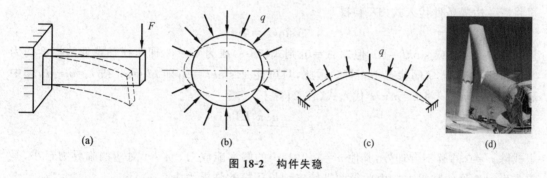

(a)　　　　(b)　　　　(c)　　　　(d)

图 18-2　构件失稳

18.2　细长压杆的临界力

18.2.1　欧拉公式

　　当细长压杆的轴向压力等于临界力 F_{cr} 时，在侧向干扰力作用下，杆将从直线平衡状态转变为微弯状态下的平衡。如果此时压杆仍处于弹性状态，则通过研究压杆在微弯状态下的平衡，并应用挠曲线的近似微分方程以及压杆端部的约束条件即可确定压杆的临界力。细长压杆的定义将在下文中给出。

1. 两端铰支的细长压杆

　　两端为球形铰支的细长压杆如图 18-3 所示。现取图示坐标系，并假设压杆在临界力 F_{cr} 作用下在 Oxy 面内处于微

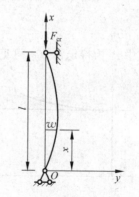

图 18-3　两端铰支细长压杆

弯状态。由式(14-2)可知挠曲线的近似微分方程为

$$EIw'' = -M(x) \tag{a}$$

式中 w 为杆轴线上任一点处的挠度。压杆的弯矩方程为

$$M(x) = F_{cr}w \tag{b}$$

将式(b)代入式(a)得

$$EIw'' = -F_{cr}w \tag{18-1}$$

若令

$$k^2 = F_{cr}/EI \tag{18-2}$$

则式(18-1)写为

$$w'' + k^2w = 0$$

这是一个二阶齐次常微分方程,其通解为

$$w = A\sin kx + B\cos kx \tag{18-3}$$

式中的待定常数 A、B 和 k 可由杆的边界条件确定。两端铰支杆的边界条件为:当 $x=0$ 时,$w=0$;当 $x=l$ 时,$w=0$。将前一边界条件代入式(18-3),得 $B=0$。因此式(18-3)简化为

$$w = A\sin kx \tag{18-4}$$

再将后一边界条件代入式(18-4)得

$$A\sin kl = 0$$

该式要求 $A=0$ 或 $\sin kl = 0$。但如 $A=0$,则式(18-3)成为 $w=0$,即压杆各点处的挠度均为零,这显然与杆微弯的状态不相符。因此,只可能是 $\sin kl = 0$,即 $kl = n\pi$ 或 $k = n\pi/l$,其中 $n = 0,1,2,3,\cdots$。将 $k = n\pi/l$ 代入式(18-2)得

$$F_{cr} = \frac{n^2\pi^2 EI}{l^2}$$

上式除 $n=0$ 的解不合理外,其他 $n=1,2,3,\cdots$ 的解都能成立。$n=1$ 对应的临界力最小,是首先发生失稳的临界力。由此得两端铰支细长压杆的临界力为

$$F_{cr} = \frac{\pi^2 EI}{l^2} \tag{18-5}$$

此式是由瑞士科学家欧拉(L. Euler)于1774年首先导出的,故又称为**欧拉公式**。

$n=1$ 时 $k = \pi/l$,将此式代入式(18-4),得该压杆的挠曲线方程为

$$w = A\sin\frac{\pi x}{l} \tag{18-6}$$

式中 A 为待定常数。可见该挠曲线为一半波正弦曲线。当 $x = l/2$ 时,挠度 w 具有最大值 w_0,由此得到

$$w_0 = w\mid_{x=l/2} = A$$

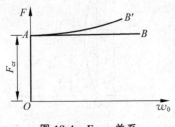

图 18-4 F-w_0 关系

可见 A 是压杆中点的挠度 w_0,但其值仍无法确定,可以是任意的微小值。这并不说明压杆受临界力作用时可以在微弯状态下处于随遇平衡的状态,事实上这种随遇平衡状态是不成立的,w_0 值无法确定的原因是推导过程中采用了挠曲线近似微分方程,从而使 F 和 w_0 的关系如图18-4

中的折线 OAB 所示。

如果推导中采用较为精确的非线性挠曲线微分方程,则可得 w_0 与 F 的关系如图 18-4 中的曲线 OAB' 所示。此曲线表明,当 $F>F_{cr}$ 时,w_0 增加很快,且 w_0 有确定的数值并与压力 F 存在一一对应的关系。

2. 杆端约束对临界力的影响

对于其他杆端约束情况,细长压杆的临界力公式可通过上述方法推导得到,也可由它们微弯后的挠曲线形状与两端铰支细长压杆微弯后的挠曲线形状类比得到。

图 18-5(a)所示为一端固定一端自由细长压杆的挠曲线,与两倍于其长度的两端铰支细长压杆挠曲线(见图 18-5(b))的一半相同,即均为半波正弦曲线的规律。如两杆的弯曲刚度相同,则其临界力也相同。因此,将两端铰支细长压杆临界荷载公式(18-5)中的 l 用 $2l$ 代换,即得到一端固定一端自由细长压杆的临界力公式为

$$F_{cr} = \frac{\pi^2 EI}{(2l)^2} \tag{18-7}$$

图 18-5(c)所示为两端转角受约束(固定)细长压杆的挠曲线形状。挠曲线上下对称,且存在两个拐点(弯矩为零的截面)。假设 B、C 截面为挠曲线的拐点,此时杆件的临界压力与两端铰支的 BC 段压杆或一端固定另一端自由的 DC(或 AB)段压杆等效(见图 18-5(d))。由对称性知 AB 段与 DC 段长度相等,再利用式(18-7)的结论可以确定 AB 段(及 DC 段)长度为 $l/4$,BC 段长度为 $l/2$,故只需以 $l/2$ 代换式(18-5)中的 l,即可得两端固定细长压杆的临界力公式为

$$F_{cr} = \frac{\pi^2 EI}{(0.5l)^2} \tag{18-8}$$

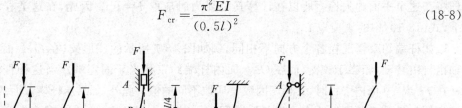
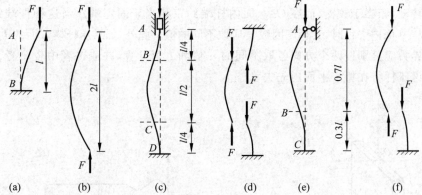

图 18-5　不同杆端约束细长压杆挠曲线的类比

图 18-5(e)所示为一端固定一端铰支细长压杆的挠曲线。挠曲线上有一个拐点 B,此时杆件的临界压力近似与两端铰支的 AB 段压杆或一端固定另一端自由的 BC 段压杆等效(见图 18-5(f))。假设 AB 段长 x,则 BC 段长 $l-x$。为了使此两段的临界压力相等,则有 $x=2(l-x)$,即 $x=0.67l$。为偏安全常以 $0.7l$ 代换式(18-5)中的 l,从而得到一端固定一端铰支细长压杆的临界力公式为

$$F_{cr} = \frac{\pi^2 EI}{(0.7l)^2} \tag{18-9}$$

需说明的是,此等效的方法对此压杆有一定的近似(忽略了 A 铰处水平向约束力的影响),如用挠曲线近似微分方程来推导临界压力,则可以得到 $x = 0.699l$,可见误差只有 4.5%。

上述 4 种细长压杆的临界力公式可以写成统一的形式:

$$F_{cr} = \frac{\pi^2 EI}{(\mu l)^2} \tag{18-10}$$

式中,μl 称为**相当长度**;μ 为**长度因数**,其值由杆端约束情况决定。由以上内容可知,两端铰支时 $\mu = 1$;一端固定一端自由时 $\mu = 2$;两端固定时 $\mu = 0.5$;一端固定一端铰支时 $\mu = 0.7$。式(18-10)又称为细长压杆临界力的欧拉公式。由该式可知,细长压杆的临界力 F_{cr} 与杆的抗弯刚度 EI 成正比,与杆的长度 l 平方成反比,另外它还与杆端的约束情况(μ 值)有关。显然,临界力越大,压杆的稳定性越好,即越不容易失稳。

18.2.2 欧拉公式应用中的几个问题

应用细长压杆临界力 F_{cr} 的公式时,需注意以下几个问题:

(1) 在推导临界力公式时,假定杆已在 Oxy 面内失稳而微弯,实际上杆的失稳方向与杆端约束情况有关。

如杆端约束情况在各个方向均相同,例如球铰或嵌入式固定端,压杆只可能在最小弯曲刚度平面内失稳。所谓最小弯曲刚度平面,就是形心主惯性矩 I 为最小的纵向平面。如图 18-6 所示的矩形截面压杆,其 I_y 为最小,故纵向平面 Oxz 即为最小弯曲刚度平面,该压杆将在这个平面内失稳。所以在计算其临界力时应取 $I = I_y$。因此,在这类杆端约束情况下,式(18-10)中的 I 应取 $I_{\min}$。

如杆端约束情况在各个方向不相同,例如图 18-7 所示的柱形铰,在 Oxz 面内杆端可绕轴销自由转动,相当于铰支,而在 Oxy 面内杆端约束相当于固定端。当这种杆端约束的压杆在 xz 或 xy 面内失稳时,其长度因数 μ 应取不同的值。此外,如果压杆横截面的 $I_y \neq I_z$,则该杆的临界力应分别按两个方向各取不同的 μ 值和 I 值计算,并取二者中较小者。并由此可判断出该压杆将在哪个平面内先失稳。

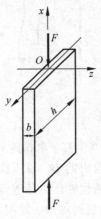

图 18-6 最小弯曲刚度平面

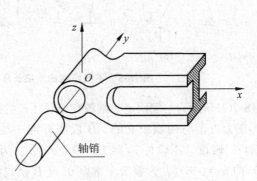

图 18-7 柱形铰

（2）以上所讨论的压杆杆端约束情况都是比较简单理想的，实际工程中的压杆，其杆端约束还可能是弹性支座或介于铰支和固定端之间等情况。因此，要根据具体情况选取适当的长度因数 μ 值，再按式（18-10）计算其临界力。

（3）在推导上述各细长压杆的临界力公式时，压杆都是理想状态的，即为均质的直杆，受轴向压力作用。而实际工程中的压杆不可避免地存在材料不均匀、有微小的初曲率及压力微小的偏心等现象，在压力小于临界力时，杆就会发生弯曲，随着压力的增大，弯曲迅速增加，以致在压力未达到临界力时杆就发生弯折破坏。因此，由式（18-10）计算得到的临界力仅是理论值，是实际压杆承载能力的上限值。这一理想情况和实际情况的差异所带来的不利影响，在进行稳定计算时，可以计入安全因数内考虑。因而，实际工程中的细长压杆，其临界力 F_{cr} 仍可按式（18-10）进行估算。

18.3 压杆的柔度与临界应力总图

18.3.1 压杆的临界应力与柔度

当压杆在临界力 F_{cr} 作用下仍处于直线平衡状态时，横截面上的正应力称为**临界应力** σ_{cr}。由式（18-10）得细长压杆的临界应力为

$$\sigma_{cr}=\frac{F_{cr}}{A}=\frac{\pi^2 EI}{(\mu l)^2 A}=\frac{\pi^2 E}{(\mu l)^2}\cdot\frac{I}{A}$$

由附录 A 的式（A-11），将 $i^2=I/A$ 代入上式得

$$\sigma_{cr}=\frac{\pi^2 E}{(\mu l)^2}i^2=\frac{\pi^2 E}{(\mu l/i)^2}=\frac{\pi^2 E}{\lambda^2}\tag{18-11}$$

这是用临界应力表示的欧拉公式。式中

$$\lambda=\frac{\mu l}{i}\tag{18-12}$$

称为压杆的**柔度**或**长细比**。柔度是量纲为 1 的量，它综合反映了压杆的几何尺寸和杆端约束的情况。λ 越大，则杆越细长，其 σ_{cr} 越小，因而 F_{cr} 也越小，杆越容易失稳。

18.3.2 欧拉公式的适用范围

在推导欧拉公式（18-10）的过程中，利用了挠曲线的近似微分方程。该微分方程只有在材料处于线弹性状态，也就是临界应力不超过材料的比例极限 σ_p 的情况下才成立。由式（18-11）得欧拉公式的适用条件为

$$\sigma_{cr}=\frac{\pi^2 E}{\lambda^2}\leqslant\sigma_p\tag{18-13}$$

由式（18-13）得 $\lambda\geqslant\sqrt{\dfrac{\pi^2 E}{\sigma_p}}$。若令

$$\lambda_p=\sqrt{\frac{\pi^2 E}{\sigma_p}}\tag{18-14}$$

则式（18-14）可写为

$$\lambda \geqslant \lambda_p \tag{18-15}$$

式(18-15)表明,只有当压杆的柔度 λ 不小于某一特定值 λ_p 时,才能用欧拉公式计算其临界力和临界应力。而满足这一条件的压杆称为**大柔度杆**或**细长杆**,λ_p 也常称为大柔度杆的临界柔度。由于 λ_p 与材料的比例极限 σ_p 和弹性模量 E 有关,因而不同材料压杆的 λ_p 是不同的。例如 Q235 钢,$\sigma_p = 200\text{MPa}, E = 206\text{GPa}$,代入式(18-14)得 $\lambda_p = 100$;同样可得灰口铸铁压杆的 $\lambda_p = 80$,铝合金压杆的 $\lambda_p = 62.8$,等等。

18.3.3 中柔度压杆的临界应力

工程中使用的压杆绝大多数不是大柔度压杆,大量试验表明,部分 $\lambda < \lambda_p$ 的压杆仍存在失稳问题,但其失稳时的临界应力 σ_{cr} 大于比例极限 σ_p,并小于强度极限 σ_u。这类压杆称为**中柔度杆**或**中长杆**。由于中柔度杆失稳时的临界应力超过了比例极限(杆件微弯后,截面部分应力有可能达到屈服极限),已属非线弹性失稳,其临界力和临界应力不能用欧拉公式计算。在工程中一般采用以试验结果为依据的经验公式来计算临界应力 σ_{cr},由此得到临界力为

$$F_{cr} = \sigma_{cr} A \tag{18-16}$$

常用的经验公式中最简单的为直线公式,此外还有抛物线公式。

1. 直线公式

在直线公式中,临界应力 σ_{cr} 表示为柔度 λ 的线性函数,其表达式为

$$\sigma_{cr} = a - b\lambda \tag{18-17}$$

式中 a、b 为与材料有关的常数,由试验确定。例如:Q235 钢的 $a = 304\text{MPa}, b = 1.12\text{MPa}$;TC13 松木的 $a = 29.3\text{MPa}, b = 0.19\text{MPa}$。式(18-17)的适用范围是

$$\sigma_p < \sigma_{cr} < \sigma_u \tag{18-18}$$

因为当 $\sigma_{cr} \geqslant \sigma_u$(塑性材料 $\sigma_u = \sigma_s$,脆性材料 $\sigma_u = \sigma_b$)时,压杆将发生强度破坏而不是失稳破坏。式(18-18)的适用范围也可用柔度表示为

$$\lambda_p > \lambda > \lambda_u \tag{18-19}$$

这是用柔度来判断是否为中柔度杆的条件。式(18-19)的 λ_u 是中柔度杆和短杆柔度的分界值。$\lambda \leqslant \lambda_u$ 的压杆称为**小柔度杆**或**短杆**。小柔度杆的破坏是强度破坏,此时 $\sigma_{cr} = \sigma_u$。

如在式(18-17)中令 $\sigma_{cr} = \sigma_u$,则所得到的 λ 就是 λ_u,即

$$\lambda_u = \frac{a - \sigma_u}{b} \tag{18-20}$$

例如:Q235 钢的 $\lambda_u = 60$;TC13 松木的 $\lambda_u = 85$。λ_u 也常称为中柔度杆的临界柔度。

2. 抛物线公式

在钢结构设计中采用了抛物线公式。在抛物线公式中,临界应力 σ_{cr} 与柔度 λ 用以下关系式表示:

$$\sigma_{cr} = a_1 - b_1 \lambda^2 \tag{18-21}$$

式中 a_1、b_1 分别为与材料有关的常数。例如:Q235 钢的 $a_1 = 235\text{MPa}, b_1 = 0.0068\text{MPa}$;16Mn 钢的 $a_1 = 343\text{MPa}, b_1 = 0.00161\text{MPa}$。此公式的使用方法请读者参考相关设计规范,

在此不再详述。

18.3.4 临界应力总图

综上所述,如用直线公式,临界力或临界应力的计算可按柔度分为 3 类:

(1) $\lambda \geqslant \lambda_p$ 的大柔度杆,即细长杆,用欧拉公式(18-11)计算临界应力;

(2) $\lambda_p > \lambda > \lambda_u$ 的中柔度杆,即中长杆,可选用直线公式(18-17)计算临界应力;

(3) $\lambda \leqslant \lambda_u$ 的小柔度杆,即短杆,实际上是强度破坏,其临界应力就是材料的强度极限。

在压杆的稳定性计算中,应首先按式(18-12)计算其柔度值 λ,再按上述分类选用合适的公式计算其临界应力和临界力。

为了清楚地表明各类压杆的临界应力 σ_{cr} 和柔度 λ 之间的关系,可绘制临界应力总图。图 18-8 所示为 Q235 钢的临界应力总图。其中,中、小柔度杆部分,实线是临界应力的直线公式的计算结果,虚线是抛物线公式的计算结果。

例 18-1 一等级为 TC13 的松木压杆,两端为球铰,如图 18-9 所示。已知压杆材料的比例极限 $\sigma_p = 9\text{MPa}$,强度极限 $\sigma_b = 13\text{MPa}$,弹性模量 $E = 1.0 \times 10^4 \text{MPa}$。压杆截面为如下两种:(1)$h = 120\text{mm}$,$b = 90\text{mm}$ 的矩形;(2)$h = b = 104\text{mm}$ 的正方形。试比较二者的临界荷载。

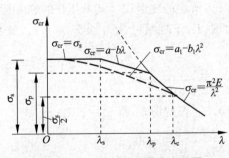

图 18-8 Q235 钢的临界应力总图

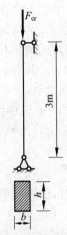

图 18-9 例 18-1 附图

解 (1) 矩形截面

压杆两端为球铰,$\mu = 1$。截面的最小惯性半径 i_{min} 为

$$i_{min} = \sqrt{\frac{I_{min}}{A}} = \sqrt{\frac{hb^3/12}{hb}} = \frac{b}{\sqrt{12}} = \frac{90}{\sqrt{12}}\text{mm} = 26.0\text{mm}$$

压杆的柔度为

$$\lambda = \frac{\mu l}{i} = \frac{1 \times 3}{26 \times 10^{-3}} = 115.4$$

由式(18-14)得

$$\lambda_p = \sqrt{\frac{\pi^2 E}{\sigma_p}} = \sqrt{\frac{\pi^2 \times 1 \times 10^4}{9}} = 104.7$$

可见 $\lambda > \lambda_p$，故该压杆为大柔度杆。临界力用欧拉公式(18-10)计算，得

$$F_{cr} = \frac{\pi^2 EI}{(\mu l)^2} = \frac{\pi^2 \times 1 \times 10^{10} \times \frac{1}{12} \times 120 \times 90^3 \times 10^{-12}}{(1 \times 3)^2} N = 79\,944N = 79.9kN$$

(2) 正方形截面

μ 仍为 1。截面的惯性半径 i 为

$$i = \frac{b}{\sqrt{12}} = \frac{104}{\sqrt{12}} mm = 30.0mm = 0.03m$$

压杆的柔度为

$$\lambda = \frac{\mu l}{i} = \frac{1 \times 3}{0.03} = 100$$

利用式(18-20)计算，式中 a 取 29.3MPa，b 取 0.19MPa，得

$$\lambda_u = \frac{a - \sigma_b}{b} = \frac{29.3 - 13.0}{0.19} = 85.8$$

可见 $\lambda_u < \lambda < \lambda_p$，杆为中长杆。用直线公式(18-17)计算其临界应力：

$$\sigma_{cr} = a - b\lambda = (29.3 - 0.19 \times 100)MPa = 10.3MPa$$

临界力为

$$F_{cr} = \sigma_{cr} A = 10.3 \times 10^6 \times 104^2 \times 10^{-6} N = 111\,405N = 111.4kN$$

上述两种截面的面积相等，而正方形截面压杆的临界力较大，不容易失稳。

例 18-2 一压杆，长 $l = 2m$，截面为 10 号工字钢。材料为 Q235 钢，$\sigma_s = 235MPa$，$E = 206GPa$，$\sigma_p = 200MPa$。压杆两端为如图 18-7 所示的柱形铰。试求压杆的临界荷载。

解 先计算压杆的柔度。在 Oxz 面内，压杆两端可视为铰支，$\mu = 1$。查型钢表，得 $i_y = 4.14cm$，故

$$\lambda_y = \frac{\mu l}{i_y} = \frac{1 \times 2}{4.14 \times 10^{-2}} = 48.3$$

在 Oxy 面内，压杆两端可视为固定端，$\mu = 0.5$。查型钢表，得 $i_z = 1.52cm$，故

$$\lambda_z = \frac{\mu l}{i_z} = \frac{0.5 \times 2}{1.52 \times 10^{-2}} = 65.8$$

由于 $\lambda_z > \lambda_y$，故该压杆将在 Oxy 面内失稳，并应根据 λ_z 计算临界荷载。

对于 Q235 钢，$\lambda_p = 100$，$\lambda_u = 60$，$\lambda_u < \lambda < \lambda_p$，因此该杆为中柔度杆。如采用直线公式，按式(18-17)计算临界应力(a 取 304MPa，b 取 1.12MPa)

$$\sigma_{cr} = a - b\lambda = (304 - 1.12 \times 65.8)MPa = 230.3MPa$$

查型钢表，得工字钢截面面积 $A = 14.3cm^2$。再计算临界荷载，得

$$F_{cr} = \sigma_{cr} A = 230.3 \times 10^6 \times 14.3 \times 10^{-4} N = 329\,329N = 329.3kN$$

18.4 压杆的稳定计算及提高压杆稳定性的措施

18.4.1 压杆的稳定计算

为了使压杆能正常工作而不失稳，压杆所受的轴向压力 F 必须小于临界力 F_{cr}，或压杆

的压应力 σ 必须小于临界应力 σ_{cr}。对工程中的压杆,由于存在着种种不利因素,还需有一定的安全储备,所以要有足够的**稳定安全因数** n_{st}。据此建立压杆的稳定条件

$$F \leqslant \frac{F_{cr}}{n_{st}} = [F_{st}] \tag{18-22}$$

或

$$\sigma \leqslant \frac{\sigma_{cr}}{n_{st}} = [\sigma_{st}] \tag{18-23}$$

以上两式中的 $[F_{st}]$ 和 $[\sigma_{st}]$ 分别称为**稳定容许压力**和**稳定容许应力**。它们分别等于临界力和临界应力除以稳定安全因数。

稳定安全因数 n_{st} 的选取除了要考虑在选取强度安全因数时的因素外,还要考虑影响压杆失稳所特有的不利因素,如压杆的初曲率、材料不均匀、荷载的偏心等。这些不利因素对稳定的影响比对强度的影响大。再考虑失稳破坏的突发性特点,因而,通常稳定安全因数的数值比强度安全因数大得多。例如,钢材压杆的 n_{st} 一般取 $1.8 \sim 3.0$,铸铁取 $5.0 \sim 5.5$,木材取 $2.8 \sim 3.2$。而且,当压杆的柔度越大,即越细长时,这些不利因素的影响越大,稳定安全因数也应取得越大。对于压杆,都要以稳定安全因数作为其安全储备进行稳定计算,而不必作强度校核。

但是,工程中的压杆由于构造或其他原因,有时截面会受到局部削弱,如杆中有小孔或槽等,当这种削弱不严重时,对压杆整体稳定性的影响很小,在稳定计算中可不予考虑。但对这些削弱了的局部截面应作强度校核。

根据稳定条件式(18-22)和式(18-23)可以对压杆进行稳定计算。压杆稳定计算的内容与强度计算类似,包括校核稳定性、设计截面和求容许荷载三个方面。压杆稳定计算通常有两种方法。

1. 安全因数法

压杆的临界力为 F_{cr},当压杆工作受力为 F 时,它实际具有的安全因数 $n = F_{cr}/F$,按式(18-22),则应满足下述条件:

$$n = \frac{F_{cr}}{F} \geqslant n_{st} \tag{18-24}$$

此式是用安全因数表示的稳定条件。表明只有当压杆实际具有的安全因数不小于规定的稳定安全因数时,压杆才能正常工作。

用这种方法进行压杆稳定计算时,必须计算压杆的临界力,而且应给出规定的稳定安全因数。而为了计算 F_{cr},应首先计算压杆的柔度,再按不同的范围选用合适的公式计算。

2. 折减因数法

用稳定性条件式(18-24)设计压杆时,由于压杆截面尺寸未知,因而也无法计算柔度及选用相应临界应力的计算公式,只能进行反复试算。这给工程设计带来麻烦,降低了效率,也容易发生差错。为此工程师对稳定性条件作适当改变,以便于设计计算,从而提出了折减因数法。

将式(18-23)中的稳定容许应力表示为 $[\sigma_{st}] = \varphi[\sigma]$。其中 $[\sigma]$ 为强度容许应力,φ 称为

折减因数或**稳定因数**。这样式(18-23)所示的稳定条件成为如下形式:

$$\sigma = \frac{F}{A} \leqslant \varphi[\sigma] \tag{18-25}$$

因为 $[\sigma_{st}] = \dfrac{\sigma_{cr}}{n_{st}}$ 及 $[\sigma] = \dfrac{\sigma_u}{n}$,所以折减因数为

$$\varphi = \frac{[\sigma_{st}]}{[\sigma]} = \frac{\sigma_{cr}}{n_{st}} \cdot \frac{n}{\sigma_u} \tag{18-26}$$

式中,σ_u 为强度极限应力;n 为强度安全因数。由于 $\sigma_{cr} < \sigma_u$ 而 $n_{st} > n$,故 φ 值小于 1.0 大于 0(由此得名折减因数)。又由于 σ_{cr} 随柔度变化,所以 φ 也将随柔度 λ 变化。φ 与 λ 的关系可以依据构件的材料、尺寸及截面类型预先计算好或制成表格。在设计时,假设压杆尺寸后可以计算柔度,然后查表得折减因数,从而稳定容许应力也就很方便得到了,不需区分压杆属哪一类及选用相应的计算公式,大大简化了压杆稳定性计算的过程,提高了工程设计效率,这就是折减因数法的思想。用这种方法进行稳定计算时,不需要计算临界力或临界应力,也不需要使用稳定安全因数,因为 λ-φ 表格(表 18-1)的编制中已考虑了稳定安全因数的影响。由于其具有很大方便性,因此目前不少规范中仍在使用。

表 18-1　钢材压杆的 λ-φ 表

$\lambda = \dfrac{\mu l}{i}$	φ			
	Q235 钢		16Mn 钢	
	a 类截面	b 类截面	a 类截面	b 类截面
0	1.000	1.000	1.000	1.000
10	0.995	0.992	0.993	0.989
20	0.981	0.970	0.973	0.956
30	0.963	0.936	0.950	0.913
40	0.941	0.899	0.920	0.863
50	0.916	0.856	0.881	0.804
60	0.883	0.807	0.825	0.734
70	0.839	0.751	0.751	0.656
80	0.783	0.688	0.661	0.575
90	0.714	0.621	0.570	0.499
100	0.638	0.555	0.487	0.431
110	0.563	0.493	0.416	0.373
120	0.494	0.437	0.358	0.324
130	0.434	0.387	0.310	0.283
140	0.383	0.345	0.271	0.249
150	0.339	0.303	0.239	0.221
160	0.302	0.276	0.212	0.197
170	0.270	0.249	0.189	0.176
180	0.243	0.225	0.169	0.159

续表

$\lambda=\dfrac{\mu l}{i}$	φ			
	Q235 钢		16Mn 钢	
	a 类截面	b 类截面	a 类截面	b 类截面
190	0.220	0.204	0.153	0.144
200	0.199	0.186	0.138	0.131

注：《钢结构设计标准》(GB 50017—2017)中的表格形式与此不同，且在标准中给出了 φ 的计算公式。另外，μ 的取值也有详细的说明。

我国钢结构设计标准中根据国内常用构件的截面形式、尺寸、加工条件和钢号等因素，将压杆的折减因数 φ 与柔度 λ 之间的关系归并为 a、b、c 三类不同截面分别给出(有关截面分类情况参见 GB 50017—2017)，其中 a 类的残余应力影响较小，稳定性较好，c 类的残余应力影响较大，基本上多数情况可取作 b 类。表 18-1 仅给出其中的一部分 λ 和 φ 的数据。当计算出的 λ 不是表中的整数时，可查规范或用线性内插的近似方法计算。

在木结构设计标准 GB 50005—2017 中，按不同树种的强度等级给出了两组木制压杆折减因数 φ 值的计算公式。树种强度等级为 TC15、TC17 及 TB20 时，计算公式为(公式已作适当简化)

$$\lambda \leqslant 75：\varphi=\frac{1}{1+(\lambda/80)^2}；\quad \lambda>75：\varphi=\frac{3000}{\lambda^2} \tag{18-27}$$

树种等级为 TC11、TC13、TB17、TB15、TB13 及 TB11 时，计算公式为(公式已作适当简化)

$$\lambda \leqslant 91：\varphi=\frac{1}{1+(\lambda/65)^2}；\quad \lambda>91：\varphi=\frac{2800}{\lambda^2} \tag{18-28}$$

式(18-27)和式(18-28)中，λ 为压杆的柔度。树种的强度等级为 TC17 的有柏木、东北落叶松等；TC15 的有铁杉、云杉等；TC13 的有云南松、马尾松等；TC11 的有西北云杉、冷杉等；TB20 的有青冈、桐木等；TB17 的有栎木、腺瘤豆柳等；TB15 的有桦木、锥栗、水曲柳等。代号后的数字为树种抗弯强度(MPa)。用这些公式进行稳定计算时，不需要计算临界力或临界应力，也不需要稳定安全因数，因为公式中已考虑了稳定安全因数的影响。为使设计偏安全，标准对长度因数 μ 的取值略作修正，本书仍按前述情况进行取值。

例 18-3　由 Q235 钢制成的千斤顶如图 18-10 所示。丝杠长 $l=800\text{mm}$，上端自由，下端可视为固定，丝杠的直径 $d=40\text{mm}$，材料的弹性模量 $E=2.1\times10^5\text{MPa}$。该丝杠的稳定安全因数 $n_{\text{st}}=3.0$。试求该千斤顶的最大容许承载力。

解　丝杠为一压杆，先求出丝杠的临界力 F_{cr}，再由规定的稳定安全因数求得其容许荷载，即为千斤顶的最大承载力。

丝杠一端自由，一端固定，$\mu=2$。丝杠截面的惯性半径为

$$i=\sqrt{\frac{I}{A}}=\sqrt{\frac{\pi d^4}{64}\bigg/\frac{\pi d^2}{4}}=\frac{d}{4}=\frac{0.04}{4}\text{m}=0.01\text{m}$$

故其柔度为

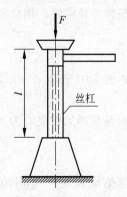

图 18-10　例 18-3 附图

$$\lambda = \frac{\mu l}{i} = \frac{2 \times 0.8}{0.01} = 160$$

Q235钢的$\lambda_p = 100$。由于$\lambda > \lambda_p$,故该丝杠属于细长杆,应用欧拉公式计算临界力,即

$$F_{cr} = \frac{\pi^2 EI}{(\mu l)^2} = \frac{\pi^2 \times 2.1 \times 10^{11} \times \frac{1}{64} \times \pi \times 0.04^4}{(2 \times 0.8)^2} N = 101\,739N = 101.7kN$$

所以,丝杠的容许荷载为

$$[F_{st}] = \frac{F_{cr}}{n_{st}} = \frac{101.7}{3} kN = 33.9kN$$

此即千斤顶的最大容许承载力。

例18-4　某厂房钢柱长7m,由两根16b号槽钢组成(两槽钢中间用若干水平连接板焊接形成一钢柱),材料为Q235钢,横截面见图18-11,截面类型为b类。钢柱的两端用螺栓通过连接板与其他构件连接,因而截面上有4个直径为30mm的螺栓孔。钢柱两端约束在各方向均相同,根据钢柱两端约束情况,取$\mu = 1.3$。该钢柱承受270kN的轴向压力,材料的$[\sigma] = 170MPa$。(1)求两槽钢的合理间距h;(2)校核钢柱的稳定性和强度。

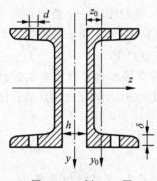

图18-11　例18-4图

解　(1)确定两槽钢的间距h。钢柱两端约束在各方向均相同,因此,最合理的设计应使$I_y = I_z$,从而使钢柱在各方向有相同的稳定性。两槽钢的间距h应按此原则确定。单根16b号槽钢的截面几何性质可由型钢表查得

$$A = 25.15cm^2, \quad I_z = 934.5cm^4, \quad I_{y_0} = 83.4cm^4, \quad z_0 = 1.75cm, \quad \delta = 10mm$$

钢柱截面对y轴的惯性矩为

$$I_y = 2[I_{y_0} + A(z_0 + 0.5h)^2]$$

由$I_y = I_z$的条件得

$$2 \times 934.5 = 2 \times [83.4 + 25.15(1.75 + 0.5h)^2]$$

整理后得到$12.58h^2 + 88.03h - 1548.16 = 0$,解出$h$后舍弃不合理的负值,得$h = 8.14cm$。

(2)校核钢柱的稳定性。钢柱两端附近截面虽有螺栓孔削弱,但属于局部削弱,不影响整体的稳定性。钢柱截面的惯性半径i和柔度λ分别为

$$i = \sqrt{\frac{I_z}{A}} = \sqrt{\frac{2 \times 934.5}{2 \times 25.15}} cm = 6.1cm, \quad \lambda = \frac{\mu l}{i} = \frac{1.3 \times 700}{6.1} = 149.2$$

由表18-1查得$\varphi = 0.308$,所以有

$$\varphi[\sigma] = 0.308 \times 170MPa = 52.4MPa$$

而钢柱的工作应力为

$$\sigma = \frac{F}{A} = \frac{270 \times 10^3}{2 \times 25.15 \times 10^{-4}} Pa = 53.7 \times 10^6 Pa = 53.7MPa$$

可见,σ虽大于$\varphi[\sigma]$,但不超过5%,故可认为满足稳定性要求。

(3)校核钢柱的强度。对螺栓孔削弱的截面应进行强度校核。该截面上的工作应力为

$$\sigma = \frac{F}{A} = \frac{270 \times 10^3}{(2 \times 25.15 - 4 \times 1 \times 3) \times 10^{-4}} \text{Pa} = 70.5 \times 10^6 \text{Pa} = 70.5 \text{MPa}$$

可见 $\sigma < [\sigma]$，故削弱的截面仍有足够的强度。

例 18-5 图 18-12 所示桁架中，杆 AB 的材料为 Q235 工字钢，截面类型为 b 类，材料的容许应力为 $[\sigma]=170\text{MPa}$，已知该杆受 250kN 的轴向压力作用，试选择工字钢型号。

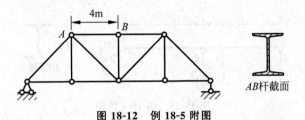

图 18-12 例 18-5 附图

解 已知条件中给出了 $[\sigma]$ 值，但没给出稳定安全因数 n_{st}，所以按折减因数法进行计算。本例要求设计截面，应按式(18-25)进行，但其中 φ 尚未知，而 φ 应根据 λ 值由表 18-1 查得，λ 又与待设计的工字钢截面尺寸有关，因此必须用试算法进行。

先假设 $\varphi=0.5$，代入式(18-25)得

$$A \geqslant \frac{F}{\varphi[\sigma]} = \frac{250 \times 10^3}{0.5 \times 170 \times 10^6} \text{m}^2 = 29.41 \times 10^{-4} \text{m}^2$$

查型钢表选 18 号工字钢，$A=30.6\text{cm}^2$，$i_{\min}=2.0\text{cm}$。杆 AB 两端可视为球铰，$\mu=1$，因而

$$\lambda = \frac{\mu l}{i} = \frac{1 \times 400}{2.0} = 200$$

查表 18-1 得 $\varphi=0.186$，与原假设 $\varphi=0.5$ 相差甚大，需作第二次试算。

再假设 $\varphi=\frac{0.5+0.186}{2}=0.343$，代入式(18-25)，得

$$A \geqslant \frac{250 \times 10^3}{0.343 \times 170 \times 10^6} \text{m}^2 = 42.87 \times 10^{-4} \text{m}^2$$

查型钢表选 22b 号工字钢，$A=46.4\text{cm}^2$，$i_{\min}=2.27\text{cm}$，因而

$$\lambda = \frac{1 \times 400}{2.27} = 176.2$$

查表 18-1 得 $\varphi=0.234$，与假设 $\varphi=0.343$ 仍相差过大，再作第三次试算。

再假设 $\varphi=\frac{0.343+0.234}{2}=0.289$，代入式(18-25)，得

$$A \geqslant \frac{250 \times 10^3}{0.289 \times 170 \times 10^6} \text{m}^2 = 50.89 \times 10^{-4} \text{m}^2$$

查型钢表选 28a 号工字钢，$A=55.45\text{cm}^2$，$i_{\min}=2.495\text{cm}$，因而

$$\lambda = \frac{1 \times 400}{2.495} = 160.3$$

查表 18-1 得 $\varphi=0.276$，与假设 $\varphi=0.289$ 相差小于 5%，故可选 28a 工字钢并按式(18-25)校核其稳定性。先计算工作应力

$$\sigma = \frac{F}{A} = \frac{250 \times 10^3}{55.45 \times 10^{-4}} \text{Pa} = 45.1 \times 10^6 \text{Pa} = 45.1 \text{MPa}$$

再计算 $\varphi[\sigma] = 0.276 \times 170\text{MPa} = 46.9\text{MPa}$。可见 $\sigma < \varphi[\sigma]$，AB 杆是稳定的，应选 28a 工字钢。

例 18-6 图 18-13 所示结构中，AB 杆为 14 号工字钢，CD 为圆截面直杆，直径 $d = 20\text{mm}$，二者材料均为 Q235 钢，弹性模量 $E = 206\text{GPa}$。已知 $F = 25\text{kN}$，$l_1 = 1.25\text{m}$，$l_2 = 0.55\text{m}$，强度安全因数 $n = 1.45$，稳定安全因数 $n_{\text{st}} = 1.8$。试校核此结构是否安全。

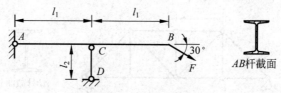

图 18-13 例 18-6 附图

解 分析此结构的受力，将外力 $\boldsymbol{F}$ 分解成竖向和水平向两个分力，则可知 AB 杆发生拉弯组合变形，需进行强度校核，而 CD 杆受压，应进行稳定性校核。只有二者均安全时，结构才是安全的。

(1) 校核 AB 杆的强度。AB 为拉弯组合变形杆件，分析其内力，可得轴力

$$F_{\text{NAB}} = F\cos 30° = 25 \times \cos 30° \text{kN} = 21.65\text{kN}$$

截面 C 处弯矩最大。最大弯矩为

$$M_{\max} = F \times \sin 30° \times l_1 = 25 \times 0.5 \times 1.25 \text{kN} \cdot \text{m} = 15.63\text{kN} \cdot \text{m}$$

由型钢表查得 14 号工字钢的 $W_z = 102\text{cm}^3$，$A = 21.5\text{cm}^2$，由此得

$$\sigma_{\max} = \frac{M_{\max}}{W_z} + \frac{F_{\text{NAB}}}{A} = \left(\frac{15.63 \times 10^3}{102 \times 10^{-6}} + \frac{21.65 \times 10^3}{21.5 \times 10^{-4}} \right)\text{Pa} = 163.3 \times 10^6\text{Pa} = 163.3\text{MPa}$$

Q235 钢的容许应力为

$$[\sigma] = \frac{\sigma_{\text{s}}}{n} = \frac{235}{1.45}\text{MPa} = 162.07\text{MPa}$$

$\sigma_{\max}$ 略大于 $[\sigma]$，但不超过 5%，工程中仍认为是安全的。

(2) 校核 CD 杆的稳定性。由梁的平衡方程求得压杆 CD 的轴力为

$$F_{\text{N}} = 2F\sin 30° = F = 25\text{kN}$$

因为两端为铰支，$\mu = 1$，所以

$$\lambda = \frac{\mu l_2}{i} = \frac{1 \times 0.55}{\frac{1}{4} \times 0.02} = 110$$

$\lambda > \lambda_{\text{p}} = 100$，故 CD 杆为细长杆，按欧拉公式计算临界力：

$$F_{\text{cr}} = \frac{\pi^2 EI}{(\mu l_2)^2} = \frac{\pi^2 \times 206 \times 10^9 \times \frac{1}{64}\pi \times 0.02^4}{(1 \times 0.55)^2}\text{N} = 52.8 \times 10^3\text{N} = 52.8\text{kN}$$

则有

$$[F_{\text{st}}] = \frac{F_{\text{cr}}}{n_{\text{st}}} = \frac{52.8}{1.8}\text{kN} = 29.3\text{kN}$$

可见 $F_{\text{N}} = 25\text{kN} < [F_{\text{st}}]$，故压杆 CD 是稳定的，说明整个结构是安全的。

18.4.2　提高压杆稳定性的措施

每一根压杆都有一定的临界力,临界力越大,表示该压杆越不容易失稳。临界力取决于压杆的长度、截面形状和尺寸、杆端约束以及材料的弹性模量等因素。因此,为提高压杆稳定性,应从这些方面采取适当的措施。

1. 选择合理的截面形式

当压杆两端约束在各个方向均相同时,若截面的两个主形心惯性矩不相等,压杆将在 $I_{\min}$ 的纵向平面内失稳。因此,当截面面积不变时,应改变截面形状,使其两个形心主惯性矩相等,即 $I_y = I_z$。这样就有 $\lambda_y = \lambda_z$,压杆在各个方向就具有相同的稳定性。这种截面形状较为合理。例如,在截面面积相同的情况下,正方形截面就比矩形截面合理。

在截面的两个形心主惯性矩相等的前提下,应保持截面面积不变并增大 I 值。例如,将实心圆截面改为面积相等的空心圆截面就较为合理。由 4 根相同的角钢组成的截面,图 18-14(b)所示的放置就比图 18-14(a)所示的合理。采用槽钢时,用两根槽钢并且按图 18-15(a)所示的方式放置,再调整间距 h,使 $I_y = I_z$(见例 18-4)。工程中常用型钢组成薄壁截面,比用实心截面合理。

当压杆由角钢、槽钢等型钢组合而成时,必须保证其整体稳定性。工程中常用如图 18-15(b)所示加缀条的方法以保证组合压杆的整体稳定性。两水平缀条间的一段单肢称为分支,也是一压杆,如其长度 a 过大,也会因该分支失稳而导致整体失效。因此,应使每个分支和整体具有相同的稳定性,即满足 $\lambda_{分支} = \lambda_{整体}$ 才是合理的。分支长度 a 通常由此条件确定。在计算分支的 λ 时,两端一般按铰支考虑。

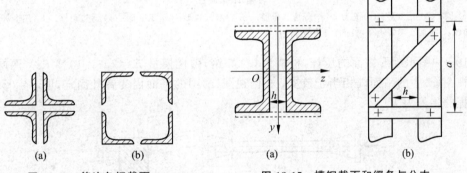

图 18-14　等边角钢截面　　　　图 18-15　槽钢截面和缀条与分支

当压杆在两个形心主惯性平面内的杆端约束不同时,如柱形铰,则其合理截面的形式是使 $I_y \neq I_z$,以保证 $\lambda_y = \lambda_z$。这样,压杆在两个方向才具有相同的稳定性。

2. 减小相当长度和增强杆端约束

压杆的稳定性随杆长的增加而降低,因此,应尽可能减小杆的相当长度,例如可以在压杆中间设置中间支承。

此外,增强杆端约束,即减小长度因数 μ 值,也可以提高压杆的稳定性。例如在支座处焊接或铆接支承钢板,以增强支座的刚性从而减小 μ 值。

3．合理选择材料

细长压杆的临界力 F_{cr} 与材料的弹性模量 E 成正比,因此,选用 E 大的材料可以提高压杆的稳定性。但如压杆由钢材制成,因各种钢材的 E 值大致相同,所以选用优质钢或低碳钢对细长压杆稳定性并无明显影响。而对中长杆,其临界应力 σ_{cr} 总是超过材料的比例极限 σ_p,因此,对这类压杆采用高强度材料可以提高稳定性。

习题

18-1 两端为球形铰支的压杆,当横截面为如图所示各种不同形状时,试问压杆会在哪个平面内失去稳定(即失去稳定时,压杆的截面绕哪一个形心轴转动)?

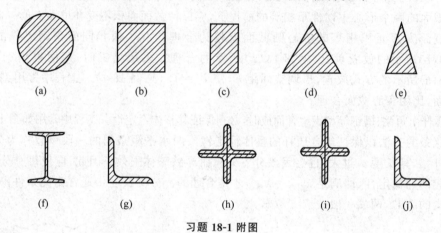

习题 **18-1** 附图

(a)圆;(b)正方形;(c)矩形;(d)等边三角形;(e)等腰三角形;(f)工字钢;(g)等边角钢;(h)四个等边角钢;(i)四个不等边角钢;(j)不等边角钢

18-2 图示矩形截面的压杆,材料为 Q235 钢,弹性模量 $E=2.1\times10^5\,\mathrm{MPa}$。两端约束在正视图(a)中的平面内相当于铰支;在俯视图(b)中的平面内为弹性固定,取 $\mu=0.8$。试求此杆的临界力 F_{cr}。

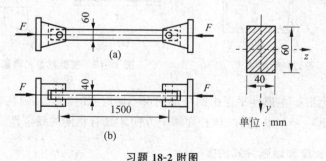

习题 **18-2** 附图

18-3 两端球铰支压杆具有图示 4 种横截面形状,截面面积均为 $4.0\times10^3\,\mathrm{mm}^2$,材料相同。试比较它们的临界力值的大小。假设 $d_2=0.7d_1$。

18-4 在图示的桁架中,两根杆的横截面均为 $50\mathrm{mm}\times50\mathrm{mm}$ 的正方形,材料的弹性模量 $E=70\times10^3\,\mathrm{MPa}$。假如两杆都属细长杆,试用欧拉公式确定结构在图示平面内失稳时的 F 值。

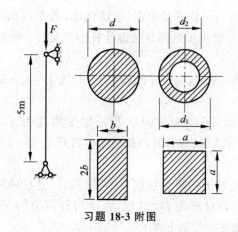

习题 18-3 附图

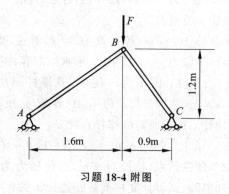

习题 18-4 附图

18-5 试求以下三种材料可以用欧拉公式计算临界力的杆的最小柔度。(1)比例极限 $\sigma_p = 220\text{MPa}$,弹性模量 $E = 1.9 \times 10^5\text{MPa}$ 的钢;(2)$\sigma_p = 490\text{MPa}$,$E = 2.15 \times 10^5\text{MPa}$ 的镍合金钢;(3)$\sigma_p = 20\text{MPa}$,$E = 1.1 \times 10^4\text{MPa}$ 的松木。

18-6 图示为由 5 根圆截面杆组成的正方形结构,$a = 1\text{m}$,各节点均为球铰连接,杆的直径均为 $d = 35\text{mm}$,材料均为 Q235 钢,容许应力 $[\sigma] = 160\text{MPa}$,比例极限 $\sigma_p = 200\text{MPa}$,弹性模量 $E = 2.0 \times 10^5\text{MPa}$。若稳定安全因数取 3.0,试求此时的容许荷载。

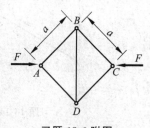

习题 18-6 附图

18-7 图示结构中 AB、BC 两杆材料为 Q235 钢。AB 段为一端固定另一端铰支的圆截面杆,直径 $d = 70\text{mm}$;BC 段为两端铰支的正方形截面杆,边长 $a = 70\text{mm}$。已知 $l = 2.5\text{m}$,稳定安全因数 $n_{st} = 2.5$,杆材料的弹性模量 $E = 2.1 \times 10^5\text{MPa}$,比例极限 $\sigma_p = 200\text{MPa}$。试求此结构的容许荷载。

习题 18-7 讲解

18-8 图示托架中 AB 杆的直径 $d = 40\text{mm}$,两端可视为球铰约束,材料为 Q235 钢。$\sigma_p = 200\text{MPa}$,$E = 200\text{GPa}$。(1)试求托架的临界荷载。(2)若已知工作荷载 $F = 70\text{kN}$,并要求 AB 杆的稳定安全因数 $n_{st} = 2$,试问该托架是否安全?

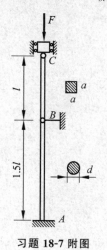

习题 18-7 附图

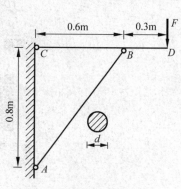

习题 18-8 附图

18-9 由 Q235 钢制成的圆截面钢杆,长度 $l＝1m$,其下端固定,上端自由,承受 100kN 的轴向压力。已知材料的容许应力$[\sigma]＝170MPa$。试用折减因数法设计杆的直径 d。圆截面属 a 类截面。

18-10 两端铰支的 TC17 杉木柱,截面为 150mm×150mm 的正方形,长度 $l＝4.0m$, 容许压应力$[\sigma]＝11MPa$,求木柱的容许荷载。

18-11 图示为一托架,其撑杆 AB 为圆截面 TC17 杉木杆。若托架受集度为 $q＝60kN/m$ 的均布荷载作用,A、B、C 三处均为球形铰连接,撑杆材料的强度容许压应力$[\sigma]＝11MPa$,试求所需的撑杆直径 d。

18-12 一立柱由 4 根 75×75×6 的角钢通过若干侧板焊接组成(见附图)。立柱的两端为球铰约束,柱长 $l＝6m$,工作压力为 450kN。若材料为 Q235 钢,强度容许应力$[\sigma]＝170MPa$,试设计立柱横截面边长 a 的尺寸(注:截面类型属 b 类)。

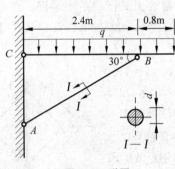

习题 18-11 附图

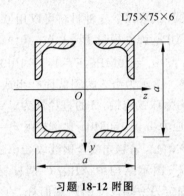

习题 18-12 附图

习题 18-13
讲解

18-13 图示结构中钢梁 AB 及立柱 CD 分别由 16 号工字钢和连成一体的两根 63×63×5 的角钢制成。均布荷载集度 $q＝50kN/m$,梁及柱的材料均为 Q235 钢,$[\sigma]＝170MPa$,弹性模量 $E＝2.1×10^5 MPa$。试验算梁和柱是否安全。(注:立柱 CD 截面类型属 b 类)

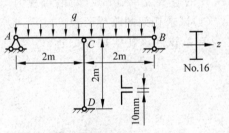

习题 18-13 附图

本章习题参考解答

第19章

动荷载和交变应力

19.1 概述

静荷载是指在作用过程中缓慢变化或恒定不变的荷载。在缓慢变化荷载作用下,构件内各质点的加速度很小,可以忽略而按静力学进行分析。前面各章讨论的构件都是在静荷载作用下的平衡问题。

动荷载是指大小或方向随时间显著变化的荷载,如冲击荷载、地震荷载、突加荷载等。在动荷载作用下,构件往往会产生明显的加速度,此时需按动力学方法建立动力学方程才能确定构件的变形和应力。如再按静力学平衡的方法来分析,所得结果与实际将有很大的差别。还有一种情况,即使构件所受的荷载保持不变,但构件所受力系如构成不平衡力系,则会导致构件产生明显的加速度,此时仍需按动力学的方法进行分析。如加速起吊构件时,尽管钢缆的牵引力可能保持不变,但构件会产生加速度。

构件由动荷载所引起的应力和变形分别称为**动应力**和**动变形**。若构件内的应力随时间作周期性的变化,则称为**交变应力**。构件在动荷载作用下同样有强度、刚度和稳定性问题,并且在这些问题上可能会表现出新的特征。如塑性材料的构件长期在交变应力作用下,虽然最大工作应力远低于材料的屈服极限,且无明显的塑性变形,却往往会发生脆性断裂,这种破坏称为**疲劳破坏**。因此在实际工程中为确保构件的安全,我们还须研究构件在动荷载作用下的应力、变形及破坏规律。

试验结果表明,在静荷载作用下服从胡克定律的材料,在动荷载作用下,只要动应力不超过材料的比例极限,胡克定律仍然适用,故在本章中应力和应变的关系仍采用胡克定律分析。但有些材料在动荷载作用下的弹性模量和强度参数会有所变化,此问题较复杂,本书不作讨论。

本章主要讨论作匀加速直线平动或匀角速转动的构件和受冲击荷载作用的构件的动应力计算,以及交变应力作用下构件的疲劳破坏和疲劳强度校核。

19.2 构件作匀加速直线平动和匀角速转动时的动应力

构件在不平衡力系作用下会产生加速度,利用达朗贝尔原理分析其动力学问题较为方便。达朗贝尔原理的思想是在构件中各质点附加相应的惯性力,则作用在构件上的荷载、约束力、惯性力满足平衡的条件,所以可以采用静力学方法分析和计算各物理量。

19.2.1 构件作匀加速直线平动时的动应力

图 19-1(a)所示的桥式起重机,以匀加速度 a 吊起一重力为 W 的物体。若钢索横截面面积为 A,材料质量密度为 ρ,分析和计算钢索横截面上的动应力。

先计算钢索任一横截面上的内力。应用截面法,取出如图 19-1(b)所示长为 x 的部分钢索和吊物作为研究对象。作用于其上的外力有吊物自重 W、钢索的自重、吊物和该段钢索的惯性力,以及截面上的动内力 $\boldsymbol{F}_{\mathrm{Nd}}$。钢索的自重是均布的轴向力,集度为 $q=\rho g A$,其惯性力也是均布的轴向力,集度 $q_{\mathrm{d}}=\rho A a$,吊物的惯性力大小为 Wa/g。惯性力的方向均与加速度 a 的方向相反,如图 19-1(b)所示。

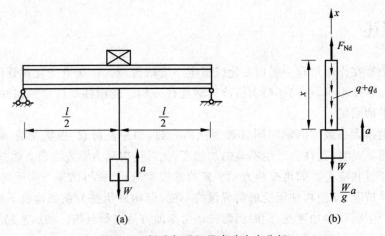

图 19-1　桥式起重机吊索动应力分析

钢索 x 横截面上的动内力可由取出部分的动力平衡求得,即

$$F_{\mathrm{Nd}}=W+\frac{W}{g}a+qx+q_{\mathrm{d}}x=W+\frac{W}{g}a+\rho g A x+\rho A a x=(W+\rho g A x)\left(1+\frac{a}{g}\right)$$

式中 $W+\rho g A x$ 为同一截面上的静内力 F_{Nst}(即保持静止时该截面上的内力)。因此上式可写成

$$F_{\mathrm{Nd}}=k_{\mathrm{d}}F_{\mathrm{Nst}} \tag{19-1}$$

式中:

$$k_{\mathrm{d}}=1+\frac{a}{g} \tag{19-2}$$

称为**动荷因数**。可见,钢索横截面上的动内力等于该截面上的静内力乘以动荷因数,进而可以计算钢索横截面上的动应力。利用拉压杆件横截面上的正应力公式得

$$\sigma_{\mathrm{d}}=\frac{F_{\mathrm{Nd}}}{A}=\frac{k_{\mathrm{d}}F_{\mathrm{Nst}}}{A}=k_{\mathrm{d}}\sigma_{\mathrm{st}} \tag{19-3}$$

可见,钢索横截面上的动应力为该截面上的静应力乘以动荷因数。

引入动荷因数的概念后,对此类问题可以不必按动力学的过程(达朗贝尔原理)进行分析,只需首先按静力学求出静内力、应力等,然后依据给定的加速度计算动荷因数,再乘以静态各量就可以得到动态各量。引入动荷因数后使求解这类动荷载问题的关键转化为如何计算动荷因数,在下节冲击荷载中还将应用到。

由式(19-1)可知,钢索的危险截面,即动内力最大的截面在钢索的上端,该截面的动应力也将最大。由式(19-3)得

$$\sigma_{\mathrm{dmax}} = k_{\mathrm{d}}\sigma_{\mathrm{stmax}}$$

由于该点处于单向应力状态,计算出最大动应力后,就可按如下的强度条件进行钢索的强度计算:

$$\sigma_{\mathrm{dmax}} = k_{\mathrm{d}}\sigma_{\mathrm{stmax}} \leqslant [\sigma] \tag{19-4}$$

式中$[\sigma]$一般仍采用静荷载情况的容许应力值。

例 19-1 图 19-2(a)所示一自重为 20kN 的起重机 G 装在两根 22b 号工字钢的大梁上,起吊重为 $W = 40$kN 的物体。若重物以匀加速度 $a = 2.5\mathrm{m/s^2}$ 上升,已知钢索直径 $d = 20\mathrm{mm}$,钢索和梁的材料相同,$[\sigma] = 160\mathrm{MPa}$,试校核钢索与梁的强度(不计钢索和梁的自重)。

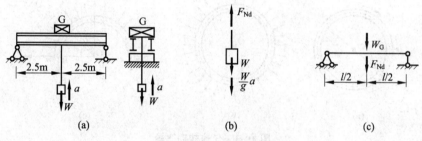

图 19-2 例 19-1 附图

解 (1) 钢索的强度校核。用截面法假想将钢索截断,取如图 19-2(b)所示部分进行分析。作用于其上的外力有吊物自重 W 和相应的惯性力 Wa/g,以及截面上的动拉力 F_{Nd}。由平衡方程得

$$F_{\mathrm{Nd}} = W + \frac{W}{g}a = W\left(1 + \frac{a}{g}\right) = k_{\mathrm{d}}W$$

式中动荷因数 k_{d} 为

$$k_{\mathrm{d}} = 1 + \frac{a}{g} = 1 + \frac{2.5}{9.81} = 1.26$$

钢索的动拉力和动应力分别为

$$F_{\mathrm{Nd}} = k_{\mathrm{d}}W = 1.26 \times 40\mathrm{kN} = 50.4\mathrm{kN}$$

$$\sigma_{\mathrm{d}} = k_{\mathrm{d}}\sigma_{\mathrm{st}} = 1.26 \times \frac{40 \times 10^3}{\frac{1}{4}\pi \times 0.02^2}\mathrm{Pa} = 160.4 \times 10^6\mathrm{Pa} = 160.4\mathrm{MPa}$$

取容许动应力$[\sigma_{\mathrm{d}}] = [\sigma]$,所以钢索满足强度要求。

(2) 梁的强度校核。梁的受力如图 19-2(c)所示。起重机自重为 W_{G},其最大动弯矩为

$$M_{\mathrm{dmax}} = \frac{1}{4}(W_{\mathrm{G}} + F_{\mathrm{Nd}})l = \frac{1}{4}(20 + 50.4) \times 5\mathrm{kN \cdot m} = 88\mathrm{kN \cdot m}$$

由型钢表查得 22b 号工字钢截面的弯曲截面系数为 $W_z = 325\mathrm{cm^3}$,由此得梁的最大动应力为

$$\sigma_{\mathrm{dmax}} = \frac{M_{\mathrm{dmax}}}{W_z} = \frac{88 \times 10^3}{2 \times 325 \times 10^{-6}}\mathrm{Pa} = 135.4 \times 10^6\mathrm{Pa} = 135.4\mathrm{MPa}$$

因为 $\sigma_{dmax} < [\sigma]$，所以梁的强度也是足够的。

19.2.2 构件作匀角速转动时的动应力

以一作匀角速度转动的飞轮为例，分析轮缘上的动应力。通常飞轮的轮缘较厚，而中间的轮辐较薄，因此，当飞轮的平均直径 D 远大于轮缘的厚度 δ 时，可略去轮辐的影响，将飞轮简化为平均直径为 D、厚度为 δ 的薄壁圆环，如图 19-3(a) 所示。

设圆环以角速度 ω 绕圆心 O 匀速转动。圆环的横截面面积为 A，材料的质量密度为 ρ。圆环匀速转动时，各质点只有向心加速度。由于壁厚 δ 远小于圆环平均直径 D，可认为圆环沿径向各点的向心加速度与圆环中线上各点处的向心加速度相等，均为 $a_n = \omega^2 D/2$。因而沿圆环中线上将有均布的离心惯性力，其集度 $q_d = \rho A a_n = \rho A \omega^2 D/2$，如图 19-3(b) 所示。

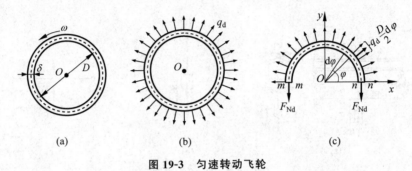

图 19-3 匀速转动飞轮

假想将圆环沿水平直径面截开，取上半部分进行研究。此部分的受力如图 19-3(c) 所示，在 $d\varphi$ 范围内的惯性力为 $q_d D d\varphi/2$，由平衡方程 $\sum F_{iy} = 0$ 得

$$-2F_{Nd} + \int_0^\pi q_d \frac{D}{2} d\varphi \sin\varphi = 0$$

将 q_d 代入，得到 $m—m$ 和 $n—n$ 截面上的内力为

$$F_{Nd} = \frac{1}{4}\rho A \omega^2 D^2 = \rho A v^2 \tag{19-5}$$

圆环横截面上的动应力为

$$\sigma_d = \frac{F_{Nd}}{A} = \frac{\rho A v^2}{A} = \rho v^2 \tag{19-6}$$

以上二式中的 $v = \omega D/2$，为圆环中线上各点的线速度。圆环的强度条件为

$$\sigma_d = \rho v^2 \leqslant [\sigma] \tag{19-7}$$

工程中为保证飞轮的安全必须控制飞轮的转速 ω，即限制轮缘的线速度 v。由式 (19-7) 可知，轮缘容许的最大线速度，即临界线速度为

$$[v] = \sqrt{\frac{[\sigma]}{\rho}} \tag{19-8}$$

例 19-2 如图 19-4 所示为一装有飞轮和制动器的圆轴。已知飞轮重 $W = 450\text{N}$，回转半径 $\rho = 250\text{mm}$，圆轴长 $l = 1.5\text{m}$，直径 $d = 50\text{mm}$，转速 $n = 120\text{r/min}$。试求圆轴在 10s 内均匀减速制动时，由惯性力矩引起的轴内最大切应力。

解 圆轴在制动的 10s 内，飞轮与圆轴同时作匀减速转动，角加速度为

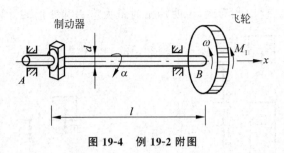

图 19-4 例 19-2 附图

$$\alpha = \frac{\omega}{t} = \frac{2\pi \times 120}{10 \times 60} \text{rad/s}^2 = 1.26 \text{rad/s}^2$$

其方向与 ω 相反。

在制动过程中,飞轮对转轴的惯性力矩为 $M_I = J\alpha$,转向与 α 相反(见图 19-4)。其中 J 为飞轮对转轴的转动惯量,其大小为

$$J = \frac{W}{g}\rho^2 = \frac{450}{9.81} \times 0.25^2 \text{kg} \cdot \text{m}^2 = 2.867 \text{kg} \cdot \text{m}^2$$

制动时,摩擦力矩和飞轮的惯性力矩使圆轴扭转。由截面法,得圆轴横截面上的扭矩为

$$M_{xd} = M_I = J\alpha = 2.867 \times 1.26 \text{N} \cdot \text{m} = 3.61 \text{N} \cdot \text{m}$$

所以,圆轴的最大扭转切应力为

$$\tau_{d\max} = \frac{M_{xd}}{W_p} = \frac{16 M_{xd}}{\pi d^3} = \frac{16 \times 3.61}{\pi \times 0.05^3} \text{Pa} = 0.147 \times 10^6 \text{Pa} = 0.147 \text{MPa}$$

19.3 构件受冲击时的动应力和动变形

当运动着的物体撞击到静止的物体上时,在相互接触的极短时间内,运动物体的速度发生显著变化,从而使静止的物体受到很大的作用力,这种现象称为**冲击**。冲击中的运动物体称为**冲击物**,静止的物体称为**被冲击构件**。工程中的落锤打桩、汽锤锻造和飞轮突然制动等都是冲击现象,其中落锤、汽锤、飞轮是冲击物,而桩、锻件、轴是被冲击构件。在冲击过程中,由于作用力很大,被冲击构件中将产生很大的冲击应力(动应力)和变形(动变形),极易导致构件破坏。为确保构件安全,冲击过程中构件的最大动应力须小于容许应力。下面讨论最大动应力和动变形的计算。

冲击过程中构件的应力和变形变化极为复杂,因此一般不分析任意瞬时构件的应力和变形,而只研究此过程中构件的最大应力和变形。为便于分析,常作如下假设,以进行简化:①冲击时,冲击物本身不发生变形,即简化为刚体;②忽略被冲击构件的质量;③在冲击过程中被冲击构件的材料仍服从胡克定律,且不计系统机械能的损失。在以上假设的前提下可知冲击物速度降为零时仍与构件保持接触,此时构件中的应力和变形也达到了最大值,且可以使用机械能守恒进行分析。即构件变形达最大时,冲击前冲击物的动能全部转化为构件的应变能。以上方法偏于安全,实际的冲击往往伴随机械能的损失。

19.3.1 竖向冲击问题

设一重为 W 的物体从高度 h 处自由下落到杆的顶端,使杆受到竖向冲击而产生压缩变形,如图 19-5(a)所示。现以此为例,说明冲击时最大应力和变形的计算方法。

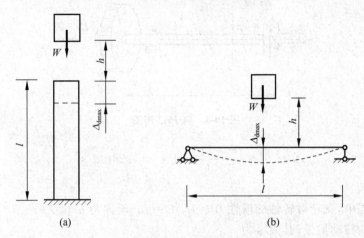

图 19-5　竖向冲击

冲击物下落过程中与构件接触后速度迅速减小,最后降到零。与此同时,被冲击构件的变形达到最大值 Δ_{dmax},与之对应的冲击荷载 F_{dmax} 和冲击应力 σ_{dmax} 也达到最大值。

若不计机械能的损失,则按机械能守恒定律可得构件中的应变能 V_ε 等于冲击物相对于此位置的重力势能 V,即

$$V = V_\varepsilon \tag{19-9}$$

式中,$V = W(h + \Delta_{dmax})$;$V_\varepsilon = \dfrac{1}{2} F_{dmax} \Delta_{dmax}$。将其代入式(19-9)得

$$W(h + \Delta_{dmax}) = \frac{1}{2} F_{dmax} \Delta_{dmax} \tag{19-10}$$

由胡克定律,F_{dmax} 与 Δ_{dmax} 的关系为

$$F_{dmax} = \frac{EA}{l} \Delta_{dmax} \tag{19-11}$$

式中 l、E、A 分别为构件的长度、弹性模量和横截面面积。将此式代入式(19-10)可以求出冲击时的最大变形 Δ_{dmax},进而可以得到最大动内力和应力。为简化上述计算过程,提高工程设计计算效率,现对上述方法进行程式化。

假设将重力 W 以静荷载方式沿冲击方向(竖直方向)作用于冲击点,则构件沿冲击方向的静变形(缩短) Δ_{st} 为 $\Delta_{st} = \dfrac{Wl}{EA}$,即 $\dfrac{EA}{l} = \dfrac{W}{\Delta_{st}}$。将此式代入式(19-11)得

$$F_{dmax} = \frac{W}{\Delta_{st}} \Delta_{dmax} \tag{19-12}$$

再将 F_{dmax} 代入式(19-10),整理得

$$\Delta_{dmax}^2 - 2\Delta_{st} \Delta_{dmax} - 2\Delta_{st} h = 0$$

由此方程解得

$$\Delta_{dmax} = \Delta_{st} \pm \sqrt{\Delta_{st}^2 + 2h\Delta_{st}} = \left(1 \pm \sqrt{1 + \frac{2h}{\Delta_{st}}}\right) \Delta_{st}$$

符合实际情况的解是上式根号前取正号,故有

$$\Delta_{\mathrm{dmax}} = \left(1 + \sqrt{1 + \frac{2h}{\Delta_{\mathrm{st}}}}\right)\Delta_{\mathrm{st}} = k_{\mathrm{d}}\Delta_{\mathrm{st}} \tag{19-13}$$

式中

$$k_{\mathrm{d}} = 1 + \sqrt{1 + \frac{2h}{\Delta_{\mathrm{st}}}} \tag{19-14}$$

称为**竖向冲击的动荷因数**。再将式(19-13)代入式(19-12),可得

$$F_{\mathrm{dmax}} = k_{\mathrm{d}}W \tag{19-15}$$

求得最大冲击荷载 F_{dmax} 后,可以求最大动应力 σ_{dmax}:

$$\sigma_{\mathrm{dmax}} = \frac{F_{\mathrm{dmax}}}{A} = \frac{k_{\mathrm{d}}W}{A} = k_{\mathrm{d}}\sigma_{\mathrm{st}} \tag{19-16}$$

由此可知,将由式(19-14)求得的动荷因数 k_{d} 分别乘以静荷载 W 引起的静应力 σ_{st} 和静位移 Δ_{st},就可得到冲击时最大动应力 σ_{dmax} 和最大动位移 Δ_{dmax}。

利用上述结果,不必再利用能量原理来分析,只需首先将冲击物的重量按静载沿冲击方向作用在冲击点,求出此处的静变形 Δ_{st},然后由式(19-14)求动荷因数 k_{d},最后将 k_{d} 乘以静态量,就可得冲击时对应的最大动态量。这种计算冲击应力和冲击变形的方法并不局限于图 19-5(a)所示的受压杆件,它们同样适用于受竖向冲击的其他构件,如受竖向冲击的梁(见图 19-5(b))。

由 k_{d} 的计算公式(19-14)可见:

(1) 当 $h = 0$ 时,$k_{\mathrm{d}} = 2$,表明这时构件的最大动应力和动变形都是静荷载作用下的 2 倍。这种荷载称为**突加荷载**。

(2) 当 $h \geqslant \Delta_{\mathrm{st}}$ 时,动荷因数近似为 $k_{\mathrm{d}} = \sqrt{\dfrac{2h}{\Delta_{\mathrm{st}}}}$。

19.3.2 水平冲击问题

如图 19-6(a)所示,设一重为 W 的物体以速度 v 水平冲击竖杆的端点 A,使杆发生弯曲变形。冲击物与被冲击构件接触后速度快速降到零,此时被冲击构件受到的冲击荷载和产生的冲击变形都达到最大值,如图 19-6(b)所示。冲击前冲击物的动能为 $T = \dfrac{W}{2g}v^2$,冲击过程中重力势能近似保持不变;同时,被冲击构件受冲击后获得的最大应变能为 $V_{\varepsilon} = \dfrac{1}{2}F_{\mathrm{dmax}}\Delta_{\mathrm{dmax}}$。此时的机械能守恒方程为

$$\frac{W}{2g}v^2 = \frac{1}{2}F_{\mathrm{dmax}}\Delta_{\mathrm{dmax}}$$

将 $F_{\mathrm{dmax}} = \dfrac{W}{\Delta_{\mathrm{st}}}\Delta_{\mathrm{dmax}}$ 代入,可解得

$$\Delta_{\mathrm{dmax}} = \sqrt{\frac{v^2\Delta_{\mathrm{st}}}{g}} = \sqrt{\frac{v^2}{g\Delta_{\mathrm{st}}}}\,\Delta_{\mathrm{st}} = k_{\mathrm{d}}\Delta_{\mathrm{st}}$$

式中

$$k_{\mathrm{d}} = \sqrt{\frac{v^2}{g\Delta_{\mathrm{st}}}} \tag{19-17}$$

称为**水平冲击的动荷因数**。其中 Δ_{st} 是将冲击物重量 W 作为静荷载,沿冲击方向作用于冲击点处时冲击点在冲击方向产生的静变形(即挠度),如图 19-6(c)所示。求得动荷因数 k_d 后,与竖向冲击的情况相似,可求得最大冲击应力 σ_{dmax} 和冲击变形 Δ_{dmax}。

无论是竖向冲击还是水平冲击,如危险点处于单向应力状态,在求得被冲击构件中的最大动应力 σ_{dmax} 后,可按最大应力强度条件 $\sigma_{dmax} \leqslant [\sigma]$ 进行强度计算。

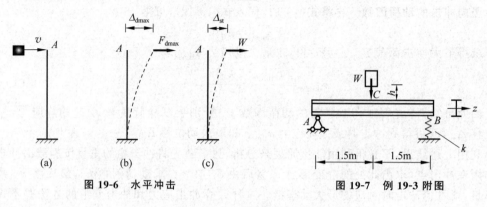

图 19-6 水平冲击   图 19-7 例 19-3 附图

例 19-3 讲解

例 19-3 图 19-7 所示的 16 号工字钢梁,右端置于一刚度系数 $k = 0.16\text{kN/mm}$ 的弹簧上。重量 $W = 2\text{kN}$ 的物体自高 $h = 350\text{mm}$ 处自由落下,冲击在梁跨中点 C。梁材料的 $[\sigma] = 160\text{MPa}$,$E = 2.1 \times 10^5 \text{MPa}$。试校核梁的强度。

解 为计算动荷因数,首先计算 Δ_{st}。将 W 作为静荷载作用在 C 点。由型钢表查得梁截面的 $I_z = 1130\text{cm}^4$ 和 $W_z = 141\text{cm}^3$。梁在 W 作用下在 C 截面产生的静挠度为

$$\Delta_{Cst} = \frac{Wl^3}{48EI_z} = \frac{2 \times 10^3 \times 3^3}{48 \times 2.1 \times 10^{11} \times 1130 \times 10^{-8}}\text{m}$$

$$= 0.474 \times 10^{-3}\text{m} = 0.474\text{mm}$$

由于右端支座是弹簧,在支座反力 $F_{RB} = W/2$ 的作用下,其压缩量为

$$\Delta_{Bst} = \frac{0.5W}{k} = \frac{0.5 \times 2}{0.16}\text{mm} = 6.25\text{mm}$$

支座的压缩又将引起梁的附加静位移,故 C 点沿冲击方向的总静位移为

$$\Delta_{st} = \Delta_{Cst} + \frac{1}{2}\Delta_{Bst} = \left(0.474 + \frac{1}{2} \times 6.25\right)\text{mm} = 3.6\text{mm}$$

再由式(19-14)求得动荷因数为

$$k_d = 1 + \sqrt{1 + \frac{2h}{\Delta_{st}}} = 1 + \sqrt{1 + \frac{2 \times 350}{3.6}} = 14.98$$

梁的危险截面为梁跨中 C 截面,危险点为该截面上、下边缘处各点。C 截面的静弯矩为

$$M_{max} = \frac{Wl}{4} = \frac{2 \times 10^3 \times 3}{4}\text{N} \cdot \text{m} = 1.5 \times 10^3 \text{N} \cdot \text{m}$$

危险点处的静应力为

$$\sigma_{stmax} = \frac{M_{max}}{W_z} = \frac{1.5 \times 10^3}{141 \times 10^{-6}}\text{Pa} = 10.64 \times 10^6 \text{Pa} = 10.64\text{MPa}$$

所以,梁的最大冲击应力为

$$\sigma_{\mathrm{dmax}} = k_{\mathrm{d}}\sigma_{\mathrm{stmax}} = 14.98 \times 10.64\,\mathrm{MPa} = 159.4\,\mathrm{MPa}$$

因为 $\sigma_{\mathrm{dmax}} < [\sigma]$，所以梁是安全的。请读者分析：如 B 支座处无弹簧，则梁的最大动应力有多大。并比较这两种情况。

以上介绍的是平移物体对构件冲击时的动应力及变形的分析，工程中还有其他冲击的形式。如定轴转动的轮子紧急制动将对轴产生扭转冲击，在基本假设不变的前提下分析的原理与上相同，但不一定能通过引入动荷因数进行程式化计算。以下例题仍将通过机械能守恒来分析。

例 19-4　将例 19-2 中的 10s 内制动改为瞬时紧急刹车，其他条件不变。试求圆轴内的最大动切应力 τ_{dmax}。轴材料的切变模量 $G = 80\,\mathrm{GPa}$。

解　紧急刹车前，飞轮以角速度 ω 转动，具有转动动能 $T = \dfrac{1}{2}J\omega^2$。在紧急制动过程中，飞轮和圆轴在很短时间内转过一个角度后，角速度降为零，此时轴内将产生很大的扭矩，这就是所谓的冲击扭转。设冲击扭矩的最大值为 $M_{x\mathrm{d}}$，最大扭转变形为 $\varphi_{\mathrm{d}} = \dfrac{M_{x\mathrm{d}}l}{GI_{\mathrm{p}}}$，相应的应变能为 $V_{\varepsilon} = \dfrac{1}{2}M_{x\mathrm{d}}\varphi_{\mathrm{d}} = \dfrac{M_{x\mathrm{d}}^2 l}{2GI_{\mathrm{p}}}$。由机械能守恒得

$$\frac{1}{2}J\omega^2 = \frac{M_{x\mathrm{d}}^2 l}{2GI_{\mathrm{p}}}$$

式中 J 为飞轮对转轴的转动惯量，例 19-2 已算得 $J = 2.867\,\mathrm{kg \cdot m^2}$，圆轴横截面的极惯性矩 $I_{\mathrm{p}} = \dfrac{\pi d^4}{32}$。将 J、ω、l、G、I_{p} 的数值代入上式，得冲击扭矩

$$
\begin{aligned}
M_{x\mathrm{d}} &= \sqrt{\frac{GI_{\mathrm{p}}J\omega^2}{l}} = \sqrt{\frac{80 \times 10^9 \times \dfrac{1}{32}\pi \times 0.05^4 \times 2.867 \times \left(\dfrac{1}{60} \times 2\pi \times 120\right)^2}{1.5}}\,\mathrm{N \cdot m} \\
&= 3849.1\,\mathrm{N \cdot m}
\end{aligned}
$$

由此得圆轴的最大动切应力为

$$\tau_{\mathrm{dmax}} = \frac{M_{x\mathrm{d}}}{W_{\mathrm{p}}} = \frac{16 \times 3849.1}{0.05^3 \pi}\,\mathrm{Pa} = 156.8 \times 10^6\,\mathrm{Pa} = 156.8\,\mathrm{MPa}$$

将此结果与例 19-2 的结果相比较可见，紧急刹车的动应力比在 10s 内制动要高出 1066 倍。所以，带有大飞轮而又高速转动的圆轴不宜紧急制动，以避免扭转冲击而使圆轴断裂。

19.3.3　提高构件抗冲能力的措施

由上述分析可知，冲击将引起冲击荷载，并在被冲击构件中产生很大的冲击应力。在工程中，有时要利用冲击的效应，如打桩、金属冲压成型加工等。但更多情况下是采取适当的缓冲措施以减小冲击的影响。

一般来说，在不增加静应力的情况下减小动荷因数 k_{d} 可以减小冲击应力。由以上各 k_{d} 的公式可见，加大冲击点沿冲击方向的静位移 Δ_{st} 就可有效地减小 k_{d} 值。因此，被冲击构件采用弹性模量低而变形大的材料制作，或在被冲击构件上冲击点处垫以容易变形的缓

冲附件,如橡胶或软塑料垫层、弹簧等,都可以使 Δ_{st} 值大大提高。例如,汽车大梁和底盘轴间安装钢板弹簧就是为了提高 Δ_{st} 而采取的缓冲措施。

19.3.4　冲击韧度

可以通过构件在被冲击破坏时所吸收的能量来衡量材料抗冲击的能力。将如图 19-8(a) 所示的标准试件置于冲击试验机机架上,并使 U 形切槽位于受拉的一侧,如图 19-8(b)所示。如试验机的摆锤从一定高度自由落下将试件冲断,则试件吸收的能量就等于摆锤所做的功 W。功 W 等于摆锤冲击试件后转动到角速度为零时摆锤势能的减少量。将 W 除以试件切槽处的最小横截面面积 A,此量定义为材料的冲击韧度,即

$$a_{k} = \frac{W}{A} \tag{19-18}$$

a_{k} 的单位为 J/m^{2}。a_{k} 越大,表示材料的抗冲击能力越好。一般来说,塑性材料的 a_{k} 比脆性材料大,故塑性材料的抗冲击能力优于脆性材料。**冲击韧度**是一个重要的材料力学性能指标,其物理意义可以理解为单位面积的材料拉断时所需的能量。

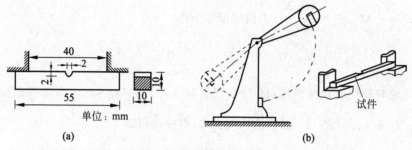

图 19-8　冲击韧度试验

19.4　交变应力和疲劳破坏

19.4.1　交变应力的概念

大小或方向随时间变化的荷载作用在构件上时,构件中将产生随时间变化的应力。应力大小随时间变化的曲线即 $\sigma\text{-}t$ 曲线,称为**应力谱**。例如图 19-9(a)所示的梁,受电动机的重力 W 与电动机转子的惯性力 F_{I} 作用,F_{I} 在竖直方向的投影 $F_{I}\cos\omega t$ 是随时间作周期性变化的,因而梁横截面上的正应力将随时间作周期性变化,如图 19-9(b)所示为梁跨中截面下边缘点的应力谱。

再如图 19-10(a)所示的火车轮轴,承受车厢传来的荷载 F,F 并不随时间变化(或变化不大),轴的弯矩图如图 19-10(b)所示。但由于轴在转动,横截面上除圆心以外的各点处的正应力都随时间作周期性的变化。如以截面边缘上的某点 i 为例,当 i 点转至位置 1 时(见图 19-10(c)),正处于中性轴上,$\sigma=0$;当 i 点转至位置 2 时,$\sigma=\sigma_{max}$;当 i 点转至位置 3 时,又在中性轴上,$\sigma=0$;当 i 点转至位置 4 时,$\sigma=\sigma_{min}$。可见,轴每转一周,i 点处的正应力变化就经过一个周期——也称一个**应力循环**,其 $\sigma\text{-}t$ 曲线即应力谱如图 19-10(d)所示。

上述两个例子中的应力谱呈周期性交替变化的规律,这种应力谱称为**交变应力**。

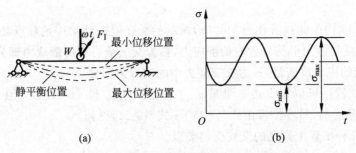

(a)　　　　　　　　(b)

图 19-9　荷载随时间作周期性变化的应力谱

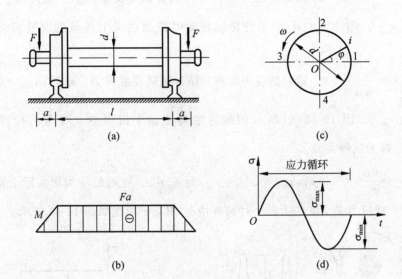

(a)　　　　　　　　(c)

(b)　　　　　　　　(d)

图 19-10　转动构件的应力谱

19.4.2　交变应力的特性

在交变应力作用下,构件中的应力每重复变化一次,即为一个应力循环。重复的次数称为**循环次数**。现以图 19-11 所示的应力谱为例说明交变应力的一些特性。

对交变应力,最小应力 $\sigma_{\min}$ 与最大应力 $\sigma_{\max}$ 之比通常称为**循环特征** r,即

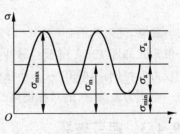

图 19-11　σ-t 曲线

$$r = \frac{\sigma_{\min}}{\sigma_{\max}} \tag{19-19}$$

而将 $\sigma_{\max}$ 与 $\sigma_{\min}$ 的平均值称为**平均应力 σ_{m}**,它们之差的一半定义为**应力幅 σ_{a}**,即

$$\sigma_{\mathrm{m}} = \frac{1}{2}(\sigma_{\max} + \sigma_{\min}) \tag{19-20}$$

$$\sigma_{\mathrm{a}} = \frac{1}{2}(\sigma_{\max} - \sigma_{\min}) \tag{19-21}$$

由式(19-20)和式(19-21),显然可得

$$\sigma_{max} = \sigma_m + \sigma_a, \quad \sigma_{min} = \sigma_m - \sigma_a$$

如将图 19-11 中的曲线看作图 19-9(b)所示的受强迫振动梁中危险点处的 $\sigma\text{-}t$ 曲线,则 σ_m 就相当于梁处于静力平衡位置时的静应力,称为交变应力中的**静应力部分**;σ_a 相当于交变荷载 F_1 引起的应力改变量,称为交变应力中的**动应力部分**。

交变应力的特征可以用上述 5 个量 σ_{max}、σ_{min}、σ_m、σ_a 和 r 来表示。但 5 个量中,只有 σ_{max} 和 σ_{min} 是独立的,另 3 个可由式(19-19)~式(19-21)得到。

下面介绍几种工程中常见的交变应力类型。

(1) 当 $r = \dfrac{\sigma_{min}}{\sigma_{max}} = -1$ 时,这时的应力谱称为**对称循环交变应力**。这时,$\sigma_{min} = -\sigma_{max}$, $\sigma_m = 0$,$\sigma_a = \sigma_{max}$。图 19-10(d)所示的轮轴转动时截面边缘上各点的交变应力即为这种类型。

(2) 当 $r = \dfrac{\sigma_{min}}{\sigma_{max}} = 0$ 时,这时的应力谱称为**脉冲循环交变应力**。这时,$\sigma_{min} = 0$,$\sigma_{max} > 0$, $\sigma_m = \sigma_a = \dfrac{1}{2}\sigma_{max}$。图 19-12(a)所示的齿轮啮合传动中齿根的交变弯曲拉、压应力(见图 19-12(b))即为这种类型。

(3) 当 $r = \dfrac{\sigma_{min}}{\sigma_{max}} = +1$ 时,$\sigma_{max} = \sigma_{min} = \sigma_m$,而 $\sigma_a = 0$。这时的应力谱实际上是静荷载作用下的应力。静应力是交变应力的一种特殊情况,其 $\sigma\text{-}t$ 曲线如图 19-13 所示。

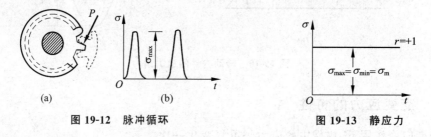

图 19-12 脉冲循环　　　　　　　图 19-13 静应力

通常,除对称循环($r = -1$)以外的交变应力统称为**非对称循环交变应力**,其应力谱的一般形式如图 19-11 所示。脉冲循环($r = 0$)交变应力和静应力($r = +1$)均为非对称循环交变应力的特例。如图 19-11 所示的非对称循环交变应力可以看作一个大小为 σ_m 的静应力与一个应力幅为 σ_a 的对称循环交变应力的叠加。

19.4.3　疲劳破坏

试验结果以及大量工程构件的破坏现象表明,构件在交变应力作用下的破坏形式与静荷载作用下全然不同。在交变应力作用下,即使最大应力 σ_{max} 低于材料的屈服极限(或强度极限),经过长期重复作用之后,构件也往往会突然断裂。而由塑性很好的材料制成的构件,也往往在没有明显塑性变形的情况下突然发生断裂。这种破坏称为**疲劳破坏**。所谓疲劳破坏可作如下解释:由于构件不可避免地存在着材料不均匀、有夹杂物等缺陷及几何轮廓突变等,构件受载后,这些部位会产生应力集中;在交变应力长期反复作用下,这些部位将产生细微的裂纹。在这些细微裂纹的尖端不仅应力情况复杂,而且有严重的应力集中。

反复作用的交变应力又导致细微裂纹扩展成宏观裂纹。在裂纹扩展的过程中,裂纹两边的材料时而分离,时而压紧,或时而反复地相互错动,起到了类似"研磨"的作用,从而使这个区域十分光滑。随着裂纹的不断扩展,构件的有效截面逐渐减小。当截面削弱到一定程度时无法承受当前荷载,构件就会沿此截面突然断裂。可见,构件的疲劳破坏实质上是由于材料的缺陷而引起细微裂纹,进而扩展成宏观裂纹,裂纹不断扩展后,最后发生脆性断裂的过程。虽然近代的上述研究结果已否定了材料是由于"疲劳"而引起构件的断裂破坏,但习惯上仍然称这种破坏为疲劳破坏。

　　以上对疲劳破坏的解释与构件疲劳破坏断口的现象是吻合的。一般金属构件的疲劳断口都有如图 19-14(a)所示的光滑区和粗糙区。光滑区实际上就是裂纹扩展区,是经过长期"研磨"所致,而粗糙区是最后发生脆性断裂的那部分剩余截面。图 19-14(b)所示为某悬索桥的吊杆(图 19-14(c))疲劳破坏后的断口照片。

　　构件的疲劳破坏是在没有明显预兆的情况下突然发生的,这往往会造成严重的事故。因此,了解和掌握交变应力的有关概念,并对交变应力作用下的构件进行疲劳计算是十分必要的。

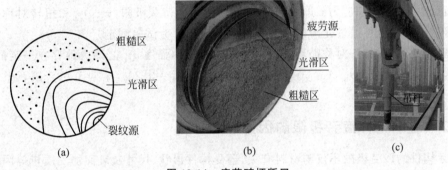

图 19-14　疲劳破坏断口

19.5　对称循环下的疲劳极限及疲劳强度计算

19.5.1　疲劳极限 σ_{-1}

　　构件在交变应力作用下,即使其最大工作应力小于屈服极限(或强度极限),也可能发生疲劳破坏。可见,材料的静强度屈服极限指标不能用来说明构件在交变应力作用下的强度。

　　材料在交变应力作用下是否发生破坏,不仅与最大应力 $\sigma_{\max}$ 有关,还与循环特征 r 和循环次数 N 有关。发生疲劳破坏时的循环次数又称为**疲劳寿命**。试验表明,在一定的循环特征 r 下, $\sigma_{\max}$ 越大,达到破坏时的循环次数 N 就越小,即寿命越短;反之,如 $\sigma_{\max}$ 越小,则达到破坏时的循环次数 N 就越大,即寿命越长。当 $\sigma_{\max}$ 减小到某一限值时,虽经"无限多次"应力循环,材料仍不发生疲劳破坏,这个应力限值就称为**材料的持久极限或疲劳极限**,用 σ_r 表示。同一种材料在不同循环特征下的疲劳极限 σ_r 是不同的,对称循环下的疲劳极限 σ_{-1} 是衡量材料疲劳强度的一个基本指标。不同材料的 σ_{-1} 也是不同的。

　　材料的疲劳极限可由疲劳试验来测定,如材料在弯曲对称循环下的疲劳极限可按国家标准用旋转弯曲疲劳试验来测定。在试验时,取一组标准光滑小试件,使每根试件都在试验机上发生对称弯曲循环且每根试件危险点承受不同的最大应力(称为应力水平),直至疲劳破坏,即可得到每根试件的疲劳寿命。然后在以$\sigma_{\max}$为纵坐标、疲劳寿命N为横坐标的坐标系内描出每根试件$\sigma_{\max}$与N的相应点,从而可绘出一条应力与疲劳寿命关系曲线,即$S\text{-}N$曲线(S代表正应力σ或切应力τ),称为**疲劳曲线**。图19-15所示为某种钢材在弯曲对称循环下的疲劳曲线。

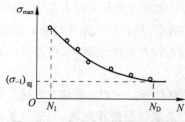

图 19-15　弯曲对称循环疲劳曲线

由疲劳曲线可见,试件达到疲劳破坏时的循环次数随最大应力的减小而增大,当最大应力降至某一值时,$S\text{-}N$曲线趋于水平,从而可作出一条$S\text{-}N$曲线的水平渐近线,对应的应力值就表示材料经过无限多次应力循环而不发生疲劳破坏,即为材料的疲劳极限$(\sigma_{-1})_{弯}$。事实上,钢材和铸铁等黑色金属材料的$S\text{-}N$曲线都具有趋于水平的特点,即经过很大的有限循环次数N_D而不发生疲劳破坏,N_D称为循环基数。通常,钢的N_D取10^7次,某些有色金属的N_D取10^8次。

构件在拉压交变应力、交变切应力作用下,以上相关概念同样适用。交变切应力作用时只需将正应力σ改为切应力τ即可。拉压对称循环的持久极限$(\sigma_{-1})_{拉}$和扭转对称循环的持久极限$(\tau_{-1})_{扭}$也可通过光滑的标准试件由相应的疲劳试验测定。

试验结果表明,材料对称循环的持久极限与其抗拉强度σ_{bt}之间大致存在一定的关系。对钢材,$(\sigma_{-1})_{弯}=0.28\sigma_{bt}$,$(\sigma_{-1})_{拉}=0.40\sigma_{bt}$,$(\tau_{-1})_{扭}=0.22\sigma_{bt}$;对有色金属,$(\sigma_{-1})_{弯}=(0.25\sim0.50)\sigma_{bt}$。

19.5.2　影响构件疲劳极限的因素

实际构件的疲劳极限不仅与材料有关,还受构件形状、尺寸及表面加工质量等因素的影响。因此,用标准的光滑小试件所测得的材料对称循环的疲劳极限σ_{-1}不能直接作为实际构件对称循环的疲劳极限,而必须就上述影响因素进行适当的修正,修正后的疲劳极限用σ_{-1}^{m}表示。具体修正方法在此不再介绍,读者可参考有关资料。

19.5.3　对称循环下构件的疲劳强度计算

在对称循环交变应力作用下,为保证构件不发生疲劳破坏,构件的最大工作应力$\sigma_{\max}$不应超过持久极限σ_{-1}^{m}。考虑了安全因数后,得构件的疲劳强度条件为

$$\sigma_{\max}\leqslant[\sigma_{-1}] \tag{19-22}$$

式中$[\sigma_{-1}]$为对称循环时的容许应力。若规定的安全因数为n_r,则

$$[\sigma_{-1}]=\frac{\sigma_{-1}^{m}}{n_r}$$

传统的构件疲劳计算方法是采用上述的安全因数法。目前,机械行业中对机械零部件的疲劳强度计算仍是以疲劳强度条件式(19-22)为基础进行的。疲劳强度的计算还需考虑构件的形状和尺寸等因素,具体内容本书不再详述。

19.6　钢结构构件的疲劳计算

在结构工程中,20 世纪 60 年代后,钢结构的焊接工艺得到广泛应用。由于焊缝附近往往存在着残余应力,钢结构的疲劳裂纹大多从焊缝处产生和发展,因而在疲劳计算中应考虑焊接残余应力的影响。但残余应力的确定是很困难的,在此情况下,就不能按传统的疲劳强度条件进行疲劳计算。试验表明,焊接处的疲劳寿命主要与结构工作时在焊接处的应力变化范围(简称应力范围)$\Delta\sigma = \sigma_{max} - \sigma_{min}$ 有关。

《钢结构设计标准》(GB 50017—2017)规定,承受交变应力的钢结构构件,如吊车梁、吊车桁架、工作平台梁等及其连接部位,当应力变化的循环次数 N 等于或大于 5×10^4 次时,应进行疲劳计算。对常幅(所有应力循环内的应力变化范围保持常量)的疲劳计算采用**容许应力范围法**,即

$$\Delta\sigma \leqslant \gamma_t [\Delta\sigma] \tag{19-23}$$

式中,$\Delta\sigma$ 为构件危险部位的应力范围;$[\Delta\sigma]$ 为容许应力范围;γ_t 为板厚或螺栓直径修正系数。对于横向角焊缝连接和对接焊缝连接,当连接板厚 t 超过 $25\mathrm{mm}$ 时,γ_t 的计算式为 $\gamma_t = \left(\dfrac{25}{t}\right)^{0.25}$;对于螺栓轴向受拉连接,当螺栓的公称直径 d 大于 $30\mathrm{mm}$ 时,γ_t 的计算式为 $\gamma_t = \left(\dfrac{30}{d}\right)^{0.25}$;其余情况 $\gamma_t = 1.0$。

计算时 σ_{max}、σ_{min} 按弹性状态计算。对焊接部位,$\Delta\sigma = \sigma_{max} - \sigma_{min}$;对非焊接部位,采用折算应力范围,即 $\Delta\sigma = \sigma_{max} - 0.7\sigma_{min}$。当 $N \leqslant 5 \times 10^6$ 时,容许应力范围 $[\Delta\sigma]$ 按下式计算:

$$[\Delta\sigma] = \left(\frac{C}{N}\right)^{\frac{1}{\beta}} \tag{19-24}$$

式中,N 为交变应力循环次数;C、β 为与构件和连接的类别及其受力情况有关的参数,具体见表 19-1。当 $5 \times 10^6 < N < 1 \times 10^8$ 时,$[\Delta\sigma]$ 按下式计算:

$$[\Delta\sigma] = \left(s^2 \cdot \frac{C}{N}\right)^{\frac{1}{\beta+2}} \tag{19-25}$$

式中,$s = \left(\dfrac{C}{5 \times 10^6}\right)^{\frac{1}{\beta}}$,$[\Delta\sigma]$ 的单位为 MPa。这些公式主要依据实验结果总结而来,具体应用时,在应力循环中不出现拉应力的部位可不作疲劳计算。

表 19-1　参数 C、β

构件和连接类别	Z1	Z2	Z3	Z4	Z5	Z6	Z7	Z8
C	1920×10^{12}	861×10^{12}	3.91×10^{12}	2.81×10^{12}	2.0×10^{12}	1.46×10^{12}	1.02×10^{12}	0.72×10^{12}
β	4	4	3	3	3	3	3	3

注:具体构件和连接分类请查阅《钢结构设计标准》(GB 50017—2017)。

例 19-5　图 19-16 所示为一焊接箱形钢梁,在跨中截面受到 $F_{min} = 10\mathrm{kN}$ 和 $F_{max} = 100\mathrm{kN}$ 的常变幅交变荷载作用。该梁由手工焊接而成,属第 Z4 类构件,若欲使此梁在服役

期内能经受 2×10^{6} 次交变荷载作用,试校核其疲劳强度。

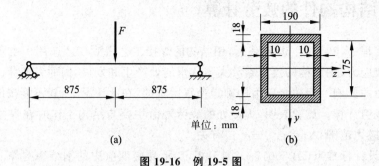

图 19-16　例 19-5 图

解　(1) 计算梁跨中截面危险点处的应力范围。截面对 z 轴的惯性矩

$$I_z = \left(\frac{190\times211^3}{12} - \frac{170\times175^3}{12}\right)\text{mm}^4 = 72.81\times10^6\,\text{mm}^4 = 72.81\times10^{-6}\,\text{m}^4$$

梁跨中截面下翼缘底边上各点处的正应力相等,且为该截面上的最大拉应力,为危险点。在 $F_{\min}=10\text{kN}$ 的作用下,

$$\sigma_{\min} = \frac{M_{\min}y_{\max}}{I_z} = \frac{\frac{1}{4}\times10\times10^3\times1.75\times\frac{1}{2}\times0.211}{72.81\times10^{-6}}\text{Pa} = 6.34\times10^6\,\text{Pa} = 6.34\text{MPa}$$

当梁跨中荷载为 $F_{\max}=100\text{kN}$ 时,

$$\sigma_{\max} = \frac{M_{\max}y_{\max}}{I_z} = \frac{\frac{1}{4}\times100\times10^3\times1.75\times\frac{1}{2}\times0.211}{72.81\times10^{-6}}\text{Pa} = 63.39\times10^6\,\text{Pa} = 63.39\text{MPa}$$

故危险点处的应力范围为

$$\Delta\sigma = \sigma_{\max} - \sigma_{\min} = (63.39 - 6.34)\text{MPa} = 57.05\text{MPa}$$

(2) 确定容许应力范围 $[\Delta\sigma]$,并校核危险点的疲劳强度。因该焊接钢梁属第 Z4 类构件,由表 19-1 查得 $C=2.81\times10^{12}$,$\beta=3$。将 C 和 β 的值代入式(19-24),可得此焊接钢梁常幅疲劳的容许应力范围为

$$[\Delta\sigma] = \left(\frac{C}{N}\right)^{\frac{1}{\beta}} = \left(\frac{2.81\times10^{12}}{2\times10^6}\right)^{\frac{1}{3}}\text{MPa} = 112.0\text{MPa}$$

此梁的 $\gamma_t=1.00$。将工作应力范围与容许应力范围比较,有

$$\Delta\sigma = 57.05\text{MPa} < \gamma_t[\Delta\sigma] = 112.0\text{MPa}$$

因此,该焊接钢梁在服役期限内能满足疲劳强度要求。

习题

19-1　用两根吊索以匀加速度 a 平行起吊一根 18 号工字钢梁,如图所示。加速度 $a=10\text{m/s}^2$,工字钢梁的长度 $l=10\text{m}$,吊索的横截面面积 $A=60\text{mm}^2$。若只考虑工字钢梁的重量,而不计吊索的自重,试计算工字钢梁内的最大动应力和吊索的动应力。

19-2 桥式起重机上悬挂一重量 $W=30\text{kN}$ 的重物,以匀速度 $v=2\text{m/s}$ 向前移动(即移动方向垂直于纸面,如图所示)。梁材料为 20b 号工字钢,吊索横截面面积 $A=450\text{mm}^2$。当起重机突然停止时,重物向前摆动,问此瞬时吊索及梁内的最大应力增加多少? 忽略吊索和梁自身的惯性影响。

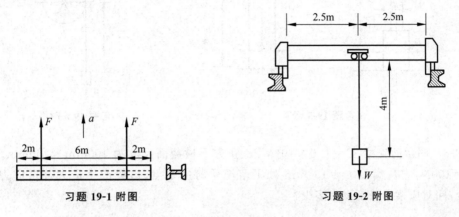

习题 19-1 附图   习题 19-2 附图

19-3 图示机车车轮以 $n=400\text{r/min}$ 的转速旋转。平行杆 AB 的横截面为矩形,$h=60\text{mm}$,$b=30\text{mm}$,长 $l=2\text{m}$,$r=250\text{mm}$,材料的重力密度 $\gamma=78\text{kN/m}^3$。试确定平行杆最危险位置和杆内最大正应力。

19-4 图示重物重 $W=30\text{kN}$,用绳索以匀加速度 6m/s^2 向上起吊。绳索绕在一重量为 5kN、直径为 1200mm 的鼓轮上,鼓轮回转半径为 450mm。设鼓轮轴两端可视为铰支,其容许应力 $[\sigma]=100\text{MPa}$,试按第三强度理论选定轴的直径。

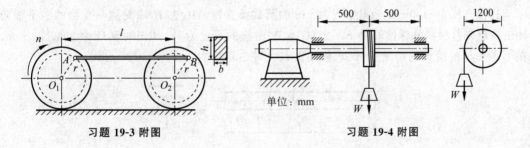

习题 19-3 附图   习题 19-4 附图

19-5 材料相同、长度相等的变截面杆和等截面杆如图所示。若两杆的最大截面面积相同,问哪一根杆承受冲击的能力强? 为什么? 设变截面杆直径为 d 的部分长为 $\dfrac{2}{5}l$,$D=2d$。为了便于比较,假设 H 较大,可以近似地将动荷因数取为 $k_\text{d}=\sqrt{2H/\Delta_\text{st}}$。

19-6 吊索 CA 悬吊一重为 W 的重物,并以匀速度 v 下降,如图所示。若重物在 A 点处轮突然停止,证明吊索的最大伸长 Δ_d 可表示为 $\Delta_\text{d}=\Delta_\text{st}+v\sqrt{\dfrac{\Delta_\text{st}}{g}}$ (不计吊索自重的影响)。

19-7 外伸梁 ABC,在 C 点上方有一重物从高度 $h=300\text{mm}$ 处自由下落,如图所示。若重物重 $W=700\text{N}$,梁材料的弹性模量 $E=1.0\times10^4\text{MPa}$,试求梁中最大正应力。

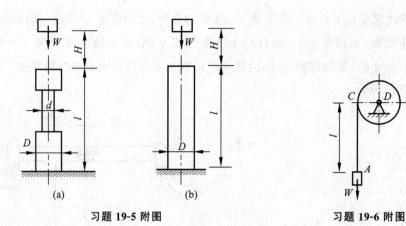

习题 19-5 附图   习题 19-6 附图

19-8 图示简支梁,$E=1.0\times10^4\,\mathrm{MPa}$,正方形横截面尺寸为 $100\mathrm{mm}\times100\mathrm{mm}$。重物重 $W=100\mathrm{N}$,它从高度 $h=150\mathrm{mm}$ 处下落至梁跨度中点时,梁产生最大冲击应力 $\sigma_\mathrm{d}=20\mathrm{MPa}$,问对应梁的跨度 l 为多少?

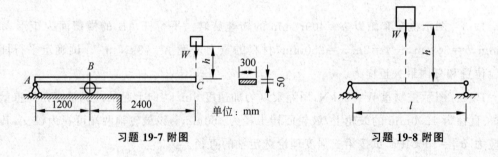

习题 19-7 附图   习题 19-8 附图

19-9 长 $l=400\mathrm{mm}$、直径 $d=12\mathrm{mm}$ 的圆截面直杆 AB,在 B 端受到一重物的水平轴向冲击。已知杆材料的弹性模量 $E=210\mathrm{GPa}$,冲击物的重量为 W,冲击时动能为 $2000\mathrm{N\cdot mm}$。在不考虑杆的质量的情况下,试求杆内的最大冲击正应力。

习题 19-9 附图

19-10 试求图示 4 种交变应力的循环特征 r、应力幅 σ_a 和平均应力 σ_m。

19-11 图示吊车梁由 22a 号工字钢制成,并在中段焊上两块截面尺寸均为 $120\mathrm{mm}\times10\mathrm{mm}$、长为 2.5m 的加强钢板,吊车每次起吊 50kN 的重物。若不考虑吊车及梁的自重,该梁所承受的交变荷载可简化为 $F_\mathrm{max}=50\mathrm{kN}$ 和 $F_\mathrm{min}=0$ 的常幅交变荷载。焊接段采用手工焊接,属第 Z3 类构件,若此吊车梁在服役期内需经受 2×10^6 次交变荷载作用,试校核梁的疲劳强度。本梁的修正系数 $\gamma_\mathrm{t}=1.0$。

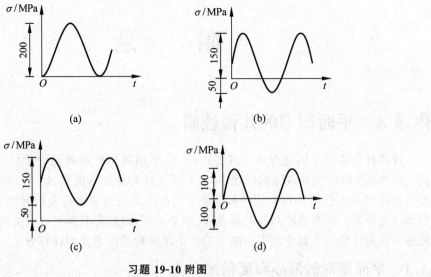

习题 **19-10** 附图

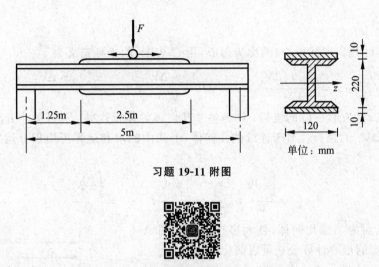

习题 **19-11** 附图

本章习题参考解答

附　　录

附录 A　平面图形的几何性质

计算杆横截面上的应力及杆件变形时，需要用到与杆的横截面形状、尺寸有关的几何量。例如：在轴向拉伸或压缩问题中，需要用到杆的横截面面积 A；在圆杆扭转问题中，需要用到横截面的极惯性矩和扭转截面系数；在弯曲问题和组合变形问题中，还要用到面积矩和惯性矩等。所有这些与杆的横截面（即平面图形）的形状和尺寸有关的几何量称为平面图形的几何性质。下面介绍平面图形的若干几何性质的定义和计算方法。

A.1　平面图形的形心和面积矩

1. 形心

三维物体的几何形状中心（简称为**形心**，用 C 表示）的坐标定义为

$$x_C = \frac{\sum x_i \Delta V_i}{V}, \quad y_C = \frac{\sum y_i \Delta V_i}{V}, \quad z_C = \frac{\sum z_i \Delta V_i}{V} \tag{A-1}$$

式中，x_C、y_C、z_C 为形心 C 的坐标；V 为整个几何体的体积；ΔV_i 为某微小几何体的体积；x_i、y_i、z_i 为 ΔV_i 的坐标。对于连续的几何体，上式中的求和运算可用积分运算来完成，故常表示为

$$x_C = \frac{\int x \, dV}{V}, \quad y_C = \frac{\int y \, dV}{V}, \quad z_C = \frac{\int z \, dV}{V} \tag{A-2}$$

杆件横截面为二维几何体，且大多连续。如图 A-1 所示，平面图形的形心计算公式可以简化为

$$y_C = \frac{\int y \, dA}{A}, \quad z_C = \frac{\int z \, dA}{A} \tag{A-3}$$

式中，A 为整个平面图形的面积；dA 为某微小几何体的面积；y、z 为 dA 所在坐标。

2. 面积矩

式（A-3）中的积分部分分别表示为

$$S_z = \int_A y \, dA, \quad S_y = \int_A z \, dA \tag{A-4}$$

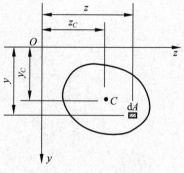

图 A-1　形心和面积矩

称为图形对 z、y 轴的**面积矩**。面积矩 S_y 和 S_z 的大小不仅与平面图形的面积 A 有关，还与平面图形的形状以及坐标轴的位置有关，即同一平面图形对于不同的坐标轴有不同的面积矩。面积矩可为正、负或零，其量纲为 L^3，单位为 m^3。

式(A-3)可改写为

$$y_C = \frac{S_z}{A}, \quad z_C = \frac{S_y}{A} \tag{A-5}$$

或

$$S_y = Az_C, \quad S_z = Ay_C \tag{A-6}$$

由式(A-5)和式(A-6)可见:若平面图形对某一轴的面积矩为零,则该轴必通过平面图形的形心;若某一轴过平面图形的形心,则平面图形对该轴的面积矩必为零。过平面图形形心的轴称为**形心轴**。

3. 组合平面图形的面积矩和形心

当平面图形由若干个简单的图形(如矩形、圆形、三角形等)组合而成时,该平面图形常称为**组合平面图形**。组合平面图形对某一轴的面积矩可以通过各简单图形的形心坐标及对应面积来计算:

$$S_y = \sum_{i=1}^{n} A_i z_{Ci}, \quad S_z = \sum_{i=1}^{n} A_i y_{Ci} \tag{A-7}$$

式中,A_i 和 y_{Ci}、z_{Ci} 分别表示各简单图形的面积及其形心坐标。

将式(A-7)代入式(A-5),并将总面积 A 用 $\sum_{i=1}^{n} A_i$ 代替,则组合平面图形的形心位置由下式确定:

$$y_C = \frac{\sum\limits_{i=1}^{n} A_i y_{Ci}}{\sum\limits_{i=1}^{n} A_i}, \quad z_C = \frac{\sum\limits_{i=1}^{n} A_i z_{Ci}}{\sum\limits_{i=1}^{n} A_i} \tag{A-8}$$

简单几何体的面积及形心坐标可以通过积分法求得。如将其计算公式制成表格直接用于查阅,则组合平面图形形心用式(A-8)计算较为方便。

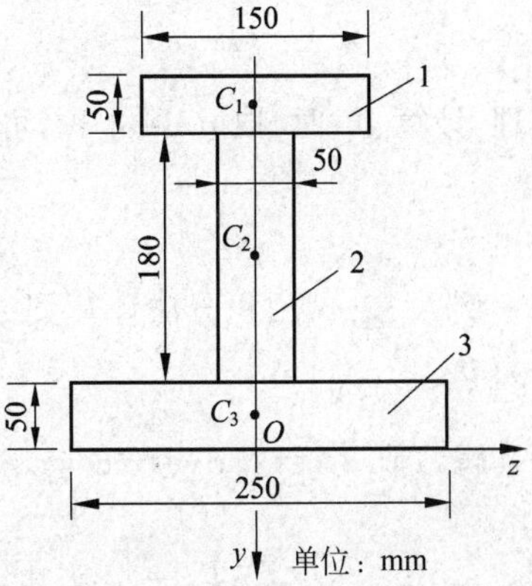

例 A-1 求图 A-2 所示平面图形的形心位置。

解 取参考坐标系 Oyz,其中 y 轴为对称轴,故平面图形的形心坐标 $z_C = 0$,只需计算形心的 y 坐标。该图形由 3 个矩形组成,各矩形的面积及形心的 y 坐标分别为

图 A-2 例 A-1 附图

$A_1 = 150 \times 50 \, \text{mm}^2 = 7.5 \times 10^3 \, \text{mm}^2$

$y_{C1} = -(50 + 180 + 25) \, \text{mm} = -255 \, \text{mm}$

$A_2 = 180 \times 50 \, \text{mm}^2 = 9.0 \times 10^3 \, \text{mm}^2$

$y_{C2} = -(50 + 90) \, \text{mm} = -140 \, \text{mm}$

$A_3 = 250 \times 50 \, \text{mm}^2 = 12.5 \times 10^3 \, \text{mm}^2$

$y_{C3} = -25 \, \text{mm}$

$$y_C = \frac{A_1 y_{C1} + A_2 y_{C2} + A_3 y_{C3}}{A_1 + A_2 + A_3} = \frac{-(7.5 \times 255 + 9.0 \times 140 + 12.5 \times 25) \times 10^3}{(7.5 + 9.0 + 12.5) \times 10^3} \, \text{mm}$$

$$= -120.2 \, \text{mm}$$

A.2 惯性矩和惯性积

1. 惯性矩、惯性半径

图 A-3 所示平面图形对 y、z 轴的**惯性矩**分别定义为（分别用 I_y 和 I_z 表示）

$$I_y = \int_A z^2 \mathrm{d}A, \quad I_z = \int_A y^2 \mathrm{d}A \tag{A-9}$$

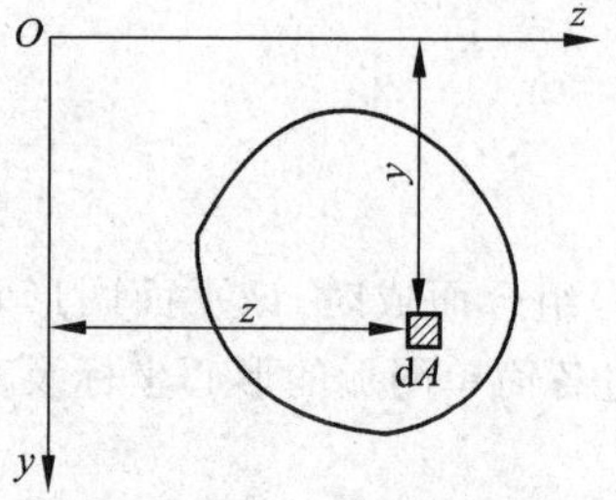

由定义可知惯性矩 I_y 和 I_z 恒为正值，其量纲为 L^4，单位为 m^4。

由下式计算所得的 i_y、i_z 称为平面图形对 y、z 轴的**惯性半径**：

$$i_y = \sqrt{\frac{I_y}{A}}, \quad i_z = \sqrt{\frac{I_z}{A}} \tag{A-10}$$

或

$$I_y = A i_y^2, \quad I_z = A i_z^2 \tag{A-11}$$

图 A-3 惯性矩与惯性积

惯性半径的量纲为 L，单位为 m。

例 A-2 试用积分法计算图 A-4 所示矩形对 y 轴和 z 轴的惯性矩。

解 计算 I_z 时，取 $\mathrm{d}A = b\,\mathrm{d}y$，则有

$$I_z = \int_{-h/2}^{h/2} y^2 b\,\mathrm{d}y = \frac{bh^3}{12}$$

同理，计算 I_y 时，取 $\mathrm{d}A = h\,\mathrm{d}z$，可得

$$I_y = \frac{hb^3}{12}$$

例 A-3 试用积分法计算图 A-5 所示圆形对过圆心 O 的轴 y 和 z 的惯性矩。设圆的直径为 d。

解 取 $\mathrm{d}A = 2z\,\mathrm{d}y = d\cos\varphi\,\mathrm{d}y = \frac{1}{2}d^2\cos^2\varphi\,\mathrm{d}\varphi$，则有

$$I_z = \int_A y^2 \mathrm{d}A = \int_{-\pi/2}^{\pi/2} \frac{d^2}{4}\sin^2\varphi \left(\frac{d^2}{2}\cos^2\varphi\,\mathrm{d}\varphi\right) = \frac{\pi d^4}{64}$$

由圆的对称性可知

$$I_y = I_z = \frac{\pi}{64}d^4$$

在 10.3 节中已得到圆截面的极惯性矩为 $I_\mathrm{p} = \dfrac{\pi d^4}{32}$，故可知 $I_\mathrm{p} = I_y + I_z$。

2. 惯性积

图 A-3 所示平面图形对 y、z 这一对正交坐标轴的**惯性积**定义为（用 I_{yz} 表示）

$$I_{yz} = \int_A yz\,\mathrm{d}A \tag{A-12}$$

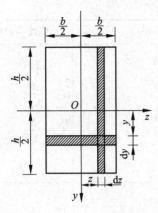

图 A-4　例 A-2 附图

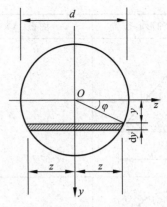

图 A-5　例 A-3 附图

惯性积可为正值或负值,也可为零。其量纲为 L^4,单位为 m^4。

由式(A-12)可知,若平面图形有一根对称轴,例如图 A-6 中的 y 轴,则图形对包含该轴在内的任意一对正交坐标轴的惯性积恒等于零。因为在对称于 y 轴处,各取一微面积 dA,则它们的惯性积 $yzdA$ 必定大小相等且正负号相反,故对整个平面图形求和后,惯性积必定为零。

惯性积为零的一对轴称为平面图形的**主惯性轴**,简称**主轴**。

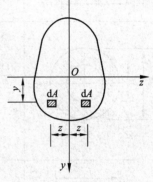

图 A-6　对称图形的惯性积

3. 组合平面图形的惯性矩和惯性积

由定义可知,组合图形对某轴(例如 y 轴)的惯性矩可以通过先计算单个简单图形的惯性矩,然后相加而得到,如以下公式所示:

$$I_y = \int_A z^2 \, dA = \int_{A_1} z^2 \, dA + \int_{A_2} z^2 \, dA + \cdots + \int_{A_n} z^2 \, dA = \sum_{i=1}^{n} I_{yi} \qquad \text{(A-13)}$$

式中,$A_1, A_2, \cdots, A_n$ 为组合图形中各简单图形的面积。这一结论同样适用于惯性积的计算。

为了应用方便,表 A-1 给出了几种常用平面图形的几何性质计算公式。

表 A-1　常用平面图形的几何性质计算公式

图形形状和形心位置	面积(A)	惯性矩(I_y, I_z)	惯性半径(i_y, i_z)
	bh	$I_y = \dfrac{hb^3}{12}$ $I_z = \dfrac{bh^3}{12}$	$i_y = \dfrac{b}{2\sqrt{3}}$ $i_z = \dfrac{h}{2\sqrt{3}}$

续表

图形形状和形心位置	面积(A)	惯性矩(I_y, I_z)	惯性半径(i_y, i_z)
	$\dfrac{bh}{2}$	$I_y = \dfrac{hb^3}{36}$ $I_z = \dfrac{bh^3}{36}$	$i_y = \dfrac{b}{3\sqrt{2}}$ $i_z = \dfrac{h}{3\sqrt{2}}$
	$\dfrac{\pi d^2}{4}$	$I_y = I_z = \dfrac{\pi d^4}{64}$	$i_y = i_z = \dfrac{d}{4}$
	$\dfrac{\pi D^2}{4}(1-\alpha^2)$ $\alpha = \dfrac{d}{D}$	$I_y = I_z = \dfrac{\pi D^4}{64}(1-\alpha^4)$	$i_y = i_z = \dfrac{D}{4}\sqrt{1+\alpha^2}$
	$bh - b_1 h_1$	$I_y = \dfrac{hb^3 - h_1 b_1^3}{12}$ $I_z = \dfrac{bh^3 - b_1 h_1^3}{12}$	
	$\dfrac{\pi d^2}{8}$	$I_y = \dfrac{\pi d^4}{128}$ $I_z = \dfrac{\pi d^4}{128} - \dfrac{\pi d^4}{18\pi^2}$	

A.3 惯性矩和惯性积的平行移轴公式

如图 A-7 所示，C 为平面图形的形心，Cy_C、Cz_C 为形心轴；Oy、Oz 轴分别与 Cy_C、Cz_C 轴平行，相距分别为 b 和 a。平面图形对这些轴的惯性矩及惯性积有如下关系：

$$\begin{cases} I_y = I_{y_C} + b^2 A \\ I_z = I_{z_C} + a^2 A \\ I_{yz} = I_{y_C z_C} + abA \end{cases} \qquad (A\text{-}14)$$

此为计算惯性矩和惯性积的**平行移轴公式**。可见，一组平行轴中，对通过形心的轴的惯性矩最小。但对惯性积未必如此，因为惯性积可正、可负，或为零。

此公式的推导比较简单，以其中一式为例，推导过程如下：

$$I_y = \int z^2 \, \mathrm{d}A = \int (b + z_C)^2 \, \mathrm{d}A$$

$$= \int (b^2 + 2bz_C + z_C^2) \, \mathrm{d}A = \int b^2 \, \mathrm{d}A + 2b \int z_C \, \mathrm{d}A + \int z_C^2 \, \mathrm{d}A$$

$$= b^2 A + 0 + I_{y_C} = b^2 A + I_{y_C}$$

例 A-4 在图 A-8 所示的矩形中挖去两个直径为 d 的圆形，求余下部分（阴影部分）图形对 z 轴的惯性矩。

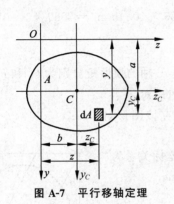

图 A-7 平行移轴定理

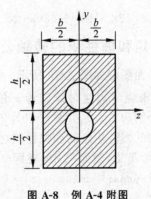

图 A-8 例 A-4 附图

解 此平面图形对 z 轴的惯性矩为

$$I_z = I_{z矩} - 2I_{z圆}$$

z 轴通过矩形的形心，故 $I_{z矩} = \dfrac{bh^3}{12}$；但 z 轴不通过圆形的形心，故求 $I_{z圆}$ 时需要应用平行移轴公式。一个圆形对 z 轴的惯性矩为

$$I_{z圆} = I_{z_C} + a^2 A = \frac{\pi d^4}{64} + \left(\frac{d}{2}\right)^2 \times \frac{\pi d^2}{4} = \frac{5\pi d^4}{64}$$

最后得到

$$I_z = \frac{bh^3}{12} - 2 \times \frac{5\pi d^4}{64} = \frac{bh^3}{12} - \frac{5\pi d^4}{32}$$

例 A-5 由两个 20a 号槽钢截面图形组成的组合平面图形如图 A-9(a) 所示。设 $a = 100\mathrm{mm}$，试求此组合平面图形对对称轴 y、z 的惯性矩。

解 由附录 B 可查得图 A-9(b) 所示一个 20a 号槽钢截面图形的几何性质如下：

$$A = 28.83 \times 10^2 \, \mathrm{mm}^2, \quad I_{y_C} = 128 \times 10^4 \, \mathrm{mm}^4$$

$$I_{z_C} = 1780.4 \times 10^4 \, \mathrm{mm}^4, \quad z_0 = 20.1 \mathrm{mm}$$

因此，组合图形的 I_z 为

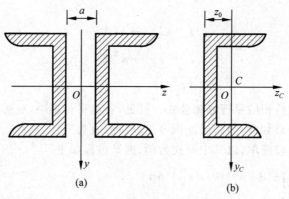

图 A-9　例 A-5 附图

$$I_z = 2I_{z_C} = 2 \times 1780.4 \times 10^4 \, \text{mm}^4 = 3560.8 \times 10^4 \, \text{mm}^4$$

而组合图形的 I_y 可由平行移轴公式求得

$$I_y = 2[I_{y_C} + (0.5a + z_0)^2 A]$$

$$= 2 \times [128 \times 10^4 + (50 + 20.1)^2 \times 28.83 \times 10^2] \, \text{mm}^4 = 3089.4 \times 10^4 \, \text{mm}^4$$

A.4　惯性矩和惯性积的转轴公式

设任意平面图形如图 A-10 所示。该图形对 y、z 轴的惯性矩分别为 I_y 和 I_z，惯性积为 I_{yz}。当 y、z 轴绕 O 点逆时针旋转 α 角后，设该图形对 y'、z' 轴的惯性矩分别为 $I_{y'}$、$I_{z'}$，惯性积为 $I_{y'z'}$。现研究该图形对这两对坐标轴的惯性矩之间和惯性积之间的关系。

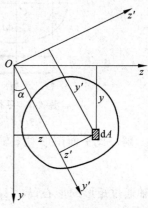

由图 A-10 可见，微面积 $\text{d}A$ 在两坐标系中的坐标关系为

$$y' = y\cos\alpha + z\sin\alpha, \quad z' = z\cos\alpha - y\sin\alpha$$

由惯性矩的定义可得

$$I_{y'} = \int_A z'^2 \, \text{d}A = \int_A (z\cos\alpha - y\sin\alpha)^2 \, \text{d}A$$

$$= \cos^2\alpha \int_A z^2 \, \text{d}A - 2\sin\alpha\cos\alpha \int_A yz \, \text{d}A + \sin^2\alpha \int_A y^2 \, \text{d}A$$

$$= I_y \cos^2\alpha - 2\sin\alpha\cos\alpha I_{yz} + I_z \sin^2\alpha$$

利用三角函数关系，上式成为

图 A-10　转轴定理

$$I_{y'} = \frac{I_y + I_z}{2} + \frac{I_y - I_z}{2}\cos 2\alpha - I_{yz}\sin 2\alpha \quad \text{(A-15)}$$

用同样方法可得

$$I_{z'} = \frac{I_y + I_z}{2} - \frac{I_y - I_z}{2}\cos 2\alpha + I_{yz}\sin 2\alpha \tag{A-16}$$

$$I_{y'z'} = \frac{I_y - I_z}{2}\sin 2\alpha + I_{yz}\cos 2\alpha \tag{A-17}$$

式中 α 以逆时针方向旋转为正。式(A-15)～式(A-17)称为惯性矩和惯性积的**转轴公式**。将式(A-15)和式(A-16)相加得

$$I_{y'} + I_{z'} = I_y + I_z \tag{A-18}$$

上式表明，当坐标轴旋转时，平面图形对通过一点的任一对正交坐标轴的惯性矩之和为常量。

A.5 主轴和主惯性矩

由式(A-17)看出,当 2α 在 $0°\sim360°$ 范围内变化时,$I_{y'z'}$ 有正、负值的变化。因此,通过一点总可以找到一对轴,平面图形对这一对轴的惯性积为零,这一对轴称为**惯性主轴**(常简称为**主轴**)。当坐标系的原点为形心时,此时的主轴称为**形心主轴**。平面图形对主轴的惯性矩称为**主惯性矩**,对形心主轴的惯性矩称为**形心主惯性矩**。可以证明,对于平面图形内的任意点总可以找到一对主轴。

设 α_0 为主轴与原坐标轴的夹角,将 $\alpha=\alpha_0$ 代入式(A-17)得

$$\frac{I_y - I_z}{2}\sin2\alpha_0 + I_{yz}\cos2\alpha_0 = 0$$

因此有

$$\tan2\alpha_0 = \frac{-2I_{yz}}{I_y - I_z} \tag{A-19}$$

由式(A-15)和式(A-16)还可看出,当 2α 在 $0°\sim360°$ 范围内变化时,$I_{y'}$ 和 $I_{z'}$ 存在极值。设 α_1 为惯性矩为极值的轴与原坐标轴的夹角,则可利用求极值的方法,得到

$$\left.\frac{\mathrm{d}I_{y'}}{\mathrm{d}\alpha}\right|_{\alpha=\alpha_1} = -(I_y - I_z)\sin2\alpha_1 - 2I_{yz}\cos2\alpha_1 = 0$$

得

$$\tan2\alpha_1 = \frac{-2I_{yz}}{I_y - I_z}$$

与式(A-19)比较可知 $\alpha_1=\alpha_0$,即平面图形对主轴的惯性矩具有极值。由式(A-18)可知,如果平面图形对一根主轴的惯性矩是该图形对过该点的所有轴的惯性矩中的最大值,则对另一根主轴的惯性矩为最小值。

利用式(A-19)及式(A-15)和式(A-16)可以推得主惯性矩的计算公式

$$\begin{cases} I_{y_0} = \dfrac{I_y + I_z}{2} + \sqrt{\left(\dfrac{I_y - I_z}{2}\right)^2 + I_{yz}^2} \\ I_{z_0} = \dfrac{I_y + I_z}{2} - \sqrt{\left(\dfrac{I_y - I_z}{2}\right)^2 + I_{yz}^2} \end{cases} \tag{A-20}$$

在材料力学中,常用到平面图形的**形心主轴**和**形心主惯性矩**。

习题

A-1 试确定附图(a)、(b)中两阴影线部分图形的形心位置。

A-2 试求附图(a)、(b)所示两图形水平形心轴 z 的位置,并求阴影线部分面积对 z 轴的面积矩 S_z。

A-3 试计算附图(a)、(b)中图形对 y、z 轴的惯性矩和惯性积。

A-4 当附图所示组合截面对两对称轴 y、z 的惯性矩相等时,试确定它们的间距 a。

A-5 4 个 $70\times70\times8$ 的等边角钢组合成附图(a)和(b)所示两种截面形式,试求这两种截面对 z 轴的惯性矩之比值。

A-6 参考附图,对于正方形及等边三角形图形,试证明通过其形心的任一对轴均为形心主轴,并对任一形心主轴的惯性矩均相等。

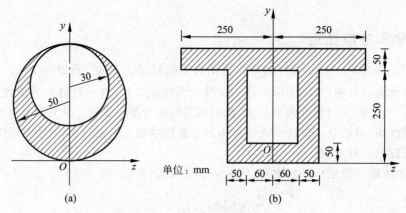

单位：mm

(a)　　　　　　　　　　(b)

习题 A-1 附图

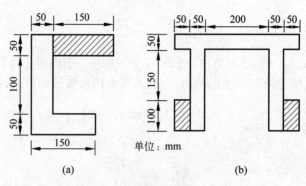

单位：mm

(a)　　　　　　　　　　(b)

习题 A-2 附图

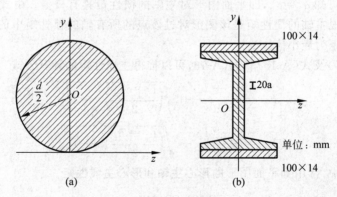

(a)　　　　　　　　　　(b)

习题 A-3 附图

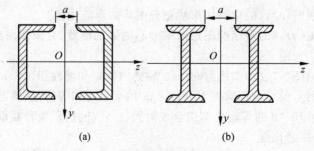

(a)　　　　　　　　　　(b)

习题 A-4 附图

（a）两个 14a 号槽钢组成的截面；（b）两个 10 号工字钢组成的截面

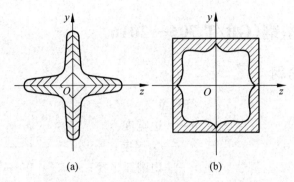

习题 A-5 附图

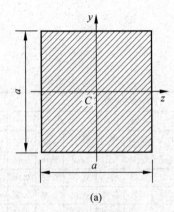

(a)

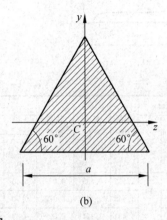

(b)

习题 A-6 附图

A-7 试画出附图所示各图形的形心主轴的大致位置,并指出图形对哪个形心主轴的惯性矩最大。

A-8 计算附图所示各图形的形心主惯性矩。

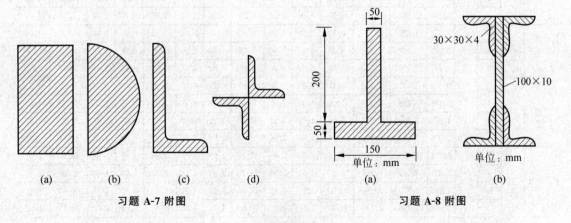

| (a) | (b) | (c) | (d) | (a) | (b) |

习题 A-7 附图   习题 A-8 附图

本章习题参考解答

附录 B　热轧型钢(GB/T 706—2016)

B.1　热轧等边角钢

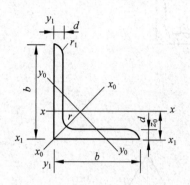

符号意义:

b——边宽度;　　　　　　　I——惯性矩;

d——边厚度;　　　　　　　i——惯性半径;

r——内圆弧半径;　　　　　W——截面系数;

r_1——边端内弧半径;　　　z_0——重心距离。

角钢号码	尺寸/mm			截面面积/cm²	理论重量/(kg/m)	外表面积/(m²/m)	参考数值											
	b	d	r				$x-x$			x_0-x_0			y_0-y_0			x_1-x_1	z_0/cm
							I_x/cm⁴	i_x/cm	W_x/cm³	I_{x_0}/cm⁴	i_{x_0}/cm	W_{x_0}/cm³	I_{y_0}/cm⁴	i_{y_0}/cm	W_{y_0}/cm³	I_{x_1}/cm⁴	
2	20	3	3.5	1.132	0.889	0.079	0.40	0.59	0.29	0.63	0.75	0.45	0.17	0.39	0.20	0.81	0.60
		4		1.459	1.145	0.077	0.50	0.58	0.36	0.78	0.73	0.55	0.22	0.38	0.24	1.09	0.64
2.5	25	3		1.432	1.124	0.098	0.82	0.76	0.46	1.29	0.95	0.73	0.34	0.49	0.33	1.57	0.73
		4		1.859	1.459	0.097	1.03	0.74	0.59	1.62	0.93	0.92	0.43	0.48	0.40	2.11	0.76
3.0	30	3		1.749	1.373	0.117	1.46	0.91	0.68	2.31	1.15	1.09	0.61	0.59	0.51	2.71	0.85
		4		2.276	1.786	0.117	1.84	0.90	0.87	2.92	1.13	1.37	0.77	0.58	0.62	3.63	0.89
3.6	36	3	4.5	2.109	1.656	0.141	2.58	1.11	0.99	4.09	1.39	1.61	1.07	0.71	0.76	4.68	1.00
		4		2.756	2.163	0.141	3.29	1.09	1.28	5.22	1.38	2.05	1.37	0.70	0.93	6.25	1.04
		5		3.382	2.654	0.141	3.95	1.08	1.56	6.24	1.36	2.45	1.65	0.70	1.09	7.84	1.07
4.0	40	3	5	2.359	1.852	0.157	3.59	1.23	1.23	5.69	1.55	2.01	1.49	0.79	0.96	6.14	1.09
		4		3.086	2.422	0.157	4.60	1.22	1.60	7.29	1.54	2.58	1.91	0.79	1.19	8.56	1.13
		5		3.791	2.976	0.156	5.53	1.21	1.96	8.76	1.52	3.01	2.30	0.78	1.39	10.74	1.17
4.5	45	3	5	2.659	2.088	0.177	5.17	1.40	1.58	8.20	1.76	2.58	2.14	0.90	1.24	9.12	1.22
		4		3.486	2.736	0.177	6.65	1.38	2.05	10.56	1.74	3.32	2.75	0.89	1.54	12.18	1.26
		5		4.292	3.369	0.176	8.04	1.37	2.51	12.74	1.72	4.00	3.33	0.88	1.81	15.25	1.30
		6		5.076	3.985	0.176	9.33	1.36	2.95	14.76	1.70	4.64	3.89	0.88	2.06	18.36	1.33
5.0	50	3	5.5	2.971	2.332	0.197	7.18	1.55	1.96	11.37	1.96	3.22	2.98	1.00	1.57	12.50	1.34
		4		3.897	3.059	0.197	9.26	1.54	2.56	14.70	1.94	4.16	3.82	0.99	1.96	16.69	1.38
		5		4.803	3.770	0.196	11.21	1.53	3.13	17.79	1.92	5.03	4.64	0.98	2.31	20.90	1.42
		6		5.688	4.456	0.196	13.05	1.52	3.68	20.68	1.91	5.85	5.42	0.98	2.63	25.14	1.46
5.6	56	3	6	3.343	2.624	0.221	10.19	1.75	2.48	16.14	2.20	4.08	4.24	1.13	2.02	17.56	1.48
		4		4.390	3.446	0.220	13.18	1.73	3.24	20.92	2.18	5.28	5.46	1.11	2.52	23.43	1.58
		5		5.415	4.251	0.220	16.02	1.72	3.97	25.42	2.17	6.42	6.61	1.10	2.98	29.33	1.57
		8	7	8.367	6.568	0.219	23.63	1.68	6.03	37.37	2.11	9.44	9.89	1.09	4.16	47.24	1.68

续表

角钢号码	尺寸/mm b	d	r	截面面积 /cm²	理论重量 /(kg/m)	外表面积 /(m²/m)	I_x /cm⁴	i_x /cm	W_x /cm³	I_{x_0} /cm⁴	i_{x_0} /cm	W_{x_0} /cm³	I_{y_0} /cm⁴	i_{y_0} /cm	W_{y_0} /cm³	I_{x_1} /cm⁴	z_0 /cm
6.3	63	4	7	4.978	3.907	0.248	19.03	1.96	4.13	30.17	2.46	6.78	7.89	1.26	3.29	33.35	1.70
		5		6.143	4.822	0.248	23.17	1.94	5.08	36.77	2.45	8.25	9.57	1.25	3.90	41.73	1.74
		6		7.288	5.721	0.247	27.12	1.93	6.0	43.03	2.43	9.66	11.20	1.24	4.46	50.14	1.78
		8		9.515	7.468	0.247	34.46	1.90	7.75	54.56	2.40	12.25	14.33	1.23	5.47	67.11	1.85
		10		11.657	9.151	0.246	41.09	1.88	9.39	64.85	2.36	14.56	17.33	1.22	6.36	84.31	1.93
7	70	4	8	5.570	4.372	0.275	26.39	2.18	5.14	41.80	2.74	8.44	10.99	1.40	4.17	45.74	1.86
		5		6.875	5.397	0.275	32.21	2.16	6.32	51.08	2.73	10.32	13.34	1.39	4.95	57.21	1.91
		6		8.160	6.406	0.275	37.77	2.15	7.48	59.93	2.71	12.11	15.61	1.38	5.67	68.73	1.95
		7		9.424	7.398	0.275	43.09	2.14	8.59	68.35	2.69	13.81	17.82	1.38	6.34	80.29	1.99
		8		10.667	8.373	0.274	48.17	2.12	9.68	76.37	2.68	15.34	19.98	1.37	6.98	91.92	2.03
7.5	75	5	9	7.412	5.818	0.295	39.97	2.33	7.32	63.30	2.92	11.94	16.63	1.50	5.77	70.56	2.04
		6		8.797	6.905	0.294	46.95	2.31	8.64	74.38	2.90	14.02	19.51	1.49	6.67	84.55	2.07
		7		10.160	7.976	0.294	53.57	2.30	9.93	84.96	2.89	16.02	22.18	1.48	7.44	98.71	2.11
		8		11.503	9.030	0.294	59.96	2.28	11.20	95.07	2.88	17.93	24.86	1.47	8.19	112.97	2.15
		10		14.126	11.089	0.293	71.98	2.26	13.64	113.92	2.84	21.48	30.05	1.46	9.56	141.71	2.22
8	80	5	9	7.912	6.211	0.315	48.79	2.48	8.34	77.33	3.13	13.67	20.25	1.60	6.66	85.36	2.15
		6		9.397	7.376	0.314	57.35	2.47	9.87	90.89	3.11	16.08	23.72	1.59	7.65	102.50	2.19
		7		10.860	8.525	0.314	65.58	2.46	11.37	104.07	3.10	18.40	27.09	1.58	8.58	119.70	2.23
		8		12.303	9.658	0.314	73.49	2.44	12.83	116.60	3.08	20.61	30.39	1.57	9.46	136.97	2.27
		10		15.126	11.874	0.313	88.43	2.42	15.64	140.09	3.04	24.76	36.77	1.56	11.08	171.74	2.35
9	90	6	10	10.637	8.350	0.354	82.77	2.79	12.61	131.26	3.51	20.63	34.28	1.80	9.95	145.87	2.44
		7		12.301	9.656	0.354	94.83	2.78	14.54	150.47	3.50	23.64	39.18	1.78	11.19	170.30	2.48
		8		13.944	10.946	0.353	106.47	2.76	16.42	168.97	3.48	26.55	43.97	1.78	12.35	194.80	2.52
		10		17.167	13.476	0.353	128.58	2.74	20.07	203.90	3.45	32.04	53.26	1.76	14.52	244.07	2.59
		12		20.306	15.940	0.352	149.22	2.71	23.57	236.21	3.41	37.12	62.22	1.75	16.49	293.76	2.67
10	100	6	12	11.932	9.366	0.393	114.95	3.10	15.68	181.98	3.90	25.74	47.92	2.00	12.69	200.07	2.67
		7		13.796	10.830	0.393	131.86	3.09	18.10	208.97	3.89	29.55	54.74	1.99	14.26	233.54	2.71
		8		15.638	12.276	0.393	148.24	3.08	20.47	235.07	3.88	33.24	61.41	1.98	15.75	267.09	2.76
		10		19.261	15.120	0.392	179.51	3.05	25.06	284.68	3.84	40.26	74.35	1.96	18.54	334.48	2.84
		12		22.800	17.898	0.391	208.90	3.03	29.48	330.95	3.81	46.80	86.84	1.95	21.08	402.34	2.91
		14		26.256	20.611	0.391	236.53	3.00	33.73	374.06	3.77	52.90	99.00	1.94	23.44	470.75	2.99
		16		29.627	23.257	0.390	262.53	2.98	37.82	414.16	3.74	58.57	110.89	1.94	25.63	539.80	3.06
11	110	7	12	15.196	11.928	0.433	177.16	3.41	22.05	280.94	4.30	36.12	73.38	2.20	17.51	310.64	2.96
		8		17.238	13.532	0.433	199.46	3.40	24.95	316.49	4.28	40.69	82.42	2.19	19.39	355.20	3.01
		10		21.261	16.690	0.432	242.19	3.38	30.60	384.39	4.25	49.42	99.98	2.17	22.91	444.65	3.09
		12		25.200	19.782	0.431	282.55	3.35	36.05	448.17	4.22	57.62	116.93	2.15	26.15	534.60	3.16
		14		29.056	22.809	0.431	320.71	3.32	41.31	508.01	4.18	65.31	133.40	2.14	29.14	625.16	3.24

续表

角钢号码	尺寸/mm			截面面积/cm²	理论重量/(kg/m)	外表面积/(m²/m)	参考数值											
							x—x			x₀—x₀			y₀—y₀			x₁—x₁	z₀
	b	d	r				I_x /cm⁴	i_x /cm	W_x /cm³	I_{x_0} /cm⁴	i_{x_0} /cm	W_{x_0} /cm³	I_{y_0} /cm⁴	i_{y_0} /cm	W_{y_0} /cm³	I_{x_1} /cm⁴	/cm
12.5	125	8	14	19.750	15.504	0.492	297.03	3.88	32.52	470.89	4.88	53.28	123.16	2.50	25.86	521.01	3.37
		10		24.373	19.133	0.491	361.67	3.85	39.97	573.89	4.85	64.93	149.46	2.48	30.62	651.93	3.45
		12		28.912	22.696	0.491	423.16	3.83	41.17	671.44	4.82	75.97	174.88	2.46	35.03	783.42	3.53
		14		33.367	26.193	0.490	481.65	3.80	54.16	763.73	4.78	86.41	199.57	2.45	39.13	915.61	3.61
14	140	10	14	27.373	21.488	0.551	514.65	4.34	50.58	817.27	5.46	82.56	212.04	2.78	39.02	915.11	3.82
		12		32.512	25.522	0.551	603.68	4.31	59.80	958.79	5.43	96.85	248.57	2.76	45.02	1099.28	3.90
		14		37.567	29.490	0.550	688.81	4.28	68.75	1093.56	5.40	110.47	284.06	2.75	50.45	1284.22	3.98
		16		42.539	33.393	0.549	770.24	4.26	77.46	1221.81	5.36	123.42	318.67	2.74	55.55	1470.07	4.06
16	160	10	16	31.502	24.729	0.630	779.53	4.98	66.70	1237.30	6.27	109.36	321.76	3.20	52.76	1365.33	4.31
		12		37.411	29.391	0.630	916.58	4.95	78.98	1455.68	6.24	128.67	377.49	3.18	60.74	1639.57	4.39
		14		43.296	33.987	0.629	1048.36	4.92	90.95	1665.02	6.20	147.17	431.70	3.16	68.24	1914.68	4.47
		16		49.067	38.518	0.629	1175.08	4.89	102.63	1865.57	6.17	164.89	484.59	3.14	75.31	2190.82	4.55
18	180	12		42.241	33.159	0.710	1321.35	5.59	100.82	2100.00	7.06	165.00	542.61	3.58	78.41	2332.80	4.89
		14		48.896	38.383	0.709	1514.48	5.56	116.25	2407.42	7.02	189.14	621.53	3.56	88.38	2723.48	4.97
		16		55.467	43.542	0.709	1700.99	5.54	131.13	2703.37	6.98	212.40	698.60	3.55	97.83	3115.29	5.05
		18		61.955	48.634	0.708	1875.12	5.50	145.64	2988.24	6.94	234.78	762.01	3.51	105.14	3502.43	5.13
20	200	14	18	54.642	42.894	0.788	2103.55	6.20	144.70	3343.26	7.82	236.40	863.83	3.98	111.82	3734.10	5.46
		16		62.013	48.680	0.788	2366.15	6.18	163.65	3760.89	7.79	265.93	971.41	3.96	123.96	4270.39	5.54
		18		69.301	54.401	0.787	2620.64	6.15	182.22	4164.54	7.75	294.48	1076.7	3.94	135.52	4808.13	5.62
		20		76.505	60.056	0.787	2867.30	6.12	200.42	4554.55	7.72	322.06	1180.0	3.93	146.55	5347.51	5.69
		24		90.661	71.168	0.785	3338.25	6.07	236.17	5294.97	7.64	374.41	1381.5	3.90	166.55	6457.16	5.87

注：截面图中的 $r_1=\dfrac{1}{3}d$ 及表中 r 值的数据用于孔型设计，不作为交货条件。

B.2 热轧不等边角钢

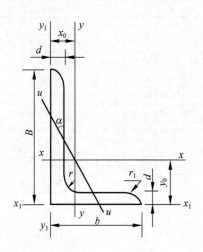

符号意义：

B——长边宽度；　　　　b——短边宽度；

d——边厚度；　　　　　r——内圆弧半径；

r_1——边端内弧半径；　I——惯性矩；

i——惯性半径；　　　　W——截面系数；

x_0——重心距离；　　　y_0——重心距离；

u——主惯性轴；　　　　α——主惯性轴方位角。

角钢号数	尺寸/mm				截面面积 /cm²	理论重量 /(kg/m)	外表面积 /(m²/m)	参考数值													
								x—x			y—y			x₁—x₁		y₁—y₁		u—u			
	B	b	d	r				I_x /cm⁴	i_x /cm	W_x /cm³	I_y /cm⁴	i_y /cm	W_y /cm³	I_{x_1} /cm⁴	y_0 /cm	I_{y_1} /cm⁴	x_0 /cm	I_u /cm⁴	i_u /cm	W_u /cm³	$\tan\alpha$
2.5/1.6	25	16	3	3.5	1.162	0.912	0.080	0.70	0.78	0.43	0.22	0.44	0.19	1.56	0.86	0.43	0.42	0.14	0.34	0.16	0.392
2.5/1.6	25	16	4	3.5	1.149	1.176	0.079	0.88	0.77	0.55	0.27	0.43	0.24	2.09	0.90	0.59	0.46	0.17	0.34	0.20	0.381
3.2/2	32	20	3	3.5	1.492	1.171	0.102	1.53	1.01	0.72	0.46	0.55	0.30	3.27	1.08	0.82	0.49	0.28	0.43	0.25	0.382
3.2/2	32	20	4	3.5	1.939	1.522	0.101	1.93	1.00	0.93	0.57	0.54	0.39	4.37	1.12	1.12	0.53	0.35	0.43	0.32	0.374
4/2.5	40	25	3	4	1.890	1.484	0.127	3.08	1.28	1.15	0.93	0.70	0.49	6.39	1.32	1.59	0.59	0.56	0.54	0.40	0.386
4/2.5	40	25	4	4	2.467	1.936	0.127	3.93	1.26	1.49	1.18	0.69	0.63	8.53	1.37	2.14	0.63	0.71	0.54	0.52	0.381
4.5/2.8	45	28	3	5	2.149	1.687	0.143	4.45	1.44	1.47	1.34	0.79	0.62	9.10	1.47	2.23	0.64	0.80	0.61	0.51	0.383
4.5/2.8	45	28	4	5	2.806	2.203	0.143	5.69	1.42	1.91	1.70	0.78	0.80	12.13	1.51	3.00	0.68	1.02	0.60	0.66	0.380
5/3.2	50	32	3	5.5	2.431	1.908	0.161	6.24	1.60	1.84	2.02	0.91	0.82	12.49	1.60	3.31	0.73	1.20	0.70	0.68	0.404
5/3.2	50	32	4	5.5	3.177	2.494	0.160	8.02	1.59	2.39	2.58	0.90	1.06	16.65	1.65	4.45	0.77	1.53	0.69	0.87	0.402
5.6/3.6	56	36	3	6	2.743	2.153	0.181	8.88	1.80	2.32	2.92	1.03	1.05	17.54	1.78	4.70	0.80	1.73	0.79	0.87	0.408
5.6/3.6	56	36	4	6	3.590	2.818	0.180	11.45	1.79	3.03	3.76	1.01	1.37	23.39	1.82	6.33	0.85	2.23	0.79	1.13	0.408
5.6/3.6	56	36	5	6	4.415	3.466	0.180	13.86	1.77	3.71	4.49	1.01	1.65	29.25	1.87	7.94	0.88	2.67	0.78	1.36	0.404
6.3/4	63	40	4	7	4.058	3.185	0.202	16.49	2.02	3.87	5.23	1.14	1.70	33.30	2.04	8.63	0.92	3.12	0.88	1.40	0.398
6.3/4	63	40	5	7	4.993	3.920	0.202	20.02	2.00	4.74	6.31	1.12	2.71	41.63	2.08	10.86	0.95	3.76	0.87	1.71	0.396
6.3/4	63	40	6	7	5.908	4.638	0.201	23.36	1.96	5.59	7.29	1.11	2.43	49.98	2.12	13.12	0.99	4.34	0.86	1.99	0.393
6.3/4	63	40	7	7	6.802	5.339	0.201	26.53	1.98	6.40	8.24	1.10	2.78	58.07	2.15	15.47	1.03	4.97	0.86	2.29	0.389
7/4.5	70	45	4	7.5	4.547	3.570	0.226	23.17	2.26	4.86	7.55	1.29	2.17	45.92	2.24	12.26	1.02	4.40	0.98	1.77	0.410
7/4.5	70	45	5	7.5	5.609	4.403	0.225	27.95	2.23	5.92	9.13	1.28	2.65	57.10	2.28	15.39	1.06	5.40	0.98	2.19	0.407
7/4.5	70	45	6	7.5	6.647	5.218	0.225	32.54	2.21	6.95	10.62	1.26	3.12	68.35	2.32	18.58	1.09	6.35	0.98	2.59	0.404
7/4.5	70	45	7	7.5	7.657	6.011	0.225	37.22	2.20	8.03	12.01	1.25	3.57	79.99	2.36	21.84	1.13	7.16	0.97	2.94	0.402
7.5/5	75	50	5	8	6.125	4.808	0.245	34.86	2.39	6.83	12.61	1.44	3.30	70.00	2.40	21.04	1.17	7.41	1.10	2.74	0.435
7.5/5	75	50	6	8	7.260	5.699	0.245	41.12	2.38	8.12	14.70	1.42	3.88	84.30	2.44	25.37	1.21	8.54	1.08	3.19	0.435
7.5/5	75	50	8	8	9.467	7.431	0.244	52.39	2.35	10.52	18.53	1.40	4.99	112.50	2.52	34.33	1.29	10.87	1.07	4.10	0.429
7.5/5	75	50	10	8	11.590	9.098	0.244	62.71	2.33	12.79	21.96	1.38	6.04	140.80	2.60	43.43	1.36	13.10	1.06	4.99	0.423

续表

角钢号码	尺寸/mm				截面面积/cm²	理论重量/(kg/m)	外表面积/(m²/m)	参考数值														
								$x-x$			$y-y$			x_1-x_1		y_1-y_1		$u-u$			
	B	b	d	r				I_x/cm⁴	i_x/cm	W_x/cm³	I_y/cm⁴	i_y/cm	W_y/cm³	I_{x_1}/cm⁴	y_0/cm	I_{y_1}/cm⁴	x_0/cm	I_u/cm⁴	i_u/cm	W_u/cm³	$\tan\alpha$
$\dfrac{8}{5}$	80	50	5	8	6.375	5.005	0.255	41.96	2.56	7.78	12.82	1.42	3.32	85.21	2.60	21.06	1.14	7.66	1.10	2.74	0.388
			6		7.560	5.935	0.255	49.49	2.56	9.25	14.95	1.41	3.91	102.53	2.65	25.41	1.18	8.85	1.08	3.20	0.387
			7		8.724	6.848	0.255	56.16	2.54	10.58	16.95	1.39	4.48	119.33	2.69	29.82	1.21	10.18	1.08	3.70	0.384
			8		9.867	7.745	0.254	62.83	2.52	11.92	18.85	1.38	5.03	136.41	2.73	34.32	1.25	11.38	1.07	4.16	0.381
$\dfrac{9}{5.6}$	90	56	5	9	7.212	5.661	0.287	60.45	2.90	9.92	18.32	1.59	4.21	121.32	2.91	29.53	1.25	10.98	1.23	3.49	0.385
			6		8.557	6.717	0.286	71.03	2.88	11.74	21.42	1.58	4.96	145.59	2.95	35.58	1.29	12.90	1.23	4.18	0.384
			7		9.880	7.756	0.286	81.01	2.86	13.49	24.36	1.57	5.70	169.66	3.00	41.71	1.33	14.67	1.22	4.72	0.382
			8		11.183	8.779	0.286	91.03	2.85	15.27	27.15	1.56	6.41	194.17	3.04	47.93	1.36	16.34	1.21	5.29	0.380
$\dfrac{10}{6.3}$	100	63	6	10	9.617	7.550	0.320	99.06	3.21	14.64	30.94	1.79	6.35	199.71	3.24	50.50	1.43	18.42	1.38	5.25	0.394
			7		11.111	8.722	0.320	113.45	3.29	16.88	35.26	1.78	7.29	233.00	3.28	59.14	1.47	21.00	1.38	6.02	0.393
			8		12.584	9.878	0.319	127.37	3.18	19.08	39.39	1.77	8.21	266.32	3.32	67.88	1.50	23.50	1.37	6.78	0.391
			10		15.467	12.142	0.319	153.81	3.15	23.32	47.12	1.74	9.98	333.06	3.40	85.73	1.58	28.33	1.35	8.24	0.387
$\dfrac{10}{8}$	100	80	6	10	10.637	8.350	0.354	107.04	3.17	15.19	61.24	2.40	10.16	199.83	2.95	102.68	1.94	31.65	1.72	8.37	0.627
			7		12.301	9.656	0.354	122.73	3.16	17.52	70.08	2.39	11.71	233.20	3.00	119.98	2.01	36.17	1.72	9.60	0.626
			8		13.944	10.945	0.353	137.92	3.14	19.81	78.58	2.37	13.21	266.61	3.04	137.37	2.05	40.58	1.71	10.80	0.625
			10		17.167	13.476	0.353	166.87	3.12	24.24	94.65	2.35	16.12	333.63	3.12	172.48	2.13	49.10	1.69	13.12	0.622
$\dfrac{11}{7}$	110	70	6	10	10.637	8.350	0.354	133.37	3.54	17.85	42.92	2.01	7.90	265.78	3.53	69.08	1.57	25.36	1.54	6.53	0.403
			7		12.301	9.656	0.354	153.00	3.53	20.60	49.01	2.00	9.09	310.07	3.57	80.82	1.61	28.95	1.53	7.50	0.402
			8		13.944	10.946	0.353	172.04	3.51	23.30	54.87	1.98	10.25	354.39	3.62	92.70	1.65	32.45	1.53	8.45	0.401
			10		17.167	13.476	0.353	208.39	3.48	28.54	65.88	1.96	12.48	443.13	3.70	116.83	1.72	39.20	1.51	10.29	0.397
$\dfrac{12.5}{8}$	125	80	7	11	14.096	11.066	0.403	227.98	4.02	26.86	74.42	2.30	12.01	454.99	4.01	120.32	1.80	43.81	1.76	9.92	0.408
			8		15.989	12.551	0.403	256.77	4.01	30.41	83.49	2.28	13.56	519.99	4.06	137.85	1.84	49.15	1.75	11.18	0.407
			10		19.712	15.474	0.402	312.04	3.98	37.33	100.67	2.26	16.56	650.09	4.14	173.40	1.92	59.45	1.74	13.64	0.404
			12		23.351	18.330	0.402	364.41	3.95	44.01	116.67	2.24	19.43	780.39	4.22	209.67	2.00	69.35	1.72	16.01	0.400

续表

角钢号码	尺寸/mm				截面面积/cm²	理论重量/(kg/m)	外表面积/(m²/m)	x—x			y—y			x1—x1		y1—y1		y0/cm	u—u			tanα
	B	b	d	r				I_x/cm⁴	i_x/cm	W_x/cm³	I_y/cm⁴	i_y/cm	W_y/cm³	I_{x_1}/cm⁴	y_0/cm	I_{y_1}/cm⁴	x_0/cm		I_u/cm⁴	i_u/cm	W_u/cm³	
$\frac{14}{9}$	140	90	8	12	18.038	14.160	0.453	365.64	4.50	38.48	120.69	2.59	17.34	730.53	4.50	195.79	2.04		70.83	1.98	14.31	0.411
			10		22.261	17.475	0.452	445.50	4.47	47.31	146.03	2.56	21.22	913.20	4.58	245.92	2.12		85.82	1.96	17.48	0.409
			12		26.400	20.724	0.451	521.59	4.44	55.87	169.79	2.54	24.95	1096.09	4.66	296.89	2.19		100.21	1.95	20.54	0.406
			14		30.456	23.908	0.451	594.10	4.42	64.18	192.10	2.51	28.54	1279.26	4.74	348.82	2.27		114.13	1.94	23.52	0.403
$\frac{16}{10}$	160	100	10	13	25.315	19.872	0.512	668.69	5.14	62.13	205.03	2.85	26.56	1362.89	5.24	336.59	2.28		121.74	2.19	21.92	0.390
			12		30.054	23.592	0.511	784.91	5.11	73.49	239.06	2.82	31.28	1635.56	5.32	405.94	2.36		142.3	2.17	25.79	0.388
			14		34.709	27.247	0.510	896.30	5.08	84.56	271.20	2.80	35.83	1908.50	5.40	476.42	2.43		162.2	2.16	29.56	0.385
			16		39.281	30.835	0.510	1003.04	5.05	95.33	301.60	2.77	40.24	2181.79	5.48	548.22	2.51		182.6	2.16	33.44	0.382
$\frac{18}{11}$	180	110	10	14	28.373	22.273	0.571	956.25	5.80	78.96	278.11	3.13	32.49	1940.40	5.89	447.22	2.44		166.5	2.42	26.88	0.376
			12		33.712	26.464	0.571	1124.72	5.78	93.53	325.03	3.10	38.32	2328.38	5.98	538.94	2.52		194.9	2.40	31.66	0.374
			14		38.967	30.589	0.570	1286.91	5.75	107.76	369.55	3.08	43.97	2716.60	6.06	631.95	2.59		222.3	2.39	36.32	0.372
			16		44.139	34.649	0.569	1443.06	5.72	121.64	411.85	3.06	49.44	3105.15	6.14	726.46	2.67		248.9	2.38	40.87	0.369
$\frac{20}{12.5}$	200	125	12	14	37.912	29.761	0.641	1570.90	6.44	116.73	483.16	3.57	49.99	3193.85	6.54	787.74	2.83		285.8	2.74	41.23	0.392
			14		43.867	34.436	0.640	1800.97	6.41	134.65	550.83	3.54	57.44	3726.17	6.62	922.47	2.91		326.6	2.73	47.34	0.390
			16		49.739	39.045	0.639	2023.35	6.38	152.18	615.44	3.52	64.69	4258.86	6.70	1058.86	2.99		366.2	2.71	53.32	0.388
			18		55.526	43.588	0.639	2238.30	6.35	169.32	677.19	3.49	71.74	4792.00	6.78	1197.13	3.06		404.8	2.70	59.18	0.385

注：截面图中 $r_1=\frac{1}{3}d$ 及表中 r 的数据用于孔型设计，不作为交货条件。

B.3 热轧普通工字钢

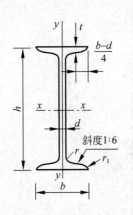

符号意义：

h——高度；　　　　　　r_1——腿端圆弧半径；

b——腿宽；　　　　　　I——惯性矩；

d——腰厚；　　　　　　W——截面系数；

r——内圆弧半径；　　　i——惯性半径；

t——腿平均厚度；　　　S——半截面的面积矩。

型号	尺寸/mm						截面面积 /cm²	理论重量 /(kg/m)	参考数值						
	h	b	d	t	r	r_1			I_x /cm⁴	W_x /cm³	i_x /cm	$I_x:S_x$ /cm	I_y /cm⁴	W_y /cm³	i_y /cm
10	100	68	4.5	7.6	6.5	3.3	14.3	11.2	245	49	4.14	8.59	33	9.72	1.52
12.6	126	74	5	8.4	7	3.5	18.1	14.2	488.43	77.529	5.195	10.85	46.906	12.677	1.609
14	140	80	5.5	9.1	7.5	3.8	21.5	16.9	712	102	5.76	12	64.6	16.1	1.73
16	160	88	6	9.9	8	4	26.1	20.5	1130	141	6.58	13.8	93.1	21.1	1.89
18	180	94	6.5	10.7	8.5	4.3	30.6	24.1	1660	185	7.36	15.4	122	26	2
20a	200	100	7	11.4	9	4.5	35.5	27.9	2370	237	8.15	17.2	158	31.5	2.12
20b	200	102	9	11.4	9	4.5	39.5	31.1	2500	250	7.96	16.9	169	33.1	2.06
22a	220	110	7.5	12.3	9.5	4.8	42	33	3400	309	8.99	18.9	225	40.9	2.31
22b	220	112	9.5	12.3	9.5	4.8	46.4	36.4	3570	325	8.78	18.7	239	42.7	2.27
25a	250	116	8	13	10	5	48.5	38.1	5023.54	401.88	10.18	21.58	280.046	48.283	2.403
25b	250	118	10	13	10	5	53.5	42	5283.96	422.72	9.938	21.27	309.297	52.423	2.404
28a	280	122	8.5	13.7	10.5	5.3	55.45	43.4	7114.14	508.15	11.32	24.62	345.051	56.565	2.495
28b	280	124	10.5	12.7	10.5	5.3	61.05	47.9	7480	534.29	11.08	24.24	379.496	61.208	2.493
32a	320	130	9.5	15	11.5	5.8	67.05	52.7	11075.5	692.2	12.84	27.46	459.93	70.758	2.619
32b	320	132	11.5	15	11.5	5.8	73.45	57.7	11621.4	726.33	12.58	27.09	501.53	75.989	2.614
32c	320	134	13.5	15	11.5	5.8	79.95	62.8	12167.5	760.47	12.34	26.77	543.81	81.166	2.608
36a	360	136	10	15.8	12	6	76.3	59.9	15760	875	14.4	30.7	552	81.2	2.69
36b	360	138	12	15.8	12	6	83.5	65.6	16530	919	14.1	30.3	582	84.3	2.64
36c	360	140	14	15.8	12	6	90.7	71.2	17310	962	13.8	29.9	612	87.4	2.6
40a	400	142	10.5	16.5	12.5	6.3	86.1	67.6	21720	1090	15.9	34.1	660	93.2	2.77
40b	400	144	12.5	16.5	12.5	6.3	94.1	73.8	22780	1140	15.6	33.6	692	96.2	2.71
40c	400	146	14.5	16.5	12.5	6.3	102	80.1	23850	1190	15.2	33.2	727	99.6	2.65
45a	450	150	11.5	18	13.5	6.8	102	80.4	32240	1430	17.7	38.6	855	114	2.89
45b	450	152	13.5	18	13.5	6.8	111	87.4	33760	1500	17.7	38	894	118	2.84
45c	450	154	15.5	18	13.5	6.8	120	94.5	35280	1570	17.1	37.6	938	122	2.79
50a	500	158	12	20	14	7	119	93.6	46470	1860	19.7	42.8	1120	142	3.07
50b	500	160	14	20	14	7	129	101	48560	1940	19.4	42.4	1170	146	3.01
50c	500	162	16	20	14	7	139	109	50640	2080	19	41.8	1220	151	2.96
56a	560	166	12.5	21	14.5	7.3	135.25	106.2	65585.6	2342.31	22.02	47.73	1370.16	165.08	3.182
56b	560	168	14.5	21	14.5	7.3	146.45	115	68512.5	2446.69	21.63	47.17	1468.75	174.25	3.162
56c	560	170	16.5	21	14.5	7.3	157.85	123.9	71439.4	2551.41	21.27	46.66	1556.39	183.34	3.158

型号	尺寸/mm						截面面积 /cm²	理论重量 /(kg/m)	参考数值						
	h	b	d	t	r	r_1			I_x /cm⁴	W_x /cm³	i_x /cm	$I_x:S_x$ /cm	I_y /cm⁴	W_y /cm³	i_y /cm
63a	630	176	13	22	15	7.5	154.9	121.6	93916.2	2981.47	24.62	54.17	1700.55	193.24	3.314
63b	630	178	15	22	15	7.5	167.5	131.5	98083.6	3163.98	24.2	53.51	1812.07	203.6	3.289
63c	630	180	17	22	15	7.5	180.1	141	102251.1	3298.42	23.82	52.92	1924.91	213.88	3.268

注：截面图和表中标注的圆弧半径 r、r_1 的数据用于孔型设计,不作为交货条件。

B.4 热轧普通槽钢

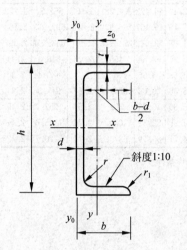

符号意义：

h——高度；　　　　　r_1——腿端圆弧半径；

b——腿宽；　　　　　I——惯性矩；

d——腰厚；　　　　　W——截面系数；

t——平均腿厚；　　　i——惯性半径。

r——内圆弧半径；　　z_0——重心距(y—y 与 y_0—y_0 轴线距离)。

型号	尺寸/mm						截面面积 /cm²	理论重量 /(kg/m)	参考数值							
									x—x			y—y			y_0—y_0	z_0 /cm
	h	b	d	t	r	r_1			W_x /cm³	I_x /cm⁴	i_x /cm	W_y /cm³	I_y /cm⁴	i_y /cm	I_{y_0} /cm⁴	
5	50	37	4.5	7	7	3.5	6.93	5.44	10.4	26	1.94	3.55	8.3	1.1	20.9	1.35
6.3	63	40	4.8	7.5	7.5	3.75	8.444	6.63	16.123	50.186	2.453	4.5	11.872	1.186	28.38	1.36
8	80	43	5	8	8	4	10.24	8.04	25.3	101.3	3.15	5.79	16.6	1.27	37.4	1.43
10	100	48	5.3	8.5	8.5	4.25	12.74	10	39.7	198.3	3.95	7.8	25.6	1.41	54.9	1.52
12.6	126	53	5.5	9	9	4.5	15.69	12.37	62.137	391.466	4.953	10.242	37.99	1.567	77.09	1.59
14a	140	58	6	9.5	9.5	4.75	18.51	14.53	80.5	563.7	5.52	13.01	53.2	1.7	107.1	1.71
14b	140	60	8	9.5	9.5	4.75	21.31	16.73	87.1	609.4	5.35	14.12	61.1	1.69	120.6	1.67
16a	160	63	6.5	10	10	5	21.95	17.23	108.3	866.2	6.28	16.3	73.3	1.83	144.1	1.8
16	160	65	8.5	10	10	5	25.15	19.74	116.8	934.5	6.1	17.55	83.4	1.82	160.8	1.75
18a	180	68	7	10.5	10.5	5.25	25.69	20.17	141.4	1272.7	7.04	20.03	98.6	1.96	189.7	1.88
18	180	70	9	10.5	10.5	5.25	29.29	22.99	152.2	1369.9	6.84	21.52	111	1.95	210.1	1.84
20a	200	73	7	11	11	5.5	28.83	22.63	178	1780.4	7.86	24.2	128	2.11	244	2.01
20	200	75	9	11	11	5.5	32.83	25.77	191.4	1913.7	7.64	25.88	143.6	2.09	268.4	1.95
22a	220	77	7	11.5	11.5	5.75	31.84	24.99	217.6	2393.9	8.67	28.17	157.8	2.23	298.2	2.1
22	220	79	9	11.5	11.5	5.75	36.24	28.45	233.8	2571.4	8.42	30.05	176.4	2.21	326.3	2.03

续表

型号	尺寸/mm						截面面积/cm²	理论重量/(kg/m)	参考数值							
									x—x			y—y			y₀—y₀	z₀/cm
	h	b	d	t	r	r₁			W_x/cm³	I_x/cm⁴	i_x/cm	W_y/cm³	I_y/cm⁴	i_y/cm	I_{y_0}/cm⁴	
25a	250	78	7	12	12	6	34.91	27.47	269.597	3369.62	9.823	30.607	175.529	2.243	322.256	2.065
25b	250	80	9	12	12	6	39.91	31.39	282.402	3530.04	9.405	32.657	196.421	2.218	353.187	1.982
25c	250	82	11	12	12	6	44.91	35.32	295.236	3690.45	9.065	35.926	218.415	2.206	384.133	1.921
28a	280	82	7.5	12.5	12.5	6.25	40.02	31.42	340.328	4764.59	10.91	35.718	217.989	2.333	387.566	2.097
28b	280	84	9.5	12.5	12.5	6.25	45.62	35.81	366.46	5130.45	10.6	37.929	242.144	2.304	427.589	2.016
28c	280	86	11.5	12.5	12.5	6.25	51.22	40.21	392.594	5496.32	10.35	40.301	267.602	2.286	426.597	1.951
32a	320	88	8	14	14	7	48.7	38.22	474.879	7598.06	12.49	46.473	304.787	2.502	552.31	2.242
32b	320	90	10	14	14	7	55.1	43.25	509.012	8144.2	12.15	49.157	336.332	2.471	592.933	2.158
32c	320	92	12	14	14	7	61.5	48.28	543.145	8690.33	11.88	52.642	374.175	2.467	643.299	2.092
36a	360	96	9	16	16	8	60.89	47.8	659.7	11874.2	13.97	63.54	455	2.73	818.4	2.44
36b	360	98	11	16	16	8	68.09	53.45	702.9	12651.8	13.63	66.85	496.7	2.7	880.4	2.37
36c	360	100	13	16	16	8	75.29	50.1	746.1	13429.4	13.36	70.02	536.4	2.67	947.9	2.34
40a	400	100	10.5	18	18	9	75.05	58.91	878.9	17577.9	15.30	78.83	592	2.81	1067.7	2.49
40b	400	102	12.5	18	18	9	83.05	65.19	932.2	18644.5	14.98	82.52	640	2.78	1135.6	2.44
40c	400	104	14.5	18	18	9	91.05	71.47	985.6	19711.2	14.71	86.19	687.8	2.75	1220.7	2.42

注：截面图和表中标注的圆弧半径 r、r_1 的数据用于孔型设计，不作为交货条件。

部分习题参考答案

第 1 章

1-1 略。

1-2 略。

1-3 F 在 x、y、x'、y' 轴的分力大小分别为 8.66kN、5.0kN、10.0kN、5.17kN；

F 在 x、y、x'、y' 轴的投影大小分别为 8.66kN、5.0kN、8.66kN、-2.59kN。

1-4 $F_{1x}=86.6$N,$F_{1y}=50.0$N。$F_{2x}=30.0$N,$F_{2y}=-40.0$N。$F_{3x}=0$,$F_{3y}=60.0$N。

$F_{4x}=-56.6$N,$F_{4y}=56.6$N。

1-5 $F_x=-5.24$N,$F_y=-14.397$N,$F_z=-12.856$N。

1-6 $F_{1x}=-1.2$kN,$F_{1y}=1.6$kN,$F_{1z}=0$kN；

$F_{2x}=0.424$kN,$F_{2y}=0.566$kN,$F_{2z}=0.707$kN；

$F_{3x}=0$kN,$F_{3y}=0$kN,$F_{3z}=3.0$kN。

1-7 $F_x=6.51$N,$F_y=3.91$N,$F_z=-6.51$N。

1-8 $F_{ON}=83.77$N。

1-9 $F_n=7.25$N。

第 3 章

3-1 合力大小 $F_R=1$kN,水平向右。

3-2 $F_R=4.465$kN,

$\cos\alpha=0.5428,\cos\beta=0.1267,\cos\gamma=0.83$。

3-3 $F_R=6.93$N,$\angle(\boldsymbol{F}_R,x)=\angle(\boldsymbol{F}_R,y)=\angle(\boldsymbol{F}_R,z)=54°44'$。

3-4 $F_A=0.35F,F_B=0.79F$。

3-5 $F=113.52$kN,$F_A=76.77$kN。

3-6 $F_A=0,F_B=14.1$kN。

3-7 $F_G=20.0$kN,$F_D=69.3$kN,$F_E=20.0$kN。

3-8 $F_{AB}=242.9$kN(压),$F_{AC}=136.7$kN(拉)。

3-9 $F=15$kN,$F_{\min}=12$kN,$\alpha=36.9°$。

3-10 $\alpha=\arccos\sqrt[3]{a/l}$。

3-11 $F_A=-\sqrt{5}F/2,F_C=2F,F_E=-2F$。

3-12 $F_{AB}=4.62$kN,$F_{AC}=3.47$kN,$F_{AD}=11.55$kN。

3-13 $F_{AC}=F_{AD}=84.16$kN,$F_B=185.47$kN。

3-14 $F_{AC}=F_{AD}=-8.16$kN,$F_{AB}=23.1$kN,$F=17.32$kN。

第 4 章

4-1 $-15\text{N}\cdot\text{m}$。

4-2 $M_A=5.0\text{N}\cdot\text{m},M_B=-12.3\text{N}\cdot\text{m}$。

4-3 $\boldsymbol{M}_O=\dfrac{l_3F}{\sqrt{l_1^2+l_2^2+l_3^2}}(l_2\boldsymbol{i}-l_1\boldsymbol{j})$。

4-4 $\boldsymbol{M}_O=(-9.43\boldsymbol{i}+9.43\boldsymbol{j}-4.71\boldsymbol{k})\text{kN}\cdot\text{m},M_z=-4.71\text{kN}\cdot\text{m}$。

4-5 $\boldsymbol{M}_B=(10.0\boldsymbol{i}+4.0\boldsymbol{j}-8.0\boldsymbol{k})\text{kN}\cdot\text{m}$。

4-6 $F=150\text{N}$。

4-7 合力偶矩 $M=9.88\text{N}\cdot\text{m}$,与 x 轴夹角的余弦为 $\cos\alpha=-0.931$。

4-8 $M=4.386\text{N}\cdot\text{m},\cos\alpha=0.2280,\cos\beta=-0.9719,\cos\gamma=0.0600$。

4-9 $M=1.086\text{N}\cdot\text{m},\cos\alpha=-0.6998,\cos\beta=0.1842,\cos\gamma=0.6906$。

4-10 $M=32.71\text{kN}\cdot\text{m},\cos\alpha=-0.9783,\cos\beta=0.2079,\cos\gamma=0$。

4-11 $F=173.2\text{kN}$。

4-12 $F_O=1154.7\text{N},F_{O1}=1154.7\text{N},M_2=400.0\text{N}\cdot\text{m}$。

4-13 $x=0.732\text{m}$。

4-14 $M_B=60\text{N}\cdot\text{m}$。其分量为 $M_{Bx}=48\text{N}\cdot\text{m},M_{By}=-36\text{N}\cdot\text{m},M_{Bz}=0$。

第 5 章

5-1 $x=OB=a/\cos\alpha$。

5-2 $\boldsymbol{F}_R=-1.5\boldsymbol{j}\text{N}$。

5-3 主矢量为 $\boldsymbol{F}_R=-280\boldsymbol{j}\text{kN}$,主矩为 $M_O=-31.5\text{kN}\cdot\text{m}$。

5-4 $F_R=609.624\text{kN},\cos(\boldsymbol{F}_R,x)=-0.113,\angle(\boldsymbol{F}_R,x)=96°30'$。
     $M_O=296.2\text{kN}\cdot\text{m}$,合力作用线位置 $x=-0.488\text{m}$,在 O 点左边。

5-5 $F_R=8027\text{kN},\cos(\boldsymbol{F}_R,x)=-0.0415,\angle(\boldsymbol{F}_R,x)=92°23'$。
     $M_O=6103.5\text{kN}\cdot\text{m}$,合力作用线位置 $x=-0.761\text{m}$,在 O 点左边。

5-6 $F=40\text{N}$。

5-7 $BC=2.31\text{m}$。合力的大小 $F=10\text{N}$,合力与水平轴的夹角 $\varphi=60°$。

5-8 $F_{Ax}=-1.41\text{kN},F_B=2.49\text{kN},F_{Ay}=-1.08\text{kN}$。

5-9 (a) $F_{Ax}=3\text{kN},F_{Ay}=5\text{kN},F_B=-1\text{kN}$;
     (b) $F_{Ax}=-3\text{kN},F_{Ay}=-0.25\text{kN},F_B=4.25\text{kN}$。

5-10 $F_2=60\text{kN},F_{Ax}=-2598.1\text{kN},F_{Ay}=-1410\text{kN}$。

5-11 $F=30.2\text{kN}$。

5-12 $F_{Ax}=-4\text{kN},F_{Ay}=17\text{kN},M_A=43\text{kN}\cdot\text{m}$。

5-13 (1) $F_{Ax}=0,F_{Ay}=22.5\text{kN},F_B=27.5\text{kN}$; (2) $x=4.5\text{m}$。

5-14 $F_A=55.6\text{kN},F_B=24.4\text{kN},W_{1\text{max}}=46.7\text{kN}$。

5-15 $q_A=33.3\text{kN/m},q_B=166.7\text{kN/m}$。

5-16 $F_{AC}=153.3\text{kN}(压),F_{BC}=33.3\text{kN}(拉),F_{BD}=193.3\text{kN}(压)$。

5-17　$M = Fr\sin\alpha\left(1 + \dfrac{r\cos\alpha}{\sqrt{l^2 - r^2\sin^2\alpha}}\right)$。

5-18　$M = \dfrac{1}{4}FR$。

5-19　$x = W_2 a / W_1$。

5-20　$F_{Ax} = 13\text{kN}, F_{Ay} = 55\text{kN}, F_{Bx} = 13\text{kN}, F_{By} = 45\text{kN}, F_{Cx} = 13\text{kN}, F_{Cy} = 5\text{kN}$。

5-21　$F_{AB} = 33.75\text{kN}, F_{Cx} = 33.75\text{kN}, F_{Cy} = 0$。

5-22　$F = 343\text{N}$。

5-23　$M = Wrr_3 r_1 / (r_4 r_2 \eta)$。

5-24　$F_N = 10.3\text{kN}$。

5-25　$F_{Ax} = 0, F_{Ay} = 2.5\text{kN}, M_A = 10\text{kN} \cdot \text{m}, F_B = 1.5\text{kN}$。

5-26　$F_{Ax} = 0.3\text{kN}, F_{Ay} = -0.538\text{kN}, F_B = 3.54\text{kN}$。

5-27　$F_{BD} = F_{AD} = 3.35\text{kN}, F_{CD} = -3\text{kN}$。

5-28　$F_{Ax} = 20\text{kN}, F_{Ay} = 70\text{kN}; F_{Bx} = 20\text{kN}, F_{By} = 50\text{kN}; F_{Cx} = 20\text{kN}, F_{Cy} = 10\text{kN}$。

5-29　$F_1 = 14.58\text{kN}, F_2 = -8.75\text{kN}, F_3 = 11.67\text{kN}$。

第 6 章

6-1　$\boldsymbol{F}_R = -190\boldsymbol{k}\,\text{kN}, \boldsymbol{M}_O = (3.5\boldsymbol{i} + 1.7\boldsymbol{j})\text{kN} \cdot \text{m}, M_O = 3.89\text{kN} \cdot \text{m}$。

6-2　$\boldsymbol{F}_R = \boldsymbol{0}, \boldsymbol{M}_O = (-4.2\boldsymbol{i} - 10.3\boldsymbol{j})\text{kN} \cdot \text{m}, M_O = 11.1\text{kN} \cdot \text{m}$。

6-3　$x = 6\text{m}, y = 4\text{m}$。

6-4　$F_R = 638.88\text{N}, \angle(\boldsymbol{F}_R, x) = 61.95°, \angle(\boldsymbol{F}_R, y) = 31.15°, \angle(\boldsymbol{F}_R, z) = 102.28°$。
$\quad$ $M_A = 163.2\text{N} \cdot \text{m}, \angle(\boldsymbol{M}_A, x) = 132.66°, \angle(\boldsymbol{M}_A, y) = 42.67°, \angle(\boldsymbol{M}_A, z) = 90°$。

6-5　$M_A = 4.808\text{N} \cdot \text{m}, x = 0.1192\text{m}, y = 0.1456\text{m}$。

6-6　(a) $x_C = 110.0\text{mm}, y_C = 0$; (b) $x_C = 110\text{mm}, y_C = 0$;
$\quad$ (c) $x_C = 0.7\text{m}, y_C = 0.88\text{m}$; (d) $x_C = 0, y_C = 2.05\text{m}$;
$\quad$ (e) $x_C = 0, y_C = 0.919\text{m}$; (f) $x_C = -0.068\text{m}, y_C = 0$。

6-7　$x_C = 0, y_C = 40\text{mm}$。

6-8　$a = 1.33r, \varphi = 63.25°$。

6-9　略。

6-10　(a) $x_C = 2.05\text{m}, y_C = 1.15\text{m}, z_C = 0.95\text{m}$;
$\quad$ (b) $x_C = 0.51\text{m}, y_C = 1.42\text{m}, z_C = 0.717\text{m}$。

6-11　$F = 12.6\text{kN}, F_{Ax} = F_{Ay} = 0, F_{Az} = 12.6\text{kN}$。
$\quad$ $M_{Ax} = 18.32\text{kN} \cdot \text{m}, M_{Ay} = -32.07\text{kN} \cdot \text{m}, M_{Az} = 0$。

6-12　$F_A = 8.3\text{kN}, F_B = 78.3\text{kN}, F_C = 43.3\text{kN}$。

6-13　$F_{Ax} = 50\sqrt{3}\,\text{N}, F_{Ay} = 150\text{N}, F_{Az} = 100\text{N}, F_{Bx} = 0, F_{Bz} = 0, F_C = 200\text{N}$。

6-14　(1) $M = 22.5\text{N} \cdot \text{m}$; (2) $F_{Ax} = -75\text{N}, F_{Ay} = 0, F_{Az} = F_{Bz} = 50\text{N}$;
$\quad$ (3) $F_{Bx} = -75\text{N}, F_{By} = 0$。

6-15　$F_{Ox} = -0.6\text{kN}, F_{Oy} = 0.8\text{kN}, F_{Oz} = 8.13\text{kN}, M_{Ox} = -2.13\text{kN} \cdot \text{m}$,
$\quad$ $M_{Oy} = -8.8\text{kN} \cdot \text{m}, M_{Oz} = 0$。

6-16 $F_E = 4.5\text{kN}, F_{Bz} = 2.83\text{kN}, F_{By} = 0, F_{Ax} = 0, F_{Ay} = 0, F_{Az} = 2.67\text{kN}$。

6-17 $F_{Bx} = 0.144W, F_{By} = 0.25W, F_{Bz} = W, F_{NA} = 0.25W, F_{AC} = 0.144W$。

6-18 绳子拉力 $F_G = F_H = 28.3\text{kN}$。$F_{Ax} = 0, F_{Ay} = 20\text{kN}, F_{Az} = 69.02\text{kN}$。

6-19 $F_1 = F, F_2 = -1.41F, F_3 = -F, F_4 = 1.414F, F_5 = 1.41F, F_6 = -F$。

6-20 $F_E = 0, F_H = 989.9\text{N}, F_I = 200\text{N}, F_{Ax} = 120\text{N}, F_{Ay} = -560\text{N}, F_{Az} = 1500\text{N}$。

第 7 章

7-1 (a) $F_{FA} = 2\sqrt{5}F, F_{FD} = -5F$;

   (b) $F_{GH} = -F, F_{CD} = -1.5F, F_{CA} = 1.5F$;

   (c) $F_{LN} = 0.5F, F_{LK} = -0.5F$。

7-2 (a) $F_{Na} = 111.7\text{kN}, F_{Nb} = 73.3\text{kN}, F_{Nc} = -73.3\text{kN}$;

   (b) $F_{Na} = -100\text{kN}, F_{Nb} = 0, F_{Nc} = 0, F_{Nd} = 0$;

   (c) $F_{Na} = 0, F_{Nb} = -F$;

   (d) $F_{Na} = 0.5\text{kN}, F_{Nb} = -1\text{kN}$。

7-3 (a) $F_1 = -\sqrt{3}F/2$; (b) $F_1 = -4F/9, F_2 = 0$。

7-4 $F_{N1} = 0, F_{N2} = 20\text{kN}, F_{N3} = 20\text{kN}, F_{N4} = -34.6\text{kN}, F_{N5} = 8\text{kN}, F_{N6} = 0$。

7-5 (1) 摩擦力大小为2N,方向向上;(2) 摩擦力大小为0.66N,方向向上。

7-6 $F = 209.6\text{kN}$。

7-7 $F = 630\text{kN}$。

7-8 $F_T = 26.06\text{kN}$(匀速上升),$F_T = 20.93\text{kN}$(匀速下降)。

7-9 $F = 4018.83\text{kN}$。

7-10 $b \leqslant d(1 - 1/\sqrt{1+f^2}) + a$。

7-11 $0.246l \leqslant x \leqslant 0.977l$。

7-12 $l_{\min} = 100\text{mm}$。

7-13 $f = 0.577, F_{BC} = 0.577M/l$。

7-14 每个螺栓产生的拉力为60kN。

7-15 (1) $F_{\max} = \dfrac{W(\sin\alpha + f\cos\alpha)}{\cos\alpha - f\sin\alpha}$; (2) $F_{\min} = \dfrac{W(\sin\alpha - f\cos\alpha)}{\cos\alpha + f\sin\alpha}$。

7-16 $f_s = 0.12$。

7-17 $M = \dfrac{2F_N f_s(r_1^2 + r_1 r_2 + r_2^2)}{3(r_1 + r_2)}$。

7-18 $M = 192\text{N} \cdot \text{m}$。

7-19 最小拉力 $F_{\min} = 222.2\text{N}$。

7-20 $\delta = r\tan\alpha$。

7-21 $F = 57.18\text{N}$。

7-22 $F = 1.4\text{kN}, F = 5.6\text{kN}$。

第 9 章

9-1 略。

9-2 略。

9-3 (a) $\sigma_1 = 35.3\mathrm{MPa}, \sigma_2 = 31.62\mathrm{MPa}$;

(b) $\sigma_1 = -15.88\mathrm{MPa}, \sigma_2 = 22.5\mathrm{MPa}, \sigma_3 = -38.18\mathrm{MPa}$。

9-4 (1) $\sigma = 350.0\mathrm{MPa}$; (2) $\sigma_{BC} = 950.0\mathrm{MPa}$; (3) $\sigma_{BC\max} = 400.04\mathrm{MPa}$。

9-5 $\sigma_{DC} = 53.05\mathrm{MPa}$。

9-6 $\sigma_{\mathrm{p}} = 330.48\mathrm{MPa}, E = 73.44 \times 10^3\mathrm{MPa}, \nu = 0.326$。

9-7 $F = 1931.0\mathrm{kN}$。

9-8 $\Delta_B = -\dfrac{2Fl + 1.5\rho g A l^2}{EA}$。

9-9 $\Delta_{C_y} = 1.414 \times 10^{-4}\mathrm{m}$。

9-10 $\Delta_G = 6.89 \times 10^{-4}\mathrm{m}$。

9-11 $\Delta l = \dfrac{4Fl}{E\pi d_1 d_2}$。

9-12 $A_1 \geqslant 0.5 \times 10^{-3}\mathrm{m}^2, A_2 \geqslant 1.414 \times 10^{-3}\mathrm{m}^2, A_3 \geqslant 2.5 \times 10^{-3}\mathrm{m}^2$。

9-13 $[F] = 45.2\mathrm{kN}$。

9-14 $a = 58\mathrm{cm}$。

9-15 $\sigma_① = 0.3636\dfrac{F}{A}$, $\sigma_② = 0.5454\dfrac{F}{A}$。

9-16 $\Delta_{BC} = 0$。

9-17 钢筋承担的力为 $F_{\mathrm{s}} = 60\mathrm{kN}$,混凝土承担的力为 $F_{\mathrm{c}} = 240\mathrm{kN}$。

9-18 $\sigma_1 = 92.86\mathrm{MPa}, \sigma_2 = 46.43\mathrm{MPa}$。

$\delta_0 = 0$ 时,$\sigma_1 = 178.57\mathrm{MPa}, \sigma_2 = 89.29\mathrm{MPa}$。

第 10 章

10-1 略。

10-2 略。

10-3 $\tau_1 = 31.4\mathrm{MPa}, \tau_2 = 0.0, \tau_3 = 47.2\mathrm{MPa}, \gamma_{\max} = 5.9 \times 10^{-4}$。

10-4 $\tau_{\max} = 162.97\mathrm{MPa}$。

10-5 6.67%。

10-6 (1) $\tau_{\max} = 35.56\mathrm{MPa}$; (2) $\Delta\varphi = 0.01143\mathrm{rad}$。

10-7 $a = 0.405\mathrm{m}$。

10-8 (1) $\Delta M_x = 6.43\mathrm{kN \cdot m}$; (2) $\Delta\varphi_B = 1.866 \times 10^{-2}\mathrm{rad} = 1.07°$。

10-9 $\dfrac{16ml^2}{G\pi d^4}$。

10-10 $D = 0.325\mathrm{m}, d = 0.195\mathrm{m}$。

10-11 81.94%。

10-12 $\dfrac{a}{l} = \dfrac{d_1^4}{d_1^4 + d_2^4}$。

10-13 $\tau_{\max} \geqslant [\tau] = 60\mathrm{MPa}$,不满足强度条件。

10-14 (1) d 取 79mm,适用于全轴。

(2) $d_1=67$mm,适用于 1、2 轮之间;$d_3=50$mm,适用于 4、5 轮之间。

10-15 (1) 直径 d_1 取 91mm,直径 d_2 取 80mm;

(2) 若 AB 和 BC 两段选用同一直径,可取 91mm。

10-16 $T_2=5.23$kN·m,$T_1=10.5$kN·m。

10-17 (1) 最大切应力位于最大扭矩横截面周线上长边的中点,方向与边相切,其值为 $\tau_{max}=80.28$MPa;

(2) $\theta_{max}=1.97\times10^{-2}$rad/m。

10-18 $\tau_{max}=18.18$MPa,$\theta_{max}=0.0227$rad/m。

第 11 章

11-1 $\tau_u=89.13$MPa,$n=1.11$。

11-2 可取直径为 33mm 的销钉。

11-3 (1) $[F]=240.0$kN;(2) $[F]=190.4$kN。

11-4 (a) 上部和底部铆钉中切应力最大,$\tau=109.76$MPa,方向为 $\beta=73.14°$(与竖向夹角);

(b) C 铆钉的最大切应力为 $\tau=169.45$MPa,方向向下。

11-5 $t=100$mm。

第 12 章

12-1 (a) $F_{S1}=-2$kN,$F_{S2}=-6$kN,$M_1=-1.33$kN·m,$M_2=-9.33$kN·m;

(b) $F_{S1}=F_{S2}=0$,$M_1=-ql^2$,$M_2=0$;

(c) $F_{S1}=-6$kN,$F_{S2}=2/3$kN,$M_1=M_2=-12$kN·m;

(d) $F_{S1}=-0.25ql$,$F_{S2}=-1.25ql$,$M_1=M_2=1.25ql^2$;

(e) $F_{S1}=-7.33$kN,$F_{S2}=0$,$M_1=M_2=-4$kN·m;

(f) $F_{S1}=0$,$M_1=\frac{1}{6}ql^2$。

12-2 略。

12-3 略。

12-4 略。

12-5 略。

12-6 (a) $x=\frac{2}{3}l$;(b) $x=2(\sqrt{2}-1)l$;(c) $x=\frac{1}{2}(\sqrt{2}-1)l$。

12-7 发生最大弯矩的位置 $x=\frac{1}{4}(2l-a)$,最大弯矩值为 $M_{Cmax}=\frac{F(2l-a)^2}{8l}$。

第 13 章

13-1 $\rho=85.71$m。

13-2 $\sigma_A=0$,$\sigma_B=-73.4$MPa,$\sigma_C=-36.67$MPa。

13-3 $\sigma_D = 0.0754\text{MPa}, \sigma_{\max}^t = 4.75\text{MPa}, \sigma_{\max}^c = -6.29\text{MPa}$。

13-4 84.12%。

13-5 $F = 85.8\text{kN}$。

13-6 $q = 19.9\text{kN/m}, \sigma_{\max} = 141.6\text{MPa}$。

13-7 $\tau_{b-b} = 1.75\text{MPa}, \tau_{a-a} = 0$。

13-8 $F = 13.13\text{kN}$。

13-9 $\sigma_{t\max} = 28.8\text{MPa} < [\sigma_t], \sigma_{c\max} = 46.07\text{MPa} < [\sigma_t]$。

13-10 $h/b = \sqrt{2}, d = 266\text{mm}$。

13-11 $q \leqslant 15.68\text{kN/m}$。

13-12 18 层。

13-13 $q = 3.97\text{kN/m}$。

13-14 略。

13-15 $AC = 90\text{mm}$。

第 14 章

14-1 略。

14-2 (a) $\theta_C = \dfrac{-7qa^3}{9EI}, w_C = \dfrac{8qa^4}{9EI}$；

(b) $\theta_B = \dfrac{qa^3}{6EI}, w_C = \dfrac{qa^4}{12EI}$；

(c) $\theta_B = \dfrac{qa^3}{2EI}, w_D = -\dfrac{qa^4}{8EI}$。

14-3 (a) $w_D = \dfrac{27Fl^3}{2EI}, w_B = \dfrac{43Fl^3}{2EI}$； (b) $\theta_C = \dfrac{Fl^2}{4EI}$；

(c) $w_C = \dfrac{5ql^4}{12EI}, \theta_B = \dfrac{23ql^3}{12EI}$； (d) $w_B = \dfrac{123Fl^3}{24EI}, w_C = \dfrac{23Fl^3}{24EI}$；

(e) $w_C = \dfrac{5Fl^3}{8EI}, \theta_{C左} = \dfrac{11Fl^2}{12EI}$，转向为顺时针；$\theta_{C右} = \dfrac{13Fl^2}{48EI}$，转向为顺时针；

(f) $\theta_C = -\dfrac{2Ml}{3EI}, w_D = -\dfrac{Ml^2}{EI}$。

14-4 弯矩方程为 $M(x) = M_e(2l - 6x)/(4l)$，剪力方程为 $F_S(x) = -1.5M_e/l$。

14-5 选择两个 14a 号槽钢。

14-6 (a) $F_A = -0.875F, M_A = 0.375Fl$；

(b) $F_C = -\dfrac{1}{16}ql, F_A = \dfrac{7}{16}ql, F_B = \dfrac{5}{8}ql$；

(c) $F_B = F/3, M_A = 2Fl/3, M_C = Fl/3$。

14-7 $w_C = \dfrac{Fl^3}{3(2I_1 + I_2)E}$。

第 15 章

15-1 略。

15-2　(a) $\sigma_{60°}=18.12\text{MPa},\tau_{60°}=47.99\text{MPa}$;

(b) $\sigma_{-30°}=-83.12\text{MPa},\tau_{-30°}=-22.1\text{MPa}$;

(c) $\sigma_{-45°}=-60\text{MPa},\tau_{-45°}=-10\text{MPa}$;

(d) $\sigma_{-60°}=-35\text{MPa},\tau_{-60°}=-8.66\text{MPa}$。

15-3　A: $\sigma_{-70°}=0.583\text{MPa},\tau_{-45°}=-0.835\text{MPa}$;

B: $\sigma_{-70°}=0.449\text{MPa},\tau_{-45°}=-1.234\text{MPa}$。

15-4　(a) $\sigma_1=160.5\text{MPa},\sigma_2=0,\sigma_3=-30.5\text{MPa},\alpha_0=-23.56°$;

(b) $\sigma_1=55.4\text{MPa},\sigma_2=0,\sigma_3=-115.4\text{MPa},\alpha_0=-55.28°$;

(c) $\sigma_1=88.31\text{MPa},\sigma_2=0,\sigma_3=-28.31\text{MPa},\alpha_0=-15.48°$;

(d) $\sigma_1=20\text{MPa},\sigma_2=0,\sigma_3=0,\alpha_0=45°$。

15-5　$\sigma_1=5.84\text{MPa},\sigma_2=0,\sigma_3=-0.006\text{MPa},\alpha_0=-1.83°$。

15-6　$F=4.8\text{kN}$。

15-7　(a) $\sigma_1=3p,\sigma_2=0,\sigma_3=-p,\alpha_0=0°$;

(b) $\sigma_1=2p,\sigma_2=0,\sigma_3=-2p,\alpha_0=90°$。

15-8　略。

15-9　$\sigma_1=0,\sigma_2=0,\sigma_3=-66.48\text{MPa}$。

$\Delta l_x=\Delta l_y=2.98\times10^{-6}\text{m},\Delta l_z=-9.497\times10^{-6}\text{m}$。

15-10　$\varepsilon_3=-4.7\times10^{-5}$。

15-11　$F=13.4\text{kN}$。

15-12　$F=31.8\text{kN}$。

15-13　$T=54.77\text{kN}\cdot\text{m}$。

15-14　$V_{\varepsilon1}=\dfrac{F^2l}{2EA},V_{\varepsilon2}=\dfrac{F^2l}{6EA}$。

15-15　$\upsilon_v=0.0147\text{MPa},\upsilon_d=0.0195\text{MPa}$。

15-16　$\varepsilon_1=420\times10^{-6},\varepsilon_3=-100\times10^{-6},\alpha_0=11.3°$。

第 16 章

16-1　$\sigma_{r3}=95\text{MPa},\sigma_{r4}=86.75\text{MPa}$。

16-2　$\sigma_{r1}=24.27\text{MPa},\sigma_{r2}=26.59\text{MPa}$,都满足强度要求。

16-3　$\sigma_{rM}=54.27\text{MPa}$,不满足强度要求。

16-4　$\sigma_{r3}=183.1\text{MPa}$,不满足强度要求。

16-5　$\sigma_{r3}=79.1\text{MPa}$,满足强度要求。

16-6　(a) $\sigma_{r3(a)}=\sqrt{\sigma^2+4\tau^2},\sigma_{r3(b)}=\sigma+\tau$; (b) $\sigma_{r4(a)}=\sqrt{\sigma^2+3\tau^2}$。

16-7　$\sigma_{rM}=1.18\text{MPa},\tau_\alpha=1.4\text{MPa}$,该点满足强度要求。

16-8　选20a号工字钢; $\sigma_{r4}=117.1\text{MPa}$,可见满足强度要求。

16-9　$\sigma_{max}=168.8\text{MPa},\tau_{max}=89.55\text{MPa},\sigma_{r4}=162.7\text{MPa}$,满足强度要求。

16-10　(a) 正好被破坏; (b) 安全。

第 17 章

17-1 (a)、(c)、(f)为平面弯曲；(b)、(d)、(e)为斜弯曲。

17-2 $\sigma_{max}=9.8\text{MPa}<[\sigma]$，满足强度要求。

17-3 32b 工字钢。

17-4 $F=\dfrac{-Ea^3(\varepsilon_B+\varepsilon_A)}{12l}$，$M=\dfrac{Ea^3(\varepsilon_B-\varepsilon_A)}{12}$。

17-5 (1) $\sigma_{max}=9.87\text{MPa}$；(2) $\sigma_{max}=10.49\text{MPa}$。

17-6 $\sigma_{tmax}=5.09\text{MPa}$，$\sigma_{cmax}=-5.29\text{MPa}$。

17-7 (a) $b=5.81\text{m}$；(b) $b=5.81\text{m}$。

17-8 (1) $\sigma_{cmax}=-0.721\text{MPa}$；(2) $D=4.15\text{m}$。

17-9 $\sigma_{tmax}=135.55\text{MPa}$，满足强度条件。

17-10 $F_x=20\text{kN}$，$F_y=150\text{kN}$。

17-11 $F=24.9\text{kN}$。

17-12 略。

17-13 $\sigma_{r4}=30.98\text{MPa}$，满足强度要求。

第 18 章

18-1 略。

18-2 $F_{cr}=460.6\text{kN}$。

18-3 第 2 种截面临界力最大，再由大到小依次为第 4、1、3 种截面。

18-4 $F=149.9\text{kN}$。

18-5 $\lambda_{1p}=92.32$，$\lambda_{2p}=65.81$，$\lambda_{3p}=73.68$。

18-6 $[F_1]=68.54\text{kN}$。

18-7 $[F]=141.8\text{kN}$。

18-8 (1) 132.3kN；(2) 由于 $n=1.89<n_{st}=2.0$，所以托架不安全。

18-9 杆直径取 $d=5\text{cm}$。

18-10 $[F]=87.02\text{kN}$。

18-11 直径可取 $d=208\text{mm}$。

18-12 $a=210\text{mm}$。

18-13 立柱工作应力 100.4MPa 大于 91.12MPa，故立柱 CD 不安全。

第 19 章

19-1 $\sigma_{dmax}=46.8\text{MPa}$；$\sigma_d=40.57\text{MPa}$。

19-2 15.3MPa，6.8MPa。

19-3 $\sigma_{max}=178.26\text{MPa}$。

19-4 $d=150\text{mm}$。

19-5 (b)比(a)承受冲击的能力强。

19-6 略。

19-7　$\sigma_{\mathrm{dmax}} = 43.11\mathrm{MPa}$。

19-8　$l = 0.675\mathrm{m}$。

19-9　136.3MPa。

19-10　(a) $r = 0, \sigma_{\mathrm{a}} = 100\mathrm{MPa}, \sigma_{\mathrm{m}} = 100\mathrm{MPa}$;

　　　(b) $r = -0.333, \sigma_{\mathrm{a}} = 100\mathrm{MPa}, \sigma_{\mathrm{m}} = 50\mathrm{MPa}$;

　　　(c) $r = 0.25, \sigma_{\mathrm{a}} = 75\mathrm{MPa}, \sigma_{\mathrm{m}} = 125\mathrm{MPa}$;

　　　(d) $r = -1, \sigma_{\mathrm{a}} = 100\mathrm{MPa}, \sigma_{\mathrm{m}} = 0\mathrm{MPa}$。

19-11　$\Delta\sigma = 114.05\mathrm{MPa} < 117.7\mathrm{MPa}$,满足疲劳强度。

附　录　A

A-1　(a) $y_C = 38.75\mathrm{mm}, z_C = 0.0$; (b) $y_C = 181.25\mathrm{mm}, z_C = 0.0$。

A-2　(a) $S_z = 500\mathrm{cm}^3$; (b) $S_z = 1159\mathrm{cm}^3$。

A-3　(a) $I_y = \dfrac{1}{64}\pi d^4, I_z = \dfrac{5}{64}\pi d^4, I_{yz} = 0$;

　　　(b) $I_y = 391.3\mathrm{cm}^4, I_z = 5580\mathrm{cm}^4, I_{yz} = 0$。

A-4　(a) $a = 2.32\mathrm{cm}$; (b) $a = 0.9\mathrm{cm}$。

A-5　0.2956。

A-6　略。

A-7　略。

A-8　(a) $I_y = 1615 \times 10^4 \mathrm{mm}^4, I_z = 10186 \times 10^4 \mathrm{mm}^4$;

　　　(b) $I_y = 25.78 \times 10^4 \mathrm{mm}^4, I_z = 244.5 \times 10^4 \mathrm{mm}^4$。

参 考 文 献

[1] 武清玺,陆晓敏.静力学基础[M].南京:河海大学出版社,2003.
[2] 武清玺,徐鉴,陆晓敏,等.理论力学[M].北京:高等教育出版社,2016.
[3] 黄孟生,赵引.工程力学[M].北京:清华大学出版社,2006.

PPT 课件

工程力学试卷 1

工程力学试卷 2

工程力学试卷 3

工程力学试卷 4